语音识别

——模式、算法设计与实践

董雪燕◎编著

SPEECH
RECOGNITION

PATTERN, ALGORITHM
DESIGN AND PRACTICE

中国铁道出版社有限公司
CHINA RAILWAY PUBLISHING HOUSE CO., LTD.

北　京

内 容 简 介

随着深度学习技术和计算机硬件设备的发展,作为自然语言处理领域重要课题的语音识别技术发展迅速,部分应用开始落地,实践流程也日渐成熟。

本书凝聚作者多年实践心得和经验,力求用抽丝剥茧的方式帮读者梳理出语音识别的学习与提升之路,涉及语音识别发展脉络、知识地图、模式识别、核心算法和实践案例,最终形成"基础知识—算法理论—实践"的完整闭环,旨在帮助刚入行的语音识别从业人员梳理知识框架,熟悉开发流程,积累实践经验。

图书在版编目(CIP)数据

语音识别:模式、算法设计与实践/董雪燕编著 . —北京:中国
铁道出版社有限公司,2024.1
ISBN 978-7-113-30422-5

I.①语… II.①董… III.①语音识别-研究 IV.①TN912.34

中国国家版本馆 CIP 数据核字(2023)第 138759 号

书　　名:**语音识别——模式、算法设计与实践**
　　　　YUYIN SHIBIE:MOSHI SUANFA SHEJI YU SHIJIAN
作　　者:董雪燕

责任编辑:荆　波　　　编辑部电话:(010)63549480　　　电子邮箱:*the-tradeoff@ qq.com*
封面设计:**MXK** DESIGN STUDIO
责任校对:安海燕
责任印制:赵星辰

出版发行:中国铁道出版社有限公司(100054,北京市西城区右安门西街 8 号)
印　　刷:河北宝昌佳彩印刷有限公司
版　　次:2024 年 1 月第 1 版　2024 年 1 月第 1 次印刷
开　　本:787 mm×1 092 mm　1/16　印张:21.25　字数:517 千
书　　号:ISBN 978-7-113-30422-5
定　　价:99.00 元

前　言

　　说起人工智能,大家都不会感到陌生,科学家一直在致力于让计算机能够像人类一样处理各类信息,并且能够做出合理的决策,最终让计算机与人类一样无差别的工作和交流。最初,借鉴仿生学的思想,人们希望打造出的智能计算机,是能够像人一样具有眼睛看到事物,拥有耳朵听到声音,具有发声器官可以说话,还要学会阅读并书写文字,未来还能"长"出鼻子闻到气味。总之,只要能够发明出收集所有信息的传感器,通过数字化的处理和强大的算法分析能力,理论上是可以让计算机做到和人类一样智能化的。当然更理想的是"超越人类",这需要发挥计算机擅长的大规模运算能力和算法的客观化分析能力,避免人类由于体力不支和主观情感造成的失误,最终计算机工作的效率一定会比人类高出很多倍,从而解放许多从事重复性工作的劳动力,让人们有更多时间去享受生活。

　　目前来看,这仍然是一种理想化目标,虽然每年都有大批科技创新者投入人工智能的相关研究,也取得了不错的进展。但是某些社会学家和人文学家对人工智能提出质疑,并担心计算机会取代人类,扼杀人类的文化。无论怎样,有讨论总是好的,科技是需要发展的,因为新技术能解决许多问题,当然我们更希望计算机是为人类服务的。因此,对人工智能的发展,我们应该努力让它更好,同时保持敬畏之心,不让它偏离为人类服务的总目标。

　　语音识别属于人工智能中一个十分重要的课题,终极目标是让计算机与人类能够通过口语"沟通",让计算机听懂我们说的话。从技术上说,研究语音识别算法是为了实现"计算机准确地将人类发出的语音翻译成文字",这看上去是一项并不复杂的任务,然而,由于口语表达的个性化和说话场景的复杂化,比如方言、说话人的个性特征,以及嘈杂环境下的口语交流等因素,导致计算机接收到的信息是十分复杂的,这无疑增加了语音识别的难度。

　　从学科发展来看,语音识别是一个典型的综合性学科,涉及语音学、数字信号处理、模式识别和人工智能等诸多学科。每一个学科的学习都具有一定的难度,这是让许多初学者对语音识别望而却步的一个主要原因。另外,从数据驱动为主的算法研究来看,公共的语音识别的数据量是较小的,尤其是与图像识别研究中的公共数据集相比更是少得可怜,这也让许多从业者和研究人员再次打起退堂鼓,毕竟数据收集的成本是很高的,不仅要满足数据个体化的多样性,还要满足大体量的要求;同时,高昂的人工标注成本也是让许多研究者不敢涉足的主要原因。

　　不过我们也要看到,语音识别经过了多年的发展,随着深度学习技术和计算机硬件设备的发展,其发展速度十分迅猛,在实际生活中已经得到了广泛应用。现在生活中随处可见语音识别的应用,比如微信中的语音转文字,以及一些语音输入法的工具,甚至一些大型的网站也为发表评论的用户提供了语音转文字的输入方式。可喜的是,在发音清晰的情况下,目前的技术可以做到与人类匹敌的水平,但是在一些对安全性和及时性要求很高的场景下,语音识别仍然不是完美的,比如嘈杂环境、多人交谈环境等,仍旧无法与人类的水平相适应。因此,还需要更多人投身到语音识别的研究中,不断克服困难,让计算机能够更懂人类的口语,从而提供更好的服务。

本书的写作初衷是希望鼓励更多人加入语音识别研究的队伍中,以帮助语音识别技术发展得更好。

本书特色

(1)理论与实践相结合

对语音识别领域中的重要算法做了详细说明,并辅以代码实践,帮助读者更好地理解。本书不是只讲理论,而是让理论与实践相结合,读者不仅可以看到理论模型的设计思想,更重要的是可以通过代码实践,加深对算法的理解,同时可以看到算法是如何去解决具体的语音识别问题的。

(2)语言有亲和力

站在读者的角度,本书对算法中的理论给出更具亲和力的讲解方式,在不失严谨的前提下,保证读者能够更好地理解算法本身。作者不惜长篇文字介绍,目的是搭建一个个小梯子,保证读者能够一步一步地深入理解,而不是仅仅停留在数学公式的简单介绍层面,在必要的时候也有一些图形化的展示,这一切都是为了保证内容不枯燥且易于理解。

(3)分享作者多年的经验,让内容"有血有肉"

根据笔者的经验,一些初学者在刚接触语音识别技术时,因过于纠结一个小问题不知如何下手,导致无法继续进行。笔者从事语音识别研究多年,有一些个人见解,在书中适当位置,以过来人的思考和经验分享出来,一来让读者避坑,二来也提供一些问题的解决思路,这对于初学者在学习中遇到"拦路虎"时将大有帮助。

(4)案例丰富

算法的理解是为了解决问题,如果只停留在单个算法的理论学习层面,显然无法发挥学习真正的价值。因此,本书融入了多个案例,目的是展示算法是如何解决实际问题的。同时,横向算法的比较也很必要,这样能帮助读者透彻理解不同算法的优缺点,从而更好地选择对自己有用的算法,形成科学的实验思维。

本书内容

本书的内容参考下面的思维导图。

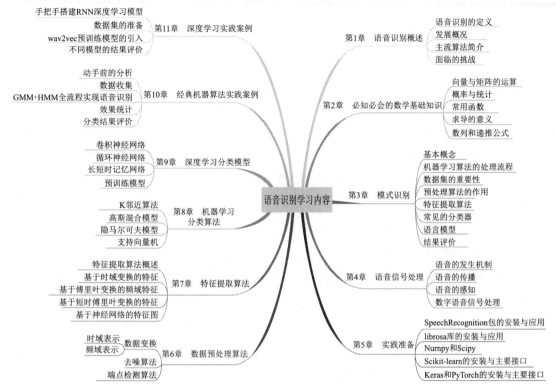

概括来看,本书的内容主要分为四个部分,详细如下:

第一部分为语音识别概述(第 1 章)。在了解一个研究领域之前,先从整体上把握这个领域的全貌是十分必要的。对语音识别的发展脉络给出详尽的阐述,这对刚进入语音识别研究的读者大有裨益,也可为已经从事语音识别工作的人员提供一份知识地图,可以随时从中选取感兴趣的内容。

第二部分为学习语音识别应该了解的基础知识(第 2~5 章)。如开篇所讲,语音识别涉及多个学科,要想真正理解并从事相关研究,必须要掌握这些基本的知识。因此,第 2~4 章以语音识别涉及的数学理论基础、模式识别理论、语音信号的背景知识为脉络,向读者揭示重要的基础知识。第 5 章是关于代码实践的准备章节,因为本书主打算法的实践讲解,因此,提前搭建好相关的 Python 编程环境,并做好代码实践准备是十分必要的。

第三部分为语音识别系统中核心算法的梳理(第 6~9 章)。语音识别系统的实现中是有一个公认的处理框架的,在框架中的每一个阶段都有一套核心的算法,即数据预处理、特征提取和分类,因此,本部分内容就是在围绕这些核心算法展开阐述,并辅以实践代码。

第四部分为两个语音识别系统的具体案例(第 10~11 章)。基于上一部分算法的阐述,本书最后两章综合案例的重点是告诉读者算法是如何应用到一个具体的语音识别问题中的,这样有助于读者理解算法的实践应用。最终形成"基础知识—算法理论—实践"的完整闭环。

为读者制定的学习路径和职业规划

(1)语音识别的学习者

如果你是本科生或者在读研究生,希望选择语音识别作为自己的研究方向,那么建议你将语音识别所涉及的基础学科知识先理清楚,毕竟想要深入研究一门学问,打好基础是十分重要的。如果想要锁定语音识别领域中一个感兴趣的问题,可以参考顶级会议的论文进展和学术圈的发展动态。例如对某一类算法或应用感兴趣,那么围绕该问题,找到已有的算法实现,不断实验和试错,并提出更好的改进算法,应用于特定数据,最终横向对比已有的算法,如果你的算法取得的效果比别人的好,那么恭喜你,一篇学术论文就此诞生了,研究之路也就随之展开。

(2)语音识别的从业者

如果你在某公司或科研机构任职,恰好有发展语音识别的业务需要,那么本书也可以作为你的学习参考资料。建议快速浏览开篇的语音识别概述,然后迅速梳理一下中间的基础知识点,找到自己的知识盲区,然后针对一个具体问题,去寻找可能的解决方案,哪里缺就专攻哪里,因为你的时间有限且目标明确,所以没有必要把所有基础知识都学习一遍。毕竟工作中更看重的是效率和解决当下的问题,时间和成本都是宝贵的,没有太多时间去试错。

(3)对语音识别感兴趣的读者

如果你只是正好路过,听闻语音识别很火,想要进来一探究竟,看看是什么情况。那么建议你从本书的第 1 章看起,先对语音识别的发展有个大致了解,再去重点看看最后的实践环节,看看自己对语音识别是否真的感兴趣,兴趣若深厚到想要从事相关方面的研究和工作,那么建议再去学习前面的理论基础和重要算法,然后不断探索,能在一个方向努力做下去,会取得不错的进展。

写作心路历程

本书的写作之路并非一帆风顺,从最初框架的设定到每一篇章的谋篇布局,都经过了至少三次以上的改动,历经大概两年的时间,才完稿成型,直到呈现出今天的样子。这两年间最深刻且让人抓狂的事情大概有三件。

第一,Python 版本和算法中需要用到的框架和库之间的冲突。本书的所有代码都是采用 Python 编码实现的,考虑到目前很多算法都有 Python 框架的支持,Python 实践是一个最佳选择。但是这个选择在真正写作书中的案例时,却让笔者感受到极大的痛苦。因为不同章节中的算法对于 Python 支持的版本是不一样的,有的需要 Python 3.7,有的则是高于 Python 3.9 版本就不支持,于是中间需要多次卸载 Python 环境,又重新安装所需的 Python 版本。而卸载的过程一不小心,可能导致依赖的其他包需要重新安装,甚至是 Anaconda 环境或 Jupyter 编译内核的删除与安装。这些过程极其考验一个人的耐心,不仅耗时且容易让人感到十分沮丧。

第二，基于 Python 的深度学习模型的训练对个人计算机或含有 GPU 的服务器是一个考验。在运行深度学习算法时，笔者的个人计算机配置在 Windows 系统中算是比较高的，但是仍然在最后一章深度学习算法实践中遇到了计算机崩溃的一刻。这也是深度学习算法必然要经历的过程，原因可能是梯度爆炸导致计算量过大，于是导致云服务器上的 GPU 集群或实验室中共享的深度学习服务器，在模型训练过程中断或耗时过长，导致整个训练不得不重新来过。然后再局部调整代码，重新开启一轮训练，这时笔者往往心中暗自祈求别再出问题。

第三，写作一本关于语音识别算法的书籍并不容易，因为语音识别涉及的学科众多，如何更合理地将不同内容展开介绍需要花很多心思。好在笔者在读博期间就坚定了好东西是改出来的信念，所以就坚信一遍遍完善，总能有些新思路，也总会比前一个版本更好一些。

最后，这些难熬的过程都走完之后，回头看，发现原来笔者也成长了，毕竟这也算是一次新的学习过程，无论是温故，还是新内容的学习，都是一次又一次的挑战，最终都将成为笔者宝贵的经验。

源代码与数据集下载包

为方便读者学习，笔者把书中的源代码和数据集整理打包相赠，读者可通过 http://www. m. crphdm. com/2023/0925/14648. shtml 地址获取使用。

勘误和鸣谢

结合多年的教学和科研经验，笔者力图做到用简洁的语言揭示深奥的算法原理。但受限于自身的水平，难免存在个人理解上的偏差，或者文字表达上的错误，还望得到广大读者的批评指正，笔者将虚心接受您的建议，使其日臻完善。

最后，要感谢中国铁道出版社有限公司所有编辑在本书出版过程中的辛勤付出。还要感谢家人在我写作期间给予的生活方面的照顾，没有他们的支持与理解，本书不可能在今年完稿。

董雪燕

2022 年 12 月

目　录

第3章 模式识别

第 4 章　语音信号处理

第 5 章　实践前的准备：安装必要的 Python 包

第 10 章 搭建基于 GMM-HMM 模型的语音识别系统

第 11 章 搭建基于 LSTM 模型的语音分类系统

第1章 语音识别概述

提起语音识别，相信读者一定不会感到陌生，因为我们每个人都或多或少地接触过语音识别的应用，例如手机语音导航、商场里的导航机器人，以及人工合成的在线有声书。然而，使用过语音识别的产品和从事语音识别的研究之间，还是有一道巨大的鸿沟要跨越的。弥补这道鸿沟的第一步，就是要对语音识别的基本概念和发展历史有一定的了解。

本章将从语音识别的定义出发，带你深入剖析语音识别的研究对象和研究过程；接着带你领略语音识别发展过程中的重要历程。最后介绍语音识别的常见应用，主要是为了揭示语音识别技术是如何在产品中落地的；关于语音识别目前面临的挑战，则是为了指明其未来的发展方向。

1.1 走进语音识别

作为本书的开篇文字，本节将围绕语音识别的基本定义、任务的分类、主要实现技术和应用场景展开介绍。类似的内容表达难免枯燥，笔者力求简单明了地讲解清楚，适时融入一些图表，以增加阅读的趣味性。

1.1.1 语音识别的定义

语音识别是让机器具备自动接收和分析人类的语音，并最终输出对应文本的过程。为了让这一过程完全自动化地实现，人们设计出了一系列的硬件技术和软件技术，这些技术称为自动化语音识别（automatic speech recognition）系统，该系统的目标简单来说就是将输入的语音转化为文字的输出，如图 1.1 所示。

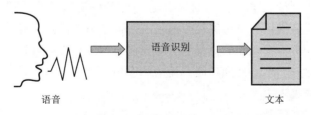

语音   文本

图 1.1 简化版的语音识别模型

图 1.1 展示了语音识别系统的通用模型，这里的通用模型是指不涉及任何技术实现细节的框架。可以将图中语音识别的部分看作是一个智能机器人，该机器人可以接收说话者发出的语音，并经过分析和理解，最终将其翻译成文本并输出，这就是语音识别的核心模块。

一般来说，要清晰地定义一个语音识别系统的目标，必须提前规定好该系统可以接收的语音输入形式，比如单个词、命令短语和连续语音。对应的文本输出形式也要规定好，可以是直接翻译出的对应文本，也可以是经过编码的特殊字符，比如组成发音的基本单位——音素。由此可知，系统的输入和输出不同，决定了语音识别的任务是多种多样的。无论输入和输出的差异如何，在一个标准的实现语音识别系统中，核心的功能模块主要包括四个方面：

(1) 接收输入语音的麦克风设备。

(2) 负责自动分析语音信号的程序。

(3) 完成语音到文字的翻译程序。

(4) 将最终的文本结果输出到显示设备上。

综上所述，一个典型的语音识别系统是由接收语音的设备、运行程序的计算机、显示设备相关的硬件、分析语音信号，以及实现翻译工作的软件组成的。需要指出的是，本书的重点侧重于软件方面，尤其是对语音信号的分析和语音转文字功能实现的核心算法，而硬件部分的介绍则相对简略一些。

到底是语音识别还是语音识别系统

本节提到的语音识别不是一项独立的技术，而是一系列硬件技术和软件技术组成的语音识别系统。但是为了简便描述，多数情况下仍会简称为语音识别。在极少数情况下，本书会将语音识别作为一个研究主题或实现目标，这时它更加类似于人工智能中的图像识别和文字识别。

1.1.2　语音识别任务的分类

语音识别的研究内容十分丰富，可以根据应用场景中不同任务类型对语音识别进行分类，也可以从研究者实现语音识别目标的角度出发，对其进行分类。基于这些分类，可以对语音识别有一个更为清晰的认识。

1. 从应用者角度的分类

从语音识别的应用角度来说，根据输入的语音类型和输出的文本形式的不同，语音识别可以划分出不同类型的任务。常见的语音输入可以是简短的命令或一段连续的口语表达；输出则可以是代表说话人身份的代号或是一段连续语音的逐字翻译稿。

任务不同，意味着语音识别的输入、处理和输出部分要有合理的设计。这里暂且不讨论技术细节，只从输入、核心处理功能、输出和应用场景的角度出发，将语音识别划分为三种任务类型，具体见表1.1。

表 1.1　语音识别的常见任务类型

编号	任务类型	输入	核心处理功能	输出	应用场景
1	命令式	特定命令的关键词语音	a. 识别唤醒关键词 b. 识别命令关键词，搜索程序并控制设备上的程序 c. 识别命令并搜索相关业务 d. 分析说话人的语音特征并搜索可能的身份	a. 程序的工作/休眠状态 b. 设备上的程序名称或类型，以及相关状态 c. 业务名称或类型 d. 身份编码	a. 程序的唤醒 b. 操控设备 c. 银行业务系统 d. 声纹安保系统

编号	任务类型	输入	核心处理功能	输出	应用场景
2	实时转译	一段连续的语音	分析和识别语音所表达的文字信息	语音对应的文字稿	a. 输入法中的语音输入，文字输出 b. 视频加字幕 c. 会议实时记录
3	问答式	多次口语提问	识别每一次提问，搜索可能的回答	定制化的文字回答	a. 手机语音助手 b. 手机导航 c. 机器人助手

表 1.1 中的三类任务，按照复杂度来看是由低到高排列的。下面依次来看一下每种任务的具体情况。

（1）命令式任务

说话者发出简短的命令用语，语音识别的处理部分只要能够准确地识别出这些命令就算完成任务。这类任务比较简单的原因在于，命令的数量十分有限，处理起来并不复杂，对于硬件的要求也不高，因此应用十分广泛。该任务的实现难点在于，可能存在发音相同的命令干扰和说话人口音造成的困扰，导致语音识别无法给出准确的文字匹配。

另外，由于命令式任务需要给说话人提供一些提示语，从而知晓能够发出哪些命令，这给用户带来了一定的学习成本，所以用户体验不够良好。目前，这类语音识别仅适用于业务简单的命令控制场景，例如，用于唤醒应用程序，通过"小度，小度"能够打开百度导航 App。

（2）实时转译任务

实时转译任务是对输入的一大段语音进行实时识别，这个难度相对来说比命令式任务要难一些。直观来看，一段话中往往包含大量词汇，如果采用先识别单词，再组成句子的方式，处理的复杂度会很高。因为一个句子中的单个词汇常常存在多种发音相似的情况，因此很难做到 100% 的识别准确率。好消息是由于常见的句子表达是固定的，并且句子能够提供词语之间的上下文信息；因此，语音识别算法可以利用这些特征进一步提升识别率，比如科大讯飞团队已经能够做到近景下 97% 的准确率，这已经超出了人类能够达到95% 的水平。

（3）问答式语音识别任务

相对于前两类任务来说，问答式语音识别难度更大，因为它需要首先理解提问者的问题，然后还要给出相应的回答。这看似是更智能，好像机器能够真正理解人表达的意思，并实现真正地交流。然而，事实却不是这样。目前的语音识别之所以能做到这一点，是因为设计者提前收集了大量问题和回答的语音数据和文本数据，再加上超强算力的计算机和分布式计算能力，才能做到在从海量数据库中搜索到可能的最佳回答。因此，与其说是机器智能了，不如说是大数据处理技术为语音识别带来的佳音。

2. 从研究者角度分类

对于研究者来说，常常根据研究对象的性质定义研究问题。因此，常见的语音识别会从三个角度进行分类如下：

（1）根据说话的内容不同，可以分为孤立词、连接词和连续语音识别。其中，孤立词识别要求输入的每个词要有停顿；连接词的识别要求输入的每个词都要吐字清楚，但实际上往往会存在一些连音现象；连续语音识别则是自然状态下的句子输入，此时会存在大量连音和变音。

（2）根据说话人的不同，可以分为特定人、非特定人，以及多人识别系统。特定人是指专门识别某个特定的人，比如感兴趣的目标人物；而非特定人则只强调对语音信号的分析，与发音者无关，这要求模型要对不同人的语音数据进行系统学习；多人识别系统则是对目标组内的语音进行分析，最终要能识别出组内的人的语音。

（3）根据词汇量的大小划分，包括小词汇量、中等词汇量和大词汇量。小词汇量是指几十个词；中词汇量则定义为几百到上千个词；大词汇量则一般为几千到几万个词，甚至更多。

从难易程度来看，难度最小的是特定人、小词汇量、孤立词的识别，而非特定人、大词汇量、连续语音的识别实现起来难度最大。

接下来，我们来看看要实现一个语音识别系统，需要哪些重要技术和知识。

1.1.3 语音识别是一门交叉学科

对于人类来说，两个人想要正常对话是十分简单的，只要双方能够理解同一种语言，并具备一定的理解能力，就可以轻松地实现一方说话，另一方理解并回复。双方通过无数次地发出新话题与回复交替进行，便成功地实现了交流。然而，如果把交流的一方换作计算机，这个难度相当大。

早期，科学家认为要做到计算机与人类之间的语音交流，应该采用拟人化的思路。首先，教会计算机人类的语言。另外，还要让计算机具有和人类同样理解能力的大脑。最后，才是通过算法和程序让计算机将这一过程自动化。按照这个思路，我们需要邀请语言学家、脑科学家和计算机专家共同努力才能完成这件事。然而，不幸的是，到目前为止，关于人脑的研究我们所知的还十分有限，可见上面的思路是行不通的。

但是，随着数学家和通信专家的不断探索，揭示出语音识别的过程可以不必采用模拟人类交流的方式便可以实现，只要依靠最基本的数学原理和计算机擅长的"01"计算能力，再结合大量数据让计算机自行学习，就可以让这一切成为可能。这也是近年来语音识别主流的实现思想，即基于机器学习的思路，这也是本书要讨论的核心内容。

从技术构成来说，语音识别综合了许多学科的知识和技术，包括必备的基础背景知识，如语音学、语言学和统计与概率论；用于初级分析的数字信号处理和一门算法编程语言；接着，机器学习和模式识别中的算法和模型用于高级分析；最后在应用阶段，要通过嵌入式开发完成硬件芯片的开发，框架式编程实现网络应用的开发。由图1.2可知，它们之间是层层递进的关系，每一层都是建立在下一层的基础上，因此，打好每一层技术的基础十分关键。

接下来，将阐述上文提到的九种技术在语音识别中的作用。

1. 语音学

为了让机器能够记录说话者的声音，要借助一种称为语音学的技术。这里语音识别用到的语音学技术主要是指声音的记录和合成，其中就包括麦克风技术和信号处理技术。

很多人以为麦克风只是用于收集声音的，没什么技术含量，这种想法是错误的。其实为了保证机器能够在任何场景下都能接收纯净没有噪声的语音信号，必须依靠良好的麦克风设备。最好的麦克风可以做到过滤背景音、消除混响、突出主体说话人的声音，这些都离不开声学技术的支持。

在具体的实现技术中，研究人员重点对人的发音机制和听觉机制进行研究，这样能够在物理层面做到让机器制造出与人的声音相似的效果，也就是计算机的录音和声音合成技术。另外，分析声音在信道中的传播，有助于解决如何消除噪声的问题。最后，关于声音的数字化特征，会在语音识别中对语音的分析产生巨大作用。由此可见声学技术在语音识别中的重要性。

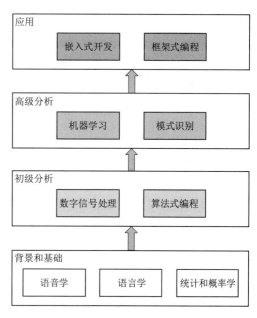

图 1.2　语音识别的主要技术

2. 语言学

语音识别中很重要的工作是要将语音解码成文字；因此，从事语音识别的研究人员还需要对语言的产生机制有一定的了解。并不是说要成为语言学家，但至少要知道语音和文字之间的对应关系和表达方式，并试图让计算机完成分析。

其中，需要重点理解的是发音的规律和句子的构成。交流的表达一般以词语和句子为主，当语音识别算法能够识别出单个词时，如何将其组合成正确的句子，就需要对语言的语法有一定的理解，比如，最常见的分析法是上下文分析法。在很多情况下，我们不能逐字翻译，而是应该根据上下文判断出下一个可能的词语。

3. 统计和概率论

目前语音识别系统都是基于统计学中的概率理论实现的。其中，最著名的概率论理论就是贝叶斯概率模型，它不仅能够帮助我们在广大的数据中找到概率最大的可能性状态或类别，也能够帮助我们设计一些优化器和分类器。常用的概率论知识是最大似然估计、贝叶斯统计、HMM 模型和 LSTM 模型。

在数据分析中，也常常需要对概率密度函数进行统计，这也是概率论的常用之处。关于语音识别中涉及的概率论知识，我们将在第 2 章进行详细介绍。

4. 数字信号处理

在数字计算机中，声音被当作信号处理。最原始的声音信号原本是一组连续气压的压力值，为了以数字化的方式保存到计算机中，这些模拟信号必须经过采样、量化和编码处理，最终以少量数据组成的波形图的方式存储。这种波形图具有一些显著的特征，比如围绕 x 轴上下的能量大小、周期和过零率，这些都可以用于分割出有效的声音片段，过滤出静音部分，这对于提高语音识别的效率帮助很大。

另外，考虑到计算机擅长的是向量和矩阵的运算，因此，这些波形图必须要转化为向量和矩阵的形式。其中最常见的矩阵形式就是时频谱图，而向量则主要通过 MFCC 的变换得出的特征向量。了解这些技术，有助于更好地提取出能表示语音数据的特征值，便于后续的识别任务。

最后，信号处理中关于编码和解码的知识，也是需要了解的。一般认为，人首先具有要表达的想法，这些想法一般用文字来描述，如果将这些想法说出来，就是对其进行编码。反之，计算机的做法是将这些语音还原成原来的文字描述，这就对应着解码的过程。因此，很多时候，语音识别的关键实现技术被称为设计编/解码器。

5. 算法式编程

要想对语音信号进行分析，具备一门编程语言是必不可少的。当然，你并不需要精通复杂的 C 语言，而是能够实现数据分析和算法就可以。

常见的算法式编程语言包括 Python、R 和 Matlab。

6. 模式识别

语音识别是属于模式识别的范畴，它的识别对象是语音信号，目的是通过提取一些特征，实现统计分析和决策方程的计算，从而找出输入的语音信号中对应的发音。这一部分是语音识别的重点内容。更多内容将在第 3 章详细阐述。

7. 机器学习

人类在学习时，是通过对知识和经验的不断重复和总结才逐渐习得其精髓的。为了让机器能够做到理解人类的语音，一种可行的办法是给它一批数据，训练机器去学习这些数据，从而让它知道什么样的发音可以翻译出怎样的文本。这样在面对一个新的语音输入时，便可以直接翻译出来。这就是机器学习的本质。

机器学习的前提是，有一大批语音和文本对应的数据，还有一个待训练的模型（可以认为是未开化的大脑），通过不断给这个模型灌输这些数据，最终该模型得出一种最优解（即开化了）。这样就可以用于去识别新的语音。

根据模型的不同，典型的机器学习包括传统的机器学习技术和深度学习技术。这些技术主要被用在以更合适的方式表示数字化的语音状态特征，以及完成语音到文本的映射。更多关于机器学习算法和模型的内容，将在第 6、7 章陆续介绍。

8. 嵌入式开发

近年来，语音识别已经被应用在智能家居的场景。这些需要用到嵌入式开发，才能将语音识别的程序写入一个 DSP 芯片中，实现智能设备的语音控制。

语音识别的嵌入式开发一定会用到 C 语言，因为它对底层硬件有更好的操控性。不过，这不是本书的重点。如果你对嵌入式开发感兴趣，推荐你自行研究。

9. 框架式编程

现在很多语音识别的应用都是在一个框架内实现的，一般来说，语音识别的框架都是由大型企业或科研机构负责建立的，这样其他个人或研究个体可以轻松地调用其接口，实现定制化的应用。

常见的中文语音识别框架包括清华大学建立的 Kaldi、科大讯飞公司研发的讯飞开放平台、微软公司开发的 HTK，以及谷歌公司开发的 Google Speech API。你可以根据需要，选择其中一种或几种去应用。

以上介绍了学习语音识别需要掌握的关键知识和技术。接下来去看看语音识别的应用，即它是如何在产品中落地的。

1.1.4　语音识别的应用

随着技术的不断突破，语音识别在日常生活中的应用已经屡见不鲜。本节就来看看语音识别的主要应用场景。

1. 自动生成文稿

由语音识别的目标可知，它最擅长的就是将连续语音转成文字稿。下面来了解一下文稿自动生成的三个最常见的应用。

（1）语音输入法。例如，智能手机上自带的语音输入法、微信的语音转文字、科大讯飞在计算机上的输入法等。

（2）会议记录。对于一些重要的会议，如果每个人的发言都用人工来做实时记录的话，费用是相当高的。这时可借助于语音识别会议软件，比如，科大讯飞公司的讯飞听见系统就是一款专业的商业会议听写软件。另外，语音识别软件还被用于帮助聋人理解听人的一种方式，并深受聋人的喜欢，这也体现了科技的发展打破了聋人与听人之间的交流障碍。

（3）给视频加字幕。语音识别还经常用于给视频的后期添加字幕，以前这个工作需要提供演员的台词以及与台词相匹配的时间脚本，最后通过音频转码软件才能完成。而现在有了实时语音识别技术，可以做到边录制视频边生成实时字幕，这一过程变得十分简单。

2. 人机交互

语音识别最广泛的应用在于人机交互。可以说，语音识别技术改变了我们与计算机设备、家居、汽车的交流方式。接下来看一些典型应用。

（1）语音唤醒。过去我们只能通过鼠标和键盘与计算机设备进行交互。现在有了语音识别，我们能够做到，以最自然的说话方式唤醒计算机。例如，通过说出"小度，小度"的命令，计算机会自动打开百度地图的导航应用。

（2）自动驾驶汽车。现在许多汽车上的车载系统都允许司机通过语音接打电话，打开音乐、收音机、空调等。这样他们就可以更加专心地开车，而不用将眼睛离开前方的道路去操控按键，这不仅体现了更加人性化的服务，同时也在一定程度上降低了交通事故发生的概率。

（3）商场导航机器人。人机交互场景最常见的是商场内的导航机器人，人们可以通过语音发出命令与机器人互动，比如让它拍照，也可以让它帮助你导航，告诉你怎么去感兴趣的店铺。

（4）语音操控设备。命令式的语音常常用于操控设备，比如银行的取款机器或在线银行网站，允许人们通过语音代替原始的按键或鼠标的操作方式，这样不仅更加人性化，而且还能帮助盲人解决视力不足带来的问题，可谓一举多得。

（5）智能音箱。智能音箱设备的技术目前较为成熟，它能够实现控制音乐程序的状态，甚至还可以间接控制计算机的应用软件。

上述人机交互的应用场景虽然已经十分广泛，但语音识别的技术的应用，仍然存在一些不足，比如操作流程不够人性化，有时准确性还无法达到用户的满意，所以未来的应用仍然存在许多挑战。

3. 问答式语音助手

只有语音作为交互媒介还不够，人们还希望机器与人有更多的互动。于是，有了一些问答式的语音产品。

（1）语音助手

最早的语音助手是 iPhone 的 Siri，后来其他科技公司也开发了相应的语音助手产品，比如微软的 Cortana 和谷歌的 Google Assistant。这些助手就像身边语音版的生活指南一样，告诉你附近的商场、餐馆、停车场、今天的天气情况等。这些都归功于庞大的数据库的支持，也就是这些商家要允许助手软件调用这些数据接口，以获取商家的地址或预定信息。

（2）机器人客服

交互式问答还被用于客服机器人。许多大型公司为了节省人力成本，引入了语音聊天机器人作为客服人员，可惜的是，这类机器人有时候并不能真正理解消费者的提问，而是从标准的回答列表中找出类似的回答不断跟消费者确认，这引发了一些投诉和抱怨。

（3）智能机器人

随着大量短视频的发展需求，近年来还发展出一个最新应用，就是智能机器人，它以近似于真人人像的方式出现在屏幕上，并且可以做一些和主播一样的动作和表情，这样用户就像和真人交流一样。交流的过程自然也离不开语音识别技术。

由此可见，问答式语音识别的应用场景的潜力很大，但是小型公司因为资金和技术有限，只能做出一些功能十分有限的产品。相比之下，大型公司由于技术能力强大且数据量丰富，能够更好地服务于用户。

4. 安保系统

语音识别还有一类应用就是基于声纹识别的安保系统。该系统将人的语音作为身份的特征，希望可以做到像指纹和人眼虹膜一样，实现身份认证的唯一性，从而用于安保入口的监控系统。尽管对于这个假设尚存一定的质疑，许多人甚至担心声音很容易造假，导致安保系统失效。但是这并不妨碍许多人仍然在从事这方面的研究，并且可喜的是，有一些系统已经被用于公安和金融部门的安保应用。

5. 语音合成

前面提到的场景都是对语音转文字的应用，但其实只要具备了语音识别的能力，和它对应的应用也是水到渠成的，那就是语音合成。最初，语音合成常常用于代替人工的阅读，最初级的语音合成没有任何感情色彩，用户反馈一听就像毫无生气的"机器人"。后来，随着情感识别技术的发展，才有了特定说话人的语音合成的应用，比如导航播报系统。

综上所述，语音识别从最初只是作为人机交互界面的一个重要功能，目的是让人们能够以更加自然的方式操控计算机。后来，随着应用场景的不断扩大，语音识别已经在朝着机器理解的方向发展，也许未来有一天机器真的能够做到与人类有效地交流，甚至感受不到对方是一台"机器"。

下一节，我们将看看科学家们为了让计算机自动化地识别人类的语音所做出的努力，一起来看一下，语音识别的发展所经历的技术突破。

1.2　发展概况

任何技术的发展都不是一蹴而就的，语音识别也不例外。从自动化程度来看，可以将语音识别的发展历史分为两个阶段：第一个阶段是为了模拟人类的发音，主要目标是记录语音和合成语音；第二个阶段是对语音信号的分析，并且逐步将分析的过程自动化。

1.2.1　人工语音识别

早期的研究主要集中在对人类发音机制的探索研究，从物理上实现人类的语音信号的收集、存储和合成。该时期的发展可以分为两个阶段，如图 1.3 所示。

图 1.3　早期声学技术的发展

1. 孤立词的语音合成

关于孤立词的语音合成，其典型的代表作品为 1791 年沃尔夫冈·肯佩伦发明的声学机械化语音机（acoustic-mechanical speech machine），该机器纯手动控制，可以发出单个元音的声音，也可以发出一些复杂的混合音。它包含如下三个重要组成部件：

（1）模仿肺部呼吸的压力腔；

（2）声带的振动弹簧；

（3）一个皮革制的管道模仿声音传输。

该语音合成机器的发声原理是通过人工操控皮革管的形状，制造出不同的发音。该机器只能发出由基本音素构成的简单词汇（比如爸爸），并不能发出十分复杂的词汇。所以它的用途十分有限，但是它的发明仍然是声学领域探索方面的一个重要里程碑。

2. 连续语音的记录和合成

在这个阶段，值得一提的是托马斯·爱迪生帮助在 1889 年发明的第一台听写机，它主要用于记录操作员的语音，并支持语音的回放，帮助记录员手动产生文字稿。为了说明这个听写机的工作原理，以 1903 年的一台 Ediphone 为例，如图 1.4 所示。这是一款手摇式听写机，包括四个重要部分组成：听写机、蜡筒、回放机和打磨机。

（1）听写机：主要是一个听筒，用于接收说话人的语音，通过内部的传声管，可以自动操控另一头的刻画机，随着说话人一边说话，这些信息便以字符的形式被一行一行地雕刻到转动主轴的蜡筒上。

图 1.4　Ediphone 听写机

（2）蜡筒：用于记录语音信息，主要采用轴动雕刻的方式，保存说话人语音转换后的字符。一个蜡筒可以雕刻 1 000 个左右的字符，并且可以重复使用 130 次。值得注意的是，这些字符并不是人类能够理解的文字，而是后期用于回放还原语音用的。

（3）回放机：回放机的作用是将这些字符重新合成语音，并通过传声管传输到记录员的耳中，最终实现人工转文字稿。如果记录员有听不清楚的情况，则可以通过控制操作杆，选择性地拨回到某一段录音重新播放。

（4）打磨机：为了重复利用蜡筒，打磨机主要用于刮去蜡筒上原来的记录，从而恢复原来光滑的表面，用于新的记录。

由上述四个部分的介绍可知，当时的听写机只能做到通过听筒接收和输出语音，而蜡筒则用于实时保存语音信息。这些保存的信息可用于录音的还原，从而使记录员可以去反复播放该录音，实现人工产生文字稿。

3. 听写机的先进性

听写机的发明是人类通过机械手段收集语音信号和保存语音信息方面的重大贡献。其中，以蜡物质为原材料实现了对语音信息的存储，并通过磁性机械化的手段，实现随着听写人不断录入语音，自动地将一些字符雕刻到蜡筒上。更重要的是，蜡筒上的信息可以通过回放的方式还原成语音信号，从而让打字员可以整理成文字稿，这就让语音合成变成了现实。

在 1889—1930 年间，爱迪生发明了一系列听写机，并在商业中得到应用，主要被政府会议记录员和事务所的律师采用，用于政府和商业方面的录音转稿。可以毫不夸张地说，听写机的出现，开启了语音识别的第一个重要阶段——机械化语音的合成技术时代。

4. 听写机的缺陷

虽然听写机的商业化成功极大地推动了语音识别的发展进程，但是此时的设备仍然存在很大的缺陷，主要体现在以下三个方面：

（1）蜡筒作为存储声音信息的载体，其存储量是十分有限的。因此，无法做到长时间语音信号的收集。

（2）由于采用听筒式的机械设备，只能够接收声音频率较低的说话人的声音，不适合录制高频信号的声音。

（3）采用录音和放音的机械设备，以及使用效率不高的蜡筒，导致其成本高昂，无法做到大面积的商业化应用。

由于上述原因，爱迪生的听写机在商业中仅仅使用了 30 年的时间。为了尽快解决这些问题，越来越多的科学家加入到声学研究之中。

5. 电子语音合成技术

最值得一提的贡献是 1906 年真空三极管的发明，标志着电子录音设备渐渐取代了传统的机械录音机。随后，1930 年又实现了将声音信息刻画到塑料制成的光盘和磁带上，蜡筒就被彻底取代了。这也标志着机械化的语音合成技术转变为电子合成技术。该时期主要利用蜂鸣器和集成电路模拟人类的发声机制，生成电子声音，于是就有了大量成本低廉的电子录音设备。

基于这些电子设备，后来的人们仍在尝试制作出人声的发音装置，目的是理解语音产生的机制。这一时期值得一提的产品是 1939 年的 Voder，它可以模仿人的声道，发出类似语音的声音。之后的时间里，大量研究都是在研究人的发声机制，并应用于计算机的自动化语音合成。

综上所述，早期的语音识别阶段是以声学原理为主的研究，科学家试图通过研究人类的发音机制，利用各种机械设备和电子设备来记录说话人的声音，并通过机器合成声音，从而实现人工识别文本。这个阶段对人类声学机制的认识做出了重要贡献。从语音识别的整体发展来看，它仍然处于人工识别的阶段。

1.2.2 自动化语音识别

早期的研究为数字化语音数据的收集和分析打下了坚实的基础，但是识别的任务需要人工来完成，而我们希望做到的是自动化地识别语音，而这则要追溯到 20 世纪 50 年代，最具有代表性的事件就是 1952 年 Bell 实验室发明的一款名为 Audrey 的系统，真正做到了机器自动识别特定说话人发出的数字语音。这标志着自动化语音识别的诞生，并开启了一段黄金发展期。图 1.5 详细地列出了这段时期语音识别的发展历史，通过它，我们先对语音识别建立起一个相对清晰的轮廓。

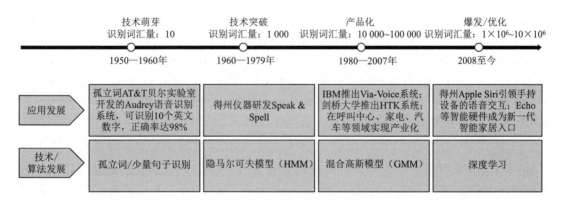

图 1.5　语音识别的发展历史

接下来将重点针对这一阶段中语音识别技术、应用、算法和基础设施的发展，展开详细介绍。

1. 技术突破

自动化语音识别经历了 70 余年的发展，其中，关键的技术突破可以分为四个阶段。

（1）第一个阶段（1950—1960 年）

世界上第一台被大多数人认可的语音识别机器是贝尔实验室开发的 Audry。它诞生于 1952 年，被称为自动数字识别器，可以识别出 0~9 这十个英文数字的发音，且准确率高达 90%。然而，该系统对说话者的要求很高，每一个数字的发音之间必须停顿至少 350 ms。另外，要保持高正确率的秘诀是 Audry 对说话人的声音已经非常熟悉。如果换成陌生人的发音，则识别率仅能达到 70%~80%。这说明 Audry 缺乏通用性。无法适应说话人的发音差异，例如，由于地域不同导致的方言，情绪不同导致的语速也会存在差异，这些差异会对 Audry 的识别率造成很大影响。

（2）第二个阶段（1960—1979 年）

这个阶段用到了语音编码算法，比如 LPC（linear predictive coding）、DTW（dynamic-time warping），最好的语音识别系统能够识别出 200 个英文单词。第二个代表性作品是

1971 年卡内基梅隆大学的亚历山大发明的 Harpy，该系统可以理解 1 000 个英文单词。然而，这个阶段还处在说话人识别阶段，也就是无法做到与说话人无关的识别。

（3）第三个阶段（1980—2007 年）

1987 年，随着语言模型 N-gram 被引入语音识别系统中，科学家才开始识别出连续语音。典型的代表作是 1992 年黄雪冬发明的 Sphinx-Ⅱ，该系统能够做到大词汇量的连续语音识别，且与说话人身份无关。

另外值得一提的是，IBM 发明的 Tangora 系统使用 HMM（hidden markov model）表示语音信号，该系统可以识别多达 20 000 个英文单词和部分完整的句子。直到 2000 年，HMM 仍然是当时最流行的语音识别算法之一。直到长短时记忆网络 LSTM（long short time memory）的出现，世界上第一个连续语音识别器正式诞生，说话人不需要在每个单词之间停顿，语音识别系统就能够做到每分钟识别 100 个单词，至今该算法仍在使用。

（4）第四个阶段（2008 年至今）

这个阶段机器学习，尤其是深度学习的发展为语音识别技术带来了很大的突破。2010 年苹果公司推出的 Siri 语音助手，标志着语音识别在消费市场中得到大规模应用。2016 年随着深度学习模型超强的学习能力，很快有人提出将其应用于语音识别。但是，深度学习模型（DNN）无法直接应用在语音识别中，因为语音信号是时序连续数据，因此，常见的做法是融合 HMM，从而更好地描述动态变化的语音信号，构成了 DNN-HMM，使得它能够在大规模连续语音识别任务中获得出色的表现。

值得注意的是，端到端（end-to-end）语音识别系统成为最新的技术趋势，它免除了 GMM-HMM 模型中训练三音素的过程，更有甚者，研究者还希望去除发音词典，从而做到声学模型和语言模型的联合训练。虽然这种想法很好，甚至也可以提升识别效率，但是这需要大量标注数据的支持，这个典型的代表是清华大学提出的 CTC-CRF 模型。

接下来，从模型和算法角度，去看一下语音识别系统的实现中所涉及的主要技术。

2. 典型的声学模型和算法

目前，语音识别系统的实现框架主要是以机器学习算法为核心，因此，该系统通常要经过训练和应用这两个必要的阶段，如图 1.6 所示。其中，训练阶段要训练两个模型，分别是针对语音数据的声学模型和针对文本数据的语言模型。在应用阶段，则是针对当前输入的语音，采用同样的特征提取算法，进而产生语音的特征向量表示。在这种特征表示的基础上，应用训练好的声学模型、发音字典和语言模型，并结合搜索算法，找到这些特征对应的最佳文本匹配。

接下来，将详细介绍图 1.6 所示的模型和算法在实现一个语音识别系统中的作用。

（1）声学模型

首先，从图 1.6 上方的左侧第一个模块来看，当语音信号输入后，第一个任务是特征提取，其目的是将原始语音的信号以少量的数据向量表示，从而实现数据的降维。然后这些降维后的向量将交给声学模型用于训练，其目的是确定模型中的未知参数，一旦参数确定，就表明声学模型建立完毕。当一个未知的数据输入时，便可自动实现对该语音可能的发音做出判别。

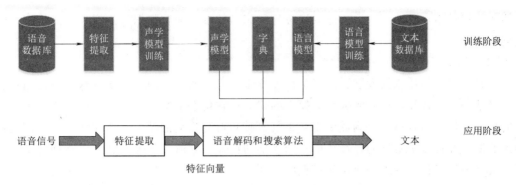

图 1.6　语音识别系统常见算法框架

（2）语言模型

在从图 1.6 上方的右侧第一个模块来看，一般会提前准备一个文本数据库，然后根据一些规则训练一个语言模型，语言模型的意思就是指某个单词在一句话中的顺序、位置，以及语法构成等。通过对大量数据的训练后，可以确定出一个语言模型，用于检测未知文本。

（3）发音字典和搜索算法

为了找到发音和文本的对应关系，需要用到一个包含所有发音的字典；同时，为了完成发音和文本之间的匹配关系，还要用到搜索算法。这样最终才能实现语音和文本的唯一映射。

接下来，结合一个例子看看上述模型和算法的产出。这里以音素为声学建模的单位，我们来看一下语音识别系统中各个处理模块的具体描述。

（1）语音数据是一个经过 PCM 编码的 .wav 格式的文件。

（2）特征提取的结果是一组向量，比如（0.1, 0.3, 0.4, 0.7, …, 0.9）。

（3）声学模型是指根据特征向量，得出音素的表示序列。即已知（0.1, 0.3, 0.4, 0.7, …, 0.9），得出 ni3hen3piao4liang0。

（4）字典是发音序列到文字的一一映射：尼 ni2，你 ni3，狠 hen3，很 hen3，漂 piao 4，票piao 4，亮 liang4。

（5）语言模型是从候选的文字中找出概率最大的字符串序列：你 0.072，你很 0.634，票 0.056，漂 0.045，漂亮 0.768。

（6）通过结合语言模型和搜索算法，得出最终的输出文本为"你很漂亮"。

上述例子仅仅是为了帮助你对语音识别系统的组成模块有一个基本认识。在实际的语音识别系统中，每一部分的输出要比例子中复杂得多。

3. 常见的声学模型

现在主流的观点认为，语音识别可以根据采用声学模型方法的不同将语音识别技术分为三类。

（1）基于 HMM（隐马尔可夫）的声学模型

基于 HMM 的声学模型是采用比音素更小的单位——状态，作为构建模型的基本单位，建立一个 HMM 模型。该模型的构建过程将在第 5 章详细阐述。

由于 HMM 能够很好地体现语音信号在一段时间内的变化特征，因此目前仍然有一些公司采用 HMM 作为建立声学模型的主要方法。实验证明，以 HMM 为主的语音识别框架即使在数据量不足的情况下，也能取得较好的识别效果。随着数据量的增加，能加强声学模型的鲁棒性。

（2）基于深度学习的声学模型

随着神经网络技术的发展，出现了以深度学习为主的语音识别框架。这类框架通过神经网络结构自动计算特征并完成声学模型的建立；它免去了特征提取的先验知识，取而代之的是，直接将语音信号的频域变换结果（即傅里叶变换后的结果）直接作为神经网络的输入数据，经过多个隐层的计算得出不同级别的特征，并通过多轮训练得出不同特征的权值，最终采用最佳的网络完成声学模型的构建。

其中，比较著名的神经网络是循环神经网络，因为它考虑了语音信号的时序问题，即结合上一个词和下一词的信息，从而使得参数的优化更加符合语言的语义特性。由于省去了人为设计特征的步骤，深度学习是目前许多语音识别系统常用的方法。

（3）基于端到端的算法（end-to-end）

端到端是比前两种方法都要高级一些的算法，它的一端是音频序列的输入，另一端是文字序列的输出，其中省去了声学模型和语言模型的对应。目前常见的端到端的算法包括CTC和基于注意力机制的编码—解码方法。

虽然端到端的语音识别模型不再需要单独训练声学模型和语言模型，实现过程比较简单。但是在一些复杂的场景下，其识别结果不够稳定。由此可见，要想真正将该技术推广到实际应用还是有很长的路要走。

1.3　面临的挑战

语音识别技术的相关研究虽然经历了近百年的发展，其技术已经较为成熟，在一些场景中也得到了广泛应用。但是，距离大规模的市场化应用尚有一段不小的距离。毕竟我们希望看到的是通用应用场景下精确的语音识别，而不是特定场景；另外，无论说话者是谁，都应该能够准确识别，只有这样才能更好地服务于人类。

目标很理想，现实却很残酷。一说起通用应用场景，就可想而知其问题的复杂性和艰巨性。这要求语音识别系统不仅要"教会"计算机理解语音信号，而且还要考虑不同说话人个性化的语言表达方式。另外，在具体应用中，会发生很多个新需求的场景，因此，还要考虑模型的适应力。再有，要考虑收集到的声音是否真的可靠，是否能实现多场景下稳定地接收语音。最后，收集到的所有语音数据都跟人有关，要考虑一旦有人利用这些数据去做一些违背道德的事情该如何收场。

可见，为了不断接近理想化的目标，语音识别还要克服无数个困难。总的来看，目前主要面临的挑战可以分为以下五个方面：

（1）语音信号自身体现出的复杂性；

（2）分析语音信号的模型也存在无法避免的弊端；

（3）麦克风阵列和GPU运算等硬件设备发展遇到的问题；

（4）应用场景提出的巨大挑战；

（5）收集语音的数据会涉及人们的隐私，引发伦理问题。

1.3.1　语音信号的复杂性

语音识别简单来说就是将语音转化成文本，但在具体应用场景中，会遇到很多难题，主要集中在说话人的差异和噪声影响两个方面。

1. 说话人的差异

此问题表现在不同的说话人，受个人的发音器官、口音和说话风格的影响，即使是同一个句子，可能每个人的发音也会存在差异。另外，即使是同一个人说话，在不同时间和不同情绪下，发出的语音也会存在差异。于是，这就给语音识别带来了很大的困难。最大的问题是每个人的语速不同，有的人可能会说"你好"，有的人可能会说"你……好"，两个声音文件都应该被识别为相同的文本：你好。但是两段声音持续的长度不同，要对齐到固定长度的文本，这个存在一定的困难。为了解决这个问题，发展出了一些技术，包括 DTW（dynamic time warping，动态时间规整）算法，这类技术主要用于识别孤立词，对于连续的语音识别问题，它显得无能为力，因为计算量太大。

2. 噪声影响

噪声的影响主要来自说话人所在环境中的背景杂音影响，除此之外，声音在传输过程中，受到信道和麦克风的影响不同，造成语音识别系统接收音频信息时，也会产生一定的质量问题。常见的情况是，说话人所处的环境掺杂其他背景声，比如风声、其他人的说话声、背景音乐等，这导致待识别的语音信号的质量被削弱。一般的做法是通过信号分离处理技术，将已知的背景噪声去除，只保留说话人的语音信号。然而，当存在多个说话源时，机器是无法区别谁才是真正的主要说话人，这也是目前最大的难题。

1.3.2　机器学习模型的局限性

目前的绝大多数语音识别系统都是采用以机器学习为主的算法和模型，对声学模型和语言模型进行分析，这些方法主要是从统计学角度出发，通过设计一套合理的机器学习框架，实现语音到文字的识别。

这类框架的特点是，以机器学习算法需要大量观察数据作为统计分析的基础，进行特征学习和分类模型的训练。关于如何将语音的特征与语言模型中的单词或句子对应被看作概率问题，希望通过搜索算法实现语音与单词或句子的一一映射。当遇到新的语音数据时，可以利用已经训练好的特征表示该数据，同时通过分类模型找到最可能的发音，最后与语言模型相结合，找出最可能的文本。

基于统计和概率论的知识，可以很顺利地将语音识别的问题转化为数学可求解的问题，这样计算机就能做它擅长的事情。也就是说，数学可以很容易地表示逻辑上的"真"和"假"的问题。然而，在语音识别的任务中，存在一些无法用数学描述的事情。比如"我喜欢你"和"我喜欢鸭子"具有很大差别的含义，但是数学算式却无能为力。

另外，就统计理论的本质而言，它是基于对已有数据的观察和统计，从而预测未知数据发生的概率。这就意味着两个方面：一方面，我们不可能收集全部的数据，因此随着新数据的不断增加，最终的结果还会发生变化；另一方面，过去的经验对于未来的事物也不一定总是有效的。因此，目前大多基于统计学的方法，只能以较高的精度（97% 以上）"猜对"识别文本，但无法保证百分之百的正确率。

为了保证机器学习模型能够学习到足够多的"经验"，常见的做法就是尽可能地收集大量语音数据，不仅从丰富性上，还要从数量上满足多种复杂情况下的识别场景。然而，即使收集了足够量的数据，但是机器仍然无法做到准确识别。接下来，看一下在基于语音搜索的场景下，大数据可能存在的问题。

1. 大数据并不完全可靠

Siri 是苹果公司开发的一款智能手机问答系统。如果你第一次使用 Siri，则需要根据要求，连续地通过语音输入"嘿 Siri"，这一步的操作是为了收集你的声音作为唤醒 Siri 程序的训练数据，这样以后当你再次对着 iPhone 说出"嘿 Siri"时，Siri 就会自动跳出。

那么接下来，你可以尝试向 Siri 提出以下两个问题：

问题 1："请问附近有什么好吃的中式餐厅？"

问题 2："请问附近除了中式餐厅，还有什么餐厅？"

针对这两个问题，Siri 给出了同样的回答，它列出了附近最好吃的中式餐厅的名字和地理位置，并推荐了第一家中式餐厅的路线。看似贴心，但实际上它对提出的第二个问题在答非所问。

出现上面尴尬情况的原因在于，训练 Siri 做语音识别的数据中很少包括问题 2 的问法，大多数都是问题 1 的问法。这说明 Siri 并不会真正理解你的问题，而是根据人们常问的问题大数据人为设计出回复的。通常，它会依据问题中的关键词，搜索一个庞大的餐厅数据库，从而得出最可能的餐厅列表。以目前的技术来看，其他类似的语音识别产品也差不多是这种情况。

由此可见，虽然目前语音识别系统的准确性已经不是什么大问题，但是它仍然无法给你提供想要的服务。在问答式应用中，语音助手的回答很容易受到所收集数据的影响，甚至对未见过的数据表现十分糟糕，出现答非所问的情况。当然，你可以说继续增加回答数据的收集范围，添加一些像上述问题 2 那样的数据，或者调整对副词"除了"的权重，重新设计问题中关键词的语义理解。这些想法都很好，但是意义不大，因为产品设计师不能不顾成本地一直收集数据，而且深度学习也无法做到对一些没有实际意义的副词的逻辑推理。如果你仍然执迷于智能助手，可以尝试训练自己，问一些大家都常问的问题。然而，这似乎背离了机器是服务于人的宗旨。

由于数据库不可能无限大，设计者也无法猜出用户所有可能的提问，因此，它始终只能在特定范围内表现出色，若是遇到不明白的问题，语音识别也只能回答"对不起，这个问题我不擅长"。

因此，可以看到，由于语音识别所采用的算法本质上是基于统计学和概率论的理论，就意味着它始终是个概率问题，而不是基于逻辑推理和理解实现的。另外，虽然深度学习算法能够提高识别率，但是它需要大量数据作为训练集，这就意味着它未来也只能识别与训练集数据类似的测试集，而对于从未见过的数据集，它就无法保证仍能获得较高的识别率。最后，现实世界中的语音数据是十分复杂的，对于一些具体的应用，收集大数据的成本是十分高昂的，随意收集用户的数据还牵扯到伦理上的问题，这个后面在 1.3.5 小节中会详细阐述。

2. 深度学习模型的"黑箱"操作

自 2010 年深度学习模型取得了较大的进展后，它也被许多语音识别系统采纳。该类模型能够通过大量训练数据去学习更好的特征表达，并且能够减少语音和文本匹配之间的误差，同时在当前 GPU 拥有的超高算力的基础上，其效率也在不断提升。

然而，究其本质，人们至今还无法理解计算机自身是如何通过多层神经网络进行学习的，也就是这些中间层的神经网络的结果无法更好地展示出来，帮助我们剖析；而这会产生三个明显的问题，具体包括：

（1）无法分辨出哪一层的特征是关键的，无法准确知道一共需要多少层；

（2）无法确定出错的原因；

（3）面对未知数据，束手无策。

综上所述，虽然深度学习在特征选取方面为人类省去了不少麻烦，但是它自身却带来了新的问题。

语音识别作为实现人工智能十分关键的一步，人们在该领域做出了大量的努力，也取得了一定的进展。但是，语音识别距离真正的人机交流还有很长的距离。未来语音识别的真正方向应该是机器对语音的理解，又称语音理解。这比语音识别又高出一个层级，意味着，我们既要避免采用传统统计理论模型的天花板，同时还要避免深度学习算法的"黑箱"操作，我们真正需要的是让计算机自身具备智能的能力。

1.3.3 硬件设备的制约

前面提到的模型和算法都属于软件部分，一个优秀的语音识别系统还离不开硬件的支持。这里需要重点指明的硬件设备包括录入声音的麦克风和运行深度学习算法的 GPU。

1. 麦克风阵列

在语音识别系统中，原始数据质量的重要性是不言而喻的。具备一定的清晰度和辨识度的原始语音信号不仅能够帮助训练可靠的声学模型，同时，还能为其他处理模块提供良好的基础。而这需要良好的麦克风阵列设备才能实现。

目前的研究表明，多声道的麦克风要比单声道的麦克风收集的数据质量更好，从而有助于提升语音识别的准确率。同时，由于声音在传播过程中很容易受到背景噪声的影响，因此良好的麦克风还应能够做到滤除噪声。对于远景识别的应用，其对语音数据的质量要求更高。考虑到复杂场景中包含着混响和鸡尾酒会效应等问题，这些真实场景中的问题，给麦克风带来了极大的挑战。因此，现在的麦克风已经不再是简单地完成声音的收集并转化为数字信号，还需要引入一定的去噪、去混响等特殊算法，从而在一开始就提升原声的输入质量。以目前的技术来看，这方面的研究十分有限，尤其对于多个人说话的场景。

2. 高算力的 GPU

近年来，以大数据训练为主的深度学习算法成为主流，而这类算法涉及大量运算，普通的双核 CPU 无法高效率地完成识别任务。因此，GPU 被大量引入计算机设备中，这极大地提升了计算机进行大量并行运算的效率。然而，让许多人感到压力的是，一些超级复杂的神经网络模型在训练时所需要的 GPU 数量至少需要 32 块，而一块 16 GB 内存的 GPU 的造价则高达 10 000 元。如此高昂的成本，让许多个人研究者望而却步，转而去研究其他小众算法。目前最新的深度学习技术，仍然只掌握在一些实力雄厚的大型科技公司手中。

关于算力不足的问题，一个可行的办法是租用大型科技公司的云算力和深度学习框架，比如百度的深度学习平台 PaddlePaddle，但是这会涉及个人研究的隐私问题，需要权衡利弊。

1.3.4 应用场景的复杂性

在最好的情况下，孤立词和连续语音识别的准确率已经可以达到97%以上，似乎这已经足够。但在实际的应用中，语音识别往往只是众多应用的入口，比如问答式的应用程序（Siri手机助手、机器人助手）、机器翻译（允许语音输入）等，这些都不再满足于对文本的识别，而是对语言的理解有进一步要求。

具体来说，在下面三个应用场景中，语音识别仍然面临巨大的挑战。

（1）含有专业词汇的听写应用

许多会议记录可以借助语音识别工具完成会议记录的实时文稿。这个看似是再简单不过的事情，一旦遇到中英文夹杂和专业生僻词汇时，语音识别的表现往往不能令人满意。

（2）问答式应用

在问答式应用场景中，比如智能主播机器人。语音识别只是第一步，更关键的是要实现人机对话，这样才能真正理解用户所需，并提供贴心的服务，就好像机器真的成为贴心的管家和助手。然而，由于机器无法真正理解人类的语言，语言的表达方式也很难用数学方式去表示等诸多原因，问答式应用仍然不尽如人意。

此外，在一些命令式语音识别任务中，甚至要求用户的发音标准，该要求明显过于苛刻，因为不同的人，往往会带有语气和口音，这会导致命令识别失败，无法为用户提供后续的服务。

在交互应用中，要识别大量连续词的语音，由于说话人可能会存在吞音、个性化发音、语速不同等问题，导致个别词汇无法被准确识别。同时，如何实现准确的断句也是一个很大的难题。

最后，要有巨大的语料库，才能够让机器猜到提问者要说什么，该怎么回答。因为机器自身还无法做到智能化，还无法理解人类要表达的真正意图。

（3）远场识别

前面提到的大多数应用都属于近场识别，即说话人离麦克风的距离十分近，因此，麦克风收集到的声音质量是有保证的。然而，还有一种广泛的应用环境是说话人在一个较大的空间，比如一间酒吧，或者坐在后排的乘客。此时，由于房间的混响、回声、多个信号源、非平稳噪声的影响，会造成原来的信息处理技术失效。因此，有很多技术也在尝试通过利用升级麦克风设备来应对这些问题，从而保留并加强原始语音信号。

1.3.5 伦理问题

随着网络技术的不断发展，越来越多的人每天都在和智能手机、智能音箱、汽车车载系统、计算机"打交道"，这意味着每天都会有产生大量语音数据。于是，有人提出收集这些语音作为训练深度学习模型的数据，这样就构成了大数据，从而可以更好地训练模型，提升识别的准确率。但是，有一个潜在的隐患往往容易被忽视，每个人的声音信息应该属于个人的私有物品，如果收集到的这些语音一旦被"有心人"利用，那么，他们有可能会冒充当事人做一些损害当事人利益的事情。

另外，一旦用户意识到自己的隐私已经泄露，有可能选择不再使用现有的语音识别产品。语音是否应该被视作私人财产，如果是，就不应该随意被收集和利用，这就是属于伦理的范畴。因此，在许多研究中，凡是涉及与人相关的研究，都需要十分谨慎，因为必须要考虑到伦理问题。不能仅仅为了实现自己的研究目的，而不顾及他人的人身安全。

综上所述，由于存在上述诸多挑战，语音识别距离投入大规模稳定的应用，尚有一定距离。至于如何攻克这些难题，也正是我们需要努力的方向。现在，语音识别系统的正确率虽然可以达到 97% 以上，甚至已经超出了人类的平均水平，但这并不意味着语音识别就可以完全替代人类的识别能力。

一方面，人类有一些先天优势，比如人类的语音识别能力在鲁棒性方面表现得相当好，而对于机器语音识别，一旦更换使用场景，比如不同的麦克风、背景噪声、说话人口音、谈话内容等，其识别性能就会显著下降。

为了改善这一状况，有人提出使用海量数据（比如几十万、几百万小时语音）去训练模型，而人类具有利用小数据学习的优势，即不需要学习这么多数据即可习得语音识别的能力。究其原因，是我们对人类语音识别的机理缺乏足够的认识。近年来，已经有许多认知科学的相关研究在试图寻找答案，比如将深度学习与人脑关联对认知机理进行探索，这或许可以在一定程度上解决目前的难题，让我们拭目以待。

本章小结

语音识别的目标是让机器理解说话者的语音，语音转化为文字是其中一个重要且基础的任务。然而，要让机器做到这一点并不容易，既要研究人类是如何发音的，设计相关硬件实现语音的收集，记录和合成声音的硬件技术。还要设计复杂的计算机程序分析语音信号的一系列软件技术。由此可见，语音识别是一门典型的交叉学科。

从统计模型的实现角度来看，语音识别是在给定语音观测序列的条件下，寻找最优的文本标签序列。该过程需要利用一种有效的特征表示方式描述输入的语音信号，基于该特征的学习，可以构建基于音素或更高单位的发音结构，建立声学模型。同时，语言模型需要建立在大量已知的文本语料库的基础上，根据语言的特点，寻找规律并建模。最后的工作则是将声学模型和语言模型通过搜索发音词典，寻找最佳的映射关系，最终实现文本的输出。

下一章将从语音识别中需要用到的数学知识出发，为深入理解语音识别的统计模型打下坚实的基础。

第 2 章　必知必会的数学基础知识

近年来，随着机器学习算法的流行，语音识别中几乎所有的模型和算法都是建立在数学的基础知识之上，数学最大的作用是将具体问题抽象成公式或数字化表示，以便于计算机实现自动化运算。因此，要掌握语音识别的算法，具备一定的数学知识是十分必要的。

本章介绍的数学知识主要服务于语音识别的常见模型。这些知识包括用于表示语音数据的向量和矩阵，以及揭示数据之间关系的概率和统计理论。另外，为了寻找语音数据之间的规律，还常常需要建立合适的函数，从而对新数据的趋势进行预测。还有以机器学习为主的模型和算法，为了得到更好的模型，主要是让模型预测的结果和真实结果之间的误差最小，而要做到这一点，也离不开求导的数学理论支持。最后，考虑到神经网络等复杂模型中常常采用的一些最新求导方式和建模思想，还有必要知道梯度下降法和数列的特性。

2.1　向量与矩阵

语音识别中，对语音数据的处理和分析往往是建立在向量和矩阵的基础上。向量不仅可以用于表示数字化的语音数据，还可以用于特征模型中函数的构建与计算。矩阵则主要参与语音数据转化为频谱图形式的数据表示和计算。本节从向量和矩阵的定义出发，重点阐述语音识别中经常用到的向量和矩阵的相关运算。

2.1.1　向量

在数学上，向量主要用于表示具有大小和方向的量。以图形化的方式描述，一个向量对应着一个有向线段。例如，有一个向量 $\overrightarrow{AB}$，箭头所指的方向表示向量的方向，如图 2.1 所示，由 A 指向 B，线段 AB 的长度对应着向量的大小。

在数学公式中，图 2.1 所示的向量常常表示为 $\overrightarrow{AB}$，也可以用不带箭头的黑体小写字母表示，比如 a。本书主要采用后一种方式。

基于上述向量的定义，接下来，重点介绍语音识别中向量的表示方法，以及向量间的基本运算法则。

图 2.1　向量的有向
线段示意

1. 向量的坐标表示

坐标向量表示法是一种常见的表示向量的方法。在一个几何坐标中，通过几何空间中两个点之间的连线，通过箭头指明向量的方向。

（1）二维空间中向量的坐标表示

在二维坐标的空间中，向量常常表示为 $a = (x_1, y_1)$，其中省略了向量的起始点，即默认起始点是从原点（0,0）出发，终点的坐标是（x_1, y_1）。x_1 表示投影到 x 轴对应的坐标点，相应地，y_1 表示投影到 y 轴对应的坐标点。

例如，现有向量 $a=(1,2)$，在二维坐标系中，可以绘制成图 2.2 所示的向量。

（2）三维空间中向量的坐标表示

在三维空间的坐标系中，$b=(x_1,y_1,z_1)$，同样地，向量的起点默认从坐标原点 $(0,0,0)$ 出发，终点的坐标是 (x_1,y_1,z_1)。

例如，有一个向量 $b=(2,1,2)$，可以表示为图 2.3 所示的向量，其中向量的起点从原点 $(0,0,0)$ 出发，终点是 $(2,1,2)$。从图 2.3 中不难看出，该向量可以看作一个长为 2、高为 1、宽为 2 的长方体的对角线。

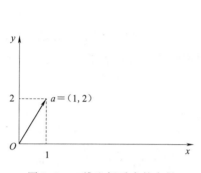 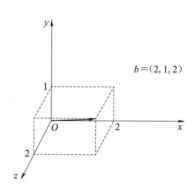

图 2.2　二维坐标系中的向量　　　图 2.3　三维坐标系中的向量

（3）多维空间中向量的坐标表示

在语音识别中，更常采用的是几何空间中的多维坐标向量表示法，$x=(x_1,x_2,x_3,x_4,\cdots,x_n)$，其中，$x_n$ 表示在 n 维几何空间中投影到对应坐标轴的值，n 对应向量的维数。为了方便描述和计算，它常常采用 n 维列向量或 n 维行向量的方式表示。

例如，以图 2.4 所示的三个列向量为例，它们分别是一个二维列向量、一个三维列向量和一个 n 维列向量。

图 2.4（a）所示的二维列向量在几何空间中可以看作以 x 轴和 y 轴为坐标的二维平面，向量的起始点默认规定为原点 $(0,0)$，因此，该向量表示连接二维平面中的原点 $(0,0)$ 和点 $(2,3)$ 之间的连线，并且该连线箭头的方向由原点指向点 $(2,3)$。相比之下，

$$\begin{bmatrix}2\\3\end{bmatrix}\quad\begin{bmatrix}1\\0\\1\end{bmatrix}\quad\begin{bmatrix}x_1\\x_2\\\vdots\\x_n\end{bmatrix}$$

(a)二维列向量　(b)三维列向量　(c)n 维列向量

图 2.4　列向量示例

三维向量比二维多了一个 z 轴，因此，在向量的表示中多出了一个 z 的分量。类似地，可以推算出 n 维向量的含义。

图 2.4 中的向量还可以通过转置运算变为横向量，比如向量 a 的转置运算可以表示为 $a^T=(2,3)$，这样更便于在段落文字中描述。

向量在语音识别中的作用

向量在语音识别中随处可见，它常常用于表示一段语音信号计算得出的特征值，也可以是由语谱图的图像的像素值拼接成的向量。基于向量的表示，可以很容易在程序中实现对语音信号的表示和计算，比如 Python 中的 Numpy 常常将向量表示成列表的数据形式，并提供了大量关于此类数据的运算方法。

2. 向量的内积

基于多维列向量的表示，更重要的是对向量做计算。其中，最基本的运算是两个向量的标量积或数量积，也称内积或点乘运算。向量的内积可以表示为 $a \cdot b$，对应的计算方式为

$$a \cdot b = |a||b|\cos\theta \tag{2-1}$$

其中，$|a|$ 和 $|b|$ 分别表示向量 a 和向量 b 的模，即大小，θ 是 a 和 b 的夹角，向量 a 和 b 的内积就是两个向量的大小与夹角余弦值的乘积。不难发现，当 a 和 b 中有一个向量的大小为 0 时，其内积的结果一定为 0。而根据余弦的性质可知，当 $\theta = 0$ 时，$\cos\theta = 1$；当 $\theta = 90°$时，$\cos\theta = 0$。

由于 $-1 \leqslant \cos\theta \leqslant 1$，于是，可以推断出两个向量内积结果的取值范围就是 $-|a||b| \leqslant a \cdot b \leqslant |a||b|$。需要注意的是，内积的结果常常用于判断两个向量是否相似，又称为余弦相似度。主要判断依据是根据向量之间余弦夹角的值，即

$$\cos\theta = \frac{a \cdot b}{|a||b|} \tag{2-2}$$

该值有两个极端情况十分有用：

- 当 $\cos\theta = 1$ 时，表示两个向量平行或重合，判断向量 a 和向量 b 的相似度为 100%。
- 当 $\cos\theta = 0$ 时，表示两个向量正交，判断向量 a 和向量 b 没有相似性，可以认为它们相互独立。

向量内积运算的实际运用说明

在语音识别中，为了区分两个不同的发音，经常需要比较两个频谱图之间的相似性。这项工作实现的要点是基于两个图像的像素值组成的向量，做内积运算得到相似结果从而做出判断。可见，向量的内积运算十分重要。

关于内积，还有另一种解读，即对两个 n 维向量做内积运算，等价于两个向量对应位置的数相乘的累加和。比如：

$$a = (a_1, a_2, \cdots, a_n)$$
$$b = (b_1, b_2, \cdots, b_n)$$
$$a \cdot b = a_1 b_1 + a_2 b_2 + \cdots + a_n b_n \tag{2-3}$$

其中，向量 a 和向量 b 的维数必须相同才可以计算，即 a 与 b 中的 n 必须相等。

在语音识别中有一个常见的神经网络模型，经常要计算神经元的输入信息 z，其一般表示公式为

$$z = w_1 x_1 + w_2 x_2 + \cdots + w_n x_n + b \tag{2-4}$$

其中，$x_1, x_2, \cdots, x_n$ 对应着输入的神经元的值，它是可变的未知量，$w_1, w_2, \cdots, w_n$ 为每个神经元占据的权重，b 为偏置常量。在程序中，更多的是借助式（2-3），即通过向量 $w = (w_1, w_2, \cdots, w_n)$ 表示权重，向量 $x = (x_1, x_2, \cdots, x_n)$ 表示神经元的值。最终，z 可以表示为向量之间的运算关系，即

$$z = w \cdot x + b \tag{2-5}$$

基于式（2-5）的表示方法，可以方便地利用 Python 中的 Numpy 对向量做内积运算。

2.1.2　矩阵

前面介绍的向量，无论包含多少个值，从矩阵的角度来说，它们都可以看作矩阵的特例，即一维矩阵。因此，向量常常被看作数据的一维表示法，而在语音识别中，二维矩阵更为常见。

从分解的角度来看，二维矩阵可以看作由若干个行向量或若干个列向量组成的。矩阵的形状（或称维数）可以描述为行向量的个数乘以列向量的个数。

结合图 2.5 所示的矩阵，可知它分别展示了一个 2×2 的矩阵、一个 3×3 的矩阵、一个 $m \times n$ 的矩阵，其中 m 为行数，n 为列数，注意 m 和 n 并不总是相等的。

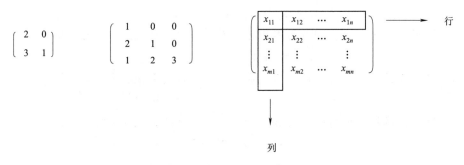

图 2.5　矩阵示例

在语音识别中，矩阵最重要的作用是以二维数组的形式将音频表示成二维灰度图像，该图像在计算机中对应着一个二维矩阵。另外，矩阵还可以用于对数据的分析处理，比如状态转移矩阵的表示、矩阵之间的乘积计算，以及一个矩阵和一个标量（可以看作一个数值）。

1. 矩阵的乘法计算

根据矩阵的乘法定理可知，两个矩阵之间做乘法的前提是第一个矩阵中列向量的维数必须等于第二个矩阵中行向量的维数，否则无法进行乘法运算。

$$A = \begin{pmatrix} 1 & 2 \\ 3 & 4 \end{pmatrix} \qquad B = \begin{pmatrix} 1 & 0 & 1 \\ 2 & 1 & 3 \end{pmatrix}$$

图 2.6　示例矩阵

接下来，以图 2.6 所示的矩阵 A 和矩阵 B 为例，介绍矩阵中常见的两种乘法计算。

（1）两个矩阵的乘积：AB

矩阵的乘积计算，过程是 A 矩阵中的行向量依次与 B 矩阵中对应的列向量中的分量做乘积，其累加和为结果矩阵 C 中的对应分量，并且结果矩阵的维数等于 A 的第一维数乘以 B 的第二维数。具体计算为

$$C_{ij} = \sum_k A_{ik} B_{kj} \tag{2-6}$$

其中，i, j, k 都是正整数。

以 A_{ik}（$i, k \in [1, 2]$）和 B_{kj}（$k \in [1, 2]$，$j \in [1, 3]$）表示矩阵中的一个具体值。

AB 的具体做法如下：

第一步，检查 A 的列是 2，B 的行是 2，因此 A 和 B 可以做乘法运算。

第二步，C 表示结果矩阵，由 A 和 B 的维数可知，C 的第一个维数等于 A 的第一个维

数，C 的第二个维数等于 B 的第二个维数，因此 C 是一个 2×3 的矩阵。

第三步，计算 C 中的每一个值，为了便于看清楚，将 A，B 和 C 首先转换成字母形式，然后依次按照如下的步骤计算出 C：

$$\begin{pmatrix} A_{11} & A_{12} \\ A_{21} & A_{22} \end{pmatrix} \times \begin{pmatrix} B_{11} & B_{12} & B_{13} \\ B_{21} & B_{22} & B_{23} \end{pmatrix} = \begin{pmatrix} C_{11} & C_{12} & C_{13} \\ C_{21} & C_{22} & C_{23} \end{pmatrix} \tag{2-7}$$

以下是结果矩阵 C 中各个数值 C_{ij}（$i \leqslant 2$，$j \leqslant 3$）的计算过程。

- C_{11} 等于 A 的第一个行向量与 B 的第一个列向量的乘积的累加和，即
$$C_{11} = A_{11} \times B_{11} + A_{12} \times B_{21} = 1 \times 1 + 2 \times 2 = 5$$

- C_{12} 等于 A 的第一个行向量与 B 的第二个列向量的乘积的累加和，即
$$C_{12} = A_{11} \times B_{12} + A_{12} \times B_{22} = 1 \times 0 + 2 \times 1 = 2$$

- C_{13} 等于 A 的第一个行向量与 B 的第三个列向量的乘积的累加和，即
$$C_{13} = A_{11} \times B_{13} + A_{12} \times B_{23} = 1 \times 1 + 2 \times 3 = 7$$

- C_{21} 等于 A 的第二个行向量与 B 的第一个列向量的乘积的累加和，即
$$C_{21} = A_{21} \times B_{11} + A_{22} \times B_{21} = 3 \times 1 + 4 \times 2 = 11$$

- C_{22} 等于 A 的第二个行向量与 B 的第二个列向量的乘积的累加和，即
$$C_{21} = A_{21} \times B_{12} + A_{22} \times B_{22} = 3 \times 0 + 4 \times 1 = 4$$

- C_{23} 等于 A 的第二个行向量与 B 的第三个列向量的乘积的累加和，即
$$C_{22} = A_{21} \times B_{13} + A_{22} \times B_{23} = 3 \times 1 + 4 \times 3 = 15$$

最终得出矩阵 C，如图 2.7 所示。

$$\begin{pmatrix} 5 & 2 & 7 \\ 11 & 4 & 15 \end{pmatrix}$$

图 2.7　矩阵 C 的结果

关于结果矩阵的下标规律

如果你观察得足够仔细，可以发现，结果矩阵 C 的下标是有规律的，我们的计算顺序是先计算行向量中每一个值，于是你会发现 C_{ij} 中的下标 i 等于第一个矩阵中行向量的下标，而下标 j 则等于第二个矩阵中列向量的下标。

（2）矩阵和标量的乘积：$A \times 5$

标量是物理学中的定义，它只有数值大小，没有方向之分。比如，数值 5 就是一个标量，因为它只是一个表示大小的数字。

这里要计算矩阵与标量的乘积，具体计算过程就是对矩阵中的每一个值都乘以标量，最终得出一个与矩阵 A 维数一致的结果矩阵，具体计算示例如下：

$$\begin{pmatrix} 1 & 2 \\ 3 & 4 \end{pmatrix} \times 5 = \begin{pmatrix} 5 & 10 \\ 15 & 20 \end{pmatrix} \tag{2-8}$$

矩阵和标量的计算常用于 Python 中 Numpy 标量的广播，即通过一个标量将原始矩阵扩展为一个新的矩阵。

2. 矩阵的卷积运算

卷积原本是数学上的一种运算，它可以表示为"＊"。在语音识别中，需要重点理解的是以矩阵为核心的卷积运算。

　　所谓卷积运算，就是用尺寸较小的矩阵在尺寸较大的矩阵上不断滑动，每滑动一次就做一次计算。接下来，以图2.8所示的特征矩阵 A 和卷积核矩阵 C 为例，A 和 C 的卷积可以表示为 $A * B$ 或者 $\mathrm{Conv}(A，B)$，接下来看具体的计算过程。

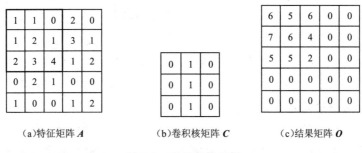

（a）特征矩阵 A　　　　（b）卷积核矩阵 C　　　　（c）结果矩阵 O

图 2.8　卷积运算示例

　　将卷积核矩阵 C 在特征矩阵 A 上滑动，初始位置为左上角的元素。接着，按照从左到右，每次移动一格，直到卷积核矩阵 C 完全覆盖第一行最右侧的元素，卷积核矩阵 C 整体向下移动一格做计算，继续向右移动并做卷积运算。其中，每一次的乘法运算是指将框住的特征矩阵 A 与卷积核矩阵 C 的对应元素相乘再累加，直到扫描完特征矩阵 A 中的所有值为止，最终的结果如图2.8（c）所示的结果矩阵 O。

　　卷积核的位置处于滑动状态，它滑动的位置一般是人为设定的。根据卷积核中心元素的位置变化，卷积运算可以有两种不同的方式。为了说明这两种方式，我们以图2.9中的部分特征矩阵 A' 和卷积核矩阵 C 为例。

（a）部分特征矩阵 A'　　　（b）卷积核矩阵 C

图 2.9　示例矩阵

　　（1）卷积核的第一个元素与矩阵中第一个元素重合

　　第一种方式是将卷积核矩阵 C 左上角的值与部分特征矩阵 A' 左上角的值重叠，做第一次卷积运算，如图2.10所示。以后每次向右移动一格，直到移动到第一行的最后一个元素 0，再换到下一行，直到所有元素都运算一遍。

（a）卷积核矩阵 C 和矩阵 A' 完全重合　　　（b）卷积核矩阵 C 和未扩展的矩阵 A'

图 2.10　卷积运算方式（一）

　　（2）卷积核的中心元素与特征矩阵 A 中第一个元素重合

　　第二种方式是将卷积核矩阵 C 的中心点与特征矩阵 A 的左上角第一个值重合，开始第一次卷积运算，如图2.11最右侧的图所示。每次向右移动一格做一次卷积运算，直到移动到第一行的最后一个元素 0，再换到下一行。

(a)卷积核矩阵 C 和矩阵 A' 部分重合　　　(b)卷积核矩阵 C 和被扩展的矩阵 A'

图 2.11　卷积运算方式（二）

两种方式对最终结果的影响

对比上述两种卷积核滑动的方式，可以知道两种方式进行的计算次数是相同的，但是结果矩阵中的元素是不完全一致的。最大的区别就在于对边缘元素的影响。在上述例子中，参与计算的矩阵维数非常小，看上去差别不大。但是对于一个维数较大的矩阵来说，这种差别就会显现出来，尤其是补零的操作会导致四周边缘元素的数值减少。对应到二维图像，就是边缘像素会更加模糊。

这里以第一种方式为例，介绍卷积运算的具体过程。我们的目标是对图 2.8 所示特征矩阵 A 和卷积核矩阵 C 做卷积运算，得到结果矩阵 O。其中矩阵 O 的元素采用 O_{ij}（ $i \in [0, 2]$，$j \in [0, 2]$ ）的方式表示，于是，有如下计算过程（注意：由于计算步骤类似，下面只列出三次卷积运算的过程）。

第一次的卷积运算涉及的矩阵如图 2.12 所示。

(a)部分特征矩阵 A　　　　　　(b)卷积核矩阵 C

图 2.12　参与第一次卷积运算的两个矩阵

这次运算的目的是得出结果矩阵中的 O_{11}，具体计算过程如下：

$$O_{11} = 1 \times 0 + 1 \times 1 + 0 \times 0 + 1 \times 0 + 2 \times 1 + 1 \times 0 + 2 \times 0 + 3 \times 1 + 4 \times 0 = 6$$

第二次卷积运算涉及的矩阵如图 2.13 所示。

目的是得出 O_{12}，具体计算过程如下：

$$O_{12} = 1 \times 0 + 0 \times 1 + 2 \times 0 + 2 \times 0 + 1 \times 1 + 3 \times 0 + 3 \times 0 + 4 \times 1 + 1 \times 0 = 5$$

依此类推，最后一次卷积运算涉及的矩阵如图 2.14 所示。

(a)矩阵 A'　　　(b)卷积核 C　　　　　(a)矩阵 A　　　(b)卷积核 C

图 2.13　参与第二次卷积运算的两个矩阵　　　图 2.14　参与最后一次卷积运算的两个矩阵

目的是得出 R_{33}，具体计算过程如下：

$$R_{33} = 4 \times 0 + 1 \times 1 + 2 \times 0 + 1 \times 0 + 0 \times 1 + 0 \times 0 + 0 \times 0 + 1 \times 1 + 2 \times 0 = 2$$

最终发现，由于矩阵 A 的维数是 5×5，而卷积核矩阵 C 的维数是 3×3，为了保证卷积核矩阵 C 能够完全和矩阵 A 中的元素重合，总共要进行 9 次运算，因此这样得出的结果矩阵 O 的维数只能是 3×3，会导致与矩阵 A 的维数不一致。

为了解决这个问题，一种常见的操作是在一开始就给矩阵 A 人工补 0 将其维数扩展成图 2.15 所示的 7×7 的矩阵 $\overline{A}$，即上下左右各增加一行和一列，且其值均为 0。然后，卷积核矩阵 C 再从矩阵 $\overline{A}$ 的左上角开始滑动，进行每一次的卷积运算。

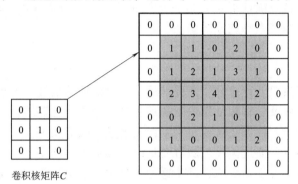

卷积核矩阵 C

图 2.15　人工补 0 的扩展矩阵 $\overline{A}$

基于图 2.15 可以看出，卷积核矩阵 C 的滑动将以对齐 $\overline{A}$ 左上角的 0 为基准，开始做第一次卷积运算，依次从左至右、从上到下每次滑动一格，直到矩阵 $\overline{A}$ 的元素全部都进行了卷积运算。这个过程交给读者自行尝试，最终的卷积结果可以参照图 2.16 所示的矩阵。

2	3	1	5	1
4	6	5	6	3
3	7	6	4	3
3	5	5	2	4
1	2	1	1	2

图 2.16　$\mathrm{Conv}(\overline{A}, C)$ 的结果矩阵

卷积与矩阵乘法的不同之处

虽然矩阵相乘和卷积运算的结果都是一个矩阵，但是计算过程却存在一些差异，具体来说，不同之处有两个：

（1）矩阵相乘是行向量与列向量的运算，而卷积是两个同等大小的矩阵对应元素的乘积的累加和；

（2）矩阵相乘对两个矩阵有维数的严格限制，而卷积运算则要求一个矩阵维数偏大，卷积核矩阵维数一般都偏小。

在语音识别算法中，原始的一维语音信号通常都要转化为一个二维特征矩阵，该特征矩阵非常大，假设维数为 39×100，它代表该语音信号被分成了 100 帧（即 100 列），每一帧由 39 个特征表示，即 39 行。而卷积核通常为一个尺寸较小的矩阵，比如神经网络中用于池化操作的 2×2 的矩阵，又称卷积核；还有用于去除噪声的 3×3 或 5×5 的矩阵，又称滤波器。这里卷积核和滤波器的名称不同是因为它们的作用不同。卷积核就是单纯地做卷积运算；滤波器的作用可以认为是一种过滤网，目的是允许一些重要信息通过，而其他不重要的信息就应该被抑制。

2.2 概率与统计

在现实生活中，我们可以总结过去已经存在的数据，这其实是在做统计，比如看看过去一周我们每天通勤的平均时间。而概率则是根据已知的观察，去推测未来发生某件事的可能性。对人类而言，未知的事情显然有很多，我们又十分渴望早点儿知道一个确定的结果，因此概率知识十分有用。

特别地，在语音识别中，以监督训练为主的机器学习算法都是基于已知数据的训练和学习，其中最根本的就是统计语音数据的概率和特征，从而实现语音的自动分类。因此，十分有必要了解基础的概率和统计知识。

2.2.1 概率基础

概率是在不确定情况下，对某个事件结果发生可能性的描述。一般将事件抽象为一个随机变量，随机的意思就是直到结果发生的那一刻，才能确定该事件发生的结果。比如抛一枚硬币，在落地之前，你无法知道它是正面朝上还是反面朝上。

当我们将抛硬币事件描述为一个随机变量时，其结果可能是正面朝上，也可能是反面朝上，这两种结果的出现是随机的，对于这种不确定的情况需要引入概率。也就是说，这两种结果都是以某种概率发生的。经过无数次的实验证明，随着抛硬币次数的增多，每种结果发生的概率会趋近于1/2，并且两者的概率之和等于1。

因此，我们可以得出概率的第一个性质，就是单个随机变量 x 的所有结果发生的概率之和等于1。比如在抛硬币事件中，可以有式（2-9）所示的概率关系：

$$P(x=正面)=1-P(x=反面)，其中，P(x=正面)=1/2 \tag{2-9}$$

在实际应用中，求取一个结果发生的概率不是目的，而是希望知道所有结果的概率分布情况。

1. 概率分布

根据随机变量的取值是否连续，可以分为离散型随机变量和连续型随机变量。

（1）离散型随机变量的概率分布

我们仍以抛硬币事件为例，其可能的情况只有两种：正面朝上或反面朝上（注意：我们不考虑直立的情况）。现在我们将硬币抛掷了10次，记录的结果为正面6次，反面4次。那么，就相当于 $P(x=正面)=0.6$，$P(x=反面)=0.4$。画出图来，概率的结果如图2.17所示。

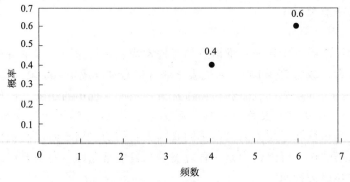

图 2.17　连续抛 10 次硬币的概率分布

从图 2.17 中不难看出，概率的分布只有两个离散值，即频数等于 4 时的 0.4 和频数等于 6 时的 0.6，这种概率分布便是离散型随机变量的概率分布。

（2）连续型随机变量的概率分布

除了离散值的情况，还有一种更常见的情况是随机变量的值是连续变化的。

下面来看一个例子，图 2.18 展示的是某地区成年女性的身高统计。通过图 2.18 不难发现，由于样本数很大，导致横坐标的身高分布形成了一条含有多个波峰和波谷的连续曲线。其中在 160 cm 附近的人数最多（即圆圈重点标注的部分），说明该地区女性的平均身高大约为 160 cm。

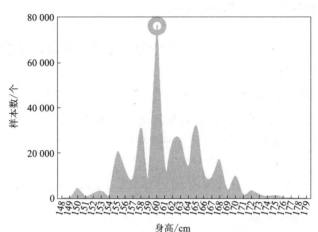

图 2.18　某地区成年女性身高的概率分布

由此可见，连续型随机变量的概率分布往往是曲线形式。幸运的话，这种曲线的趋势还可以被表示成一种特定的函数，比如高斯函数。

得知概率的分布后，我们还会希望做一些统计分析，从而分析出数据的一些重要特征。最常见的统计分析就是数学期望和方差。

2. 数学期望

数学期望又称均值，简称期望，它反映了随机变量的平均取值的大小。

对于离散型分布的数据来说，期望值的计算方式是概率的加权平均，参见式（2-10）：

$$E(x) = \sum x_i p_i \qquad (2\text{-}10)$$

其中，x_i 是随机变量的取值，p_i 是每个取值出现的概率。

举个例子，随机选取某市的 1 000 个家庭，统计孩子的数量 x，x 可能的取值为 0，1，2，3，其中 300 个家庭没有孩子（$x=0$），500 个家庭仅有一个孩子（$x=1$），150 个家庭有两个孩子（$x=2$），50 个家庭孩子有三个孩子（$x=3$）。最终得到被统计家庭孩子的数量及概率见表 2.1。

表 2.1　被统计家庭孩子的数量和概率

	孩子数量（$x=0$）	孩子数量（$x=1$）	孩子数量（$x=2$）	孩子数量（$x=3$）
x_i	0	1	2	3
p_i	0.3	0.5	0.15	0.05

根据表 2.1 可知，1 000 个家庭有孩子的数学期望值的计算式为

$$E(x) = 0 \times 0.3 + 1 \times 0.5 + 2 \times 0.15 + 3 \times 0.05 = 0.95$$

由于上述结果是 0.95，但是实际上孩子的个数都是整数，因此，我们取近似值 1，于是，该期望值说明现在该市每个家庭平均有一个孩子。

对于连续型分布的数据来说，期望值要通过积分公式（2-11）求取。

$$E(x) = \int x f_x \mathrm{d}x \tag{2-11}$$

其中，x 是随机变量；f_x 是概率分布函数。

期望值对于分析一组随机变量的平均值非常有用，通过计算期望值可以推测出一个具体的结果大概处于平均值的哪个范围。期望常常用于对语音数据的一些初步探索分析，便于对数据取值的大致范围有一个较好的了解。

3. 方差

方差 $D(X)$ 主要用于估计一组数值的波动程度。它的计算离不开数学期望。其中，离散方差的计算公式表示为

$$D(X) = E(X^2) - [E(X)]^2 = \sum_{i=1}^{n} (x_i - E(X))^2 p_i \tag{2-12}$$

式中，p_i 是每个数值出现的概率。由上述公式可知，方差的计算方式是每个数 x_i 与期望 $E(X)$ 之差的平方与对应概率的乘积进行累加求和。

而连续型概率分布的方差计算公式为

$$D(X) = E(X^2) - [E(X)]^2 = \int [x - E(x)]^2 p(x) \mathrm{d}x \tag{2-13}$$

式中，$p(x)$ 为概率密度函数。

人们根据实际的生活经验，总结出了一些常见的概率分布。接下来，我们将看到在语音识别中应用最多的两类概率分布：分类分布和高斯分布。

2.2.2 分类分布

分类分布是离散分布中的一种，它表示一个具有 k 个不同结果的单个随机变量的分布。其中 k 是有限的数值，并且第 k 个结果对应着一个概率 λ_k：

$$P(x = k) = \lambda_k \tag{2-14}$$

其中，分类分布的特点服从式（2-15），每一类取值的概率大于 0，并且总的概率之和等于 1。

$$\sum k \lambda_k = 1 \quad (\lambda_k > 0) \tag{2-15}$$

分类分布是可以通过直方图绘制出来的，如图 2.19 所示。

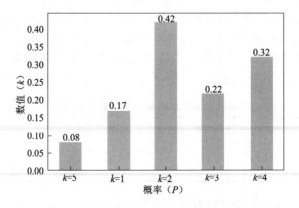

图 2.19　分类分布的概率示意

分类分布在语音识别中的应用

分类分布主要用于语义词典的概率统计。一般来说，一个确定的语言体系通常是由确定数量的单词构成的，那么每个单词在句子中出现的概率是可以统计出来的，即通过统计单词出现的频次，得出其对应的概率值。

这就构成了离散分布中分类分布的基础，k 对应着单词的数量，$P(x=k)$ 代表某个单词出现的概率。一旦给出确定的大量句子数据，那么每个单词的分类分布就可以很容易计算得出。

2.2.3　数据的标准模型——高斯分布

高斯分布（又称正态分布）是典型的连续分布，是指某个随机变量的概率分布曲线的外形，好像一个中间高两边低的太阳帽，如图 2.20 所示。该图说明随机变量的取值大多数都集中在中间的部分，两边极端的情况是极少数的。生活中有很多统计数据的分布都基本符合正态分布的特点，比如一个地区的成年男性的身高分布，其中大多数男性的身高都为 1.63～1.70 m，对应于图 2.20 的中间部分，过矮的 1.3 m 和过高的 2.3 m 都属于极端情况，概率很小，对应于图 2.20 中两侧的帽檐。类似地，女性身高的平均值为 1.5 m，对应于图 2.20 中较矮的曲线。

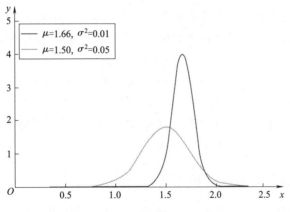

图 2.20　高斯分布的概率示例

高斯分布的概率密度函数为

$$f(x) = \frac{1}{\sqrt{2\pi}\sigma}\exp\left[-\frac{(x-\mu)^2}{2\sigma^2}\right] \tag{2-16}$$

其中，$f(x)$ 是关于随机变量 x 的函数，x 的取值服从高斯分布；μ 的含义可以理解为 x 所有取值的平均值；σ 表示所有取值的标准差。结合图 2.20 可知，μ 值表示随机变量 x 的平均值对应横坐标的位置，不同的 σ 值则对应帽檐的形状，即标准差。x 的取值越极端，离平均值就越远。

一组数据对应的高斯概率分布可以通过参数 (μ, σ) 确定下来。如图 2.21 所示，不同的均值（m）和标准差（sig）对应不同形状的高斯分布曲线。

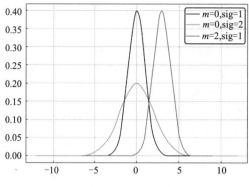

图 2.21　不同 (μ, σ) 的高斯分布图

高斯分布在语音识别中的应用

在语音识别中，当分析一组特征向量的值时，常常假定向量中特征值的分布是符合正态分布的，因此，需要确定的只是通过训练得出正态分布的两个参数（均值和标准差），从而确定该向量可能对应的音素或状态。比如一个静音帧和一个元音帧的高斯概率分布一定是不一样的。

具体地，当我们针对一帧以内的采样点计算特征向量后，这些特征向量的值假设符合高斯分布。做出这种假设的主要原因是高斯分布是数据分布中最常见的，因此，可以保证出现意外的可能性低。更重要的是，高斯分布便于计算。基于高斯分布的特征表示，将一帧内的采样点的幅值转化为特定参数下的高斯分布的描述，这样可以进一步减少特征向量的维数。

在实际的语音识别中，一帧内采样点的数量大概是 512 或 1 024 个。人们对语音信号特点的研究发现，一帧内采样点的幅值的变化可能不止一个高斯分布，而是多个高斯分布的组合，这就是混合高斯分布（GMM）。更多关于 GMM 的内容将在第 8 章讲解，这里仅作了解。

2.2.4　适用性极为广泛的贝叶斯定理

要理解贝叶斯定理，首先要理解四个概念：先验概率、联合概率、条件概率和后验概率。为了更好地理解这四种概率，将它们融入一个例子中，例子理解了，这四种概率及它们之间的关系也就明白了。

假设现在知道某班级语文成绩的统计和分布情况，见表 2.2。

表 2.2　某班级语文成绩的统计和分布情况

分数段	[40, 60)	[60, 70)	[70, 80)	[80, 90)	[90, 100]	总人数
男生	2	2	2	2	2	10
女生	1	2	3	3	3	12
总人数	3	4	5	5	5	22

1. 先验概率：根据已知情况，直接得到的概率

根据表 2.2，可以定义两个随机变量，一个是语文成绩的分数段 s，一个是学生的性别 g。我们可以很容易得出这个班级中男生的概率是 $P(g=男生)=10 \div 22=0.45$。90 分及以上的学生概率是 $P(s=90 \sim 100)=5 \div 22=0.22$。这两个概率都是根据表中的已有数据直接求出的，称为先验概率。

2. 联合概率：以两个随机变量 s，g 的联合概率为例

接下来，请计算：全班考了 90 分及以上的男生的概率是多少？

分析一下，该问题要求的概率涉及两个随机变量 s 和 g。因此，要求出这个概率，就要用到这两个随机变量组成的联合概率，可以表示为联合概率 $P(s,g)$，这个概率同时满足以下两个条件：

- s 在 $[90,100]$ 的范围；
- $g=男生$。

3. 条件概率：当部分条件发生时，构成条件概率

为了计算上面的联合概率，还要用到条件概率。

根据表 2.2 可知，$P(s=90 \sim 100 \mid g=男生)=2 \div 10=0.2$。与之前求得的先验概率不同的是，这个概率是在性别变量为男生条件下发生的，成绩分段为 $[90,100]$ 发生的概率，这种概率就是条件概率。

现在，有了 $P(g=男生)$ 和 $P(s=90 \sim 100 \mid g=男生)$，可以借助式（2-17），轻松地求出联合概率：

$$P(s,g)=P(s \mid g) \times P(g) \tag{2-17}$$

$P(s=90 \sim 100, g=男生)=P(90 \sim 100 \mid 男生) \times P(g=男生)=0.2 \times 0.5=0.1$

4. 后验概率：根据前面三种概率，推导得出的概率

为了将式（2-17）推广到更多的情况，它还可以变形为式（2-18），计算结果是一样的。

$$P(y,x)=P(y \mid x) \times P(x) \tag{2-18}$$

由于 $P(x,y)=P(y,x)$，结合式（2-18），可以得出

$$P(x \mid y) \times P(y)=P(y \mid x) \times P(x) \tag{2-19}$$

进一步变形可知

$$P(x \mid y)=\frac{P(y \mid x)P(x)}{P(y)} \tag{2-20}$$

式（2-19）就是贝叶斯定理的核心公式。该公式的灵活性体现在，可以通过某一个随机变量（比如 y 的先验概率，以及随机变量 x 的先验概率和条件概率）得到在 y 的条件下 x 发生的后验概率 $P(x \mid y)$。对应到上面的示例，就是说，得到了已知在成绩分段为 $[90, 100]$ 的条件下，性别变量为男生发生的后验概率 $P(g=男 \mid s=90 \sim 100)$。

根据除法分式的规律，式（2-20）可以变形为式（2-21）。两个公式的选择取决于哪一个条件概率更好计算。

$$P(y \mid x)=\frac{P(x \mid y)P(y)}{P(x)} \tag{2-21}$$

当条件概率不好计算时

在介绍贝叶斯定理时，提到 $P(y\,|\,x)$ 是给定 x 之后，y 出现的条件概率，可见，这里我们已经知道了通过模型的参数来预测结果。然而，很多实际情况是，我们并不知道数据的模型，因此，更多的是采用似然函数 $L(y\,|\,x)$，它是指根据观测到的结果数据来预估模型的参数。当 y 值给定时，两者在数值上是相等的，在应用中可以不用细究。

5. 贝叶斯定理的应用示例

通过前面的例子，我们了解了贝叶斯定理的推导过程，它主要是借助四种基础概率相互推导得来的。

接下来，为了让读者更加深入地理解贝叶斯定理在语音识别中的应用，通过一个例子看一下它在语音识别中最常见的一类应用——样本数据的分类。

假设已知有七个训练样本数据，每个样本数据都是由一组二维特征向量 (X_1, X_2) 表示的，其中 X_1 表示样式类别，取值是 1 或 2；X_2 表示尺寸，取值是 S, M 或 L。这些样本对应的类别 Y 为两个值，其取值为 0 和 1。对于给定的测试样本 $x = (2, S)^{\mathrm{T}}$，具体的训练数据情况见表 2.3。

表 2.3　训练数据的信息

编号	1	2	3	4	5	6	7
X_1	2	1	2	2	1	2	1
X_2	S	M	S	L	M	L	M
Y	0	0	1	1	0	1	0

(1) 计算分类类别的先验概率 $(P(Y))$
$$P(Y=1) = 3/7 \qquad P(Y=0) = 4/7$$

(2) 计算随机变量和分类类别之间的条件概率
$$P(X_1 = 2\,|\,Y=1) = 1$$
$$P(X_2 = S\,|\,Y=1) = 1/3$$
$$P(X_1 = 2\,|\,Y=0) = 1/4$$
$$P(X_2 = S\,|\,Y=0) = 1/4$$

(3) 求每一种分类结果出现的可能性
$$P(Y=1)P(X_1 = 2\,|\,Y=1)P(X_2 = S\,|\,Y=1) = 0.143$$
$$P(Y=0)P(X_1 = 2\,|\,Y=0)P(X_2 = S\,|\,Y=0) = 0.035$$

最终，比较上述两个概率结果的大小可知，基本判定测试样本很有可能是 $Y=1$ 所代表的类别。

总结上述示例可知，在分类问题中，贝叶斯定理主要从概率的角度出发，对未知样本的类别判断，常常可以转化为求解 $P(y_1\,|\,x)$ 和 $P(y_2\,|\,x)$ 中概率值最大的那一个，即求后验概率值最大的输出：$\mathrm{argmax}P(y_k\,|\,x)$。

贝叶斯定理是一个通用模型

贝叶斯定理是一个很广泛且通用的模型，说它通用是因为它可以指导我们得出一些有意义的结论，并且具有一定的科学性支撑。但是，由于它的宽泛性，导致它并不是给出了一个具体的概率模型，也就是说，具体到一个问题，这个概率 P 它到底是采用朴素贝叶斯模型还是高斯模型，贝叶斯定理并没有明确给出（注意，这里的模型相当于一个具体的概率分布函数）。

实际上，在遇到具体问题时，情况会复杂得多。比如在上述分类示例中，我们只用到了两个随机变量作为描述数据的特征向量，而在实际问题中，往往涉及多个维度的特征向量，当然无论特征向量的维数是多少，后验概率的计算方法都是类似的。但是，在具体应用中，还需要考虑特征值是离散的还是连续的，特别地，特征值是否连续决定了采用的概率模型 P 也不尽相同。

6. 贝叶斯定理中具体模型的确定：离散概率模型和连续概率模型

下面我们分别针对离散型和连续型多维特征向量介绍适用于它们的典型的概率模型。

（1）适用于离散型多维特征向量的朴素贝叶斯模型

关于离散型的多维特征向量，常常采用基于多项式模型的朴素贝叶斯方法。其思想是在计算贝叶斯公式中右侧分母的 $P(y_k)$ 时，需要适当地做一些平滑处理，避免某些值的概率为 0，导致公式计算失败。因此，当特征向量为 1 维时，$P(y_k)$ 的计算式为

$$P(y_k) = \frac{N_{yk} + \alpha}{N + k\alpha} \tag{2-22}$$

其中，N 是训练数据集中的样本总个数；k 是类别总个数；N_{yk} 是类别为 y_k 的样本个数；α 是平滑值，一般范围为（0 ~ 1），当 $\alpha = 0$ 时，表示不做平滑。当特征向量维数大于 1 时，$P(y_k)$ 的计算式为

$$P(y_k) = \frac{N_{y_k x_i} + \alpha}{N_{y_k} + n\alpha} \tag{2-23}$$

其中，$N_{y_k x_i}$ 表示类别为 y_k 的样本中第 i 维特征值是 x_i 的样本个数，n 是特征的维数。公式（2-23）可以保证当某一维特征的值 x_i 未在训练样本中出现过时，不会出现后验概率为 0 的情况。

多项式模型适合于特征值的取值范围是有限的数量。比如成绩的五个分段：不及格、及格、中、良、优。

（2）适用于连续型多维特征向量的高斯模型

关于连续型的多维特征向量，常常采用高斯模型，比如身高和体重的变化。

例如，某地区男性身高的高斯概率分布可以通过式（2-24）求得，最终得出的结果说明该地区男生的平均身高在 1.58 m 附近。

$$P(\text{height} \mid \text{male}) = \frac{1}{\sqrt{2\pi}\sigma} \exp\left[\frac{-(6-\mu)^2}{2\sigma^2}\right] \approx 1.5789 \tag{2-24}$$

一般来说，常常假设多维特征向量中的所有特征分量的取值都服从正态分布。于是可以统计出训练样本中每一个特征分量的均值和方差，然后计算出某一个测试样本值的概率。

人的大脑也许就是贝叶斯概率应用的典型

以前，语音识别主要是根据人们制定的语法规则将识别出的单词组成句子。然而人类交流的实际情况是，语言的语法规则是很晚才出现的，在此之前，人们就能顺畅交流。后来，由 Google 的专家贾里尼提出应该用统计和概率的方法，这才让语音识别的准确率得到了很大的提升。

试想一下，当你和朋友聊天时，当对方说出"今天感觉很冷"，你知道对方是在说天气。尽管这句话从语法上说，缺少主语"我"，但是这也不妨碍你的理解。于是，接下来，很大概率上你会做出与天气相关的回应。这就说明人的大脑大概率也是贝叶斯概率的体现。

2.3　基本函数的用法

以数据驱动为主的模式识别问题都在做参数预估，这里的参数就是指函数的参数。本节我们将讨论语音识别中常见函数的用法。

2.3.1　一元一次函数

函数中最基本也是最重要的是一元一次函数。这类函数在以机器学习为主的分类算法中十分重要。一个典型的一元一次函数可以表示为

$$y = ax + b \quad (a, b\text{ 为常数，且 } a \neq 0) \quad (2\text{-}25)$$

当两个变量 x 和 y 的关系满足式（2-25）时，称变量 y 是变量 x 的一次函数关系。其中，x 是自变量，y 是因变量。这里的自变量只有一个 x，因此称为一元，并且 x 的幂次为 1，又称为一次函数。a 和 b 可以看作参数，用于确定这条直线的位置。其中 a 称为斜率，b 称为截距。一次函数 $y = 3x + 1$ 的图像如图 2.22 所示。

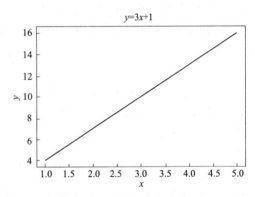

图 2.22　一元一次函数 $y = 3x + 1$ 的图像（Python 代码实现）

由于只有一个自变量，因此称这样的函数为一元一次函数。更复杂一些的情况是二元一次函数，即

$$y = a x_1 + b x_2 + c \quad (2\text{-}26)$$

后续介绍的神经网络构建的模型中，就是这种多元一次函数。例如，神经网络中有三个来自上一层神经元（x_1, x_2, x_3）的输入，则可以表示为

$$y = w_1 x_1 + w_2 x_2 + w_3 x_3 + b \quad (2\text{-}27)$$

其中，w_1, w_2, w_3 和偏置 b 都可以看作常数，上述公式可以看作 y 和 x_1, x_2 和 x_3 三个变量之间的一次函数关系。

2.3.2　一元二次函数

在数学函数中，二次函数也很重要。在监督学习算法中，训练模型的参数时用到的代

价函数就是二次函数。二次函数可以表示为公式（2-28）：

$$y = ax^2 + bx + c, \quad \text{其中 } a, b, c \text{ 为常数} \tag{2-28}$$

二次函数的图像是一个抛物线，具体如图 2.23 所示。抛物线最重要的特性是，当 a 为正数时，该图像呈现一个漏斗状的曲线，且该漏斗的底部存在最小值。这就是后面利用最小二乘法做优化的数学基础。

图 2.23 是只含有一个自变量 x 的情形，可以很容易推广到多个自变量。比如两个自变量 x_1 和 x_2，这样就可以画出类似图 2.24 所示的漏斗状的网状图。观察图 2.24 不难发现，该图像是在三维空间产生的。

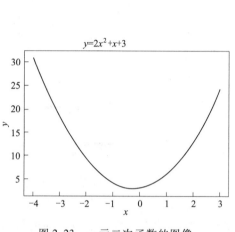

图 2.23　一元二次函数的图像

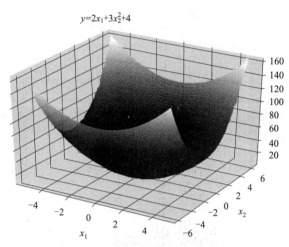

图 2.24　二元二次函数 $y = 2x_1^2 + 3x_2^2 + 4$ 的图像（Python 代码实现）

实际的神经网络结构中就是关于很多个自变量的二次函数，但是很遗憾，平面图形中无法绘制出三个变量以上的图形，所以无法以图形的方式展示多变量函数的形状。只能依靠我们在大脑中的想象，或者将多维空间的图像通过降维投影到可见的三维或二维空间中。

2.3.3　神经网络中不得不提的阶跃函数

数学上有一个最基本的阶跃函数是单位阶跃，也就是一个单位内的阶跃。从公式来看，该函数定义为

$$u(z) = \begin{cases} 0 \ (z \leqslant 0) \\ 1 \ (z > 0) \end{cases} \tag{2-29}$$

通过公式不难看出，该函数的取值一共就两个，0 和 1。结合图 2.25 可知，该函数在 $x = 0$ 处发生跳变，因此，该函数不是连续的。

自 2016 年以来，神经网络模型经常作为解决语音识别中一个常见的模型代表。该模型通过计算每一层中一组神经元的加权计算，得出的结果往往是一个连续的小数值，但是识别的结果往往要求对应到个数有限的类别。因此，这类模型中的最后一步就需要将连续值转化为离散值，转化的方式就是利用一

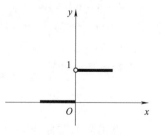

图 2.25　单位阶跃函数的图像

组具有跳跃性质的函数。

接下来将围绕神经网络中点火条件的设定，阐述跳跃函数的在神经网络模型中的应用，以及做常见的函数代表。

1. 神经科学家眼中的点火条件

据神经科学家研究发现，当前一个神经元与当前神经元发生联系时，当前神经元是否做出反应，是根据点火条件做判断的。该条件指出，只有当前一个神经元输入的刺激值大于某一个阈值时，当前神经元才会做出反应，否则它就会忽略该刺激。

从数学角度来说，该点火条件可以借鉴单位跃阶函数做出改进，这时函数的间断点不再是 $x=0$，而是在特定阈值处。具体来说，点火条件的数学函数可以描述为

$$u(z) = \begin{cases} 0 & (z \leqslant \theta) \\ 1 & (z > \theta) \end{cases} \tag{2-30}$$

式中，θ 表示对刺激做出反应的阈值，当前一个输入神经元的刺激值大于 θ 时，当前神经元会做出反应，此时，该跃阶函数的输出值为 1；反之，表示未做出反应，输出值为 0，函数图像如图 2.26 所示。

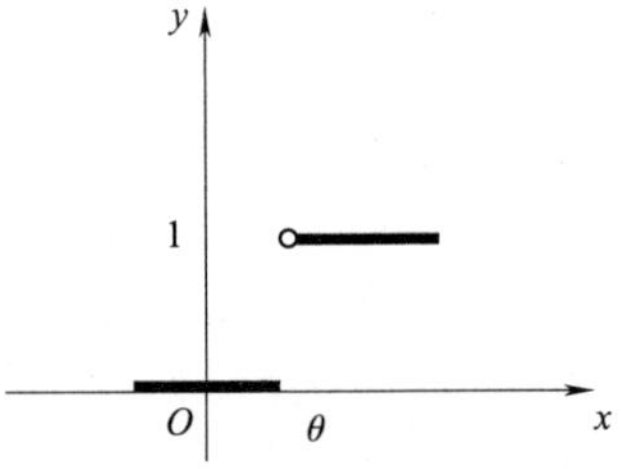

观察图 2.26 不难发现，它与图 2.25 所示的单位跃阶函数的不同之处在于间断点的位置。

2. 神经网络中的激活函数

在神经网络的算法中，为了适应更复杂的网络，需要对点火条件函数做进一步改进，改进后的函数称为激活函数。该函数需要判断加权和的值与偏置之间的关系。其中的阈值有了一个统一的名字，叫作偏置 b。

假设一个神经元的输入是 $w_1x_1 + w_2x_2$，那么，该神经元是否被激活的函数可以表示为

$$y(w_1x_1 + w_2x_2) = \begin{cases} 0 & (w_1x_1 + w_2x_2 \leqslant b) \\ 1 & (w_1x_1 + w_2x_2 > b) \end{cases} \tag{2-31}$$

对应的图像如图 2.27 所示。

观察图 2.27 可知，此时的自变量（图中的横轴）变为了神经元的加权和的表达式。

观察上述阶跃函数的图像不难发现，所有函数的图像在某一点处是断开的，因此，无法做到处处可导。因此，更常见的做法是采用改进后连续的 Sigmoid 函数。

3. Sigmoid 函数

Sigmoid 函数是一个非线性函数，广泛应用在神经网络中。给定一组特定的输入数据 z，将这些数据代入式（2-32），可以得到连续的输出 $\sigma(z)$，即

$$\sigma(z) = \frac{1}{1 + e^{-z}} \tag{2-32}$$

该函数的图像如图 2.28 所示。

图 2.26　神经网络中点火
条件函数的图像

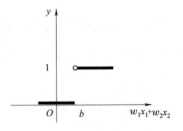

图 2.27　神经网络中激活
函数的图像

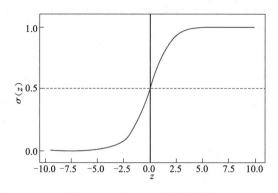

图 2.28   Sigmoid 函数的图像

从图 2.28 中的 Sigmoid 函数的曲线来看，其函数是光滑的，从数学上来说，该曲线上的每一点均可导，并且函数的取值范围在 0 和 1 之间，在神经网络中，该函数可以理解为通过概率值解释刺激的大小，取值越大，表示刺激越大。

2.4   函数的求导

在语音识别中，研究人员通常会先提出一个数学模型，该模型用于在一批特定的数据集上完成识别功能。谈到模型，一定有一些未知的参数，这些参数的确定需要依靠机器学习算法，算法的学习过程本质上是通过求导计算，让模型得出的预测值和真实值之间的误差最小，从而确定最佳参数。这样最终可以学习到一个合适的语音识别模型，用于新数据的识别。

因此，本节将围绕语音识别中常用的导数函数，以及求导法则展开详细介绍。并重点介绍两种常见的求导方法。

注意：本节所提到的函数都假设为充分光滑的函数。

2.4.1   一元函数的导数

函数 $y = f(x)$ 的导函数 $f'(x)$ 定义为

$$f'(x) = \lim_{\Delta x \to 0} \frac{f(x + \Delta x) - f(x)}{\Delta x} \tag{2-33}$$

上式的含义是指当 x 无限接近 0 时导函数的极限值。

举个例子，求取 $f(x) = 2x$ 的导函数时，可以套用式（2-34）：

$$f'(x) = \lim_{\Delta x \to 0} \frac{2(x + \Delta x) - 2x}{\Delta x} = \lim_{\Delta x \to 0} \frac{2\Delta x}{\Delta x} = 2 \tag{2-34}$$

从定义上来说，已知函数 $f(x)$，求导函数 $f'(x)$ 的过程称为对函数 $f(x)$ 求导。当式（2-33）的极限值存在时，称 $f(x)$ 可导。

接下来，我们从图像角度看看函数和导函数的关系。在图 2.29 中，$f(x)$ 是一个二元函数，即 $f(x) = 0.5x^2 + 2x + 30$，该图仅展示了 $x \in [0, 20]$ 之间的曲线部分，经过求导后，得到导函数 $f'(x) = x + 2$ 表示 $f(x)$ 图像上点的切线的斜率，即图中的直线。一般来说，光滑函数一定是可导的。

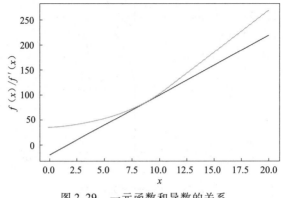

图 2.29　一元函数和导数的关系

1. 导数的线性性质

导数最常用的两个性质是，两个函数的和的导数等于两个导数的和，以及常数倍导数为导数的常数倍，对应的公式描述如下：

$$(f+g)' = f' + g', \quad (cf)' = cf' (c \text{ 为常数}) \tag{2-35}$$

注意，误差反向传播思想的基础就是导数的线性性质。

2. 一元函数求导的意义——求函数的极值

由于导函数表示切线的斜率，当函数 $f(x)$ 在 $x=a$ 处取得极值时，$f'(a)=0$，这是说 $f'(x)$ 在 $x=a$ 处取得极值的必要条件。这个性质也适用于多元函数导函数，因此，在神经网络的损失函数的计算中常常利用该性质获取最佳路径的方式，确定权值参数。

导数在语音识别算法中的意义

在语音识别的算法中，除了会利用对模型中的函数进行求导，以获得最小值（当函数是凸函数时）或最大值（当函数是凹函数时），这说明函数值的增大或缩小的变化趋势。

更多地，当需要对模型中的参数进行自学习时，采用求导的思想，是可以很方便地找出最优参数的解。这相当于是在规定好的范围内，寻找让函数取得最大值或最小值的参数取值。

------

3. 常见的导数公式

在实际的语音识别中，更常用的是导数公式，而不是式（2-34）。一些常见的导数公式见表 2.4。

4. 导数的分数形式

在设计语音识别的算法代码中，更常用的是导数的分数表示形式，见公式（2-36）：

$$f'(x) = \frac{\mathrm{d}y}{\mathrm{d}x} \tag{2-36}$$

表 2.4　常见的求导公式

导数	导数值	含　义
e'	0	常数的求导
$(e^x)'$	e^x	幂次函数的求导
$(e^{-x})'$	$-e^{-x}$	负幂次函数的求导
$(ax+b)'$	a	一元函数的求导
$(ax^2+bx+c)'$	$2ax+b$	二元函数的求导

5. 分数函数的求导公式

分数函数的求导方式见公式（2-37）：

$$\left[\frac{1}{f(x)}\right]' = -\frac{f'(x)}{f^2(x)} \tag{2-37}$$

其中，$f(x)$ 的值不能是 0。

采用分数形式的导数表达便于利用分数的约分计算，从而省去大量中间环节的计算。具体在之后介绍复合函数时会详细阐述。

分数形式求导的关键

分数有一个很明显的规定，分母不能为 0，因此只有当 $f(x)$ 的导数不为 0 时，才能求导。

在神经网络的算法中，常常要对 Sigmoid 函数求导，而 Sigmoid 从形式上看属于典型的分数函数。因此，对这类分数函数的求导见公式（2-38）：

$$\sigma'(z) = \sigma(z)(1 - \sigma(z)) \tag{2-38}$$

在梯度下降法中，常常需要用上述公式计算激活函数的导数。

2.4.2 多元函数的偏导数

前面关于导数的介绍主要围绕一元函数展开的，其实很多模型和算法中往往需要以多元函数的形式表示。可以通过理解单变量的情况，扩展多变量来进一步获得理解。另外，同时关于如何确定多元函数中最优参数的问题，需要借助偏导数的计算。

1. 多元函数

有两个以上自变量的函数称为多元函数（又称多变量函数）。例如，$z = x^2 + y^2$。

2. 偏导数

由于有多个变量，在求导时，必须指明对哪一个变量求导。因此，关于某个特定变量的导数就是偏导数。假设我们只考虑两个变量 x, y 的函数 $z = f(x, y)$。当对 x 求偏导时，将 y 看作常数。反之亦然。

例如，有一个多元函数 $z = wx + b$，其中 x 是常量，要求关于 w 和 b 的偏导数。那么，按照偏导数的定义，得到如下的结果：

$$\frac{\partial z}{\partial w} = x, \quad \frac{\partial z}{\partial b} = 1$$

为什么是对 w 和 b 求偏导？

要回答这个问题，我们需要理解模型抽象和训练学习的区别。首先，神经元的输入是我们抽象出来的数学模型，这个模型根据输入神经元的不同，即不同的 x，一定会对应不同的 z 输出。这是对于所有输入数据而言的数学模型。另外，在有监督的机器学习的算法中，所谓学习的过程是根据标记好的数据进行的，即此时 x 和 z 都是已知的，而未知的是 w 和 b，因此，我们要利用偏导数求出最优的解。

综上所述，当 x 是自变量时对应的是所有样本数据而言的，而把 w 和 b 当作自变量是在训练神经网络模型时的主要工作。

---

3. 多变量函数最小值的条件

光滑的单变量函数在 x 处取得最小值的必要条件是导函数的值为 0，这个事实对多变量函数同样适用。例如，对于两个变量的函数 $z = f(x, y)$ 取得最小值的必要条件为

$$\frac{\partial z}{\partial x} = 0, \quad \frac{\partial z}{\partial y} = 0 \tag{2-39}$$

2.4.3 复合函数的导数计算法则

已知函数 $y = f(u)$，当 u 表示为 $u = g(x)$ 时，y 作为 x 的函数可以表示为形如 $y = f(g(x))$ 的嵌套结构。这种嵌套结构的函数称为 $f(u)$ 和 $g(x)$ 的复合函数。

1. 单变量函数的链式求导法则

当 y 是 u 的函数，u 是 v 的函数，v 是 x 的函数，则 y 对 x 求导的过程可以通过式（2-40）得到。

$$\frac{dy}{dx} = \frac{dy}{du} \cdot \frac{du}{dv} \cdot \frac{dv}{dx} \tag{2-40}$$

2. 多变量函数的链式求导法则

在多变量函数的情况下，链式法则的思想类似。但是必须对全部变量应用链式法则。

为了便于理解，我们先以两个变量的情况为例进行探讨。假设有 z 是关于 u 和 v 变量的函数，并且 u, v 分别是关于 x 和 y 变量的函数，则实际上 z 可以看作 x 和 y 的复合函数，此时 z 对 x 求偏导时，可以借助以下链式法则式（2-41）：

$$\frac{\partial z}{\partial x} = \frac{\partial z}{\partial u}\frac{\partial u}{\partial x} + \frac{\partial z}{\partial v}\frac{\partial v}{\partial x} \tag{2-41}$$

与式（2-38）一样，对 y 求偏导数的链式法则式为（2-42）：

$$\frac{\partial z}{\partial y} = \frac{\partial z}{\partial u} \cdot \frac{\partial u}{\partial y} + \frac{\partial z}{\partial v} \cdot \frac{\partial v}{\partial y} \tag{2-42}$$

例如，当存在一个代价函数 $C = u^2 + v^2$，其中 $u = ax + by$，$v = px + qy$（其中，a, b, p, q 均为常数），于是 C 对变量 x 和 y 求导的过程如下：

$$\frac{\partial C}{\partial x} = \frac{\partial C}{\partial u} \cdot \frac{\partial u}{\partial x} + \frac{\partial C}{\partial v} \cdot \frac{\partial v}{\partial x} = 2ua + 2vp = 2a(ax + by) + 2p(px + qy)$$

$$\frac{\partial C}{\partial y} = \frac{\partial C}{\partial u} \cdot \frac{\partial u}{\partial y} + \frac{\partial C}{\partial v} \cdot \frac{\partial v}{\partial y} = 2ub + 2vq = 2b(ax + by) + 2q(px + qy)$$

上述求偏导数的链式法则，对于三个及以上的变量同样运用。复合函数求导的链式法则在误差反向传播中十分有用。

2.4.4 线性模型寻找最优参数的方法——最小二乘法

基于监督的机器学习算法，通过学习已知标签的训练数据集，目的就是找出假设所提出的分类模型（即函数）中的最优参数，保证该模型计算出的预测值和训练数据中的真实值之间的误差最小。在数学上，确定最优参数的思想就是求误差函数的最小值。

1. 最小二乘法求最优模型参数的方法

如果训练数据是可以通过拟合线性函数实现的模型，一个最简单的方法就是采用最小二乘法。该方法对应的误差函数的形式为

$$损失函数 = \sum (预测值 - 真实值)^2 \tag{2-43}$$

其中，真实值是训练数据集中的样本数据对应的输出值，而预测值则是我们提出的拟合函数得出的值。机器学习中称上述公式为损失函数，学习的目标是得到使目标函数达到最小值时拟合的函数。

举个例子，假设已知一批训练数据集描述的是温度与冰激凌的销量关系 (x_i, y_i)，具体数据见表 2.5 的前两列。假设我们拟合的函数是一条直线

$$J = px + q \qquad (2\text{-}44)$$

根据表 2.5 中的真实销量和预测销量的值可知，每一项误差的平方可以按照式（2-45）计算：

$$e_i = \frac{1}{2}\big[y_i - J(x_i)\big]^2 \qquad (2\text{-}45)$$

表 2.5　某超市收集的关于天气温度和冰激凌销售数量关系的训练数据集

温度 (x)（℃）	真实销量（y）	预测销量（J）
10	9	$10p + q$
15	20	$15p + q$
20	40	$20p + q$
25	55	$25p + q$
30	68	$30p + q$
35	80	$35p + q$

最后，得出所有样本数据的误差总和为

$$S = \frac{1}{2}\big[9 - (10p+q)\big]^2 + \frac{1}{2}\big[20 - (15p+q)\big]^2 + \cdots + \frac{1}{2}\big[80 - (35p+q)\big]^2 \quad (2\text{-}46)$$

为了求出 S 的最小值，我们可以利用偏导数公式（2-47）：

$$\frac{\partial S}{\partial p} = 0, \quad \frac{\partial S}{\partial q} = 0 \qquad (2\text{-}47)$$

根据复合函数的链式法则，最后得到联立式（2-48）：

$$\begin{cases} 3\,475p + 135q = 7\,405 \\ 135p + 6q = 272 \end{cases} \qquad (2\text{-}48)$$

解上述方程式，可得：$p = 2.93$，$q = -20.59$。

从而求出线性函数：$J = 2.93x - 20.59$；函数图像如图 2.30 所示。

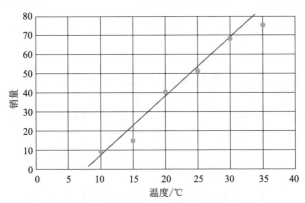

图 2.30　温度与冰激凌销售数量的样本数据和拟合函数

图 2.30 中圆点表示训练样本数据，直线就是求出的最佳拟合函数。这里只是以求解两个参数的线性模型为例介绍了最小二乘法的计算过程。上述过程可以很容易扩展到多个参数的问题线性模型，无非是分别对每个参数求偏导等于 0 的值。

至此，最小二乘法求最优模型参数的方法介绍完了。看上去这个方法的数学含义很简单，计算也并不复杂，然而并不是所有问题都适合用该方法的，接下来我们就去看看它的适用场景。

2. 最小二乘法的适用场景

一般来说，最小二乘法非常适合于线性模型求解的问题。常见的有预测房价随收入的

走势这样的线性回归分析问题。另外，对于一些基于特征向量的线性分类器，也可以采用该方法做参数优化。然而，还有很多场景不适合使用最小二乘法，如下：

- 当分类问题十分复杂，模型必须为非线性的模型时，最小二乘法就不适用；
- 如果特征向量的维数很多，那么求偏导和联立公式就变得无比复杂，这种情况也要慎用；
- 当样本量 m 小于特征数 n 的时候，这时拟合方程是欠定的，常用的优化方法都无法去拟合数据。当样本量 m 等于特征数 n 的时候，用方程组求解就可以了。当 m 大于 n 时，拟合方程是超定的，此时，最小二乘法就无法适用。

欠定和超定

为了得到一个确定参数的函数，通常我们需要给出一个限定条件，并且针对一组已知的数据，用于验证函数的有效性。对应到最小二乘法在分类模型求解的问题，我们要求解一个包含 n 个特征变量线性模型（其实就是一个包含 n 个参数的线性函数），已知的参数个数有 m 个。寻找参数的限定条件是要求计算的参数拟合的线性函数与已知数据的真实值之间的误差最小。根据 m 和 n 的关系不同，就会产生如下三种情况：

（1）欠定：当 $m < n$ 时，也就是数据量过小，但是参数的个数过多，导致无法找到确定参数的函数。

（2）合理：当 $m = n$ 时，此时数据量和未知参数的数量相等，通过基本的数学联立知识可知，这种情况下，参数是可以确定的，因此，认为函数是可以被确定的。

（3）超定：当 $m > n$ 时，此时数据量过大，参数的个数有限，于是有可能造成得出的函数超出确定的范围。

综上所述，数据量和未知参数的数据最好达到一种平衡，不要过多，也不要过少。

2.4.5 非线性模型求解最小值的方法——梯度下降法

从定义上说，梯度（gradient）是一个向量，梯度的方向是沿着变化率最大的方向，梯度的值是最大方向的偏导数的值，具体表达式见公式（2-49）。

$$\text{grad} f(x_0, x_1, \cdots, x_n) = \left(\frac{\partial f}{\partial x_0}, \frac{\partial f}{\partial x_1}, \cdots, \frac{\partial f}{\partial x_n} \right) \tag{2-49}$$

其中，f 是一个由 $n+1$ 个变量组成的函数，称为多元函数。可以看出，梯度是一个对各个变量求偏导数组成的多维向量。

梯度在语音识别中的意义

在语音识别中，更常见的模型是非线性的函数，比如二元曲线函数，甚至三元曲线函数。由于这些曲面并不是呈现单调的递增和递减性质的抛物线形状，因此，无法直接通过最小二乘法求解最小值。

针对这种情况，最常见的一种做法就是利用梯度下降法，采用小步逼近的原则，从而找到最优的全局最小值。

接下来，通过一个简单的示例，揭示梯度下降法的基本原理。其中，为了更好地计算最佳梯度的计算过程，还要知道学习率是什么。最后介绍关于梯度下降法是如何应用的。

1. 梯度下降法的原理揭示

我们以下山为例，假设此时有一个人正在山顶的某个位置，所谓梯度下降法就是为了帮助他找到最短的下山路径（见图 2.31）。寻找的方法是小步移动，同时，在每一步的移动中，都要计算该点的梯度值，目的是确保每一步都是最短路径，最后综合起来，就可以得出整体的最短下山路径。

图 2.31　以下山为例看
梯度下降法

以图 2.31 为例，此时拟合的二元函数是 $z = f(x, y)$，要求的是在每一点处的梯度近似公式（2-50）：

$$z = \frac{\partial f(x, y)}{\partial x} \Delta x + \frac{\partial f(x, y)}{\partial y} \Delta y \tag{2-50}$$

式中，每次下坡一小步的位移是 $(\Delta x, \Delta y)$，如果将这个公式的右边表示成向量内积的形式，即

$$\left(\frac{\partial f(x, y)}{\partial x}, \frac{\partial f(x, y)}{\partial y} \right) \cdot (\Delta x, \Delta y) \tag{2-51}$$

于是，我们的目标就转变为上述向量的最小值。根据向量的特性可知，对于两个非零向量 a 和 b，当二者的方向相反时，内积的取值最小。因为此时 $\cos 180° = -1$，表示为

$$b = -ka \quad (k \text{ 是一个大于 0 的常数}) \tag{2-52}$$

上式的含义是说，我们可以用上面式子的右侧表示向量 a，其中，k 的不同取值是为了表示两个向量的大小不一致。内积的这个性质是梯度下降法很重要的数学基础。

对应到式（2-52），就表示当偏导数向量和位移向量的方向相反时，能够使 z 在从 (x, y) 移动到 $(x + \Delta x, y + \Delta y)$ 时，减小得最快。

2. 二元函数的梯度下降公式

对于一个二元函数，$z = f(x, y)$ 从点 (x, y) 处移动到下一个点 $(x + \Delta x, y + \Delta y)$ 时，每一步的移动速度是 α。若满足式（2-53），则表明函数 $z = f(x, y)$ 减小得最快。

$$(\Delta x, \Delta y) = -\alpha \left(\frac{\partial f(x, y)}{\partial x}, \frac{\partial f(x, y)}{\partial y} \right) \tag{2-53}$$

式（2-53）称为二元函数的梯度下降法的基本公式。其中，右侧的偏导数向量对应的就是 z 在点 (x, y) 处的梯度，α 是学习率；左侧的 $(\Delta x_i, \Delta y_i)$ 就是位移坐标。式（2-53）的含义是，当函数 z 沿着点 (x, y) 以速度 α 移动到 $(x + \Delta x, y + \Delta y)$，就可以保证以最快的速度下坡。

类似地，三个变量组成的三元函数的梯度下降法见公式（2-54）：

$$(\Delta x, \Delta y, \Delta z) = -\alpha \left(\frac{\partial f(x, y, z)}{\partial x}, \frac{\partial f(x, y, z)}{\partial y}, \frac{\partial f(x, y, z)}{\partial z} \right) \tag{2-54}$$

关于三个以上的变量组成的函数，利用梯度下降法求最小值的公式也是类似的。

3. 学习率的含义

为了方便理解，学习率可以看作下坡的步长。很明显，不同点处的步子并不总是固定的。如果当前你所处的位置是一个很陡的坡，那么你迈出的步子就必须要小一点，以保证不会出意外。而当你站在一个转为平缓的山坡，那么迈出的步子就可以大一些。这就是学习率也需要不断学习的原因。然而遗憾的是，对于如何学习并没有具体的数学理论支持，

因此，只能通过反复尝试的方法。

4. 梯度下降法的应用

我们来看一个具体应用的实现过程。

问题：对于函数 $z = x^2 + y^2$，用梯度下降法求出使该函数何时能取得最小值的 x 和 y。

首先，根据偏导数的定义，求梯度

$$\left(\frac{\partial z}{\partial x}, \frac{\partial z}{\partial y} \right) = (2x, 2y)$$

接着，我们利用梯度下降法的思想计算最小值。这个过程主要分为四个步骤：

（1）初始设定。给出一个任意的初始位置 $(x_0, y_0) = (1.0, 1.0)$ 和学习率 $\alpha = 0.1$。

（2）计算位移向量。对于当前位置 (x_i, y_i)，可以得出位移向量$(\Delta x_i, \Delta y_i)$。具体计算过程如下：

$$(\Delta x_i, \Delta y_i) = -\alpha \left(\frac{\partial z}{\partial x}, \frac{\partial z}{\partial y} \right) = -0.1(2x, 2y)$$

（3）更新位置。根据梯度下降法，求出从当前位置 (x_i, y_i) 移动到的新位置 (x_{i+1}, y_{i+1})。

$$(x_{i+1}, y_{i+1}) = (x_i, y_i) + (\Delta x_i, \Delta y_i)$$

（4）反复执行步骤（2）和（3）。直到一定数量后（如 20 次后），得到$(x_{20}, y_{20}) = (0.0, 0.0)$，也就是说，函数 z 取最小值时，$x = 0.0$ 和 $y = 0.0$ 的取值。

总得来说，梯度下降法更为通用，首先，它无须假设模型是线性的，同时还避免了求取复杂的联立公式，取而代之的是向量的计算，因此，该方法得到了广泛的应用。

其他梯度下降算法

随着数据量的增多及深度学习算法的成熟，近年来还发展出了一些看似更高级的计算最小值的方法，比如批量梯度下降法（batch gradient descent，BGD）和随机梯度下降法（stochastic gradient descent，SGB）。之所以说看似高级，是因为这些方法的数学基础仍然是基本的梯度下降法，其中的区别仅仅在于，用多少数据计算误差函数的梯度，这是一个需要权衡的事情，因为参数更新的准确率和运算时间之间是呈负相关的。如果一味地想要找到最佳参数，便会需要大量的运算时间。如果想节省时间成本，则有可能找到的参数不是最佳的，因此，这需要研究人员根据具体问题做出合理的取舍。

2.4.6　适用于复杂模型的参数优化方法——正则化

根据结构风险最小化的原则可知，机器学习模型的训练目标是让训练结果与真实值的误差最小，这就意味着应尽可能采用简单的模型，以提高其泛化的预测能力。然而，现在主流的神经网络模型由于比较复杂，动辄需要学习上千个参数，而对于一些特定问题，比如小数据集或简单对象的数据样本来说，这些复杂模型最终学习出来的参数会显得大材小用，反而导致结果不好。这个问题就是著名的模型过拟合。而正则化就是为了防止机器学习模型过拟合的一种重要方法。

例如，在一些结构复杂的神经网络模型中，通过对损失函数求导，以确定出最佳的权

值参数 w。一般情况下，如果不加以克制，模型会认为需要考虑所有样本点，这样才能学习得更好。然而，当存在一些异常样本时，可能会导致模型学习到的 w 非常大，这时就导致在应用到测试数据上时，效果反而不如训练阶段时好。这就说明模型过拟合了。

为了解决这一问题，最常见的做法引入正则化项，就是在原来的目标函数或者损失函数的基础上加入一些正则项。最常见的正则化项是 L1 正则化和 L2 正则化。

1. L1 正则化

假设原始的目标损失函数为 $L(w)$，λ 是一个超参数，目的是控制正则化项目的大小。于是，可以构建出新的损失函数，见公式（2-55）：

$$L = L(w) + \lambda \sum_{i=1}^{n} |w_i| \tag{2-55}$$

在上述公式中，$L(w)$ 可以是任意一个损失函数，比如最小二乘法的优化函数，或者是神经网络模型中为了求解权重参数的损失函数，L1 正则化是在原始损失函数的基础上，加上参数绝对值的和。由于公式（2-55）中的绝对值项永远是大于 0 的正数，因此，它是不可微的。于是，为了确定最优参数 w，常常利用梯度下降算法令公式中的损失函数项取得最小值。

2. L2 正则化

类似地，对原始损失函数 $L(w)$ 引入 L2 正则化后，新的损失函数变为

$$L = L(w) + \lambda \sum_{i=1}^{n} w_i^2 \tag{2-56}$$

上式可以看作在原始损失函数的基础上，加上参数的平方的和。由此可知，如果 w 小于 1，那么 w^2 会更小。

接下来，分别对式（2-55）和式（2-56）求梯度，来看看两者的区别。

基于 L1 正则化的损失函数的梯度为

$$\frac{\partial L}{\partial w_i} = \frac{\partial L(w)}{\partial w_i} + \lambda \, \text{sgn}(w_i)$$

$$w_i = w_i - \eta \frac{\partial L(w)}{\partial w_i} - \eta \lambda \, \text{sgn}(w_i) \tag{2-57}$$

基于 L2 正则化的损失函数的梯度为

$$\frac{\partial L}{\partial w_i} = \frac{\partial L(w)}{\partial w_i} + 2\lambda \, w_i$$

$$w_i = w_i - \eta \frac{\partial L(w)}{\partial w_i} - \eta 2\lambda \, w_i \tag{2-58}$$

结合式（2-57）和式（2-58）可知，当 w_i 小于 1 时，L2 的惩罚项会越来越小，而 L1 会非常大，所以 L1 会使得参数为 0，而 L2 则很难。

总结一下，L1 正则化更容易得到稀疏解，因此，主要用于特征选择。相对于 L1 正则来说，L2 正则化的主要任务就是解决模型过拟合的问题，因为它的作用是鼓励较小值的参数，对大数值的参数给予严厉的惩罚。L1 的鲁棒性更强，即对异常值不敏感。

2.5　数列和递推公式

其实计算机并不擅长求导，而是更擅长递推关系的运算，因此，在语音识别算法的编

程实现中，常常用到数列和递推公式的思想。

2.5.1 数列的定义

数列是指一组由有限数值组成的集合，数列中的每一个数称为项。排在第一位的是首项，排在第二位的是第二项，依此类推，排在第 n 位的是第 n 项。当数列的项是有限的数量时，这样的数列称为有穷数列。比如，在神经网络的结构中出现的数列都是有穷数列。

如果采用符号表示，我们常常采用 $\{a_n\}$ 表示一个数列，其中 a_n 表示排在第 n 位的数。a 也可以用其他小写字母代替。

2.5.2 数列的通项公式

将数列的第 n 项用一个关于 n 的公式表示出来，这个公式就是该数列的通项公式。比如奇数列的通项公式为

$$a_n = 2n - 1 \tag{2-59}$$

指明特定的 n 并给出数列的通项公式，便可以求出数列中每一项的数。例如，根据式（2-59），可以求得数列中第 10 项的数是 $a_{10} = 2 \times 10 - 1 = 19$。

数列的应用十分广泛，比如在一个神经网络结构中，某个神经单元的输出可以看成数列，比如 A_{jl} 表示第 l 层的第 j 个神经元的输出值。

数列在神经网络模型中的应用

在神经网络的结构中，一个神经单元的加权输入和输出都可以看成数列。比如可以通过"第几层中第几个神经单元的数值"的方式描述成数列。例如，我们可以用 b_{im} 表示第 m 层的第 i 个神经元的偏置。

2.5.3 由递推关系式定义数列

除了通项公式，还有一种计算数列的方式，就是递推公式。即用相邻项的关系式来表示整个数列，这种表示法称为数列的递归定义。它也是我们在机器学习算法中经常用到，常用于表达不同层级数据之间的关系。

一般地，已知首项 a_1 和相邻两项 a_n，a_{n+1} 的关系式，就可以确定一个数列。比如，已知首项 $a_1 = 4$，以及递推关系式 $a_{n+1} = 2a_n$，求这个数列的前三项。

$$a_1 = 4, \quad a_2 = 2a_1 = 8, \quad a_3 = 2a_2 = 16$$

在神经网络中，假设第一层有三个神经元，第二层有两个神经元，其中激活函数用 $a(z)$ 表示，其中 z 是一个由未知参数 w 和 a，以及常量 b 组成的复合函数。于是，为了求出第二层神经元的输出值，就可以得到以下联立递推关系式（2-60）：

$$\begin{cases} a_1^2 = a(w_{11}^2 a_1^1 + w_{12}^2 a_2^1 + w_{13}^2 a_3^1 + b_1^2) \\ a_2^2 = a(w_{21}^2 a_1^1 + w_{21}^2 a_1^1 + w_{23}^2 a_3^1 + b_2^2) \end{cases} \tag{2-60}$$

由式（2-60）可以看出，第二层神经元的输出值 a_1^2 和 a_2^2，分别与第一层的三个神经元都有关系，其中 b_1^2 和 b_2^2 是对应的偏置。正是基于数列的递推关系，当知道第一层所有

单个神经元的输出值 a 和权值 w 时，就可以很轻松地计算出第二层神经元的输出值。

递推公式在神经网络模型中的作用

在语音识别中，最常见的一类就是以神经网络模型为主的机器学习算法。考虑到前后层神经元之间的关系，递推公式无疑是一个最佳方法，可以在求出前一层神经元的输出值的基础上，进而推导出后一层神经元的值。由于递推公式常常是相邻层之间的运算，并且多数以乘法和加法运算为主，这不仅极大地简化了计算的工作量，而且递推公式中每一个算式都比较简单，尤其是大量多线程的重复性计算，得益于这类计算，让善于并行计算的GPU 的作用得到了极大发挥。

本章小结

由于现代语音识别系统中所有的数据处理和分析的算法都要建立在数学的基础原理和运算法则之上，所以，学习本章内容就显得尤为重要。回顾一下，语音识别的第一步一定是关于语音信号的特征表示，这种表示一定要允许利用计算机编程实现可计算，又要找到准确的数学表示，最常用的就是向量和矩阵。当然，除了对已知数据的具体值表示的方法外，还有一个常用的方式是函数，其最大的优势是可以获得更加一般化的数据表示方法，另外，也可以预测新数据。

在得到语音的特征表示之后，就是要通过模型的训练做分类任务，分类任务最常用的模型是基于机器学习算法的，该模型学习的目标主要是让模型输出的预测值和真实值之间的误差最小化，为了实现这一目标，函数的求导和确定参数的最小二乘法功不可没。另外，谈到神经网络模型，一些关于数列和递推的思想，可以更好地理解网络中的前向传播的原理和实现方式，以及为什么如此复杂的神经网络，反而可以通过 GPU 的并行计算加快处理速度。

考虑到本书的受众，本章的内容仍属于较为基础的数学背景知识，关于更为复杂的函数和公式的推导过程本章并未列及，感兴趣的读者可以选择与机器学习相关的纯数学类书籍自行研究。

下一章我们将从模式识别的角度去探索语音识别中常用的识别算法基础。

第 3 章　模式识别

简单来说，模式识别旨在获取环境中目标对象的数据，从而用数学的方法计算样本的特征，将样本划分到特定的类别中，并完成高层次的识别目标。从本质上来说，语音识别也属于模式识别问题。因此，语音识别用到的技术和方法都可以参考模式识别的常用方法。本章主要基于统计模式识别方法，从语音识别系统的基本工作流程出发，分别从数据集的获取，特征提取，分类器设计，语言模型的选择以及评价标准方面，对每个处理过程进行阐述。

3.1　模式识别的基本概念

从广泛意义上来说，我们生活周围的一切环境和客体都可以称为"模式"，人类在认识这些模式时，需要通过比较、辨认、分类对其进行定义性的描述。更神奇的是，当遇到新事务时，我们能很快将其归属到已建立的模式集合中去。由此可见，模式识别可以看作是人类的一种智能活动。

而本章所说的模式识别，则是为了研究如何通过数学方法和信息技术手段，让计算机能够自动处理和判别模式，从而识别各种目标对象。

3.1.1　我们应该怎样理解模式识别

要理解模式识别，首先要从人类如何认识事物说起。人类在过去很长的一段时间里，基于对大量历史事物的感知和理解，逐步进化出了高度复杂的神经系统和认知系统，基于这些系统的组成，我们可以对许多事物命名，对其具有的属性进行描述。

比如，当我们走进一间办公室，四处扫一眼，就能轻松获知，该办公室里有一张桌子、两把椅子、一个沙发等各类物品。再比如，对于水果这个大类来说，它包括各种形状和颜色的水果，例如，奇异果、香蕉、橙子、苹果、西瓜等。在这两个例子中，可以看出，人们可以轻松地将办公室里的物品快速归类到已知的类别中去，尽管这些物品之前从未见过。人们也很擅长对一个抽象集合中的具体类别做更细致的分类，从而更好地认识更多水果。

上述看似简单的过程，背后却隐藏着十分复杂的处理机制，它需要感知、记忆力、抽象和推理能力。为了让计算机能够代替或扩展人脑的识别能力，科学家们一直致力于挖掘这些机制的原理，目的是让计算机能够自动化地完成同样的任务。

接下来，我们将围绕模式的定义、识别的目的，以及模式识别的应用展开详细介绍。

1. 什么是模式

随着 1946 年第一台通用计算机的出现和 20 世纪 50 年代人工智能的兴起，模式识别在 20 世纪 60 年代初期迅速发展成为一门新的学科。从定义上来看，模式识别在研究如何让计算机模拟人的感知能力，基于从环境获取的感知数据，去检测、识别和理解目标，行为和事件等模式。因此，这里的模式常常表示数据中具有一定特点的目标、行为或事件，并且规定具有相似特点的模式可以组成类别。单个模式又称为样本（sample）。

如果我们要让计算机去识别事物，首先要告诉它要识别什么。在模式识别中，把待识别的对象称为模式。例如，在人脸识别中，模式是一张张人脸图像；而在语音识别中，模式则可以是一段语音信号。

2. 识别的目的

有了模式的界定，接下来，我们还要告诉计算机识别的目的。借鉴人类认识客观事物的方法可以知道，往往会按照事物的相似程度组成类别。比如，提前规定马和牛是不同的类别；更细致地，斑马和棕色马也是不同的类别。因此，模式识别的目的就在于把一个具体的事物正确地归入一个类别中。因此，模式识别又常常称为模式分类。

总结一下，从计算机的实现角度来说，一个自动化的模式识别系统，首先要借助传感器收集大量历史数据（包括文字、图片、声音、视频等），然后将这些数据表示成计算机可以理解的模式，接着通过设计各类算法和程序，对这些模式进行自动分析，从而判断每个模式对应的从属类别。

3. 模式识别的应用

经过六十余年的发展，模式识别的应用十分广泛，按照难度级别来看，可以将模式识别问题划分成五种类型，具体见表 3.1。

表 3.1 五种常见的模式识别任务

编号	任务类型	描 述	应用示例
1	二分类	这是最简单的模式分类问题，它将输入数据分类到确定的两个类别中的一个，输出结果是二选一的类别	1. 垃圾邮件的自动分类 2. 心电图的自动检测
2	多分类	这类问题相对来说较为复杂，它意味着分类的数量增加。这类问题又可以分为一对一和一对多的任务。一对一是指一个输入数据对应一个类别，而一对多则是一个输入数据中包含多个对象的类别标签	1. 计算机的自动化字符识别 2. 图像和视频数据的自动化标签生成
3	对象检测	这类问题是在对象分类的基础上，根据目的，只检测感兴趣的对象是否存在，或者对象的具体位置	1. 实录视频中足球的跟踪 2. 机场监控录像中犯罪对象的检测 3. 判断当前图片中是否有行人、人脸、车辆等 4. 对出现在视频中的行人、车辆进行跟踪
4	对象识别	这个问题需要先对数据进行分类，然后还要进一步将分类的数据与其他信息结合，生成更有意义的结果	1. 车牌号识别 2. 语音识别，识别的对象是语音数据，但是输出的结果却要求是理解后的文本
5	对象检索	这是由分类问题派生出的相似性问题。这类问题可以分为两类：一类是在指定数据库中做精准匹配，因此，输出的结果要么是被检索的对象不存在，要么就一定存在。比如基于指纹的身份识别和人脸识别等。另一类是做相似性匹配，通常需要将可能匹配的模式按照相似性的顺序列出检索结果	1. 警察根据指纹来进行身份验证 2. 根据用户的虹膜进行身份识别 3. 机场和车站的人脸识别验证闸机 4. 哼歌搜索，根据用户哼唱的音调搜索对应的歌曲 5. 图片搜索，在海量图片库中寻找与某一张图片相似的若干图片

通过观察表 3.1 列举的应用场景不难发现，模式识别在科学研究和生活中的应用十分广泛。随着技术的成熟，它已经从实验室的产物，渐渐走入了我们的日常生活，并对我们的生活产生了深远的影响。因此，它吸引了大量的研究人员和企业从业人员从事相关的研究和工作。

那么，到底模式识别是用了什么方法，让这些应用得到了如此广泛的发展？接下来，我们将重点阐述模式识别中的一些经典方法，揭示其中的核心算法和工作流程。其实，模式识别发展至今，发展出了许多好用的方法，包括句法模式识别、统计模式识别、模糊模式识别、智能模式识别等。需要指出的是，这些方法没有绝对的优劣之分，只是针对不同的问题和数据，具有不同的适用场景。比如基于规则的句法模式识别方法在数据量小、规则有限的情况下，表现良好。但是，对于一些大数据量和包含复杂规则的情况则表现不佳。

考虑到本书重点讨论的是语音识别，并且经过近几年科学研究的论证发现，基于统计的模式识别方法可以实现高准确率的语音识别系统。因此，下一节将重点介绍统计模式识别方法相关的理论和方法。

3.1.2　统计模式识别系统的组成

严格来说，统计模式识别是一套方法的集合，而不是指单一的方法。首先，我们了解一下统计模式识别系统的组成，如图 3.1 所示。

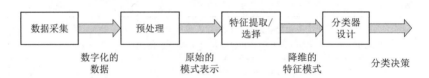

图 3.1　统计模式识别系统的组成

观察图 3.1 我们可以知道，统计模式识别系统包含数据采集、预处理、特征提取/选择和分类器设计四个组成部分。

（1）数据采集

模式识别研究的目标是让计算机完成识别任务，因此，事物所包含的信息必须通过采集设备转换成计算机可以接收和处理的数字化信息。对于自然世界中的各种物理量，可以通过传感器将其转换成电信号，再由信号变换设备对信号的形式和度量单位等进行变换，最后经 A/D（模拟/数字）采样，转换成计算机可处理的二进制数。简而言之，数据采集是指通过传感器收集事物的信息，并将其以数字化形式保存在计算机中。

（2）预处理

经过数据采集获得的数据是待识别模式的原始信息，其中极有可能包含大量的干扰和无用信息。因此，预处理环节通过各种滤波和降噪处理，以降低干扰信号的影响，从而增强有用的信息。

（3）特征提取和特征选择

特征提取是指将原始数据变换到特征空间，从而实现数据的降维表示。通常情况下，经过预处理后获得的数据信息量是巨大的，这会给分类器的设计和分类决策带来低效率和低准确率的负面影响。因此，从大量原始的数据中选取出对分类最有效且有限的特征，可以降低模式识别过程的计算复杂度，提高分类的准确性。由此可见，特征提取是模式识别中一个十分重要的任务。特征选择则是在特征提取的基础上做进一步的特征筛选，可以看作是特征提取的延续。这一步可以看作是将每条数据表示到一个多维特征空间。

（4）分类器设计

基于上述特征空间的表示，可以采用许多统计模型将类似的一批数据聚成一类，或将所有数据分成不同的几个类别。为了实现这一任务，统计模型要基于大量数据进行训练并学习，以保证分类器预测得到的分类结果和真实结果之间的误差足够小。这里分类器的设计其实就是统计模型学习的过程。

这些模型通常是一种机器学习算法，根据训练模型中是否采用已标注的数据集，可以分为有监督的学习和无监督的学习。

①有监督的学习。有监督的学习是指用于模型学习的样本已经做好了分类，并附有类别标签，模型在训练学习阶段知道样本的所属类别，可以更好地学习到这些样本具有的特征，从而对类似的数据做出更好的预测。这类模型的缺点也很明显，它无法对未见过的类别做出合理的预测。

②无监督的学习。无监督学习是指用于模型学习的样本没有分好类别，分类器自主地根据样本与样本之间的相似程度来将样本集自动划分成不同的类别，并在此基础上建立分类决策规则。其好处是随着数据的变化，可以得到不同的分类结果，因此，这类模型的适应性和泛化能力较强。但缺点是有可能每次的分类结果都不一致，给后续的分类带来困惑。

分类器的输出是一个分类决策，用于对待分类的样本按照已建立的分类决策规则进行分类。

至此，一个完整的统计模式识别中各个组成部分的主要功能就介绍完了。为了加深对各个部分的认识，接下来将通过一个例子加以说明。

3.1.3 示例：一个橘子分类系统

本节通过一个例子，说明统计模式识别中各组成部分是如何解决实际问题的。

问题：要设计一个模式识别系统，实现对传送带上的橘子进行自动化分类。具体要求是由一个活动的挡板自动实现导入正确的箱子，即当挡板降下时，将橘子拨出传送带，落入相应类别的箱子，实现自动分类装箱，如图 3.2 所示。

图 3.2 橘子分类系统

为了解决上述问题，实现过程可以分解为四个阶段。

（1）数据收集：首先我们要借助一个图像采集系统，它能够收集移动中的水果图片。具体做法是，在传送带上方安装一个数字摄像机，用于采集经过传送带的每个水果的图片。图片的大小是 128×128 个像素，这就是我们获取到待识别的模式。

（2）预处理：大多数情况下，采集到的图片是不能直接用于后续分析阶段的模式的。例如，有时采集的照片中没有橘子主体，或者由于橘子的移动状态导致照片模糊。因此，预处理的任务就需要排除这些无法处理的照片，通过筛选和过滤的算法，剔除没有橘子的图片，对于主体模糊的照片可以采用图像增强的技术，改善模糊的效果。经过这些处理后的图片，才能真正成为识别系统中输入的模式数据。

（3）特征提取：为了区别两种大小不同的橘子，通过选取每个橘子的直径和颜色作为特征。也就是从橘子图片表示的 128×128 的矩阵中提取出两类关键特征：直径和颜色计算出特征向量。这样就实现了从原始高维度的图像矩阵降低到二维的特征向量的转化，实现了对模式数据的降维表示。

（4）分类器设计：为了对降维后的模式数据进行正确的分类。最常见的做法是使用机器学习算法，这里以有监督的机器学习算法为例，需要对已知分类类别的大量数据的特征值进行分析，最终发现这些数据会自动聚成两类，如图 3.3 所示。可以利用一条直线将这两类数据分割开来。这条直线的数学建模过程，被称为训练阶段分类决策算法的建立。

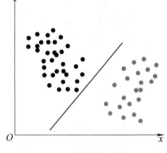

图 3.3　特征空间

基于上一步建立好的分类直线，在应用阶段，一旦遇到一个待分类的新橘子模式，该系统只需要将其与该直线比较，如果该水果的特征值是落在直线的左上方区域，就将其划分为第一类；如果它在直线右下方，就将其划分为第二类。

总结来看，一个完整的模式识别系统主要包括上述四个阶段，其中每个过程都对应着十分重要的处理工作，除了第一步属于数据采集的阶段，涉及的算法较少，其余三个阶段都将涉及具体算法的设计与实现，最终得以解决实际问题，比如上述例子中的水果分类问题。同样地，语音识别系统中也必然包含这四个阶段。

值得注意的是，对于语音识别这个特定问题，还必须了解语音模型，因为它是形成输入的语音与输出的文本之间的映射关系的关键。最后，算法设计得是否合理，还应对其最终的识别结果进行合理的评价，然而由于上述案例没有获取到真实系统的分类数据，因此，评估的步骤被省略了。

3.1.4　模式识别发展史中的里程碑事件

模式识别的正式登场可以追溯到 20 世纪 50 年代。其发展经历了 70 多年，梳理一下其代表性方法的历史，可以列举出五个重要阶段。

第一阶段：20 世纪 50 年代末，罗森·布拉特提出了一种简化的模拟人脑识别的数学模型——感知器，初步做到了通过给定类别的各个样本对识别系统进行训练，使得系统在学习完成后，具有对其他未知类别的模式正确分类的能力。另一个代表性事件是乔发表的用于文字识别的统计决策方法，其论文给出了贝叶斯决策的基本框架。

第二阶段：1962 年，纳拉西曼提出了一种基于基元关系的句法识别方法，这标志着句法模式识别方法的开始。福纳加和杜达 & 索尔特分别于 1972 年和 1973 年出版了模式识别的经典教材。1974 年，傅京孙提出句法模式识别方法，还出版了《模式识别中的句法方法》一书。

第三阶段：1982 年和 1984 年，霍甫菲尔德发表了两篇重要论文，揭示出人工神经元的工作原理，并认为由此搭建出的神经网络具有强大的联想存储和计算能力，进一步推动了模式识别的发展，至此，人工神经网络方法为模式识别的发展带来了显著成果。

第四阶段：20 世纪 90 年代到 21 世纪初期，随着机器学习中许多经典分类算法的普及，推动了模式识别在半监督学习、多标签学习和多任务学习的发展。最典型的包括马尔可夫模型和支持向量机。

第五阶段：2006 年以后深度神经网络逐步成为主流方法，它几乎取代了以人工特征工程为主的分类方法。但是随着深入探索，深度学习方法的不足也逐渐暴露，例如，小样本的泛化能力不足、可解释性差等。因此，科研人员还在不断探索新的模型。

总结来看，模式识别和人工智能的一些分支领域高度交叉，例如，机器学习、计算机视觉、自然语言处理和数据挖掘等。其每一次取得的成就都离不开这些领域中的新技术和新理念。

不过，从目标来看，模式识别始终围绕如何设计感知器获取物理世界中的对象，以便于计算机去分析和处理。另外，还希望寻找更好的数学方法对模式进行表示，这些方法包括对原始数据的低层次表示和对识别对象的高层次抽象化描述。最后，还要基于这些特征表示，借助技术将模式的分类能力推广到对更多未知数据的分析上。

接下来，依次介绍语音识别系统中各个处理环节的重点内容。

3.2 关于数据集的准备

近年来，以机器学习为主的统计模式识别是主流，所谓学习就是通过对已经收集的大量数据进行分析以找到算法和模型中的最佳参数，最终训练好的算法将应用于新的数据解决特定的识别问题。其中，数据的收集对于模型的训练至关重要，它甚至决定了模型表现的好坏。

对于语音识别的任务来说，数据的类型至少包含语音数据和语音对应的文本数据。然而收集数据的成本是很高的，一方面，训练模型需要用到大量数据，对这些数据的人工标注成本是十分高昂的；另一方面，不同的任务需要的数据也不尽相同，导致许多数据无法重复利用。

一般来说，如果只是为了研究语音识别的算法，大多数人都会采用公共数据集，这样不仅节省时间，而且能够满足在与同行的研究横向比较时更加具有可信度。如果是针对特定类型的研究或新问题的应用，大多数需要自行收集数据。总之，应该结合自己的需要，选择公共数据集或自己收集数据集。另外，为了保证模型对未知数据具有可靠的预测能力，收集的数据集还需要进行划分，保证一部分只用于模型的训练，另一部分主要用于模型的验证，保证模型从未见过。

接下来，主要围绕数据的收集和划分两个方面展开介绍。

3.2.1　数据的收集

本节将首先介绍常用的语音识别的数据来源，这些数据可以作为前期学习语音识别算法时使用。接着在语音识别研究的初期，更多地会选择公共数据集。不过当面对一些特殊问题，则有可能需要收集自己的私用数据。本节会分析公共数据集和私人数据集各自的优势和劣势。

1. 数据来自哪里

（1）LibriSpeech 是最常用的英文语料，其中包含 1 000 h、16 kHz 的有声书的录音，并且经过分割整理成每条 10 s 左右，带文本标注的音频文件适合入门使用。

（2）2000 HUB5 English Evaluation Transcripts，包括 40 个电话对话场景，包含语音数据集和转录的文本，目的是帮助开发语音识别算法的评价。其中，百度团队的研究论文《深度语音：扩展端到端语音识别》使用的就是这个数据集。

（3）Rich Transcription Evaluation 是一个常常用于自动化语音识别的数据集。这个系列从 2002 年开始，直到 2009 年发布了不同的数据集，这些数据集涵盖的场景十分丰富，不仅包括会议场景、播客、打电话。同时，一些数据集还专门支持特定的研究任务，比如用于端点检测、说话人身份识别、语音转文字、原始数据提取等任务。

2. 到底是该用公共数据集还是要自己收集数据

公共数据集的好处是可以节省收集数据的时间，同时，公共数据集常常被当作标准，通过向所有研究人员免费开放，能够保证大家在同一个标准下评判算法和模型的好坏。这有助于公平性，然而提供公共数据集一般都是来自政府等非营利行为，因此，这样的数据集的总量不会太多，丰富性也有限，而且更新速度也较慢。

相对来说，自己收集数据虽然会麻烦一些，并且请人来录音是件费时费力的事情，但还是有很多人在做。因为大家为了解决不同的问题，仅通过公共数据集是无法做到的。比如，如果你的目标是希望挑战方言的识别，就要收集代表性的方言语料库。再如，如果你希望收集夹杂着中英文的对话，这个也需要自己去专门收集。另外，深度学习算法的应用需要大量数据，原来公共数据集提供的小数据量就不再合适。

总之，要根据自己的需要，决定使用公共数据还是自己收集数据。一般来说，如果只是为了验证自己的算法的识别率高，选择公共数据集是可靠的，因为可以和前人的方法进行客观比较。而对于一些新的问题和应用，还是自己收集比较好。

3.2.2　数据集的划分

数据有了，在开始正式的机器学习算法训练之前，还要对数据进行合理的划分。本书主要讨论以监督学习为主的模型，因此，需要常常将所有数据划分为训练集和测试集。训练集数据主要是为了训练模型，即确定模型中的一些参数，从而找到一个最佳模型，最终将训练好的模型应用于测试集，期待它对未知数据的识别效果也能有不错的表现。

1. 数据的组成

语音识别的数据集一般包括两个部分：

（1）语音数据，一般是 .wav 或 .mp3 格式的音频文件；

（2）语音对应的文本，一般是 .csv 或 .txt 格式的文件。

如果是针对音素级别的标注，那么，基本的标注文件中应该包括一个音素在音频中的起始时间和结束时间，以及该音素的名称。类似地，如果是基于单词的标注，那么，标注文件就应该包含该单词在音频中的起止时间和单词的文本内容。还有一类细微的标注，例如，基于语音数据的图形化表示的，它可以允许标注出感兴趣语音的起止时间和频率范围，以及单词的名称。更粗略的标注直接是语音包含的完整句子的文本，这主要用于连续语音识别的任务。

数据准备好了之后，就可以做数据划分了。

2. 划分数据集的常用方法

为了训练和验证分类模型，一般要将数据分为训练集和测试集两个部分。为了保证公平性和客观性。需要首先确定划分的比例，然后再随机分配数据。这里主要介绍三种划分数据集的常用方法。

（1）分为两份：训练集和测试集，那么，一般的比例是 8∶2 或 9∶1，如图 3.4 所示。

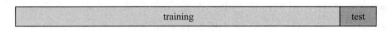

图 3.4　训练集和测试集

可以理解为大部分的数据用于训练，小部分用于测试。

（2）分为三份，训练集、验证集和测试集，如图 3.5 所示。

图 3.5　训练集、验证集和测试集

和上一种划分方法不同的是，原来用于训练的数据集中，有一小部分数据用于验证模型的好坏，然后再应用到测试集上。这么做的原因是，考虑到很难保证假设的模型一次训练就可以找到最好的效果，因此，有人提出将训练集继续细分为训练子集和验证集。原来的训练集中要拿出一小部分数据，先对训练好的模型进行验证，如果在验证集上取得的效果不错，才会直接用于测试集去评判最终的效果。

（3）交叉验证法（crossvalidation）：该方法主张将总的数据集等分成十等份，其中九份用于训练，一份用于测试。于是对一个模型，需要执行十次，每一次选择一份不同的数据子集做测试。例如，前两次训练分别采用图 3.6 和图 3.7 所示的数据集的划分方法。

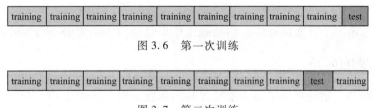

图 3.6　第一次训练

图 3.7　第二次训练

最初提出交叉验证数据集的想法是为了适应小数据量的问题，当收集的数据量有限时，可以利用上述方法，增加训练的次数，以扩展模型的适用性和可靠性。

3. 关于数据量的问题

不同的分类算法对数据量的要求是不一样的。另外一个不可否认的事实是，收集数据是需要很大成本的，这里的成本不只是指收集数据的人力成本，还有标注数据的成本。

一般来说，不同的学习算法对数据量的要求还是有些区别的，可以分三种情况讨论。

（1）传统的机器学习算法允许在小数据量上工作，并且能够取得一定的识别率，这是传统机器学习算法的优势。但是它的劣势也很明显，就是对于未知数据的识别率不高，这一点也很好理解，因为它学习的数据量就是有限的，未知数据是更多且复杂的，因此，这类算法常常无法应对。

（2）基于神经网络的深度学习算法的训练常常需要大量的数据，因为神经网络的训练是十分复杂的，它必须要有大量的数据才能够得到比较适合的参数。

（3）问题的复杂度，如果只是想要解决标准普通话的识别问题，所需要的数据集不需要太大。但是如果想要解决全中国带有方言性的识别问题，这时就必须收集大量方言的发音。另外，如果做非特定人识别，性别不同发音也会不同，因此，还要收集不同性别的发音，甚至不同年龄段的发音。总之，为了更好地让机器学习算法对各种未知数据的预测更准确，应保证训练学习的数据量不仅要大，而且数据的丰富性一定要强。这样才能保证遇到未知数据时，算法仍然有效。

综上所述，当建立模式识别的系统时，首先要想清楚语音识别系统的目标是什么，准备多大的数据量合适，向谁去收集，找谁去录音，录多少合适，如果数据量无法收集怎么办？这些都是在数据收集阶段需要考虑的问题。

3.3 预 处 理

一般来说，原始的数据是无法直接被用于识别阶段的分析任务的，主要原因有三个方面：

第一，受到原始数据获取方式的影响，数据中不可避免地掺杂着一些噪声或其他非语音信息，这对于后续的分析来说会造成很大的干扰；

第二，不同的识别任务对数据的要求也是不一样的，比如以识别音素为主要模式的系统，可能需要对数据进行分割处理及更细致的音素级别的标注；

第三，特定的特征提取和分类算法也会对数据有特殊的要求，比如，为了提升特征提取的有效性，只希望从原始的语音数据中分割出含有语音段的部分，而剔除非语音段的部分。

正是基于上述三个方面的原因，预处理工作也是语音识别中必不可少的一环。

3.3.1 预处理的内涵

在语音识别中，预处理为了解决上述提到的问题，对其主要工作进行了界定。所谓预处理，就是针对特定的识别任务进行的一些前期分析工作，这些工作的主要目标包括：

（1）通过对原始数据进行特定方式的变换，得到有效的参数化表示。比如，语音信号的分析常常是建立在时域、频域，甚至是小波域等不同的参数化表示基础上的。

（2）提升语音数据的质量，主要是通过分析语音数据和噪声信号的关系，滤除噪声对目标信号的影响。

（3）特定任务的数据预加工操作，比如对语音段数据的分割，以音素或单词为单位的分割处理，甚至还有一些语音段数据的起始和结束的端点检测问题等。

3.3.2　常见的预处理思路

对应前面提到的预处理目标，人们提出了一些解决思路，具体如下：

（1）时域变换、频域变换，甚至是小波域的变换

以上这些变换的目的是对数字化的离散采样点以时间或频率为主要参数，并表示成规定范围内的一维时域信号和频域信号，甚至还可以通过短时傅里叶变换得到二维的时频域信号。总之，根据变换方法的不同，原始的采样点将呈现出不同的参数化表示。

（2）去除噪声

噪声滤除的意义在于对语音和噪声关系的定义，基于这些定义，可以采用直接去除噪声，或者减弱噪声信号的影响，甚至还可以对语音和噪声信号进行一些平滑处理，从而既保证语音信号不丢失，还能保证噪声的影响最小。

（3）端点检测

考虑到原始数据中不可避免地会出现一些静音的时段，而我们要识别的只是语音段的数据，因此，端点检测就变得十分重要。其主要目标是通过分析，标注出每段感兴趣的语音信号的开始和结束端点，从而只保留这些语音段数据用于后续分析，而静音段数据则可以忽略。

这里提到的三项预处理任务并未包含所有的预处理操作，根据采用的特征提取方法的不同，还会有一些个性化的预处理操作。无论采用何种操作，其主要目的都是为后续算法奠定良好的基础，并尽可能地减少由于数据自身的质量带来的干扰。关于上述提到的预处理算法将在第 5 章中详细阐述。

基于预处理分析后的数据就形成了待识别的模式，接下来，可以对这些模式数据进行下一步的特征提取工作。

3.4　特征提取

分类算法的核心思想是对两个不同模式的比较，从而得出相似或不同的结论。为了实现这种比较，最常见的做法是寻找合理的数学统计量，描述每一个待识别的模式，从而计算两组数学统计量之间的距离或者差异，从而得到可能的分类结果。这个寻找合理的描述统计量的过程，就是通过特征提取算法实现的。

总而言之，特征提取的意义一方面是为了准确地刻画待识别的模式数据，并且能够很好地将不同类别的模式区别开；另一方面则是希望将预处理后的数据采用较少的数据统计量进行表示。其算法的有效性需要通过最终的分类结果得以评判。

接下来，从数据的角度看看特征提取算法中产生的常见统计量。

3.4.1　特征向量和特征空间

针对 3.1.3 节提到的橘子分类系统可知，当找到可以描述橘子特点的两个特性：直

径和颜色时，就可以对每个图像中的待识别的对象进行计算，每一个对象就可以采用二元值的表示方法。于是，所有的待识别对象都可以看作是对应着二维坐标系的空间中的一个向量，坐标是（x_i, y_i）。其实特征提取的关键就是将待识别对象表示成特征空间中的一个向量，称为特征向量。基于这个特征向量，我们就可以轻松地计算出两个向量之间的距离。

需要注意的是，由两个值组成的特征向量可以对应为二维空间中的向量。类似地，三个值的特征向量可以对应于三维空间中的向量。一般来说，可以将特征向量表示为 $x = (x_1, x_2, \cdots, x_n)^{\mathrm{T}}$。向量原本应该是列的形式，这里为了表达方便，采用 T 转置符表示为横向量。

综上所述，通过特征提取的操作后，每一段待识别的语音数据都可以对应为一个特征向量，这些特征向量分布在 n 维的特征空间中。

特征提取对于以机器学习方法为主的语音识别任务来说十分重要。其目标是用尽可能少的量化值描述待识别的模式，这样可以降低计算的复杂度，从而提升处理速度。更为重要的是，这些特征向量最好能够很好地区别不同的语音模式类别，这样才能更好地提升分类的效果。

值得注意的是，这些特征可以是人为提前设计的，这就需要你对语音数据十分了解。另一类是以深度学习方法为主的特征提取算法，减少了人为的特征设计工作，其出发点是基于原始数据，通过不同层级的卷积网络自动学习各类特征，进而直接实现分类。因此，计算具有甄别性的特征向量变得不再重要。但是，在这类方法中的数据预处理阶段，一些常见的特征预处理方法仍然十分关键，它可以让原始数据中感兴趣的部分更加突出。

3. 4. 2　特征提取的流程

一般来说，通过麦克风设备采集到的语音数据往往是以数字化的二进制数组的形式保存在一个音频文件中（比如一个 speech.wav 文件）。为了进一步分析，我们希望读取音频文件中关于语音数据的部分，这些数据经过一些特定的变换，被转化到随着时间变化的时域信号，或者突出频率信息的频域信号。

根据语音信号转化形式不同，特征提取的方法也有所不同。接下来，分别从时域和频域的角度出发，介绍常用的特征提取算法的处理流程。

1. 时域中的特征提取

正如经常看到的一些音频播放器的效果，声音会以一种正弦波（余弦波）的形式表示，其中，横坐标是时间，纵坐标是声音的能量，如图 3.8 所示。这就是最常见的声音的时域表示方法，一段音频就对应着一段时间内的波形变化的时域信号。

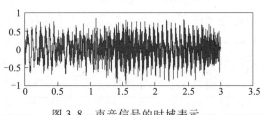

图 3.8　声音信号的时域表示

接下来，以图 3.9 为例，在声音时域表示法的基础上介绍特征提取的流程。

一般来说，当说话人发出一段语音，经过数字化处理后，我们见到的是离散的采样编码值，这里需要将这些数据点进行分帧处理，比如，选择一帧的长度为 128 个采样点，帧与帧之间的重复率是 50%，这样以帧为单位的特征计算的过程一般是对一帧内的采样数据做数据统计，可以是求均值（mean）、GMM 参数等，最终会形成一维的特征值（feature value）、多维的特征向量（feature vector）或者二维的特征矩阵（feature matrix）。

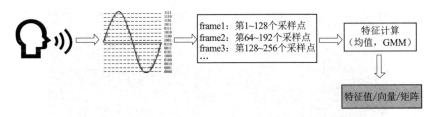

图 3.9　时域中特征提取的流程

2. 频域中的特征提取

对于语音信号来说，频率是更重要的信息，因此，更常见的做法是将时域的声音信号转化为频域的信号。以图 3.10 为例，横坐标是频率信息，纵坐标是声音的能量信息。图 3.10 是声音的一种典型的频域表示图形，该图形被称为声音的频域信号。

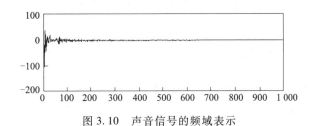

图 3.10　声音信号的频域表示

基于频域的表示方法，将以图 3.11 为例，介绍如何在频域中特征提取的基本流程。

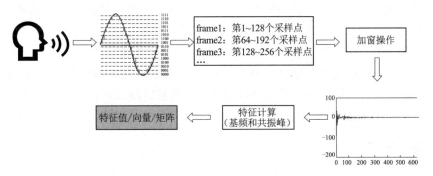

图 3.11　频域中特征提取的流程

观察图 3.11 不难发现，一直到分帧处理的操作都是和时域一样的。为了得到频谱图，还需要额外对帧数据进行加窗处理，以避免一帧内存在非整数倍的周期信号引发的频率泄露问题。然后就可以基于声音的频域信号计算特征。当然，由于表示形式发生变化，可以计算的特征与时域特征存在一定的差异。主要可以提取频率的基频和共振峰，从而得到最终的特征向量。

另外，除了图 3.10 所示的频谱图外，还有一类常见的频域信号表示，称为时频谱图。从名字不难看出，这种声音的表示方式又加入了时间变量，因此构成了时间（横坐标），频率（纵坐标）和能量（像素的颜色）的三维信号，于是就形成了如图 3.12 所示的图形。基于时频谱图的声音信号，可以得出更多不一样的特征，但处理流程和图 3.11 都是类似的，这里不再赘述。

图 3.12　声音的时频谱图

为了得到语音信号的特征表示，接下来重点对语音识别中更高级的特征表示方法进行简要介绍。

3.4.3　常见的语音特征表示

目前的语音识别系统常常采用特征提取算法得到语音数据的特征表示，基于这些特征的不同特性，描述语音的特征可以分为四类：

（1）基于时域变换的特征：包括过零率、平均能量和音频包络等。

（2）基于频域变换的特征：有基频和共振峰等。

（3）基于短时傅里叶变换的特征：主要是梅尔倒谱系数（MFCCs）及其相关变种。

（4）基于神经网络的特征：主要是基于卷积网络的深度特征。

这里只是列出了常见的特征统计量和方法，这些特征被认为可以很好地描述语音信号。另外，有一种观点认为，通过这些常见的特征表示，或在 MFCCs 特征的基础上进行更高级的特征抽取，能够更好地描述语音信号。这些特征的具体计算方法将在第 6 章详细阐述，这里不再赘述。

3.4.4　特征选择

为了进一步提升特征分量之间的有效性，有时还需要对上述提取的特征向量进行特征选择。特征选择的作用是在保证特征分量具有辨别性的同时，通过对特征分量之间关系的规范和约束，去除无效的特征分量，保证分量之间的独立性，从而降低特征的维数，节省特征向量之间比较的计算量。

特征选择需要用到的方法包括对不同等级的特征值进行的归一化。对特征独立性分析的相关性分析及典型的特征选择方法——主成分分析法。

1. 归一化（normalization）

当若干个特征值的取值不在同一个级别时，即每一个特征的分辨率或单位不一致时，（MFCC 是 32 位浮点数，而 ZCR 是整数且不超过样本点数），我们需要对其做归一化处理，这样才能保证计算出的差值是合理的。一般常见的做法是将一类特征的值都调整到 $[0,1]$，这样就可以进行分类时的距离计算和特征向量的比较。

以最小、最大标准化的具体归一化见公式（3-1）：

$$y_i = \frac{x_i - \min\{x\}}{\max\{x\} - \min\{x\}} \tag{3-1}$$

常见的归一化方法还有标准的 Z-score 归一化，其量化后的特征服从标准正态分布。量化后的特征分布在$[-1,1]$。

2. 相关性分析（association analysis）

有时计算的特征值之间可能存在一定的相关性，这时要尽可能地保证特征之间的独立性，去除相关性带来的冗余计算。此时，需要对不同的特征参数之间进行线性相关性分析。

常见的方法是计算 Pearson 相关系数，其数学公式见（3-2）：

$$\rho(X,Y) = \frac{E[(X-\mu_X)(Y-\mu_Y)]}{\sigma_X \sigma_Y} = \frac{E[(X-\mu_X)(Y-\mu_Y)]}{\sqrt{\sum_{i=1}^{n}(X_i-\mu_X)^2}\sqrt{\sum_{i=1}^{n}(Y_i-\mu_Y)^2}} \tag{3-2}$$

上述公式中，X 和 Y 是两个随机的特征值变量，该公式的含义是通过均值和方差的关系，计算两个变量 X 和 Y 的相关性。其结果越小，说明两者的相关系数越小，两个特征变量越独立。一般可以设置一个阈值，当低于该值时就采纳该特征，否则需要二选一。

相关性分析主要用于做特征选择，筛选出各个特征之间相互独立的计算量，从而进一步降低特征向量的维数，提升计算的效率。其他常见的相关性分析方法还包括 Cosine 相似度和欧式距离，这些方法和 Pearson 的作用是等价的。

3. 主成分分析法（principal component analysis，PCA）

随着样本量的不断增加，提取到的特征维数也在不断增加。因此会导致分类任务的计算量十分庞大且复杂，于是，如何对提取的特征进行降维处理就显得十分必要。在模式识别中，主成分分析法就是一种常见的特征降维算法。

要理解 PCA，首先要理解特征提取后的两个典型问题：

第一，当提取到一组特征向量用于表示特定的样本时，通常不会直接送给分类器算法进行分类统计。而是要先对某些变量之间是否存在相关性进行分析，只保留那些相关性大的重复变量，从而提升分类的精度。

第二，如果提取到的特征向量维数过大（比如上千个数值），那么有可能就会超出分类器算法的能力范围。比如一共只有 100 条样本，却提取出 200 个特征分量的值，造成采用 KNN 分类算法后的大部分分类结果都是错误的，这说明有可能特征值的维度太多。

为了解决上述两个问题，一般需要对最初提取的特征向量进行降维处理，也就是删除一些不必要的特征值，还要保证不能丢失有用的信息，保持特征的分类鉴别能力。

接下来，重点看一下 PCA 算法的设计原理。为了解决原始特征提取算法中的问题，PCA 提炼出两个主要思路：

第一，创造一组新的特征描述样本，并且新的特征变量之间不相关，即彼此独立。

第二，在新的特征集中，舍弃掉不重要的特征，保留较少的特征，从而实现数据特征的降维，保证信息损失较少。

从数学上来说，PCA 主要通过另两个协方差矩阵的值为 0，从而实现特征变量之间无关的要求，再通过线性变换求得降维后的特征数据。该算法的处理步骤可以分为以下六步：

（1）构建 $p \times n$ 阶的变量矩阵 X，其中 p 是原始特征向量的维数，n 是样本的总数；

（2）对矩阵 X 的每一行进行标准化处理；

（3）求出协方差矩阵 C；

（4）求出协方差矩阵的特征值及对应的特征向量；

（5）将特征向量按对应特征值大小从上到下按行排列成矩阵，取前 k 列组成矩阵 P；

（6）通过矩阵的求解，$Y = XP$ 即为降维到 k 维后的数据。

至此，关于特征提取和特征选择的内容就介绍完了。经过特征提取，以及对这些特征的归一化处理和特征降维处理后，接下来就可以以将这些特征传递给分类器算法，去完成最重要的分类和识别任务。

3.5 分类器

传统语音识别系统中算法的思想采用规则为主的分类，即通过研究人类语音的发音规则，对比不同的特征向量，制定对应的分类策略。然而，近年来大量实验证明，基于统计学的数据驱动的分类算法是更加可靠的。后者的方法特指以机器学习为核心的分类算法，这些算法依靠训练数据集，通过学习建立分类模型，将训练好的模型应用于新数据，预测其类别。

在语音识别中，并不是所有的分类算法都需要学习已经标注的训练数据才能建立模型，也不是所有算法都需要文本标注数据作为调节模型的参数。根据学习任务的不同，常见的分类器可以分为三类，见表 3.2。

表 3.2　语音识别中常见的分类算法

	传统监督学习算法	统计分类器	深度神经网络模型
是否需要标注数据	从标注的训练数据进行推理学习，对数据集的大小要求不高	数据不需要提前标注，需要一定量的数据	需要大量标注数据
典型代表	K 邻近算法、支持向量机、决策树	HMM、GMM	卷积神经网络（CNN）、循环神经网络（RNN）、长短时记忆网络（LSTM）
应用场景	训练数据集的标注方便获取的情况	标注数据不好获得的情况。可以通过对未标注数据的分析获取更多关于数据本身的分析	可以获得大量标注数据的场景，比如公共数据集

接下来，从监督学习算法说起，展示这类分类器的工作意图。重点介绍基于统计模型分类器的工作原理和应用并阐述基于深度学习的神经网络分类模型的工作原理和应用范围。

3.5.1 监督学习算法

模式识别初期很常见的分类算法是监督学习算法。这类算法的核心思想是基于已标注的数据集学习，建立硬分类规则，从而将未分类的数据划分到已知的类别中。这类分类器主要用于解决一些线性可分的问题，即不同类别在特征空间中可以通过一条特定参数确定的直线切分成 n 个不相交的区域。最经典的算法包括用于二分类的 K 邻近算法和决策树。对于多分类问题，代表性的算法是支持向量机。

这里以 KNN（K-nearest neighbor）分类器为例，展示监督学习算法的设计思想。它的原理是通过计算待分类的数据与其最邻近的 K 个数据样本之间的欧式距离，从而确定出该数据所属类别。

1. KNN 算法工作原理

首先，结合图 3.13 探索一下该算法的工作原理。

图 3.13 所列出的数据共有两个类别，分别对应着三角形和正方形。而中间的圆形是待分类的数据。关于如何确认数据到底该归为哪一类？主要是通过计算该图形与附近的 K 个图形的距离实现的。注意，K 的取值十分关键。

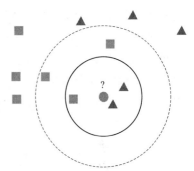

图 3.13　KNN 算法的分类
示意图

- 当 $K=1$ 时，表示选择与圆形距离最近的 1 个数据点，假设发现距离最近的是右下方的三角形，那么，就认为该圆形数据跟三角形是同一类别。

- 当 $K=3$ 时，表示选择与圆形距离最近的 3 个数据点，此时该圆形的类别取决于大多数数据点所属于的类别，对应图 3.13 中最内环中的三个数据点，可以看到，是两个三角形和一个正方形，显然三角形居多，此时可以判定出圆形数据是三角形类。

- 当 $K=5$ 时，表示选取距离最近的 5 个数据点，同样是看大多数数据，如图中虚线的圆环内，包含有 3 个正方形和 2 个三角形，因此，判断该圆形为正方形类别。

另外，图 3.13 中的两个圆环还透露出一个重要信息，即两个样本点之间距离的计算是采用欧氏距离（Euclidean distance），具体为

$$\text{dist}(\boldsymbol{X}, \boldsymbol{Y}) = \sqrt{\sum_{i=1}^{n} (x_i - y_i)^2} \tag{3-3}$$

式中，$\boldsymbol{X}$ 和 $\boldsymbol{Y}$ 表示由两条数据计算得出的 n 维特征向量；x_i 和 y_i 分别是每一维的特征值。

2. KNN 算法的优缺点

KNN 算法在分类方面的优势是实现简单，不需要对训练数据做过多操作。但是缺点也很明显，就是每次判定一个数据的类别，都要计算与所有的样本的距离，并最终选择邻近的 K 个点做推理判断。如果样本数量很大，这种重复性计算会导致计算量陡增。另外，如果新数据落在边缘样本附近，也会导致分类结果不尽如人意。总之，该算法十分容易受边缘样本的影响。一般来说，该算法多用于初期探索样本的特性，有助于理解机器学习的训练和预测过程。

3.5.2　统计分类器

统计分类器认为，模式是欧式空间中的点，但每个类别并不是分布在空间中的一个区域，而是可能分布在整个空间，空间中每个点属于某个类的概率是不同的，属于这一类的可能性大一些，属于另一类的可能性就小一些。

　　统计分类器由于具有强大的概率理论作为支撑，是一类十分常用的分类算法。在语音识别中，最常见的统计分类器包括贝叶斯模型、HMM（隐马尔可夫模型）和 GMM（高斯混合模型）。由于这些算法的底层逻辑有些类似，本节选取 GMM 作为代表，阐述统计分类器算法的设计原理。

　　GMM 算法与 KNN 算法最大的不同之处在于，GMM 算法训练模型时使用的数据是没有标签的，因此它常常被用于解决聚类（cluster）问题。所谓聚类是指分类模型通过对观察样本进行学习，将相似的数据自动聚成一堆（又称一簇），一堆就对应着某个类别。

　　举例来说，假设现在有一批语音的观察样本，每一条样本是不同人群发出的元音 a，有男生的，有女生的，也有老人的，因此，类别总数为三个。通过特征计算，所有的观察样本可以表示为图 3.14 中的数据点。若此时采用 GMM 做分类，它通过分析得出三个不同分布的高斯分量模型，对应着图中三个不同形状的椭圆形，每个形状都是一个高斯模型。

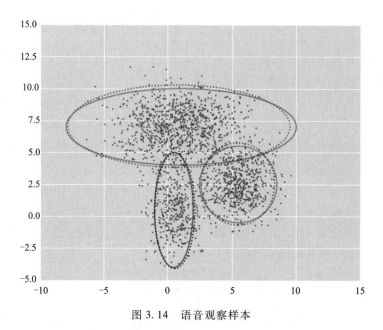

图 3.14　语音观察样本

　　接下来，从数学公式的角度理解概率的求解问题和需要训练的参数。具体来看，训练 GMM 模型的确定，需要以下四个参数，见表 3.3。

表 3.3　确定 GMM 模型的参数

参数名称	参数的含义
x_i	样本
k	GMM 模型中子模型的数量，$k = 1, 2, \cdots, K$
α_k	观测数据属于第 k 个子模型的概率
$\varphi(x \mid \theta_k)$	第 k 个子模型的高斯分布密度函数，其中，$\theta_k = (\mu_k, \sigma_k^2)$

　　基于表 3.3 中的参数，GMM 的概率分布可以表示为

$$P(x \mid \theta) = \sum_{k=1}^{K} \alpha_k \varphi(x \mid \theta_k) \tag{3-4}$$

该模型的参数为 $\theta = (\tilde{\mu}_k, \tilde{\sigma}_k, \tilde{\alpha}_k)$，这些参数的确定需要在训练数据上学习得到。对于聚类问题，有时参数 K 也是需要训练的，不过在语音识别中，K 一般默认取作 3。

1. GMM 用于分类的原理

从 GMM 的模型公式可以知道，在训练样本上学习的目的是找到一个混合高斯模型，使得这个高斯分布能够最大可能地覆盖所有样本，其中需要学习的参数包括每个高斯分量模型的参数，即确定出高斯分量模型的形状，同时还要确定每个分量占据的权重，以及潜在的类别总数 K。当数据未作标注时，确定参数的方法是 EM 迭代算法（期望最大化算法）。

另外值得一提的是，针对一个观测样本，GMM 计算的是该样本通过某个高斯分量生成的概率值，而不是直接确定它所属的类别，这一点与监督类算法不同。因此，GMM 又称作 soft assignment（软分配）。这说明每个高斯分量模型都可以产生观测数据，只是概率不同。

最后，根据每个高斯分量模型产生观测样本的可能性不同，结合权值汇总出整个 GMM 产生这个观测样本的概率值。由于概率的取值范围通常在 $[0, -1]$，因此，根据最大似然估计法求参数估计，每次选择最大概率值的分量模型作为最终的分类结果。

举例来说，假设 GMM 的隐变量是 3，意味着所有样本所属的类别有三个，分别是 C_1，C_2，C_3，针对一个观察样本 x，假设 GMM 算出的条件概率分别是：

- x 属于 C_1 类的概率为：$P(C_1 | x) = 0.43$；
- x 属于 C_2 类的概率为：$P(C_2 | x) = 0.56$；
- x 属于 C_3 类的概率为：$P(C_3 | x) = 0.23$。

最终可知，x 属于 C_2 的概率最大，表示属于 C_2 这个类的可能性最大，因此就认为 x 属于 C_2 类。

2. GMM 在语音识别中的应用

在语音识别中，当一段语音转化为许多帧时，其中每一帧可以表示成一组特征向量，进而将这些特征向量表示成 K 个混合高斯分量模型的分布，从而计算该向量可能对应的某一个状态。可见，GMM 主要用于分类不同状态的语音数据，状态可以看作是比音素更小的单位。虽然 GMM 可以描述任何数据的随机分布情况，但由于它不包含语音信号需要的时序信息，因此，更常用的分类模型是 GMM + HMM，HMM 模型主要用于分类音素级别的任务。关于 HMM 的工作原理和代码实现将在第 8 章展开详细介绍，这里不再赘述。

3.5.3 深度神经网络模型

神经网络的发展可以追溯到 20 世纪 40 年代神经元概念的提出，后来随着反向传播算法的出现，感知机成为分类器的典范。后来由于数据的复杂性不断提升，20 世纪 90 年代的神经网络进入了"寒冬"。直到 2006 年 Hinton 提出的深度信念网络（DBN），重新让神经网络回归到人们的视野。神经网络在语音识别中应用崭露头角的时间是 2011 年，当时由于显卡技术的提升，多层神经网络得以实现，微软的俞栋提出使用深度神经网络代替 GMM 应用到语音识别，使得词错率降低了 20%，可谓取得了重大突破。

要理解深度神经网络，可以从最基础的感知机说起。

1. 感知机

感知机是神经网络的基础结构，它是受生物神经元的启发抽象出的一种结构，该结构旨在描述如何借助输入、处理和输出实现学习。

结合图 3.15，我们来看一下感知机的基本组成和工作原理。

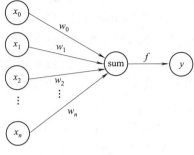

（1）感知机的组成

输入：一组 $x_i(i \in [0, n])$ 的节点，它是为了获取待处理的数据，比如，组成一张图像的所有像素值，或者一帧语音信号计算出的 MFCCs。其中，x_0 是人为设定的值，目的是让感知机更加灵活，默认情况下，$x_0 = 1$。

处理：对输入节点和相应的权重 w_i 进行求和计算，得到一个结果 o，它的计算公式是

图 3.15 感知机结构示意图

$$o = \sum_{i=1}^{n} w_i x_i + w_0 \qquad (3\text{-}5)$$

这里的权重是感知机需要学习的参数，可以看作不同输入节点对预测结果的影响力是不同的。

输出：o 需要经过一个函数 f 做变换，从而得到预测的输出值 y，即

$$y = f(o) \qquad (3\text{-}6)$$

这里的函数通常称为激活函数，目的是得到一些非线性表达。

（2）感知机用于分类的原理

如果要预测的是线性可分的二分类问题，那么可以采用最简单的阶跃函数作为激活函数，可以得到线性分类器。其中，阶跃函数的图像如图 3.16 所示。

结合式（3-5）和式（3-6），可得感知机输出值为

$$f(o) = \begin{cases} 0, & o \leqslant 0 \\ 1, & o > 0 \end{cases} \qquad (3\text{-}7)$$

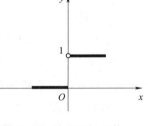

图 3.16 单位阶跃函数

其中，0 和 1 分别代表两个类别。

结合一个例子来看一下，为了解决二分类问题，可以借助感知机构建一条直线方程，就可以将待分类样本分成两个类别。假设通过学习，权重参数得到的结果如图 3.17（a）所示，其中激活函数采用阶跃函数，于是，最终构建出的分类决策就是如图 3.17（b）所示的一条直线，其中直线左上方是对应着类别 0，右下方对应着类别 1。

除了上面的线性可分的二分类问题，更多的是非线性可分的多分类问题。因此，激活函数就要替换为一些分线性函数，例如 Sigmoid 函数、tanh 函数和 ReLU 函数，这些函数的形状如图 3.18 所示。

这里以 Sigmoid 为例介绍其原理，Sigmoid 函数的图形如图 3.18（a）所示，观察可知，它的输出值在 [0，-1]。由于该函数连续且光滑，因此它处处可导，这便于数学上的计算。与单位阶跃函数不同，前者的输出值是 0 或 1，只能表示两个类别。而 Sigmoid 的输出值是在 [0，-1] 的任意值，可以规定不同区间的值是一个类，其他区间则是另一个类。

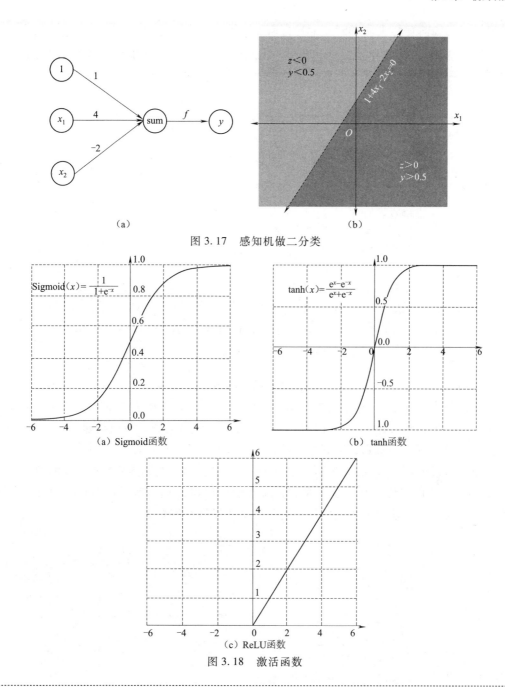

图 3.17 感知机做二分类

图 3.18 激活函数

激活函数在神经网络中的重要性

从数学表达式可知,经过感知机的计算后,输入的多个神经元经过权值和输入的计算累加和属于线性运算,无论经过多少层,它始终是线性成分的叠加,这意味着它只能对线性可分的数据进行分类。然而,实际的数据分布常常是十分复杂的,经常需要一些非线性模型才能实现分类。

为此,需要激活函数;从其数学函数的特性可知,激活函数属于非线性的计算。这样在最后输出前的预测,就可以得到一些非线性分类方式,从而提升模型对复杂数据的分类效果。

其实，很多时候样本的分布并不总是那么规律，有时，我们无法依靠一条直线进行分类，例如图 3.19 所示的样本。这时需要的是绘制多条直线，才能将两类数据分割开来。这就要用到多层感知机，其核心思想是给中间的处理部分引入更多神经元节点。

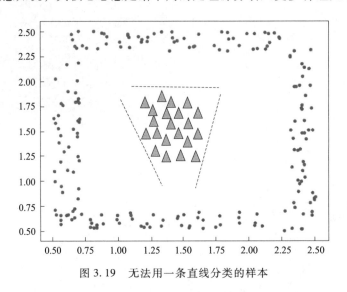

图 3.19　无法用一条直线分类的样本

通过给隐藏层添加更多节点，多层感知机可以做到，每增加一个节点可以多画出一条直线，通过观察图 3.19 的样本数据可知，可以绘制三条直线将三角形表示的样本包围起来，从而与周围的圆形样本区分开。针对这个数据的分类问题，可以构建如图 3.20 所示的多层感知机。可以到看到，隐藏层不再是一个节点，而是三个。

对于多分类问题，还可以继续改进多层感知机，即给输出层增加更多的节点，如图 3.21 所示。一般来说，有多少个类别，就在输出层设计相同数量的节点，通过 softmax 函数的计算得到多个输出值，最后的类别预测是选择最大值对应的节点。

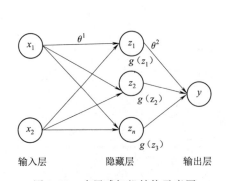

图 3.20　多层感知机结构示意图

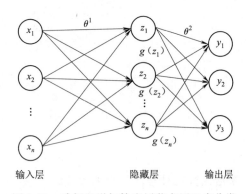

图 3.21　感知机增加输出层节点用于多分类

结合图 3.21 中隐藏层的输出，softmax 函数的一般化计算公式为

$$f(z)_i = \frac{e^{z_j}}{\sum_{j=1}^{k} e^{z_j}} \tag{3-8}$$

其中，k 等于输出层对应的类别数，针对图 3.21 的情况，$k=3$。

观察式（3-8）的分子可知，softmax 函数通过对预测结果进行指数计算转化为非负数，分母的计算则是为了保证每个类别的概率之和等于 1，需要对所有结果相加，进行归一化处理。从而保证预测结果的类别概率之和等于 1。由此可知，softmax 函数其实是一种归一化的指数函数。

为什么输出层神经元的个数要和类别数相同？

在多分类问题中，常常采用可以生成多个值的 softmax 函数，经过该函数的计算后的概率值。最终为了得到分类结果，常常采用 one-hot 编码。例如，表示三个类别，则概率值最大值对应的类别就编码为 1，那么，每个类对应的编码就是 $[0,0,1]$，$[0,1,0]$，$[1,0,0]$。由此可以看出，正好需要三个节点就足够表示三个类别。one-hot 编码的好处是可以保证不同类别之间的独立性，同时还可以保证在计算时快速收敛。

正是基于上述原因，在多分类任务中，输出神经元的个数一般与类别总数相同。

总结一下，感知机通过搭建输入层、隐藏层和输出层的神经网络结构。其中，单个感知机描述的是多个神经元的输入和一个输出，被称为单层感知机。而加入了隐藏层之后的网络结构，则称为 2 层感知机。它可以解决二分类和多分类问题，似乎一切看上去很完美。

基于这个"完美"，1991 年，Hornik 认为只要给隐藏层加入足够量的神经元节点，2 层感知机可以表示一切数据类型的分类边界。后来人们经过推理发现，如果采用感知机表示一切分类的决策边界，会造成参数指数级的暴涨（k^n），几乎接近于无穷大，导致根本无法计算，所以，感知机一度被搁置了很久。直到 2016 年，有人证明了使用多层神经网络（这里指层数大于 3），便可以将要学习的参数降为（2^k），这就为计算的实现带来的可能性。这里的多层神经网络又称深度神经网络。

接下来，我们来了解一下深度神经网络。

2. 深度神经网络

研究人员通过大量实验表明，通过搭建多层神经网络结构（即加深层数）比扩展单层神经元的数量效果要好很多。甚至有人将这一过程戏称为"瘦高个比胖子更强壮"，其中，"胖子"又称浅层神经网络，如图 3.22（a）所示；"瘦子"又称深层神经网络，如图 3.22（b）所示。实践证明图 3.22（b）所示网络能够更好地表示复杂样本。

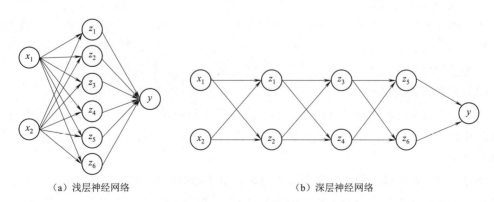

（a）浅层神经网络　　　　　　　　　　　　（b）深层神经网络

图 3.22　浅层神经网络与深层神经网络

有研究指出，当加深神经网络中的隐藏层，每层可以通过足够数量的神经元做到更好地表示数据，根本不用无限制地增加节点。因此，如果想要表达更复杂的数据，建议引入更多的隐藏层，如图 3.23 比图 3.22 多了一层。当然，如有必要，隐藏层还可以更深。

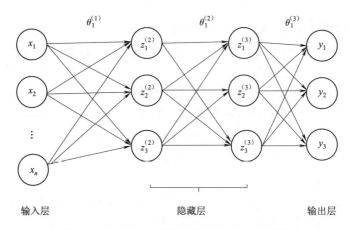

图 3.23　深度神经网络用于更好地表示数据

另外，网络的连接方式不同，网络的结构也会不同，连接对应结构中的箭头。一般来说，最基本的连接方式是全连接，即每个神经元与下一层的所有神经元都有连接。但是，考虑到全连接会造成庞大的计算量，局部连接显然更合适。另外，参考人类大脑的工作方式，针对每一次的外界刺激，产生反应的神经元都是局部的，再次证明局部连接的可靠性。

这里主要考察全连接型神经网络和局部连接的卷积神经网络。其中全连接神经网络的结构可参考图 3.23。

3. 深度神经网络的训练

深度神经网络用于分类任务时，也是需要大量数据做模型训练的，无论是无监督的分类还是有监督的分类，都要通过学习找到最优的权重参数和特定超参数。接下来，看一下深度神经网络的训练过程。

要理解训练，首先要知道训练的目标。一般来说，目标包括两个：

（1）让损失函数最小

计算损失函数的目的是检查神经网络预测输出的分类结果（$\hat{y}$）和真实值（y）之间的差距，显然我们希望这个差距越小越好，说明预测结果和真实值一致。对于采用 one-hot 编码的分类问题来说，常用的损失函数包括熵和相对熵，以及交叉熵。

（2）让代价函数最小

另外，我们不仅希望每一次预测得好，还希望对整个样本来说，整体的效果都很好。因此，常常还要对每个样本的损失函数再求平均值，这就是代价函数。显然，我们希望代价越小越好。

总结一下，单个样本的损失函数越小越好，整体样本的代价函数越小越好。因此，训练神经网络的目标就是让这两个函数的值最小。

损失函数和代价函数的区别

损失函数计算时，我们是针对单个样本来说的，而计算代价函数时，则是对整个样本集进行计算，它是对所有的损失函数加和求平均值。很明显两者的计算对象不同。

训练目标确定之后，就是确定要训练的参数。一般来说，深度神经网络一般要训练的参数包括每层神经元节点的权重，以及隐藏层的层数和每层神经元的数量。有时还有一些额外的参数需要训练，这要根据网络自身的结构来决定。找出了合适的参数，深度神经网络模型也就确定了。

接下来，以梯度下降法为基础，假设要确定的主要参数是权重（θ），该类算法的训练过程一般分为三步：

第一步，前向传播。这一步是为了计算所有样本，权重只是初始值，按照从输入到输出的顺序，逐层展开线性计算，直到激活函数，然后再计算输出结果与真实值之间的损失函数。

第二步，反向传播。这一步是从计算损失函数的梯度出发，倒推回去，目的是更新所有层的权重。

第三步，更新参数。最后以最小化代价函数为目标，再次更新权重。

4. 神经网络模型在语音识别中的应用

深度神经网络在语音识别中的应用主要用于声学模型的构建，主流模型可以分为以下三种：

（1）深度卷积神经网络（CNN）和 HMM，在该模型中，CNN 接收的输入数据是由语音数据转化得到的时频谱图，于是，CNN 重点是为了提取图像相关的不同层次的特征。

（2）深度循环神经网络（RNN）和 HMM，该模型的优势是 RNN 能够更好地处理序列化数据，即训练样本前后是有关联的，这一点在语音识别中是很明显的，说话前后帧之间往往是存在一定联系的。

（3）基于端到端的连接时序分类（CTC）和长短时记忆模型（LSTM）。其中，LSTM 与 RNN 存在不同，LSTM 不仅考虑到了语音信号的时序信息的重要性，而且还让特定的状态信息贯穿整个时间序列，因此，它比 RNN 表现还要好。另外，其中的端到端模型还试图省去 HMM 模型中帧对齐的操作，取而代之的是直接从语音到文本的匹配，不过这样的代价是模型更复杂化。

关于这些深度神经网络的设计原理和建模过程将在第 9 章中详细阐述，这里不再过多介绍。

3.6　语言模型

对于语音识别来说，经过分类器的处理后，可以得到的是分类后的发音模式；接着，更重要的任务是要将这些发音模式转换到文本序列，这一步的转换结果是多种多样的，因此它可以看作是将语音的分类模式抽象到对应文本的搜索过程。为了找到最佳的转换结果，就需要用到语言模型，该模型主要用于约束下一个单词的搜索范围，例如，定义哪些词可以出现在上一个已经识别出的词语的后面，并排除一些不太可能的词语。另外，语言模型还要解决如何从诸多转换结果中选择最合适的，这常常需要用到解码算法。

简单来说，语言模型包括两大目标：第一是对单词序列出现概率的统计。第二是通过有限状态机定义语音序列，并找出最佳的文本匹配结果。

关于第一个目标，当我们把句子看成是由单词组成的序列，利用语言模型，可以确定出哪个单词序列出现的可能性大。也可以知道，在若干个单词已知的情况下，预测下一个最可能出现的单词的概率。

例如，假设现在输入一段中文的发音"yiduanmeihaodelvcheng"，那么这段发音对应的文本输出则可能有三种情况：

S_1："一度安美好的旅程"

S_2："一段美好的旅程"

S_3："一段美好的驴程"

根据语言学的规律可知，转换成 S_2 情况的概率更大。那么，一个合适的语言模型就应该能够计算出 $P(S_2)$ 的概率大于 $P(S_1)$ 和 $P(S_3)$ 的概率，从而保证语音转换成文本的准确性。

当一个句子被看成由若干个单词组成的序列时，可以通过求得式（3-9）的概率，得出句子 S 出现的概率。

$$P(S) = P(w_1, w_2, w_3, \cdots, w_n)$$
$$= P(w_1)P(w_2 \mid w_1)P(w_3 \mid w_1, w_2) \cdots P(w_n \mid w_1, w_2, \cdots, w_{n-1}) \tag{3-9}$$

上述公式说明要求得句子 S 出现的概率，可以通过求出组成该句子的 n 个单词（w_i，$i = 1, \cdots, n$）同时出现的联合概率。进一步，该联合概率又可以通过第二行的条件概率得出。

然而，世界上任何一门语言的词汇量都是十分巨大的，不同词汇的组合更是数不胜数。为了估计上述概率，常见的方法有 N-gram 语言模型。最大熵模型和神经网络语言模型等。下一节以最简单的 N-gram 模型为例，讲解如何计算上述概率问题。

3.6.1　N-gram 语言模型

在以统计为基础的语言模型中，最著名的就是 N-gram 语言模型。N-gram 是一个包含 n 个标记的序列。

标记的具体含义

根据模型的设计，组成句子序列的标记可以是字符、单词，也可以是更小的发音单位。因此，今后在应用时，不能一味地认为句子只能是由单词组成的，而要灵活对待。一般来说，如果声学模型的输出结果不同，那么，语言模型中的标记也不同。

请注意，为了解释方便，在后文中默认地将标记看作是单词。并且通常情况下，假设该句子的长度是固定的。

-----

1. N-gram 模型的实现原理

从文字描述上说，N-gram 模型可以看作是当前单词的出现概率仅仅与前面的 $n-1$ 个单词相关。于是，N-gram 模型可以描述为

$$P(S) = \prod_{i=1}^{m} P(w_i \mid w_{i-n+1}, \cdots, w_{i-1}) \tag{3-10}$$

其中，m 是句子中单词的个数，n 表示 N-gram 模型中的历史变量。

$$P(\text{Thecatrunaway}) = P(\text{The} \mid \langle \text{BOS} \rangle) \times P(\text{cat} \mid \text{The}) \times P(\text{run} \mid cat) \times$$
$$P(\text{away} \mid \text{cat}) \times P(\langle \text{EOS} \rangle \mid \text{away}) \tag{3-11}$$

其中，由于第一个词没有前一个词，无法计算条件概率，因此，我们用起始符 $\langle \text{BOS} \rangle$，即首字符就是标记 $\langle \text{BOS} \rangle$，同时，为了保证概率之和等于 1，在句子结尾加一个结束标记 $\langle \text{EOS} \rangle$。

式（3-11）表明句子 S 是由长度为 m 的单词组成的，即 $s = w_1 w_2, \cdots, w_m$，那么该句子中出现第 i 个词的概率，可以通过已经产生的 $i-1$ 个词决定。一般来说，我们把前 $i-1$ 个词称为第 i 个词的 "历史"。随着历史长度的增加，不同的历史数目将按照指数级增长。假设历史序列的长度为 $n-1$，就有 C_{n-1}（C 是词汇表中的词汇数量）种情况，而我们要考虑这些情况下产生第 i 个词的概率。于是，模型中就要 C_i 个自由参数 P。当 $C = 5\,000$，$i = 3$ 时，需要估计的参数个数就高达 1 250 亿个。这使得我们不太可能从训练数据中正确地估计出这些参数。

因此，为了解决这个问题，可以将历史按照某个法则映射到等价类 E，而等价类的数据远远小于历史的组合数目。一种比较实际的做法是将两个历史序列 $w_1, w_2, \cdots, w_{i-1}, w_i$ 和 $v_1, v_2, \cdots, v_{k-1}, v_k$，映射到同一个等价类，当且仅当这两个历史序列最近的 $n-1$（$1 \leq n \leq C$）个词相同。也就是说，如果 $E(w_1, w_2, \cdots, w_{i-1}, w_i) = E(v_1, v_2, \cdots, v_{k-1}, v_k)$，那么称满足该条件的语言模型为 n 元语法（N-gram）。

通常情况下，n 的取值不能太大，否则等价类太多，又会出现参数过多的问题。常见地，n 可以取 1，2，3。当 $n = 1$ 时，表示每个单词之间是彼此独立的，称为一元语言模型（unigram）；当 $n = 2$ 时，表明当前单词仅与上一个单词有关，称为二元语言模型（bigram）；当 $n = 3$ 时，说明当前单词与前两个单词有关，称为三元语言模型（trigram）。

假设某种语言的单词总数为 k，那么 N-gram 模型需要估计的参数数量为 k^n 个。从理论上来说，n 越大，N-gram 模型得出的概率越准确，但同时也意味着计算量和训练数据的量也更大。因此，更常用的是二元模型。

2. 示例：二元模型的计算

假设我们要计算句子 "The cat run away" 的概率。

回忆二元模型的假设，一个词出现的概率只依赖于它前面的一个词，因此，我们要求 $P(w_i \mid w_{i-1})$。于是，总体要计算的概率为

$$P(\text{Thecatrunaway}) = P(\text{The} \mid \langle \text{BOS} \rangle) \times P(\text{cat} \mid \text{The}) \times$$
$$P(\text{run} \mid \text{cat}) \times P(\text{away} \mid \text{cat}) \times P(\langle \text{EOS} \rangle \mid \text{away}) \tag{3-12}$$

3. N-gram 模型中参数的估计

N-gram 模型中的参数主要采用最大似然估计的方法计算公式（3-13）：

$$P(w_i \mid w_1, w_2, \cdots, w_{i-1}) = \frac{C(w_{i-n+1}, \cdots, w_{i-1}, w_i)}{C(w_{i-n+1}, \cdots, w_{i-1})} \tag{3-13}$$

其中，单词变量 w 下标中的 n 表示依赖前面单词的数量，$n=1,2,3$。公式右侧的上方 C 表示单词序列从第一个单词到单词 w_i 在训练语料中出现的次数。下方的 C 表示单词序列从第一个单词到单词 w_{i-1} 在训练语料中出现的次数。注意，针对不同的第一个单词的下标，为了借助 n 元模型的 n 与 i 两个变量，假设当前的单词 w_i，前一个就是 w_{i-1}，这样依次倒推，就会发现找到第一个词可以表示为 w_{i-n+1}。

例如，当 $n=2$ 时，表示要计算二元模型。当前要计算的是第三个词出现的概率，那么，我们要计算的就是用前三个词出现的次数除以前两个词出现的次数。那么第一个单词的下标代入可知 $i-n+1=3-2+1=2$，即 $C(w_2,w_3)$，当前的单词只与前一个单词有关。

一般认为，训练语料的规模越大，参数估计的就越准确。但是也有一种极端情况需要注意，就是即使语料库的数量很大，也可能会有某些句子从未出现过，导致很多句子的概率为 0，这样就会导致基本的概率公式无法计算或计算的结果无意义。举例来说，"苹果吃我"这样的句子就不会出现，因此其概率就为 0。

为了避免因为乘以 0 而导致整个概率为 0，具体在使用最大似然估计方法时，都要加入平滑处理，避免这种情况发生。使用 N-gram 建立语言模型的细节将在后续具体的算法中详细阐述，感兴趣的读者可以直接跳到第 8 章。

在 N-gram 算法中，n 表示某个词仅与它前面的 n 个词有关系。这里 n 的常见取值可以分为三种情况。

（1）最常见的 $n=1$ 的情况，表明它是一元词汇模型，表示该算法假设所有词汇之间都是独立存在的，不存在概率的依赖性。因此，它要计算的概率为

$$P(w_1,w_2,\cdots,w_n)=P(w_1)\times P(w_2)\times P(w_3)\times\cdots\times P(w_n) \tag{3-14}$$

（2）当 $n=2$ 时，表明它是一个二元词汇模型，表示假设当前词汇仅与前一个词汇的概率有关系。因此，它要计算的概率为

$$P(w_1,w_2,\cdots,w_n)=P(w_1)\times P(w_2\,|\,w_1)\times P(w_3\,|\,w_2)\times\cdots\times P(w_n\,|\,w_{n-1}) \tag{3-15}$$

（3）当 $n=3$ 时，表明它是一个三元词汇模型，表示假设当前词汇仅与前两个词汇的概率都有关系。因此，它要计算的概率为

$$P(Sw_1,w_2,\cdots,w_n)=P(w_3\,|\,w_2,w_1)\times\cdots\times P(w_n\,|\,w_{n-1},w_{n-2},\cdots,w_1) \tag{3-16}$$

在实际的计算中，需要同时训练 N-gram 模型和（N−1）-gram 模型。

3.6.2　实践案例：计算"梅吃饼干"出现的概率

现有训练语料中的句子是由以下三个句子构成：

```
{"梅吃饼干",
 "梅吃白干",
 "美吃薯条"
}
```

为了利用最大似然估计法计算 $P(S="梅吃饼干")$，首先要求得所有条件的概率如下：

$$P(梅\,|\,\langle\text{BOS}\rangle)=\frac{c(\langle\text{BOS}\rangle梅)}{\sum_w c(\langle\text{BOS}\rangle w)}=\frac{2}{3}$$

$$P(\text{吃} \mid \text{梅}) = \frac{c(\text{梅吃})}{\sum\limits_{w} c(<\text{BOS}>w)} = \frac{2}{3}$$

$$P(\text{饼} \mid \text{吃}) = \frac{c(\text{吃饼})}{\sum\limits_{w} c(\text{饼}\ w)} = \frac{2}{3}$$

$$P(\text{干} \mid \text{饼}) = \frac{c(\text{饼干})}{\sum\limits_{w} c(\text{干}\ w)} = \frac{2}{3}$$

$$P(\langle \text{EOS} \rangle \mid \text{干}) = \frac{c(\text{干} <\text{EOS}>)}{\sum\limits_{w} c(\text{干}\ w)} = \frac{2}{3}$$

因此，最终的结果就是将上述概率的结果相乘，计算过程如下：

$P(S = \text{梅吃饼干})$

$= P(\text{梅} \mid \langle \text{BOS} \rangle) \times P(\text{吃} \mid \text{梅}) \times P(\text{饼} \mid \text{吃}) \times P(\text{干} \mid \text{饼}) \times P(\langle \text{EOS} \rangle \mid \text{干})$

$= \dfrac{2}{3} \times \dfrac{1}{2} \times 1 \times \dfrac{1}{2} \times \dfrac{2}{3} = 0.12$

上述结果表明，"梅吃饼干"这句话出现的概率是 0.12。

至此，关于 N-gram 模型的原理介绍完毕。

3.6.3　N-gram 模型中平滑的重要性

语音识别的实现目标就是找到输入语音对应的文本序列，即对于给定的声音信号 A，使得概率 $P(S \mid A)$ 最大。如果 $P(S) = 0$，那么，$P(S \mid A)$ 的结果也为 0。这样，意味着不管输入的语音信号多么清晰，但是由于它是训练数据集中未见到，因此 S 永远不可能成为识别出的句子。如果一旦出现 $P(S) = 0$ 的情况，必然会导致错误。因此，常见的做法是必须分配给所有可能出现的字符串一个非 0 的概率值，以避免这种错误的出现。

平滑技术就是为应对这个问题而产生的。它的思想是提高低概率，抑制高概率，尽量使语料库中词语出现的概率分布趋于均匀。对于二元语法来说，一个简单的平滑技术是假设每个二元语法出现的次数比实际出现的次数多一次，可以用公式描述为

$$P(w_i \mid w_{i-1}) = \frac{1 + c(w_{i-1}w_i)}{\sum\limits_{w_i} [1 + c(w_{i-1}w_i)]} = \frac{1 + c(w_{i-1}w_i)}{|V| + \sum\limits_{w_i} c(w_{i-1}w_i)} \tag{3-17}$$

其中，$|V|$ 表示所有词汇表中的单词个数，$c(w_{i-1}w_i)$ 表示计算字符串出现的数量。由于式（3-37）的分子中加入了 1，因此，该公式又称加 1 平滑方法。

对应到 3.5.2 中的示例，如果希望求得 $P(S = "梅吃苹果")$ 的概率，从示例的数据集中不难发现，该句子并未出现在数据集中，因此它的概率应该为 $P(S = "梅吃苹果") = 0$，为了避免出现概率为 0 的情况，采用加 1 平滑方法处理，$P(S = "梅吃苹果")$ 的概率计算如下：

$P(S = "梅吃苹果") = p(\text{梅} \mid \langle \text{BOS} \rangle) \times p(\text{吃} \mid \text{梅}) \times p(\text{苹} \mid \text{吃}) \times p(\text{果} \mid \text{苹}) \times p(\langle \text{EOS} \rangle \mid \text{果})$

$$= \frac{1+2}{6+3} \times \frac{1+2}{6+3} \times \frac{1+0}{6+3} \times \frac{1+0}{6+3} \times \frac{1+0}{6+3} = 0.0001$$

最后，原本应该为 0 的概率转化为 0.0001，这表明"梅吃苹果"虽然未在当前数据集中出现，但是也许当我们收集到更多句子时，它可能在 10 000 条句子中出现一次，这样

就更加接近现实中的真实情况。

关于平滑的方法有很多，包括加法平滑法、古德-图灵估计法、绝对减值法等。本节不打算对这些具体的平滑方法做过多介绍，而是等到在后续章节算法中会详细阐述。

3.7　识别效果的评价

在语音识别中，为了评价识别算法的好坏，因此，需要计算一些统计量。其中最常见的统计量包括错词率和句错率。通过计算这些统计量，可以允许我们对不同的算法进行客观的分析和比较。如果以识别出的单词的正确率为基准，那么错词率是一个十分重要的评价工具，而对于以句子为基本单位的识别算法，则采用句错率更好一些。

接下来，我们将分别介绍这两种评价统计量，并理清统计结果和识别效果之间的关系。

3.7.1　错词率

在语音识别中，为了表示方便，词错率（word error rate）常常取三个首字母的缩写WER。为了统计识别系统的词序列和标准的词序列之间保持严格的一致，需要替换、删除、插入某些词。于是，这些插入、替换和删除的词的总数，除以标准词序列中词的总个数的百分比，就是 WER 的计算方式，即

$$\text{WER} = \frac{S + D + I}{N} \times 100\% \tag{3-18}$$

其中，S 表示 substitution（替换）的首字母；D 表示 deletion（删除）的首字母；I 表示 insertion（插入）的首字母；N 是单词总数。

人们在评价一个系统的识别好坏时，常常会用到准确率，因此，也可以将公式转换为下面的公式，就可以得到准确率（accuracy），即

$$\text{accuracy} = 1 - \text{WER} \tag{3-19}$$

注意事项：

（1）WER 可以分男女、快慢、口音、数字和英文等情况，分别计算。

（2）因为有插入词，因此，理论上 WER 有可能大于100%。但是在实际应用中，对于大样本量的数据，这种情况是不可能发生的，否则该系统就无法投入应用。

下面结合一个中文的句子示例，看看到底如何计算词错率。

* 标准词序列：今 天 的 天 气 挺 不 错 啊，我 们 应 该 出 去 散 散 步；
* 预测词序列：今 天 天 气 挺 不 错 呢，我 们 因 该 出 去 散 散 步 了；
* 评　　　　价：　　D　　　　　　S　　S　　　　　　　　　　　I

经统计不难发现，增加词是一个"了"，替换词是两个，包括"呢"和"因"，删除词是一个"的"，那么词错率为

$$\text{WER} = \frac{1 + 2 + 1}{18} \times 100\% = 22.2\% \tag{3-20}$$

也就是说，该系统的识别字错率是22.2%。这样看上去错误率还挺高的，看来这个系统不太好。但其实不能这么想，因为在实际应用中，数据往往是由很多句子组成的，这

时，分母中单词的总数就会增大，从而能够保证错词率的整体变小。另外，在中文识别系统中，往往统计的是字错率，因为中文是以字为单位的。

3.7.2 句错率

句错率（sentence error rate，SER）可以用于评判语音识别系统的好坏。该标准统计的是如果句子中有一个词识别错误，那么，这个句子就被认为识别错误，最终，句子识别错误的个数除以总的句子个数就是句错率，具体为

$$SER = \frac{\#ofsentenceswit\ hatleastoneworderror}{total\ \#\ ofsentences} \tag{3-21}$$

需要注意的是，句错率越低，表示识别效果越好。

当然，除了本节介绍的两种评价指标，对于不同的算法和模型，还有一些其他的评价指标，比如针对分类模型的评价，可以采用评价分类常用的指标，包括混淆矩阵和基于正例假例的准确率（precision）和召回率（recall），以及 AUC 曲线。这就需要根据具体目标决定采用何种评价指标更合适。

本章小结

本章重点介绍了以统计模式识别方法为核心的模式识别相关的重要理论和方法。以自动化语音识别系统的处理流程为主线，介绍该流程中主要任务的内容和典型方法。这些方法以分析语音和文本数据为基础，围绕预处理、特征提取、分类器，以及语言模型的建立，实现对语音数据的分类到最终文本的匹配。

需要注意的是，这些核心任务并不是每个语音识别系统都需要的，例如，基于端到端的神经网络模型就省略了语言模型的设计。因此，建议读者不要过度关注具体方法，而要重点理解每个流程的设计思想和作用。

为了理解语音识别的算法，除了要知道常见的统计模式识别方法外，语音数据自身具有一些特定的背景知识也有必要了解一下。下一章将要介绍数字语音处理的相关技术。

第4章 语音信号处理

语音信号的研究可以分为两个重要阶段：第一个阶段是语音的发出、传播和感知相关的研究，重点是为了探索语音的形成和发音的构成，以及语音的传播机制和人类大脑的理解机制。这对于理解语音的特点，建立通用的数学模型，实现数字化的声音采集设备和输出设备，具有十分重要的意义。第二个阶段是以数字计算机的发展为契机，形成了数字语音信号处理。这类技术利用一系列数字信号处理方法，将采集到的模拟信号转为数字化信号，并通过信号变换方法以合理的方式表达语音信号，进而构成对语音信号的分析基础。综合来看，数字语音信号处理为语音信号的分析奠定了坚实的基础。

4.1 导言

任何技术的发展都不是一蹴而就的，语音处理技术也是一样。最初，为了弄清楚人类发音的机制，出现了语音学；后来为了理解发音与文字之间的关系，语义学的理论相继出现；为了进一步分析语音，人们还专门针对语音的特征进行分析与研究，这些理论和内容构成了传统语音分析的处理方法。

随着计算机的出现与发展，人们希望实现数字方面的通信以及数字化应用。于是，关于模拟和数字信号之间的转换，以及数字信号的保存、编码、传输和分析，便构成了数字信号处理技术的主要内容。其中以分析语音信号为主的技术，被称为数字语音信号处理。

本章将首先围绕传统语音分析，揭示语音识别相关的语音学背景知识，这些知识对于理解人们如何利用语音表达信息，以及发音与文字之间的关系来说，具有十分重要的作用。另外，这些理论为实现数字化的分析具有实际的指导意义。接着，将围绕数字语音处理技术，介绍如何利用数学原理和计算机技术分析数字化的语音信号。这将有助于了解语音信号的处理流程和具体方法。同时，基于这些数字化的数据表示方法，对于理解后续语音识别的相关算法也十分有帮助。

4.2 语音的产生

在语音识别研究的初期，科学家们试图弄清楚人是如何通过发音器官的配合发出语音的。对发声器官的构造和作用的研究有助于实现人工的发音设备，例如第 1 章提到的声学机械语音机和爱迪生听写机。更重要的是，可以抽象出数字化的模型，作为数字化信号的分析基础。

语音学是用声学的方法研究和分析语音的科学，首先我们需要了解语音学的研究内容。

4.2.1　语音学在研究什么

声音是人们交流的主要方式之一，人们交流过程中发出的声音称为语音，研究语音性质的学科是语音学（phonetics）。语音学包括发音语音学、声学语音学和听觉语音学三大分支。

（1）发音语音学是关于人的发音器官和发音机制的分析与研究。

（2）声学语言学是对语音进行物理特征的分析与研究。

（3）听觉语音学是对接收语音的器官和人类的听力特性方面的分析与研究，它又被称为感知语音学。

语音学就是研究语音声音是如何在发声器官中形成，并经由空气传播的语音信号反映出的物理特征，以及人耳接收器官的作用和人的听力特点。语音学知识对于语音识别任务的重要性体现在理解语音的特性、模仿人类发声的机制、研制出合理的数字化模型。

4.2.2　人的发声机制

人是依靠肺、喉咙、口和鼻腔的共同作用发出声音的。这些器官的构造如图 4.1 所示。我们在发声时，首先是由肺部排出一定量的空气，这些排出的空气通过位于喉部的声带，经由口腔或鼻腔释放出来，这样就形成了语音。

在图 4.1 所示的发音器官中，喉头和声带担任重要的声源功能。只有肺部的气流到了喉头部位才算是真正发音的开始。喉头位于颈部的正中部位，声带则位于喉头的中间，声带的中间区域称为声门。吸气时，声门保持打开状态；发出声音时，声带周围的肌肉绷紧，声门关闭。如果来自肺部的空气强行冲击关闭着的声门，声带就会震动，并引发声门反复地张开和闭合。

其中，声门每张开和闭合一次就称为一个振动周期，也称为基音周期（又称音调周期，T），周期的倒数是基音频率（简称为基频，f）。由声带振动发出的语音称为浊音，浊音具有周期性特点。常见的浊音有 [i]、[o]。需要注意的是，气流从肺部出来不

图 4.1　人体的发声器官

一定总会振动声带，当气流通过声门后，在牙齿或嘴唇的阻碍中通过而形成摩擦或爆破式的声音，叫作清音。发清音时声带不振动，因此，清音没有周期性。常见的清音有 [f]，[h]。

综合来看，语音产生的模型包括三个重要部分，如图 4.2 所示。

（1）发声的源头，对应着喉头和声门。

（2）起到共振作用的器官，声道和鼻腔。

（3）起到辐射谱作用，保证语音以波形的形式发散出去的嘴唇。

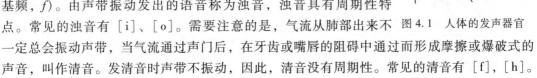

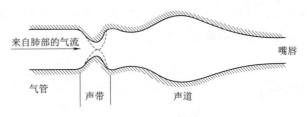

图 4.2　语音模型的组成

4.2.3 语音产生的数字模型

根据人类发声器官的物理特点，科学家总结出了一个通用的语音产生模型，如图4.3所示。

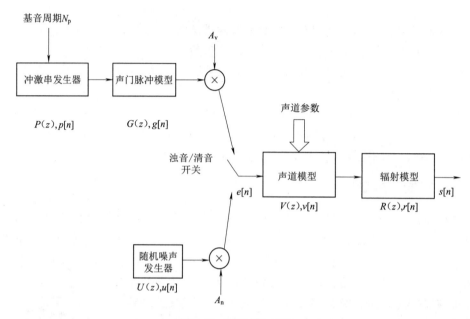

图 4.3 语音产生模型

图 4.3 的设计思路来源于图 4.2 的三个组成模块：激励源、共振的声道和唇部的辐射。每个模块由子模块组成，并且可以借助数学函数进行描述。其中，语音产生的源头位于浊音/清音开关的左侧，称为激励源。激励源可以看作周期性振动函数，也就是由基因周期决定的函数 N_p，它负责产生由振动产生的浊音信号，再通过声门的开闭状态，变换成声门脉冲函数 $g[n]$。通过开关的控制，该激励源可以借助具有周期性的冲激串发生器发出浊音，和产生清音的噪声发生器发出清音，标记为 $e[n]$。通过声道参数的作用，产生传输后的 $v[n]$。最后的辐射模型对应着唇部对声音的辐射作用。最终，整个系统产生出语音信号 $s[n]$。

什么是激励

激励是声波学科中的专业术语，常常用于表示不同程度的刺激源头产生相应特性的声波。比如，从肺部出来的空气被声带振动的调制，产生的是准周期的脉冲激励。气流在声道闭合处的一点形成气压，并通过快速收缩释放气压，此时将产生一个瞬时激励。由此可见，不同的激励源具备不同特点的激励效果。

4.2.4 发音的基本单位

自动化语音识别的目的是让机器理解语音，做法是通过分析语音输出对应的文字。为了达到这一目的，需要在发音语言学的基础上，理解人是如何通过声音表达语言的，重点是要理解语音的发音单位和语言表达的基本要素之间的关系，也就是发音单位和文字构成元素之间的联系。

对于世界上大多数语言，语音的发声单位基本上是由音素、音节和音位组成的。只是不同的语言对这三个组成部分的描述是不同的。在语音识别的问题中，需要有针对性地设计语音识别的方法以提高识别的准确率，因此，系统地理解每门语言的语音特性，是十分有必要的。

接下来，将介绍组成语音的基本发声单位：音素、音节和音位，并初步了解它们在语音识别中的重要性和特点。

1. 音素（phone）

音素是根据语音的自然属性划分出来的最小语音单位，在后文中我们用 [ ] 表示。

音素是根据发音动作划分的。一般来说，一个发音动作对应着一个音素。例如 [ba] 包含 [b] 和 [a] 两个发音动作，即两个音素。相同的发音动作发出的音就是同一个音素。例如，[ba–bi] 中，两个 [b] 发音动作相同，它们是相同的音素，但是，[a] 和 [i] 的发音动作不同，两者就是不同的音素。

音素可以分为元音和辅音两大类，其中：

- 元音是指在发音过程中声道保持固定形态后，气流顺畅地通过口腔时发出的声音，[a]、[i]、[u] 是典型的元音；
- 辅音是指发声时，气流受发音器官（如口或鼻）的阻碍而发出的声音，[b]、[p]、[m]、[f] 就是辅音。

清音、浊音和元音、辅音的区别与联系

清音和浊音是按照声带是否振动划分的，而元音和辅音则是由一门特定语言中的发音系统规定的。因此，两者的划分依据是不同的。但是两者又存在一定的联系。一般来说，所有发音语言中的元音都是浊音，而辅音则既有清音，也有浊音。

清音和浊音对于初期分析语音数据是十分有用的，因为它们的表现很不一样。清音往往和噪声显示出类似的特点，比如具有信号的不稳定性，而浊音则往往对应着重要信号。

元音和辅音更偏重于识别阶段对语言含义的识别有帮助，尤其是对于判断一个单词中可能存在的元音和辅音的数量，从而推断出最可能的单词的情况。

在语音识别中，音素被认为是人类可识别的最小发音单位。因此，语音识别的分类算法有两种情况。

（1）组合法

这类算法试图先识别出音素，然后再组合成单词，单词再形成句子。这一类比较多见于识别数量有限的单词，因为音素的可变性很强，导致组成句子的形式有许多种，因此，不太适合句子级别的识别任务。

（2）音素—音素的识别

这一类算法中，数据是包括语音和标记好的音素标签，因此，在分析阶段只需要识别出单个音素片段，然后再和标记好的音素类别做比较，最终输出的是音素标签，而非单词或句子。在英文语音中，常常采用的音素标签是 ARPAbet 标签。

除了作为基本识别单位的音素，还有稍微复杂一点儿的识别单位：音节。

2. 音节（syllable）

音节是人能够自然感受到的最小的读音单位。任何单词的读音，都可以分解为一个个音节朗读出来。在英语中，由于元音特别响亮，所以一个元音往往可以单独构成一个音节，一个元音音素和一个或几个辅音音素结合也可以构成一个音节。一般来说，大多数辅音不响亮，无法构成音节。但是［m］、［n］、［ng］、［l］是响音，它们和辅音音素结合，也可以构成音节。但是它们构成的音节往往出现在词尾，一般是非重读音节。

英语单词中有一个音节的，比如 get、bed；也有两个音节的单词，比如 tea`cher、mo`ther、win`ter 等，甚至还有多个音节的单词，比如 po`ta`to 和 te`le`gram 是三音节。了解这些音节的作用，可以将音节作为基本的识别模式。同时，在英语单词中，音节还是判断重音的关键，比如单音节词的重音只落在唯一的元音上，而双音节词则需要按照情况考虑，有时第一个音节是重音，有时则可能第二个音节是重音。这些对于语音识别的算法分析是有一定帮助的。

在汉语中，一个音节既可以由单独的韵母组成，也可以由声母和韵母两部分组成。根据官方统计，汉语中的音节共计 413 个。比如以 a 开头的音节共有 a，ai，an，ang，ao 五个。其中一个字最多可以由三个音节构成。比如，zh`u`ang，当然数量最多的还是双音节词。

音节数量的庞大造成识别困难

在英语中，符合英语音规则的音节数量由于统计标准的不同，数量差异巨大，公认的看法是其数量一定是超过 10 000。最新的研究表明，这个数字可能在 3 000 ~ 40 000。这使得基于音节的语音识别及英文的输入法实现起来非常困难。

相比于英语数量庞大的音节数量，汉语的音节组合则是十分有限的。这也使得基于音节的中文语音识别和中文输入法实现起来相对简单。但是，不容忽视的是，汉语中的声调会影响汉字的含义，因此，再结合音调来看，汉语的音节数量也可以扩充至 1 300 个。

和音节相比，音素的数量不过几十个。所以，最初的语音识别系统是建立在音素级别的模式识别问题，这就好像图像的识别可以以最小的像素级别一样。最新的研究表明，可能还存在比音素更合适的模式，这是未来研究探索的一个方向。

---

3. 音位（phoneme）

每种语言都有自己的一套音位系统。

中文的音位一般特指声调。有时虽然音节都相同，但是声调不同就会产生不同的含义。然而，声调在英语和法语中却只表示感情，同一个词以不同的声调发出读音，意义是相同的。

以汉语拼音为例，一般采用 1 ~ 5 个 5 度标记法（见图 4.4）来标记音调值的相对音高，比如阴平是一声，由 5 度到 5 度；阳平是二声，由 3 度到 5 度上升；三声是由 2 度降到 1 度，再升到 4 度；去声是四声，由 5 度降到 1 度。声调的变化使得汉语富有抑扬顿挫感，因此，汉语又被称为音乐型语言。

图 4.4　5 度标记法

与中文不同的是，英语的音位主要是指重音，因为重音在英语的口语表达中十分重要。同一单词，不同的重音发音，可能表达出不同的含义。比如在美式英语中的 can，在肯定语句和否定语句中的不同含义主要是依靠重音得以区分。

在法语中，不送气的清辅音和浊辅音则十分重要，它们是法语的音位。

音位的重要性

在语音分析技术中，有时会存在音素和音节相同的情况，为了进一步区别不同的词语的发音，还需要考虑音位信息，才能更准确地找出最正确的文本匹配。

4.2.5　识别连续发音的难点

前面提到了音素是最小的语音单位，由于它的数量有限，非常适合作为语音识别的基本模式。但是，在实际的语音中，这些音素的发音容易受到说话人的表达方式、年龄、性别、情绪等多种音素的影响，于是，同一句话以不同的发音方式表达，会造成语音识别上的一些困难。

一般来说，我们只有在初期学习发音时，才会字正腔圆地读出每一个发音。在正常交流时，大多数时候都是以有意义的单个字（如"是""否"），或者词语（如"石头"和"花儿"）为单位；更多的时候，为了清晰地表达一个事物，常常是以句子为单位的连续语音。因此，除了单个字在发音时，能够基本保以证音素为单位的清晰度，在常见的词语或一句话中，单个字往往会受到前一个字和后一个字的影响，从而引发其中音素的发音变化。这些变化主要体现在三个方面。

（1）轻声

在中文中，轻声是四个声调之外的一种特殊声调，但是它在语音中是十分重要的。因为在一些常见词语的末尾字常常会发成轻声。比如，"石头"中的"头"字，原本应该为二声，但是为了发音方便，就被省略为轻声。类似的词语还有很多。

（2）变调

在英语中，经常发生两个字的连读情况，很多时候为了发音的方便，个别单词的语调就会发声变化。比如在一个疑问句"I am okay, and you?"中，最后一个 you，就会形成升调，以表示询问对方的含义。

在中文中，变调也常常存在。比如一阵、一致中的"一"原本为一声，但是它的实际声调却变为了二声。

（3）协同发音

在连续语音中，连读是十分常见的事，原本一个句子中的每个字的音素都应该发得很清楚，但由于人们的懒惰习惯，常常会发生吞音或连读，于是个别词中的音素受到前后音素的影响而发生变形，这种现象称为协同发音。

以英语为例，"Are you ok？"中的连读包括两处，Are you 和 you ok，因为 Are 的 r 和 you 中的 ju 会连读，此时 r 会提前与 ju 结合，导致 ju 的口型会变小。另外，you 中的 u 会和 ok 中的 ou 结合，发成/wou/，从而 w 的发音并不完全。在中文中，"这地儿"中的"这"常常会因为跟后面的词连读，造成原始的 zhe（四声）改变了发音，成为 zhei（四声）。

实际上，连读造成音素的读音变化是不可避免的，这源于人类的发声器官的构造及语言发声的习惯。在连续发音时，声道平滑运动必然会造成协同发音的现象。因此，对于不同说话人发出的语音识别来说，其效果总是不尽如人意，因为很难找到一个通用的模型可以识别连读带来的语音变化。

由此得到

在语音识别的设计与实现中，对音素、音节和音位的发音规律的理解，对于选择识别对象十分有帮助。在孤立词的识别中，常常以音素或音节为分析模式；而连续语音识别中，还要结合音素变形的情况。理解连续语音中的发音规则，可以对识别出的单词出现的结果进行约束和优先级的设定，从而进一步地提升识别的准确率。

4.3 语音的传播

人类的发声器官发出声音后，必须经过空气的传播并到达人耳才能称为声音。更确切地说，本节我们研究的是在传播阶段产生的语音。

4.3.1 语音的物理传播原理

根据物理学可知，声音是由物体振动产生的波，比如用鼓槌敲击鼓面发出的声音。另外，声音还可以是由空气的密度变化引发的压力波，比如长号发出的乐声。本节我们重点讨论的是当人经过口腔等发声器官后形成的语音，在空气中传播时形成声波。

当说话者说出话后，这段语音在传播过程中，通过压缩周围的空气分子，使空气密度产生疏密变化，形成疏密相间的纵波，这就是空气传播中的声波，这种现象会一直延续到振动消失为止。引发的振动还会推动邻近的空气分子，并轻微增加空气压力，压力下的空气分子随后推动周围的空气分子，后者又推动下一组分子，依此类推。声音在空气中传播的过程如图 4.5 所示。

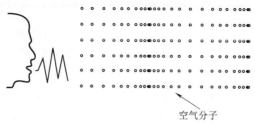

图 4.5　声音在空气中的传播示意图

空气分子

这一节从物理学定律描述语音产生中的传播方式，但是为了分析语音信号，还必须从声学角度考察语音传播的机制。

4.3.2　语音传播的声学机制

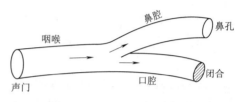

图 4.6　发音器官示意图

结合发声器官来看，承担着语音传播的器官包括咽喉、鼻腔和口腔（见图 4.6）。其中，鼻音的发音是经过鼻腔的共振引起的，而元音和清辅音的发音则是依靠嘴唇的开关和闭合完成的。

4.3.3　无损声道模型

为了建立数学模型，语音的传播过程可以看作一股气流穿过不同面积的管道。理想情况下，这些管道可以进一步划分出多个面积不等的矩形。例如图 4.7 展示的 5 级管道模型，每一段管道的面积表示为 A_n，每一段管道的长度表示为 l_n，其中 $n \in [1,5]$。

基于图 4.7 所示的无损声道模型，可以通过建立多种数字滤波器，实现在不同管道中通过的气流强度。

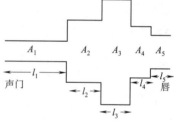

图 4.7　无损声道模型

4.4　语音的感知

语音信号处理与其他信号处理最大的区别在于，它对信号的分析必须以人对语音的感知特性建立联系，所以，语音感知的研究主要集中在心理学和语言学领域。直白一点说，就是人的耳朵只负责接收说话人发出的语音，但是更重要的是，听到声音后，必须要经过大脑的处理，才能转化为确定的含义。这就是语音的感知。

实践证明：人的主观感觉（听觉）与客观听觉（实际的声波）不完全一致。因此，不但要了解语音的发音特征，还应该知道人耳感受到的语音，即分析人耳的听觉特征，从而才能得到我们真正希望识别的准确文字。

4.4.1　人耳可感知的频率范围

人类在感知声音时，使用的器官是耳朵，人耳的构造如图 4.8 所示。

人耳从功能上可以分为外耳、中耳和内耳。

（1）外耳是指从耳郭（也称耳壳）开始，经过外耳道（挖耳勺能够到达的位置）直到鼓膜前的这一段范围，耳蜗主要用来收集来自前方的声音。声音在耳郭上将发生反射，从而分辨声音的方向。声音通过外耳道时，由于共振作用，高音部分的能量将被加大。

（2）中耳的外侧连接耳郭，内部止于鼓膜。它主要由鼓膜和三块听小骨组成，听小骨的鼓膜随声音（空气的压缩波）而振动，听小骨将振动放大后传给耳蜗。

（3）内耳主要是指耳蜗。内耳十分重要，它的作用是将声音转化为电信号，并交由中枢听觉系统

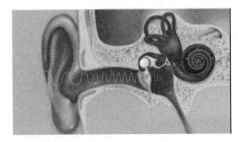

图4.8　人耳的构造

处理和分析。耳蜗的形状很像蜗牛的壳，内部是一个充满了淋巴液的腔体，腔体盘绕2.5～2.75圈。

由此可见，耳蜗是人类辨别声音的关键。

耳蜗如何区别不同频率的声音

由于耳蜗的这种一层一层蜷缩状的形式，可以依靠不同部位的基底膜，感知不同频率的声音。一般来说，外部的基底膜刚度较大，因此，只有高频信号才能激起这部分基底膜的振动，进而被毛细胞感知。而内部的基底膜则相反，因此内部的毛细胞主要检测低频信号。正是由于这种结构的存在，人类才可以区分各种不同频率的声音。另外，卷曲状的耳蜗要比伸直版的耳蜗能够接收更低的频率。

耳蜗不同部位能够感受的频率变化见图4.9，注意这里不是真实的频率感知部位图，只是为了说明原理的假想图。借助此图，我们可以了解到外界的声音是依靠引起不同部位的基底膜的振动，再由毛细胞将感知到的声音进一步传递给大脑处理而实现的。

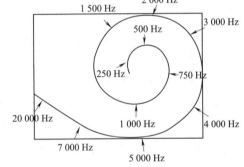

图4.9　耳蜗不同部位感受频率的
范围示意图

人耳正是通过上述耳朵内部器官的构造实现了对声音的感知。现在普遍认为人耳对20～20 000 Hz频率（即每秒振动20～20 000次）的声波感受最明显，也就是说，这个频段的声波可以引起我们的听觉，从而构成传入大脑的声音。超出这个特定频率范围且能被其他生物感知的物体振动，都不能被称为声音。

当讨论声音的大小时，用得更多的是普通意义上的分贝（dB），它描述的是一种相对的声压级。它与频率之间的关系如图4.10所示。当我们将人耳能够接收到的声音作为参照物，此时，0 dB的声音对应的频率值就在20 Hz左右。注意，这时不代表没有声音，而是人耳能够感受到的最低声音，而20 000 Hz对应的大概是130 dB的声音，也就是人耳能够感受到的最高分贝。其中人耳可以感知到的声压区域是十分有限的，如图4.11所示。

虽然发声物体存在个体差异，但是不同事物发出的声音频率仍然是具有一定规律的，具体见表4.1。

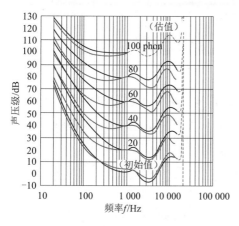

图 4.10 分贝与频率的关系

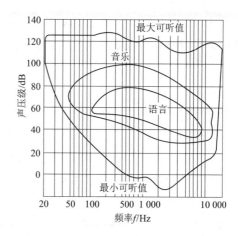

图 4.11 人耳可以感知到的声压区域

表 4.1 不同声音频率的规律

名称	听觉频率范围/Hz	人耳感受的响度/dB
人耳感受的响度	20 ~ 20 000	0 ~ 150
鸟	1 000 ~ 4 000	30 ~ 90
猫和狗	44 000 ~ 64 000	40 ~ 75
普通说话声	50 ~ 500	50 ~ 60
窃窃私语	150 ~ 500	20
飞机起飞	2 000 ~ 10 000	100 ~ 180
歌声（女）	200 ~ 1 500	50 ~ 90
歌声（男）	150 ~ 600	50 ~ 70
青蛙	50 ~ 4 000	80

　　表 4.1 中提供的信息可以作为我们分析语音数据包含的内容时的一个参考。尤其是对于语音产生的实际环境往往包含着各种噪声，为了获得更好的识别效果，首先要做的是滤除那些不相关的背景噪声。一个比较可行的滤除噪声的操作就是计算频率信息，并设定阈值，将一些例如乐器的背景噪声滤除。如果能对这些频率值有一定了解，就可以快速选取一个合理的阈值。

4.4.2　人耳的听觉特性

　　语音的听觉感知是一个十分复杂的人脑—心理过程。语音识别的最终目的是允许机器接收语音，经过算法的分析和理解之后，得到人脑—心理中希望呈现的文字。因此，我们需要了解人耳的听力特性，从而能更好地设计分析算法。

　　人耳就像一个滤波器组一样，它只关注某些特定的频率分量。所以，人的听觉系统是一个特殊的非线性系统，它响应不同频率信号的灵敏度是不同的。其中，人耳对音高（即频率）的分辨率近似于对数形式。实验证明，如果以 1 kHz 的声音为基准，原本是 2 kHz 的声音，人耳听起来却像是大约 3 kHz。原本是 500 Hz 的声音听起来大概在 400 Hz。这说明人耳对低频的声音分辨率更加敏感，而对高频的声音分辨率则比较迟钝，这是人类的听觉特性之一。因此,在语音识别中,关于语音的频率分析方法都是采用对数刻度来描述频率数据的,这样能保证低频段的分辨率高,而高频率的分辨率低。

梅尔刻度

实验数据表明人类的听觉并非严格依照对数刻度,通过实验求得的人类听觉的刻度称为梅尔刻度。梅尔刻度能够做到强化高频语音的分辨率,同时压抑低频语音的感知能力。

这也是为什么在分析语音数据时都要将声音信号从频域空间转化到梅尔空间。

关于声音的大小(即响度的高低),据说人耳可以忍受的最大声音是最小可感知音量的 100 万倍左右,并且人耳对声音大小的分辨能力大致也呈对数关系。

4.4.3 听觉模型

基于现有认知对人耳内部结构的分析,已经可以得到接近的功能结构类比图(见图 4.12),根据该结构可以采用物理设备模拟外耳、中耳和内耳的作用,从而实现人为地接收语音信号。其中,拾音器相当于外耳,负责接收语音;放大器的作用等同于中耳的作用,负责将空气声波转化为能量;最后的频率分析与信号处理模块则等同于内耳的效果,生成大脑能够理解的神经脉冲的语谱图形式。

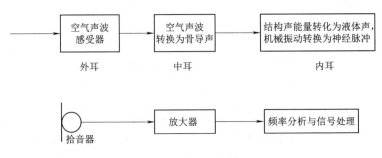

图 4.12 人工听觉模型

基于上述内耳接收到的语音信号,人们提出了一个数字化的听觉模型,该模型给出了一个可行的数字化分析过程,具体如图 4.13 所示。

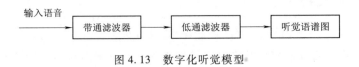

图 4.13 数字化听觉模型

至此,关于传统语音学的介绍完毕。如果你对其中的内容感兴趣,推荐你去看看相关的书籍和论文,或许对你有所启发。基于上述对人类语音学的研究,下一节我们将去探索如何利用计算机对数字化的语音信号进行分析和处理,因为这是实现语音识别算法的关键。

4.5 数字语音信号处理

数字信号处理技术是将物理世界的模拟信号作为输入源，经过模拟数字转换技术，生成可以由计算机分析的数字信号，再借助数字模拟转换技术，输出逼真的模拟信号。数字处理技术的出现让数字世界的各类应用成为可能，它允许采用最优的信号表示方法，获得可靠且稳定的输出信号。另外，借助计算机的强大计算能力，可以实现多个输入和多个输出的任务。最重要的是，它是实现一切数字信号分析的基础。

4.5.1 语音信号处理的一般流程

数字信号处理的内容包括模拟信号和数字信号之间的相互转换，数字信号的表示、保存和分析，利用电子器件合成数字信号以及信号的压缩编码等一系列软件技术和硬件技术。目前的技术允许我们利用传感器设备采集不同的物理信号源，比如图像、声音、电压、磁场力、气流等，依靠计算机强大的计算能力，然后将这些物理信号转化为数字信号，比如我们熟知的文本信号、图像信号、音频信号、视频信号等。有了这些数字信号后，更重要的工作是对这些信号做进一步的转换和分析，比如频域变换、滤波、识别、合成、编码、噪声检测等，这些都属于信号处理的范畴。

数字语音信号处理技术以语音信号为主体，主要用于语音信号的传输和存储、语音的合成、语音数据的编码、语音识别、语音信号增强和残疾人辅助技术。我们重点讨论的是语音识别中涉及的信号处理技术。

一般来说，数字语音信号的处理流程如图 4.14 所示。首先，系统接收麦克风传来的模拟信号，然后经过 AD 转换器，获得数字化的信号。接着，借助数学的转换方式，进一步获得语音的短时表示方法。基于这些参数化表示，需要计算辨别行的特征向量，用于实现分类，比如语音和静音检测以及清音、浊音分类等。

图 4.14 数字信号的基本处理流程

一般来说，上述过程常常可以简化为三个重要任务，分别是数据采样、信号表示、特征提取。接下来，我们将对每一个任务的主要内容展开详细介绍。

4.5.2 数据采样

接下来，看一下计算机是如何将连续的波形数据存储为一组离散值的，这便是数据采样。

以 CD 格式的数据为例，在计算机中存储声音的过程主要包括设定采样率、设定编码的深度和确定声道数量三个步骤。

（1）设定采样率

采样率（sampler rate）是指每隔多长时间观测并记录一下声压值。CD 品质的声音文件一般采用 44.1 kHz 的采样率，它表明每秒的声音数据中，选择 44 100 个数据点做记录，其中每个数据点的采样间隔为 0.02 ms。

采样率的设定说明

采样频率越大，表明被记录的数据点越多，这就意味着音频文件更大。

在语音识别的任务中，当分析语音数据时，选择的采样频率为 8 kHz 就足够了，因为语音信号的频率分布通常都处于较低的频率（通常在 5 kHz 以下），一般不会高过 8 kHz。如果你对鸟声识别感兴趣，那么，此时就是要将其采样频率设定为 11 kHz，因为鸟声的音调显然比人的语音更高，它可以达到 11 kHz 的。

可见，合适的采样率不仅是对于音频数据的记录有帮助，而且对于感兴趣数据的分析也很有必要。

（2）设定编码的深度

编码深度又称量化位数，由于计算机中的数值都是采用二进制存储的，因此，某一采样点的声压值要进行二进制的编码。CD 格式的音频常见的量化位数为 16 bit，即每一个采样点的值都采用 16 个二进制位数据表示。常见的量化位数还包括 8 bit、24 bit 和 32 bit。

（3）确定声道数量

由于 CD 格式的数据是立体声的，所以，必须保存为双声道。因此，需要对左右声道各做一次采样和编码。声道的意思是说用了几个麦克风在录音，常见的有单声道、双声道和多声道。

一旦设定了采样率、编码深度和声道数量，我们可以轻松地计算出一段声音所需的存储空间。以 1 min 时长的音频文件为例，采样率为 44.1 kHz，量化位数为 16 bit，声道数量为 2，于是该声音所占的空间为 $44\ 100 \times 16 \times 2 \times 60$ bit。

音频文件的实际大小说明

实际的音频文件（以 PCM 格式的音频为例）除了采样的声音数据点以外，还包括头部声明数据，就是关于音频文件存储时采用的参数数据，这部分数据量非常小，因此，常常可以忽略不计。但是这些数据对于音频转换到频率域的分析至关重要。

为了更进一步说明采样的过程，可以通过图 4.15 和图 4.16 来了解一下。

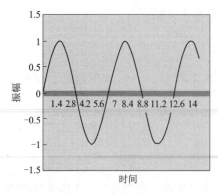

图 4.15　原始波形图

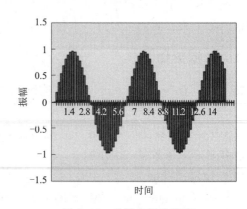

图 4.16　采样和量化编码

模拟信号转化为离散信号的过程主要包括采样和量化编码。以图 4.15 中所示的原始波形图为例。设定采样率为 1/44 100，即每隔大约 0.02 ms 记录一个数据点，如图 4.16 所示，时间轴被分割成很小的间隔。同时，将纵坐标的声压值进行二进制编码，于是，每一格数据点的值都对应为长度为 16 的二进制数据。

当遇到一个原始采样点的数值，无法用合适的二进制数据表示时，则需要选择最邻近且向下取整的二进制数，这就是量化编码。量化操作的结果是原本数据点由图 4.15 所示的平滑曲线上的一点变成了图 4.16 中所示的锯齿状的一点。量化编码会导致量化后的离散值偏离真实的数据。然而大量实验表明，这种影响可以忽略不计。

4.5.3　参数化分析

对原始语音信号进行数据分析的前提是要对它们进行参数的变换。所谓参数变换是指将原来二进制数组成的声音信号表示成指定范围的参数值。根据参数所采用的变换方式不同，常见变换分析包括时域变换分析、频域变换分析和小波变换分析。参考众多语音识别的相关研究可知，小波变换分析更适合基于图像数据的分析，而本书重点讨论的是语音数据，因此，本节重点讨论前两种变换分析技术。

声音信号的表示可以选取不同的自变量，一般常见的自变量可以是时间，也可以是频率。因此，可以将声音信号分为时域表示法和频域表示法。

1. 时域分析

所谓时域分析，就是信号的变换是以时间为自变量引起的变化。其对应的数学描述为，自变量是时间 (t)，动态的声音信号随着 t 不断发生变化的量 $f(t)$。

语音的时域分析是建立在数字化的波形图的基础之上的。接下来，我们看一下从波形图可以提炼的属性。

为了说明波形图的特征，下面将从四个方面出发。首先，介绍波形对应的数学表示，即正弦波。其次，具体说明波形图的典型特征。再次，要说明的是波形图中纵坐标的含义及其量化的范围选择。最后，揭示如何从波形图获取频率信息。

（1）交叠的正弦波/余弦波

如果一个声波的形状正好和一个简单的正弦波相同，如图 4.17 所示，该波形图对应着一个十分单调的声调，没有掺杂其他任何声音。实际上，这是一个十分理想化的声音片段，在自然界中很难找出其波形对应的声音。

在图 4.17 中，垂直方向代表声压的相对大小，横向表示声音持续的时间。这个图形描述的是声压如何随着时间而变动。这里的声压不是绝对声压，而是相对于一个标准大气压值（即纵坐标值

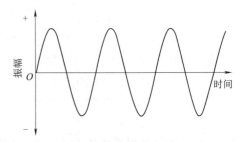

图 4.17　一段声音以一个简单的
正弦波表示

为 0），其他声压在 0 附近上下振荡，表明空气产生的压力是稠密的还是稀疏的。

然而，实际的语音信号对应的波形图比正弦波复杂得多，因为它往往是多个声音分量的叠加，每个声音分量对应着一个变形的正弦波。例如，图 4.18 下方的波形是由上方的两个波形混合得到的。每个变形的波形是由正弦波的周期决定的，不同的振幅的参数则决定了正弦波具有不同高度的波峰和波谷。

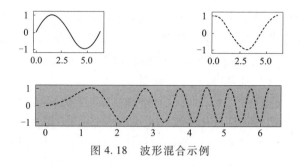

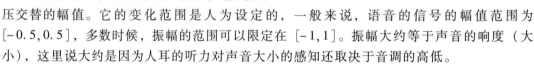

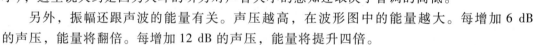

图 4.18　波形混合示例

（2）周期性

波形图最大的特征是周期性。也就是说，一个基本的正弦波片段会重复发生，该片段在短时间内发生的个数就是周期数。假设一个完整的正弦波周期是从一个波峰到下一个波峰，它对应的就是一个最小的重复片段，波形重复出现 n 次，就代表它的周期是 n。由周期信息可以知道波形的频率。

然而，实际的语音是十分复杂的，这个循环的周期会随着时间的推移不断地发生变化，如图 4.19 所示，可以清晰地看到颜色最深的正弦波的振幅是不断缩小的，同时，在第二段内，可以明显看到是多种不同形状波形的叠加。此时，我们是无法直接从波形图中获知周期波的准确数量的。

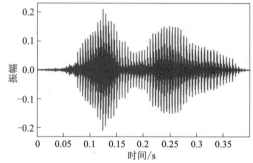

图 4.19　随时间不断变化的波形周形

（3）振幅（amplitude/intensity）

在波形图中，纵坐标表示振幅，它代表声压交替的幅值。它的变化范围是人为设定的，一般来说，语音的信号的幅值范围为 $[-0.5, 0.5]$，多数时候，振幅的范围可以限定在 $[-1, 1]$。振幅大约等于声音的响度（大小），这里说大约是因为人耳的听力对声音大小的感知还取决于音调的高低。

另外，振幅还跟声波的能量有关。声压越高，在波形图中的能量越大。每增加 6 dB 的声压，能量将翻倍。每增加 12 dB 的声压，能量将提升四倍。

（4）频率（frequency）

一个周期声波的频率是指每秒周期波发生的次数。以 0.01 s 的语音为例，1 s 内如果发生了 100 个周期的正弦波，则说明它的频率是 100 Hz。

频率是人耳直接能感受到的测量值，所以，在语音数据的分析中，常常借助傅里叶变换将波形图的纵坐标的数值转化到频率域中。

难以采用波形图作为语音识别的模式

通过上述对语音数据的波形图的特征分析可知，波形图是多个类正弦波的叠加。甚至一段时间内的波形图常常是多个声音分量的叠加，因此，很难利用周期中的最小波形模式作为识别的对象。实际上针对一个音素的发音，常常是多个频率叠加得到的波形，并且这种叠加效果还在动态变化之中，根本无法找到稳定的一个叠加波的重复。

因此，在语音识别中，波形图只用于分析实验室中产生的无杂音的数据，基于这些数据，可以计算一些概括性的声学特征。

----

2. 频域表示

频率域的声音信号中，自变量是频率（ω），频率的幅度随着频率变化，用函数表示为 $f(\omega)$。典型的频率域的图形是频谱图和语谱图。

3. 离散傅里叶变换（DFT）

将语音信号从时域的波形图转换成频率域的信号，需要借助傅里叶变换，其实它包含两项重要工作：

（1）利用傅里叶变换将信号从时域转换到频域。

（2）为了得到离散的频率值，还需要用到 DFT。

接下来，我们将一步一步分解它的原理，揭示 DFT 的实现过程。

（1）傅里叶变换的数学基础：正弦波的数学特性

既然语音的波形可以看作是正弦波或余弦波，这里我们以正弦波为例。

$$y = A\sin(\omega t + \theta) \tag{4-1}$$

数学上，可以将正弦波用式（4-1）表示，其中 A 表示振幅，ω 表示周期数，t 表示时间，θ 表示初始相位相对于 0 的偏移。图 4.20 列出了四个不同形状的正弦波图像。

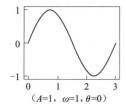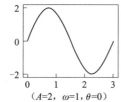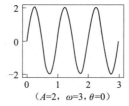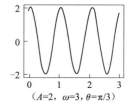

（A=1，ω=1，θ=0）　　（A=2，ω=1，θ=0）　　（A=2，ω=3，θ=0）　　（A=2，ω=3，θ=π/3）

图 4.20　不同参数的正弦波

由图 4.20 不难看出，一个正弦波曲线可以通过 A、ω 和 θ 三个参数定义得到，其中：

- A 表示纵轴的最大振幅。
- ω 表示周期个数。
- θ 表示正弦波从原点位置偏移的角度。

由此可以推断出原始的语音波形可以用类似的正弦函数的公式表示。这就为傅里叶变换做好了铺垫，也就是说，原始的语音数据可以表示为周期性的正弦波或余弦波。

（2）连续傅里叶变换

傅里叶变换的魔力在于它可以借助傅里叶级数，将任意复杂的周期函数表示成频率不同的简单正弦波和余弦波的函数的总和。这正好对应着我们的需要，即将复杂的声音波形图，转化为多个基本正余弦波的叠加。

傅里叶变换效果如图 4.21 所示，图中的最左侧波形代表原始波形，根据傅里叶级数展开的性质，它可以看作是右侧所有正弦波的线性叠加而成的总和，后面的正弦波就是组成原始波形的各个分量。

接下来，从数学的角度看看时域的信号是如何转化到频域的。

原本时域的语音波形可以看作是由若干个不同频率的余弦波的叠加。根据傅里叶级数的性质可知，原始语音数据的任何一点的波形都可以表示为

$$f(x) = \frac{a_0}{2} + \sum_{n=1}^{\infty} a_n \cos 2n\pi ft + b_n \sin 2n\pi ft \tag{4-2}$$

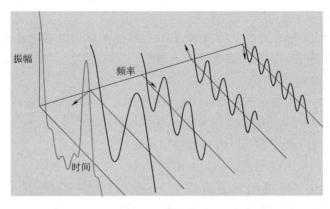

图 4.21　时域中的语音数据转换到频域的过程

其中，f 是基础频率，即 $f=1/T$，它表示正弦波（余弦波）的周期为 T；a_n 和 b_n 分别代表各个正弦波和余弦波在原始信号中出现的强度。

为什么还有余弦波

对于语音形成的波形图的形状，前面我们好像描述为正弦波更多一些，但其实这是由函数的性质决定的，高中数学指出一个函数 $f(x)$ 一定可以表示成一个奇函数和一个偶函数的和。已知正弦波是奇函数，余弦波是偶函数。当无法确定 $f(t)$ 的波形时，我们应该既用到正弦，又用到余弦。因此这里我们还需要借助余弦波。

所谓傅里叶变换是将由时间 t 表示的波形函数 $f(t)$，转换为用频率 ω 表示的函数 $F(\omega)$。这里转换的过程是通过式（4-3）计算得到：

$$F(\omega) = \int_{-\infty}^{\infty} f(t)\, e^{-i f t}\, dt \tag{4-3}$$

$F(\omega)$ 是由一组频率和振幅的波组合而成的连续密度函数。举例来说，以图 4.22 所示的一段原始波形为例，该波形通过傅里叶变换拆解成后面的若干个正余弦波。假设我们只选择前六个正弦波的分量作为最终的叠加波（见图 4.23），这时可以得到近似图 4.24（上）锯齿状的波形图。若忽略时间信息，将各个频率的正弦波投影到图 4.24（下）的频率图中。其中每一个立柱的高度代表该频率对应的正弦波的贡献大小。

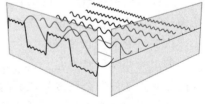

图 4.22　傅里叶变换的过程

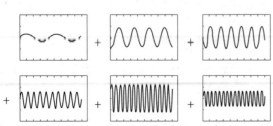

图 4.23　六个正弦波分量

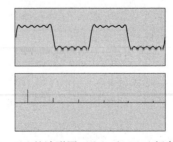

图 4.24　$f(t)$ 的波形图（上）和 $F(\omega)$ 频率图（下）

到底取多少个正弦波或余弦波分量更合适

首先可以知道的是，取的正弦波数量越多，会越接近原始信号。但是为了降低计算量，不会无限制地算下去，而是根据实际情况，选择合理的数量即可。

由式（4-3）右侧的极限符号可以看出 $F(\omega)$ 是以时刻 t 为变量，求得的连续傅里叶变换的值。

（3）离散傅里叶变换

为了方便计算机的处理，还需要将 $F(\omega)$ 函数得到的连续值转化为离散值。因此必须将指数 e^{-ift} 的部分，通过欧拉公式展开成

$$X(k) = \sum_{n=0}^{N-1} x(n)\cos\left(2\pi\frac{kn}{n}\right) - j\sum_{n=0}^{N-1} x(n)\sin\left(2\pi\frac{kn}{n}\right) \quad (k = 0,1,2,\cdots,N-1) \quad (4\text{-}4)$$

式（4-4）的作用是将式（4-2）中的变量 t 替换为采样点 n，这就是著名的离散傅里叶变换公式。可以看出，$X(k)$ 被表示成复数，其中实部是余弦波的分量，虚部是余弦波进行相位偏移后的正弦波的分量。它的目的是求出该声音片段中包含的频率值，此时频率值应为具体的整数值。

为什么要用复数

这里实部的余弦波很好理解，是为了跟原始信号相比较，找到最可能的频率相等的波形；虚部则是考虑到波形中的相位信息。有时这个相位信息十分重要，它会影响频率值的计算结果。根据实验结果发现，这个相位信息会使频率值缩小，但是造成这种缩小的原因可能是多出了相位信息，也可能是振幅大小的改变。因此，一般来说，我们最好还是既保留余弦波计算出的频率信息，同时保留原始信息的相位信息。这样就可以避免恢复原始信息时，由于该部分信息的缺失而无法完全还原。

为了进一步了解 DFT，下面借助一个例子以图形化的方式描述。

假设原始语音信号是离散的 40 个采样点，如图 4.25 所示。

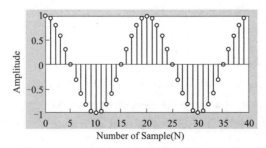

图 4.25 一个包含 40 个采样点的语音波形图

假设图 4.25 中的数据是由式（4-5）生成的：

$$x(n) = \cos\left(2\pi\frac{2n}{N}\right) \quad (n = 0,1,2,\cdots,39) \quad (4\text{-}5)$$

现在，我们希望知道在这 40 个采样点的波形图中振动了多少个周期，从而可以间接求出这段波形对应的频率。

对于人来说，计算周期很简单，但对于计算机却不那么简单

如果已知原始波形的数学公式，可以很容易知道其中包含两个周期。或者看一下图 4.25 的波形图，数一下有几个波峰，总的波峰数就等于周期数，观察图 4.25 可以发现，它包含两个周期。但是计算机不是这么做的，因为它无法理解公式，也无法看懂图形。一个巧妙的办法是进行比较运算。

要让计算机回答这个问题，可没那么简单。这里必须要根据傅里叶级数的性质，通过式 (4-6) 给出 40 个基础的信号波形。其中，$k=0$，表示周期为 0 的余弦波，$k=1$ 表示周期为 1 的余弦波，依此类推，直到周期为 39 的余弦波。注意当 $k=39$ 时，它会和前面的 $k=1$ 是同一个波形，因为它俩的和正好等于 40，于是变成了 $\cos 2n\pi$：

$$x(n) = \cos\left(2\pi\frac{kn}{N}\right) \quad (k=0,1,2,\cdots,39, N=0,1,\cdots,39) \tag{4-6}$$

接下来，原始信号将会和所有的基信号作比较，看看哪个长得最像。计算机认为最像的是通过相关函数计算得到的，见式 (4-7)：

$$\mathrm{correlation}(x,y) = \sum_{i=0}^{N} x[i]y[i] \tag{4-7}$$

对于两个波形图表示的序列数据来说，式 (4-7) 是在求向量的内积，即将原始信号中的采样点和基础信号中的数据点分别做乘积再求和，最终可以找出最大值对应的一个基础波，那么，这个波形的频率就可以看作是和原始信号的周期是相等的。

经过计算，得到了 $X[2]$ 的值等于 $10+10\sqrt{3}$，其余的基础波形求得的值全为 0，即 $X[k]=0$（其中 $k\neq2$）。这时，可以利用式 (4-8) 和式 (4-9) 分别得到该 $X[2]$ 对应的模（magnitude）和相位值（phrase）：

$$\mathrm{magnitude} = \sqrt{10^2 + 10\sqrt{3}^2} \approx 20 \tag{4-8}$$

$$\mathrm{phrase} = \arctan\frac{10\sqrt{3}}{10} = \frac{\pi}{3} \tag{4-9}$$

式 (4-8) 的结果是取近似的整数。

为什么相关系数的模就是幅值

数学上认为正弦函数和余弦函数是正交的（见图 4.26），于是就对应着式 (4-10)。该公式说明，sin 和 cos 的关系由于是正交的，所以就会构成直角三角形。根据勾股定理，很容易知道三角形的斜边可以通过 $\sqrt{a^2+b^2}$ 求得，而相位值则可以表示利用反正切函数得到。于是，幅值就可以通过对 DCT 求得的值进行取模，而相位值自然就是反正切函数的值。

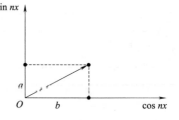

图 4.26 $\sin nx$ 与 $\cos nx$
之间的正交关系

$$f(x) = a\sin nx + b\cos nx = \sqrt{a^2 + b^2}\cos\left(nx + \arctan\frac{a}{b}\right) \tag{4-10}$$

最终，可以得出原始信号波形和 $X[2]$ 的波形最相似。接着，要求出 $X[2]$ 对应的频率。此时还需要知道采样频率，其对应的频率可以通过式（4-11）求得：

$$F = \frac{kf_s}{N} \tag{4-11}$$

其中，f_s 是采样频率；N 是采样点的个数；k 是周期数。

于是，可知 $X[1]$，$X[2]$，$X[3]$ 对应的频率为 $\dfrac{f_s}{N}$，$\dfrac{2f_s}{N}$，$\dfrac{3f_s}{N}$。当 $f_s = 4\,000$ Hz，$N = 40$，一个频带等于 100 Hz，于是 $X[2] = 2 \times 100$ Hz $= 200$ Hz。它的意思该原始信号对应的频率是 200 Hz，并且原始的幅值（amplitude）= Mag $\div$ ($N \div 2$) = 20 $\div$ 20 = 1。

实际情况更复杂

在上面求离散频率的过程中，我们知道了原始信号只包含一个频率为 200 Hz 的波形。然而这过于理想了。因为实际的语音信号中，原始波形图中常常包含 3～5 个基础频率。

另外，例子中的 40 样本只是为了举例方便，其实采样点数可以随意，不过建议最好是正弦波的一个周期内的采样点数最合适。

有了频率信息，就可以从语音信号中获取到更多的频率信息。然而，需要注意的是，上述 DFT 丢掉了时域的信息，这对于想要分析语音的前后信息来说是不够的，因此，还需要借助短时分析技术，从而获得时间信息和频率信息，以及声音强度之间的关系，这就要谈到短时傅里叶变换。

4. 短时傅里叶变换（STFT）

在实际的语音识别应用中，为了获得时间和频率信息，需要在 DFT 的基础上做短时分析，即短时傅里叶变换，它主要包含补零、快速傅里叶变换、加窗和时频矩阵变换四个操作。

（1）补零（zero padding）

补零操作是为了提高频率的分辨率。具体来看一个例子，图 4.27 中的第一张图是原始音频中以 8 个采样点为基础的频谱图，第二张图是增加了 8 个 0 后对应的频谱图，第三张图是增加为 32 个采样点后的频谱图。

从图 4.27 中不难发现，经过补零操作之后，信号的频率曲线变得更加平滑。不过它的大趋势仍和原始频率曲线保持一致，这里的趋势是指上升和下降的走势。

在介绍 DFT 时，我们知道一个频带的大小等于 f_s/N，单位是 Hz。所以补零的操作是为了增加频率的分辨率，也就是说，一个点代表的频率值变得更小了。

再来看一个例子。图 4.28 中左上角的图原

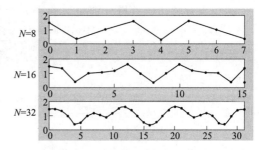

图 4.27　原始信号（$N = 8$）
分别补零 8 位、增加为 32 个采样点的过程

本采样点是 4 410 个，这时可以从频谱图中看出，原始声音波形的频率在 440 Hz 左右。但是当采样点扩展到 8 192 个时（对应着右上角的图），频谱图从原来的一个频率带分割成了两个，说明原始波形中实际上包含的是两个频率的波形。经过不断的补零之后，当样本点数扩展到 32 768 个时，此时可以看明显地看出，该信号中包含着两个主要的频段，为 440 Hz 和 441 Hz。

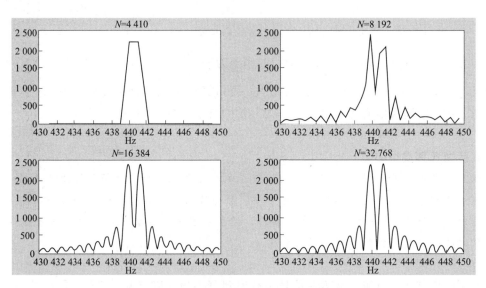

图 4.28　对采样点进行补零操作后频率的变化

补零会影响原始信号的复原吗？

通过实验发现，补零操作不会对波峰造成太大影响。它的好处就是增加频率的分辨率，并且可以任意选择快速傅里叶变换的长度。假设采样点是 N 个，然后通过补零，可以看到图中的波形图变成了一条与零平齐的直线，即使将采样点通过补零扩充到 $3N$ 个，最终的效果是频率的峰值也不会发生明显的变化。

（2）快速傅里叶变换（FFT）

FFT 是一个算法的统称，它的目的是加快 DFT 的计算速度。它的工作原理如图 4.29 所示。当对包含 N 个采样点的声音片段做 DFT 时，其实可以将这 N 个采样点分割成 N_1 和 N_2 两个声音片段，这样分别对这两个片段做 DFT，于是这个计算的复杂度就降低成了两个更小样本的复杂度之和，其中 $N_1 < N$ 并且 $N_2 < N$。我们最终的目的是要将 N_1 和 N_2 再继续分解成不断分解成更小的 N_3 和 N_4，N_5 和 N_6，不断分解下去。

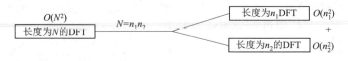

图 4.29　FFT 的工作原理

通过补零操作，可以选择长度为 N 的样本点，一般来说，N 的长度等于 2^n，这时算法

的复杂度变成 $N\log N$。这就是为什么在 FFT 中样本的长度常常等于 2^n。

（3）加窗（window）

前面的例子中，假设长度为 N 的样本内振动的都是整数倍的周期，但如果遇到非整数倍的周期（见图 4.30）应该怎么办？这时候会出现一种很严重的问题，就是频率泄露。加窗是为了解决一个声音片段内遇到不够一个周期波的情况时，可能会引发的频率泄露。

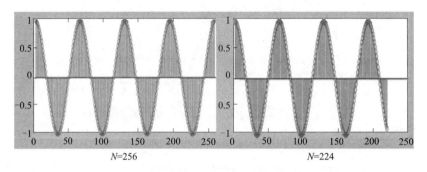

$N=256$　　　　　　$N=224$

图 4.30　3.5 个周期的数据

什么是频率泄露？

结合图 4.30，我们只取了 $N=224$ 个数据点，数数它的波形可以看出它只振动了三个半周期。接着，如果希望对 256（2^8）个点做 FFT，必须在 224 个点之后补零。结果生成了图 4.31 中下面一张图的结果。跟上面的图比较可知，原本信号中的贡献为 120，且应该只对应 4 Hz 频率，其余频率都为 0。但是由于不完整周期的存在，导致 4 Hz 的贡献降低为 100，并且看上去丢失的频率被泄露到了其他频率。

发生频率泄露的原因是做 DFT 时，总是假设信号是无限长的，因为只有这样，正弦和余弦正交的性质才成立。对于图 4.32 中 $N=224$ 的信号，通过补零操作补偿到无限长的信号。如果不是完整周期的话，它中间会存在一个跳变，这个跳变可能就会无限大。如果只想选出最高的频率，这个跳变就无所谓，因为它并不影响我们的选择。但如果

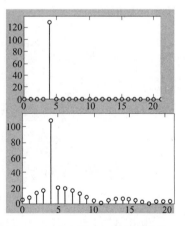

图 4.31　对应图 4.23 的频谱图

希望通过频谱去重建原始信号，这时候就会出现严重的问题，因为明明其他频率是没有的，但是却因为错误的计算，多出了很多频率，所以，加窗就是为了降低频率泄漏产生的影响。

常用的加窗函数有 Hanning 和 Hamming。这些函数可以看作不同的滤波器，其作用是对一部分信号进行加强，对另一部分信号进行抑制。以图 4.32 为例，这里选择 Hanning 窗函数，其窗长和 N 相等。

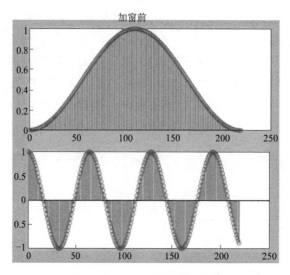

图 4.32　加窗函数和原始信号

　　观察图 4.32 中的上图可知，该加窗函数的形状是两头信号为 0，说明它在抑制两端的信号。于是针对图 4.32 中的下图的原始数据做加窗处理后，得到图 4.33 所示的效果。可以看到原始信号中两头的信号确实被强行改为 0 了。

　　这个时候不管跳变的信号有多大，最终这些 0 对原始信号的影响是非常小的，于是两组信号的乘积信号也是从零开始到从零结束。最终，加窗后再做 FFT，可以得到如图 4.34 所示的频谱图。

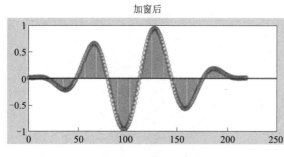

图 4.33　加窗后的信号

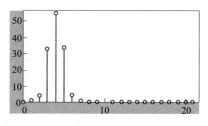

图 4.34　加窗后的频谱图

　　从图 4.34 可以看出，加窗非常明显地去掉了高频（8 ~ 21 Hz）的频率泄露情况。但是，它却同时将低频的频率泄露放大了更多倍。这样又会和原始信号不一样。不过这一点不用担心。因为窗函数是人为设计的，因此，设计者是知道它的性质，即中心主频率是多少，中心频率两边的频率衰减了多少。当想要恢复原始信号时，可以根据这些信息，再还原出原始信号。

　　（4）时频矩阵变换

　　前面的 DFT 和 FFT 都是对整个信号求取频率信息。如果我们直接对一个时长为 3 s 的音频做 FFT，那么就会产生图 4.35 所示的频谱图。

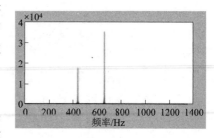

图 4.35　整个信号的 FFT 频谱

通过图 4.35 可知，该音频中包含 420 Hz 和 625 Hz 两个频率的声音信号。但是由于缺乏时间信息，我们无法知道原始的音频中哪个频率在前，哪个频率在后。也就是说，傅里叶变换只能获取一段信号总体上包含哪些频率的成分，但是对各成分出现的时刻则无从知晓。实际上，时域相差很大的两个信号，可能的频谱图一样。总之，FFT 擅长分析频率特征均一稳定的平稳信号。但是对于非平稳信号，FFT 只能告诉我们信号当中有哪些频率成分，而这对我们来讲显然是不够的。我们还想知道各个成分出现的时间。

根据信号频率随时间变化的情况，得出各个时刻的瞬时频率及其幅值——这就是时频分析，所谓时频分析，就是既要考虑到频率特征，又要考虑到时间序列变化。这里就要借助 STFT，这样才可以得到图 4.36 所示的时频谱图。

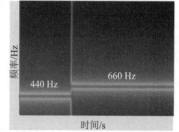

在 STFT 的实现中，通常有一个假设，就是信号在短时间内可以看作平稳的。在实际操作中，所谓短时就对应一帧内所有的采样点，一般选取为 10～40 ms 时间段内的采样点。那么，这时就会有一个问题，到底选择多短的短时合适，一般有以下两点需要权衡：

图 4.36　包含 440 Hz 和 660 Hz 的时频谱图

（1）频率分辨率和时间分辨率的权衡

如果增加一帧中的数据样本点，可能得到的频率信息会更准确。但是时间的分辨率就降低了，因为同样的时间，能够分割的帧的总数就变少了。反之，频率信息会不那么准确，但是时间的分辨率却提高了。

具体可以参考图 4.37 的例子，可以看到，第一个图的时间分辨率很高，但是频率分辨率很粗。最后一个图正好相反。这说明，时频图中帧的长度是一个很关键的参数。

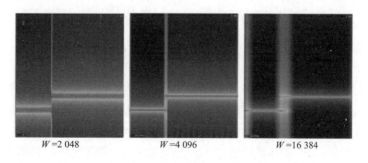

图 4.37　不同帧长下的时频谱图

（2）STFT 中的滑动窗口会有一定的覆盖率（overlap）

为了保证连续帧之间的样本点保持高度稳定，一般还会对相邻帧设计一定的重复采样，即通过覆盖率的设定来决定和前一帧有多少重复率。

一般常见的覆盖率为 0、25%、50%、75%。其中 0 表示相邻帧之间没有重叠，50% 表示下一个帧中有一半采样点和上一个帧是重复的。其他比例依此类推。直观来看，当覆盖率为 0 时，帧的数量是最少的，也就意味着它的分辨率最低。当覆盖率为 75% 时，帧的数量是最多的，这时分辨率最高。

有实验表明，修改覆盖率的值可能会对信号的切换造成影响，即从 400 Hz 变为

600 Hz的跳变处会有一定的影响，但是对最终形态产生的影响是很小的。因此，这个参数一般只作为研究人员想要通过查看时频谱验证结果。

总结一下，短时傅里叶变换的核心就是加窗，然后滑动求得联合时频的分布。一旦选定了加窗函数，该加窗函数的信号要与所要分析的信号相乘，就得到加强后的新信号。然后在该信号上做 FFT，得到相应的频率成分。然后，窗口再滑动到下一帧，重复上述操作，直到将所有信号都走完一遍，就完成信号从时域的波形图转到频域的时频谱图。

4.5.4　图形化表示

基于上一节参数化的表示，实际的语音信号常常可以表示为波形图、频谱图和语谱图三种图形。接下来，通过例子介绍每一种图形的外观和其在语音识别中的意义。

（1）波形图

首先，来看一个人发出的英文单词 pass 的语音信号，如图 4.38 所示。

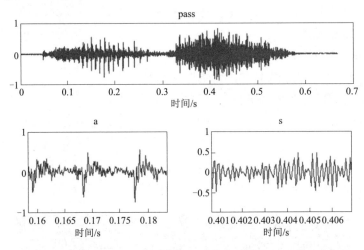

图 4.38　读音 pass 的波形图

观察图 4.38 中上方的波形图可以看出，由于 [p] 是清辅音，因此，在波形中表现为静音，对应图中大约 0.05 s 之前的一段波形。而 0.05 s 到 0.28 s 之间的波形对应的是音素 [æ] 的发音，由下方的 a 可以看到它是由两个多周期函数组成，这是元音发音的特性。而右侧 s 的清擦音的波形看上去是一堆杂乱无章的波形，这也正好对应这类音素的特性。

（2）频谱图

接下来，结合上面的波形图，分别看 a 和 s 对应的频谱图，如图 4.39 所示。

频谱图中的横坐标是由 DFT 计算得出的频率，纵坐标对应的是每个频率波的贡献大小。频谱图中最关键的信息是一段频率的峰值。以元音 [a] 的频谱图为例，可以看到该图是具有周期性的，大致是每隔 108 Hz 出现一个波峰。至此，可以看出语音不是一个单独的频率，而是由许多频率的正弦波叠加而成。一般来说，第一个峰值称为基音，第一个峰的频率是基频。基频的倒数是基音周期，可以看到，æ 波形的周期大约是 0.009 s，跟基频 108 Hz 吻合。

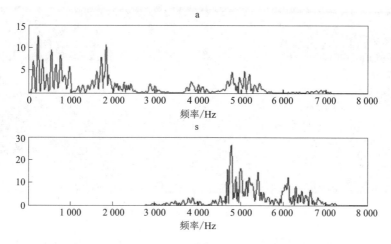

图 4.39 pass 中的 a 和 s 的频谱图

对于语音信号来说，精确地描述每一个波峰的高度没有必要。更常见的情况是用共振峰描述。共振峰是指当外力作用频率与系统固有振荡频率相同或很接近时，振幅急剧增大的现象。产生共振的频率和附近的频率相比，频率的值会陡然升高。因此，只要找到频谱图中陡然升高的共振峰即可。不过一般不需要那么细致的频谱信息，通常会利用离散余弦变换，将频率平滑一下，得到大致的轮廓图，如图 4.40 所示。

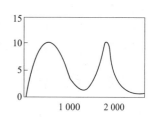

图 4.40 经过 DCT 变换后的频谱图

从图 4.40 可以明显看出，a 的第一个共振峰 $f_1 = 450$ Hz，第二个共振峰 $f_2 = 1\ 800$ Hz。

频谱图中常常讨论的是基频和共振峰频率。对于 s 的频谱图来说，它是没有周期性的，因此，也就不存在基频。同时也不用分析它的共振峰。

总之，基频和共振峰只有在讨论元音时十分有用，并且元音与共振峰的关系已经研究得比较透彻，简单地概括为三点：

- 开口度越大，f_1 越高；
- 舌位越靠前，f_2 越高；
- 不圆唇元音的 f_3 比圆唇元音高。

（3）时频谱图

接下来看另一个更常见的频率域的图形：时频谱图。特别地，语音数据绘制得到的是语谱图。

相比而言，时频谱图比频谱图多了一个时间维度的信息。因此，它可以反映出一段语音信号包含的时间、频率和声强三种信息。它可以看作是一个三维的图形。例如，图 4.41 是 pass 读音的时频谱图。

在图 4.41 所示的时频谱图中，横坐标是时间，纵坐标是频率，图形的颜色表示振幅。图中若某段频率相对于周围较亮，说明这里振幅较大，即音强较高。把这一段就称为共振峰。相对周围较亮的有几处，就代表该段信号中有几个共振峰。一般以一段较亮的条纹的中间位置作为共振峰的频率值，它可以作为一个声音区别于其他声音的主要特征，观察共振峰和它们的转变可以更好地识别声音。和频谱图相比，时频谱图的好处之一是可以直观地看出共振峰频率的变化。

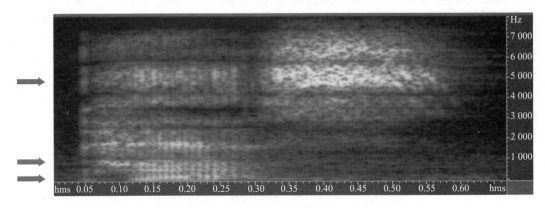

图 4.41　pass 的时频谱图

以图 4.41 为例，该图包括 a 和 s 两个读音部分，其中 a 的读音部分，可以看到，左侧箭头处对应着三个明显的共振峰，并且在时间方向上还能看出波的周期性的特性，即震荡变化。可见，共振峰在时频谱图分析中可以作为一个主要特征。其实，语谱图还可以得出很多其他特征，这个在后续章节详细介绍。

4.5.5　数字化特征分析

根据语音信号的表示不同，常用的特征提取算法可以基于时域信号的特征提取，基于频域变换的特征提取、基于短时频域变换的特征提取三类。

关于常见的语音特征提取方法将在第 7 章特征提取那一节详细阐述，这里就不再赘述。

本章小结

本章首先介绍了语音识别中需要知道的语音学基本知识。要对语音信号进行分析，首先要了解语音自身的特性，其中包括人类的发声机制，重点在于理解浊音和清音发音原理和特性。关于人类在语音学的标准，关键是理解音素、音节和音调在口语表达时的作用，这些对于如何选取语音识别的基本模式有一定帮助。

另外，现代语音识别算法是建立在数字语音信号处理的基础上的，因此，理解语音信号的数字化表示过程，有助于对语音信号做前期分析，而语音的图形化表示能够以更加直观的方式供研究人员获取第一手分析思路。这一部分最重要的内容是如何对语音信号进行短时分析，包括时域分析和频域分析。其中频域分析是近年来研究的热点，因为它可以提供丰富的频率信息。最后，了解基于图形化的语谱图，如何计算和选取数字化的特征对设计识别算法来说十分关键。

下一章将介绍语音识别的算法中要用到的 Python 工具包和模块，为后续算法部分的代码实现做准备。

第5章 实践前的准备：安装必要的 Python 包

本书中所有算法的代码实现是建立在 Python 基础上的，要搭建一个完整的语音识别系统，常常需要调用许多第三方写好的工具包和库，这样不仅可以节省时间，还能将注意力放在更核心的算法研究上。本章主要介绍语音识别算法中常常用到的 Python 包、模块和库，这些模块包括语音识别接口的 SpeechRecognition 包、用于数据分析的 Numpy、机器学习的 Scikit - learn，以及深度学习的 Keras 模块等。如果能对这些工具包做到熟练运用，便可以顺利地完成算法的探索实验。

5.1 一些必要的交代

之所以选择 Python，不仅因为它是 2016 年以来人工智能研究领域中最流行的编程语言之一，而且考虑到语音识别中所采用的大部分语音数据的分析处理算法和机器学习算法，都可以采用基于 Python 的多个开源框架实现，这为学习者的快速上手提供了极大便利。另外，Python 由于语法简单且社区完善，对于从事语音识别算法的学习者来说也十分友好。

然而，不得不承认 Python 也存在一些缺点。主要是由于参与开发 Python 的团队众多，有些时候不同版本之间缺乏统一性，这就导致版本之间的不兼容，甚至存在一些冲突，进而给学习者带来了不小的麻烦。因此，在正式介绍具体的 Python 包之前，请确认你已经准备好了 Python 程序必需的基本环境，包括 Python 解释器的安装和安装外部库需要用到的 pip 命令的管理工具。

（1）Python 的开发环境

毫无疑问，任何编程语言都需要相应解释器的开发环境的支持。对于 Python 来说，目前市面上比较流行的有：网页版的 Jupyter Notebook 以及支持本地开发的 Anaconda、Pycharm 和 VSCode。对于轻量级的代码来说，Jupyter Notebook 是一个很好的选择，它可以实现在线运行，实时查看结果，但是需要良好、稳定的联网环境。而对于需要运行很多本地代码的情况来说，后三者的开发环境更加稳定。

本书选择的是 Anaconda，因为它很好用，不需要单独为 Python 配置环境变量。更重要的是，它既支持 Jupyter Notebook 的在线编译，还兼容 Python2 和 Python3 两个版本。本书的大多数程序都是在 Jupyter Notebook 中测试和运行的，因此，建议读者提前下载安装好 Anaconda3 的环境。

（2）pip 命令实现 Python 外部库的安装与管理

有了 Python 的开发环境，还需要引入一些第三方已经写好的库，这样就可以直接调用这些库中已有的接口。这个过程可以通过一些命令去安装第三方开发的包和库。幸运的是，Anoconda 已经提供了 Anaconda Prompt 工具，可以在 Python 解释器已设置的环境中直接安装需要的包和库，方便又省事。

另外，以 Windows 系统为例，如果想实现本地开发，可以通过 cmd 命令控制行工具，借助 pip 命令，独立安装第三方的包和库等。这样也可以实现 Python 程序调用这些包和库中的接口。

上述准备工作就绪后，就可以了解一下语音识别算法中要用到的一些外部的 Python 包和库。

5.2　基础的语音识别包：SpeechRecognition

SpeechRecognition 是专门提供语音识别接口（APIs）的 Python 包。该工具包提供的接口支持多个语音识别接口的联机和脱机使用，这些接口的实现来自谷歌和微软，以及 IBM 等公司。由于这些公司的科技实力雄厚，其接口对纯净的语音数据的识别效果良好。因此，该工具包主要用于建立语音识别相关的工业级应用，比如一个语音识别对话系统。幸运的是，SpeechRecognition 还提供一些免费的接口。

因此，本节重点介绍 SpeechRecognition 的主要接口，以及如何安装与导入，最后通过若干示例展示它的基本用法。

5.2.1　SpeechRecognition 的主要接口

SpeechRecognition 提供的接口可以实现读取麦克风数据、音频数据与音频文件的相互转化，以及多种语音转文字的接口。由于部分语音识别接口的发明者来自注册公司，因此受到版权保护，这些接口只支持在线访问，也就是说，计算机必须联网，保证能够正常访问到接口所在的服务器，才能实现以客户端发请求的方式调用对应的接口；而对于那些免费的离线接口来说则没有联网的要求。另外，大多数提供接口服务的第三方为了验证使用者的身份，通常会给使用者颁发一个密钥或用户名和密码，允许其使用。

表 5.1 列举了 SpeechRecognition 中常见的接口及其功能。

表 5.1　SpeechRecognition 中常见的接口及其功能

名称	功能说明
Recognizer()	识别函数，用于定义一个识别函数对象，从而便于调用该对象的其他方法
record()	识别对象的录音方法，作用是将音频文件转化为音频类型的数据，其类型为 Audio
recognize_google()	是一个由 Google 提供的 Web 版语音识别 API，仅支持在线访问，需要获取密钥
recognize_sphinx()	由 CMU Sphinx 开发的语音识别 API，支持离线（offline）访问
recognize_bing()	由微软的 Bing 提供的语音识别 API，仅支持在线，需要获取密钥

除了表 5.1 列出的函数和 API 外，SpeechRecognition 还提供了许多其他方法，关于更多方法的介绍，建议参考 https://github.com/Uberi/speech_recognition#readme。

5.2.2　SpeechRecognition 的安装与导入

以 Windows 系统为例，打开 cmd 命令行工具，输入下方的 pip 命令即可实现安装。如果顺利的话，该过程大约需要几分钟。

```
#SpeechRecognition 的安装
pipinstallSpeechRecognition
```

在上述安装过程中，可能会遇到访问超时（time out）的提示，这说明你的网速太慢或者 PyPI 官网的服务器太忙。比较常用的解决办法是找一个国内的镜像网站重新下载，比如从百度的镜像网站下载的 pip 命令，代码如下：

```
pipinstall - i https://mirror.baidu.com/pypi/simple SpeechRecognition
```

该过程大约需要十几秒就能成功安装 simple 版本的 SpeechRecognition。

如果安装成功就可以通过导入该 SpeechRecognition 包，从而调用该包提供的各种接口。导入包的命令如下：

```
#SpeechRecognition 的导入
import speech_recognition as sr
```

导入后，需要确认是否导入成功。常见的检测方法是通过命令输出安装包的版本号。具体命令如下：

```
#测试 speech_recognition 是否已经安装且导入
sr.__version__
```

上述代码的作用是针对前一步导入的 SpeechRecognition 包，输出其版本号。需要特别说明的是，version 前后的短线实际上是两个小短线的连续键入，不是一个直线，这一点很容易出错。如果运行成功，返回的结果是 3.8.1，则说明已经安装成功。

接下来，结合一些案例，进一步讲解 SpeechRecognition 的更多用法。

5.2.3　应用案例：调用不同接口识别英文和中文语音

本节针对 SpeechRecognition 包中常见的接口进行介绍，这些接口包括使用麦克风录一段声音，这可以用于最初学习语音识别时，自己准备一些数据集。更高级的，还可以给录音函数指定一些参数，这样可以做一些定制化的录音。最后，可以对已经录好的声音文件进行语音识别的分析，根据录音中英文和中文的不同，需要调用的接口方式也不同。

接下来看一个具体的示例。

【示例 5-1】使用麦克风录一段语音

```
from playsound import playsound
#1. 调用 Recognizer()识别函数
r = sr.Recognizer()
#2. 通过 record 方法录音
audio = r.record();
#3. 播放这段录音
playsound(audio)
```

在【示例 5-1】的代码中，第一行是引入一个 playsound 模块，该模块提供了一个接口，可以实时播放语音。接着针对三个核心步骤加以说明：

第 1 步：定义一个识别对象，后续才能调用该对象中已经封装好的接口。

第 2 步：调用识别对象中的 record()方法进行录音，这一步可以达到自己收集收据的目的。

第 3 步：播放录音采用的是 playsound 模块提供的 playsound()方法。这里需要特别指出的是，playsound 模块是独立于 SpeechRecognition 包存在的模块，因此，需要单独通过 pip 命令安装。由于安装过程十分简单，并且后续很少用到，推荐读者自行尝试。一旦安装成功并引入该模块，便可以调用相应方法播放一段指定的音频。

有了录好的音频文件，就说明已经准备好了待识别的语音数据。接下来，有必要了解一下如何利用 SpeechRecognition 对录制的音频数据做一些定制化的设定。

【示例 5-2】通过音频文件获取语音数据，并对获取的数据进行个性化设定

```
#1. 创建语音识别对象
r = sr.Recognizer()
#2. 获取一段音频
hello = sr.AudioFile('audio_files\hello.wav')
#3. 设定 record 参数
with hello as source:
    # 通过指定 duration 参数,将原始语音数据的前 4 秒保存在 audio1 中
    audio1 = r.record(source, duration = 4)
```

【示例 5-2】的代码的核心功能是，获取指定音频文件的对应语音数据，然后通过 record()函数传入参数 duration，实现截取原始录音片段 harvard. wav 中的一段，这里只截取前 4 s 的录音。本示例中与【示例 5-1】第 1 步重复的代码这里不再阐述，直接从第 2 步开始对【示例 5-2】中的重要代码做出说明如下：

第 2 步：获取 sr 对象调用 SpeechRecognition 包提供 AudioFile()函数，通过传入音频文件的相对路径，获得 Audio 类型的数据，这样与语音数据相关的特定属性和方法就可以轻松获取到。

第 3 步：针对上一步读取到的原始音频数据，通过 record()函数中的 duration 参数，设定将原始数据的前 4 s，保存为录音片段 audio1 中。

接下来，根据音频文件的内容和类别的不同，重点针对如何利用 SpeechRecognition 中的语音识别接口识别一段英文录音、一段中文录音，以及含有噪声的录音。

1. 英文语音的识别

【示例 5-3】调用 recognize_sphinx( )接口实现英文语音识别

```
#1. 调用 Recognizer()识别函数创建对象
r = sr.Recognizer()
#2. 读取语音数据
audio = sr.AudioFile('audio_files\regard.wav')
#type(regard)
#3. 调用 sphinx 提供的识别 API,输出语音对应的识别文本
r.recognize_sphinx(audio)
```

输出结果为：

```
hello
```

【示例 5-3】的目的是针对一段 regard 录音，调用 SpeechRecognition 提供的 recognize_ sphinx()接口，完成语音转文字。本示例中代码的含义说明如下：

第 1 步：获取 sr 对象调用 SpeechRecognition 包提供 AudioFile()函数，通过传入音频文件的相对路径，获得 Audio 类型的数据。

第 2 步：读取指定文件夹 audio_files 下的 regard. wav 音频文件，这段音频文件的内容十分简单，就是提前录制的英文问候语"hello"。此时，可以尝试查看这段录音的类型，会发现它被格式化为 Audio 类型的数据。

第 3 步：调用 sphinx()接口，识别这段语音中表达的文字，最终输出"hello"的文本。

接口是什么

在【示例 5-1】的代码中，通过调用 CMU Sphinx 公司开发的 sphinx()接口，实现了语音识别功能。接口的意思是它允许我们直接传递格式化后的音频数据作为参数，便可以直接得到识别出的文本，至于它其中到底是采用了哪些具体算法完成数据分析的，我们一概不知，也不需要知道，因为这里只是给读者一个初步的认识。

另外，很多公司都有相应开放的接口，比如谷歌公司提供的 recognize_google()，这个接口是一款在线识别接口，因此容易出现服务器主机没有反应，连接尝试失败的可能。而【示例 5-1】中采用的 recognize_sphinx()是一款离线的接口，可以较好地避免访问超时（time out）的尴尬。

----

2. 中文语音的识别

接下来看看如何识别中文。当确定一段语音是中文的发音，可以通过为 recognize_sphinx()接口指定 language 属性的值为 zh-CN 即可。

【示例 5-4】调用 recognize_sphinx()实现中文语音识别

```
#1. 创建语音识别对象
r = sr.Recognizer()
#2. 获取一段音频
cn = sr.AudioFile('audio_files\cn-hello.wav')
#3. 调用识别接口，并进行语言和输出设置
r.recognize_sphinx(cn, language='zh-CN', show_all=True)
```

输出结果如下：

```
'你好,北京'
```

由于前两步的操作与【示例 5-3】相同，此处不再赘述。【示例 5-4】中需要特别说明的代码如下：

第 3 步中，由于已知语音文件 cn-hello. wav 是一段简短的中文录音，通过调用识别对象 r 的 recognize_sphinx()接口，并指定 language 属性为简体中文 zh-CN。另外，还指定了 show_all 参数的值为 True，它表示返回所有识别结果的字典数据类型，一般大于等于 1 条。默认为 False，表示返回识别率最高的一条结果。所以最后就是"你好，北京"。

3. 含噪语音的识别

前面的语音都是在安静的环境下录制的，因此噪声的影响可以忽略不计。然而，在真

实的语音识别应用中，原始语音信号中往往夹杂着许多噪声，因此，SpeechRecognition 语音识别接口也提供了对含有噪声的语音数据进行识别的功能，请看【示例 5-5】。

【示例 5-5】 对含有噪声的语音数据识别文本

```
#1. 创建语音识别对象
r = sr.Recognizer()
#2. 获取一段音频
nh = sr.AudioFile('audio_files\noise-hello.wav')
with nhas source:
r.adjust_for_ambient_noise(source)
#3. 调用识别接口，并进行语言设置
r.recognize_sphinx(source)
```

输出结果为：

```
'hello,Beijing'
```

【示例 5-5】利用了 SpeechRecognition 提供的 adjust_for_ambient_noise()函数，该函数可以将原始语音中包含的噪声滤出，从而尽可能地增强原始语音信号，保证最终语音识别的结果。实验证明，这个结果是正确的。

本节简单介绍了 speech recognition 模块中若干接口的基本用法，目的是对语音识别有一个基本的认识，对一个最简单的语音识别程序的过程有个大致的了解。这个基本的流程至少要包括音频文件的录制，从录制的音频文件中读取 Audio 类型，然后再调用相应的接口对该类型的数据做分析，最后再调用第三方的语音识别接口，即可完成语音转文字的功能。

5.3 语音分析库：Librosa

Librosa 是用于语音和音乐等音频数据的分析和处理的工具包，它提供的接口功能包括对音频信号的时频处理、特征提取、图形化显示等功能。其中，它最丰富的功能是提供了多种分析语音信号的特征提取方法，这些方法可以便于分析语音信号中的频谱特性、幅度，以及时频转化等。

5.3.1 Librosa 的主要接口

对于初学者来说，如果对语音信号的特征分析不够了解，推荐去尝试调用 librosa 库中的特征提取的接口，这样可以加快对音频特征的理解。对于希望设计一些更复杂的特征的读者来说，也可以通过学习 Librosa 中特征提取方法，从而获取一些改进已有方法的灵感。

Librosa 提供的主要函数和功能说明见表 5.2。

表 5.2　Librosa 提供的主要接口及其功能

名　　称	功能说明
load()	加载一个音频文件，并返回语音的时间序列值
stft()	短时傅里叶变换（STFT），主要用于将语音的时间序列转化到频域空间
istft()	短时傅里叶变换的逆运算，用于将频域信号转化到时间序列

续上表

名　称	功能说明
frames_to_samples()	将语音的时频信号转化为音频量化指标，主要方式是通过快速傅里叶变换（FFT）
zero_crossing_rate()	获取音频信号的过零率特征
mfcc()	用于提取信号的 MFCC 特征
specshow()	用于绘制音频对应的时频谱图

注意：表 5.2 仅仅为了介绍函数及其功能，为了简便描述，这里省略了函数接收的参数。关于 Librosa 中更多接口的用法，建议查看官网 http://librosa.github.io/librosa/index.html，获取说明文档。

Librosa 对于音频分析的功能十分强大，几乎涵盖了关于音频分析的所有功能。常见地，Librosa 能为语音数据的分析提供以下主要功能：
- 获取音频文件的重要参数，包括采样率、持续时间等；
- 语音信号的变换，获取时域信号、频率信号；
- 计算语音的特征计算，比如过零率；
- 幅值，功率与 dB 值之间的转换；
- Mel 频谱分析，比如统计 Mel 频谱，计算 MFCC 特征；
- 显示波形图，频谱图和时频谱图等各类图形。

接下来，将从安装开始，逐步了解 Librosa 的用法。

5.3.2　Librosa 的安装与导入

Librosa 是一个第三方开发的库，它是专门用于分析声音信号的。默认情况下，它并没有被预安装到 Anaconda 环境中。因此，在使用前，需要先完成安装。具体代码如下：

```
#安装 librosa
pip install librosa
```

接着，为了方便地使用 Librosa 库提供的函数接口，还需要首先引入该 Librosa 库。具体代码如下：

```
#引入 librosa
import librosa
```

为了验证安装成功，以及正确导入，最好做一个测试。测试的方法可以通过调用 Librosa 库中某个函数，看看该函数是否能够正常工作。

接下来，我们以加载音频文件的 load() 函数为例，查看代码是否能跑通，且有正确的输出结果。

【示例 5-6】测试 Librosa 库是否安装成功

```
#1. 调用 load 方法加载音频
y,sr = librosa.load('./audio.wav')
#输出 y
y
```

如果安装成功，会得到如下的输出结果

```
array([  0.00000000e+00,   0.00000000e+00,   0.00000000e+00,...,
         8.12290182e-06,   1.34394732e-05,   0.00000000e+00], dtype=float32)
```

此外，还可以查看该段音频的采样率，直接输出 sr 即可

```
#2. 输出 samplerate,即 sr
sr
```

输出结果为：22 050。

【示例5-6】的代码含义说明如下：

- Librosa 的 load()函数，允许传入一个音频文件的相对路径，读取音频数据。该函数返回的结果是 y 和 sr。其中 y 代表音频文件对应的时间序列信号，即类型为 32 位浮点数的一维数组。
- sr 表示 Librosa 给音频数据设定的默认采样率是 22 050，即 1 s 内采样的数据点的数量是 22 050 个。如果需要读取原始采样率，需要在读取音频数据时，设定参数 sr = None，代码如下：

```
>>>y,sr = librosa.load('./audio.wav',sr=None)
>>>sr
```

最终结果为：44 100。如果需要重采样，还可将 sr 设定为其他值。

接下来，结合语音数据的一个分析案例，进一步学习 Librosa 的更多用法。

5.3.3 应用案例：绘制语音信号的波形图和 Mel 时频谱图

本案例的目标是计算音频数据的 Mel 频谱特性，进而输出时频谱图，该频谱的分析是符合人耳听觉特性的重要工具。介绍一下实现思路，其中主要步骤可以分为以下四步：

（1）引入必要的包，这里要用到 Librosa 来分析音频数据，numpy 负责数值运算，以及 matplotlib 用于绘制图形；

（2）加载音频文件，采用的是 Librosa 中自带的样例文件；

（3）对读取的音频数据进行时域空间的转化；

（4）利用专门的图形绘制函数，完成音频信号对应的波形图和频谱图的绘制。

基于以上思路，具体实现代码如下：

```
#1. 引入必要的包
import librosa
import librosa.display
import numpy as np
import matplotlib.pyplot as plt


#2. 加载一个音频文件
y,sr = librosa.load(librosa.util.example_audio_file())


#3. 计算 click 特征,并且得到信号的节奏特征
```

```
tempo, beats = librosa.beat.beat_track(y = y, sr = sr)
#3.1 将短时帧信号转化为时间序列
times = librosa.frames_to_time(beats, sr = sr)
#3.2 计算时间序列信号的 click 特征
y_beat_times = librosa.clicks(times = times, sr = sr)


#4. 绘制波形图和频谱图
plt.figure()
#4.1 根据原始的幅度信号,计算基于 mel 特征
S = librosa.feature.melspectrogram(y = y, sr = sr)
ax = plt.subplot(2,1,2)
#4.2 绘制频谱图
librosa.display.specshow(librosa.power_to_db(S, ref = np.max),
                x_axis = 'time', y_axis = 'mel')
plt.subplot(2,1,1, sharex = ax)
#4.3 根据时间序列信号,绘制波形图
librosa.display.waveplot(y_beat_times, sr = sr)
plt.xlim(15, 30)
plt.tight_layout()
plt.show()
```

由于第 2 步已经介绍过多次，此处不再赘述。接下来，只对上述代码中的重要步骤做出详细说明如下：

第 1 步：在包和模块的引入部分，调用了 Librosa 中的特征分析和绘制图形的函数，因此必须要先引入相关的包和模块。特别需要指出的是，绘制图形的函数不在默认的 Librosa 库中，而是需要单独引入 display 模块。另外，Python 专业的画图工具 matplotlib 是少不了的，matplotlib 和 Librosa 中的绘图功能的区别在于，matplotlib 提供了一组图的格式化输出，比如希望一行显示一张图片，以及图片的大小设定、图例的颜色等。最后，numpy 是专门用于分析数值用的工具包，由于显示时频谱图的函数要用到 numpy 的 max() 函数，所以也需要提前引入该包。

第 3 步：希望分析音频信号中的节奏特征，具体是通过 Librosa 中的 beat.beat_track() 函数得到的，该函数返回的是节奏点的时间坐标（beats）和持续时间 tempo。由于最终波形图的横坐标是以秒为单位的时间，而 beats 的时间单位是帧，因此，还应通过 frames_to_times() 方法对时间的单位进行转化。最后，对转化后的时间序列计算 click 特征，也就得到幅度值。

第 4 步：频谱图的绘制比较简单，可以直接通过 feature.melspectrogram() 方法绘制，而波形图则需要借助 display 模块下的 waveplot() 方法得到。

上述代码的运行结果如图 5.1 所示，该图中上半部分是音频数据对应的波形图，而下半部分的是时频谱图。其中，两幅图的横坐标都是时间，波形图中的纵坐标是幅度值，而频谱图中的纵坐标则表示频率，颜色表示不同强度的声音信号。

观察图 5.1 可知，波形图中波峰、波谷的出现十分规律，即大概间隔相同的时间，就出现了一个波峰和波谷，说明该音频文件有很强的节奏感。类似地，查看频谱图中的信号分布也能够看出，一些形状不断重复出现，可以看作是一个声音反复出现多次，且间隔时间很有规律。

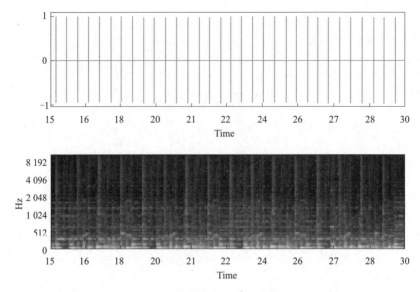

图 5.1 利用 Librosa 绘制声音信号的波形图和时频谱图

通过这个案例可以看出 Librosa 功能的强大。实际上，Librosa 还提供了大量做信号分析的计算函数，后面的章节将阐述更多用法，这里仅作了解。

5.4 精于数组运算的库：NumPy

在 Python 中，Numpy 库主要负责数值分析，它支持大量的数组和矩阵的运算，并提供基于这些数据类型的数学计算函数。对于语音识别的算法来说，常常需要对语音序列（常常是一维数组）和特征矩阵（对应于二维数组）做运算；同时，神经网络中也需要对多维数组做运算。Numpy 提供的广播函数功能，为方便实现神经网络结构奠定了基础。

因此，本节重点介绍 Numpy 库的安装、导入以及常见的计算功能。

5.4.1 Numpy 的安装与导入

由于 Numpy 是一个非常重要的库，发行版的 Python 已将 Numpy 加入核心库。好消息是，如果你使用的是 Anaconda 提供的发行版 Python，就可以跳过安装，直接进入导入步骤。如果你使用的是官网的 Python 版本，那么，还是需要通过 pip 命令完成安装的。

（1）Numpy 的安装（pip 命令）

在 cmd 命令行工具中，使用 pip 命令安装 Numpy 的主要代码如下：

```
#pip 命令安装 numpy
pip install numpy
```

上面的命令实现的是从国外的官网下载完整版的 Numpy，有时由于网络传输的速度不稳定，该过程会耗时较长；因此，也可以采用国内的镜像，加快下载和安装的速度，即尝试以下 pip 命令：

```
#pip 命令安装 numpy
pip install numpy -i https://pypi/douban.com/simple
```

上述代码中的"-i"是为了对 pip 命令加以设置，让其在网络不好时也能提高下载速度，"-i"后面是豆瓣网的网址，可以提供 simple 版本的 Numpy 下载。

下载完成后，会自动安装在 Python 的目录下。

（2）Numpy 的导入

对于 Python 语言来说，Numpy 仍属于外部库，并非基础库。因此，在使用前，仍然需要导入。这里介绍两种方式，代码如下：

```
#方式一:导入 numpy,并赋予简称 np
import numpy as np
#方式二:from 方式导入 numpy 的所有属性和方法
from numpy import *
```

以上两种导入方式的作用相同，但在代码实践中存在一些区别。

引入工具包的两种方式的区别

采用第一种方式引入模块时，需要在调用模块包含的函数时，采用"模块名.函数名"的方式，例如 np.max；而采用第二种方式，则可以省略"模块名."，通过直接输入函数名的方式调用模块中的函数。第二种方式看似简单，但是这里向大家推荐的还是第一种方式，因为有了模块名的限制，会让代码更容易阅读，便于我们以后寻找函数的出处时，可以有所依凭。

本书主要采用第一种方式导入所需的 numpy 包和模块，个别情况会采用第二种方式。

最后，通过输出 Numpy 的版本号，确保安装的完成。

在 cmd 命令工具中，先键入 Python，然后引入 Numpy，即 import numpy，最后通过以下命令，即可输出安装的 Numpy 版本。

```
#检测 Numpy 的版本
numpy.__version__
```

输出结果为 Numpy 的版本号，例如 1.21.5。

5.4.2 Numpy 数组的生成

需要特别说明的是，在 Numpy 库中，一切矩阵都被看作是 Numpy 类型的数组。其中，一维数组被看作是矩阵中的特例。另外，任何维度的数组都可以通过 Numpy 提供的 array() 方法进行定义。看下面两个示例。

```
#示例 1
a =np.array([1,3,5])
print(a)
```

输出结果为一维数组：

```
[1 3 5]
#示例 2
b = np.array([[1,3],[5,7]])
print(b)
```

输出结果为二维数组：

```
[[1 3]
 [5 7]]
```

另外，还可以通过"矩阵名.shape"和"矩阵名.dtype"分别获取矩阵的形状（即维数大小）和矩阵中存储值的类型。例如：

```
a.shape
```

结果是：

```
(3,)
```

上述结果表明矩阵 a 是一维数组。

```
b.shape
```

结果是：

```
(2,2)
```

上述结果表明 b 的形状是 2×2 的矩阵。

```
b.dtype
```

结果是：

```
dtype('int32')
```

上述结果表明矩阵 b 是 32 位整数型数值。

Numpy 中数组的特殊用法

在数学上，常用矩阵表示多维数据，而在程序中，更多的是采用数组的数据结构表示多维数据。例如，在 C++ 为主的程序中，数组由专门的数据类型表示，比如一维数组采用 [ ] 表示，二维数组则采用 [ ][ ] 表示。

对于基于 Python 的 Numpy 包来说，无论是一维矩阵还是二维矩阵，都采用同样的方法定义，即 np.array()。一维矩阵和二维矩阵的区别仅仅在于 shape 属性的判断。对于已经具备 C++ 编程经验的读者来说，可能需要多花一点时间适应，Numpy 库中将一维矩阵和二维矩阵都看作是数组的特点。这样做的好处是显而易见的，便于实现统一管理，减少记忆负担。

5.4.3　访问 Numpy 数组中的元素

有时并不总是需要将整个矩阵作为数据分析的基础，而是仅需要访问矩阵中的某个元素或若干行的元素。此时就要用到访问元素的方法。Numpy 库中提供了四种访问元素的方法。下面通过四个示例了解一下。

（1）访问一行元素

```
b =np. array([[1,3],[5,7],[9,11]])
b[0]
```

输出结果是：

```
array([1,3])
```

（2）访问单个元素

```
b[0][1]
```

输出结果是：

```
3
```

（3）利用 for 语句遍历每一行元素

```
for row in b:
    print(row)
```

输出结果是：

```
[1 3]
[5 7]
[9 11]
```

注意，该程序执行的过程是每次输出一行，最终输出数组 b 中的三行数据。

（4）获取满足某个条件的元素

```
#获取值大于 4 的元素
b[b>4]
```

输出结果是：

```
array([5,7,9,11])
```

上述代码的输出结果是一维数组，其中的值是满足条件的元素。在具体实践中，这种方法可以对数组中的数据进行条件过滤。

Numpy 中数组与矩阵的区别

除了本节提到的数组类型外，Numpy 还提供了一种专门创建矩阵的方法，即 np. mat()，比如 A_mat = np. mat([1,2],[3,4],int) 就定义了一个整数型的二维数组。

从元素的显示上看，数组和矩阵都是一样的，但是两者是不同的数据类型，在必要情况下，两者可以相互转换。

在 Numpy 的数学运算中，数组和矩阵的加减法运算、数乘运算、广播运算、转置运算都是相同的。唯一的不同点在于点乘运算，其中矩阵采用 "＊" 实现对应元素的乘积运算，例如 A＊B；而数组则主要通过调用 dot()函数实现点乘运算，例如 A. dot(B)，这个差别在求取两个矩阵之间的内积时需要特别注意。

需要重点指出的是，在机器学习的很多方法中，常常会返回数组类型的数据。由此可见，数组的使用场合更多。

5.4.4　Numpy 数组的算术运算

基于 Numpy 数组的表示，在语音识别中更重要的操作是数组之间的算术运算。这些运算包括标量与数组之间的运算、相同形状的矩阵之间的运算，以及不同形状矩阵之间的广播运算。

（1）标量与数组之间的运算

下面的两个示例演示的是数组与标量之间加和乘的运算。

```
#示例 1.1
a = np.array([1.0,3.0,5.0])
a + 1
```

输出结果是：

```
array([2., 4., 6.])
```

观察上述结果可以注意到，虽然数组 a 中原本保留了 1 位小数点位，但是结果数组中的数据省略了小数点位的 0，这是 Numpy 默认运算后的结果。这一点也需要适应。

```
#示例 1.2
a = np.array([1.0,3.0,5.0])
a * 2
```

输出结果是：

```
array([2., 6., 10.])
```

（2）矩阵与矩阵之间的四则运算

下面通过若干示例，展示两个矩阵之间的加、减、乘、除的运算结果。

```
#示例 2.1 矩阵的加法
a = np.array([1.0,3.0,5.0])
b = np.array([2.0,4.0,6.0])
a + b
```

输出结果是：

```
array([3., 7., 11.])
#示例 2.2 矩阵的减法
a - b
```

输出结果是：

```
array([-1., -1., -1.])
#示例 2.3 矩阵的乘法
a * b
```

输出结果是：

```
array([2., 12., 30.])
#示例 2.4 矩阵的除法
a/b
```

输出结果是：

```
array([0.5, 0.75, 0.83333333])
```

（3）不同形状的矩阵之间的广播运算

从数学意义上来说，当两个矩阵相乘时，对两个矩阵的维数是有严格限制的，即第一个矩阵的列维必须等于第二个矩阵的行维。然而，Numpy 却打破了这种限制，它可以做到不同维数的矩阵之间的相乘。具体做法是通过广播功能实现。下面来看一个示例，代码如下：

```
#示例:不同形状的矩阵相乘
a = np.array([[1,2],[3,4]])
b = np.array([5,10])
a* b
```

输出结果是：

```
array([[5, 20],
       [15, 40]])
```

按照数学的定义，矩阵 *a* 是一个 2×2 的矩阵，而矩阵 *b* 是一个 1×2 的矩阵，可见 *a* 的列维 2 和 *b* 的行维 1 不相等，因此无法相乘。但是 Numpy 为了能够完成乘法运算，实际上是默默进行了一种称之为广播的操作。该操作将原来的 1×2 的矩阵 b 扩展成 2×2 的矩阵（见图 5.2），从而让两个不同维数的矩阵相乘运算能够顺利进行。

观察图 5.2 中右侧的矩阵可知，Numpy 的广播运算就是简单的将原来的行数组又复制了一遍，凑成了两行的矩阵。这样就满足了矩阵相乘的法则。

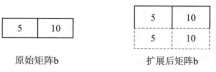

图 5.2 Numpy 中的广播运算

这说明，Numpy 的优势之一是可以实现两个不同形状（维数）的数组做运算。这种默认的广播运算对于一些不重要的运算过程是可以接受的。然而，对于一些重要运算过程中的运算，建议还是先通过 shape 属性做个测试，保证两者满足要求后，再继续后续的运算。

5.5 科学计算的工具包：Scipy

Scipy 是用于实现数学、科学和工程领域中高级数学运算的工具包，它提供的接口可以实现插值、积分、优化、常微分方程求解、信号处理等运算。Scipy 还能够接收 Numpy 类型的数组，使得 Numpy 和 Scipy 能够协同工作，解决语音识别中数学计算和信号处理的问题。

本节在对 Scipy 的核心模块简要了解的基础上，介绍 Scipy 库的安装与导入，并通过一个应用案例展示 Scipy 库的实践应用。

5.5.1　Scipy 的核心功能模块

Scipy 提供了许多数学和信号处理方面
的计算函数。在语音识别中，很多时候都要
做矩阵的线性变换和傅里叶变换，以及对语
音信号进行的分析处理，因此，Scipy 是一
个不错的选择。本书将用到 Scipy 中的子模
块，见表 5.3。希望读者能够理解模块中常
见函数的用法，懂得如何去传递参数，并获
取想要的结果。关于具体的接口参考 Scipy
的官网：https://docs.scipy.org/doc/scipy/
reference/index.html#scipy-api。

表 5.3　SciPy 的子模块说明

模块名称	功能描述
scipy. cluster	向量计算
scipy. optimize	优化模块
scipy. signal	信号处理
scipy. stats	统计
scipy. sparse	稀疏矩阵
scipy. fftpack	傅里叶变换
scipy. io	数据的输入和输出

为了介绍 Scipy 提供的接口的主要功能，下一节中将通过一个案例来展示。

5.5.2　Scipy 的安装与导入

和 Numpy 一样，Scipy 的安装也可以通过 pip 命令完成。具体命令如下：

```
#pip 命令安装 scipy
pip install scipy
```

同样地，为了测试是否成功安装，仍然可以通过输出已安装的 Scipy 的版本号。具体
命令如下：

```
#验证是否安装成功
scipy.__version__
```

上述语句执行后，即输出已经安装的 Scipy 的版本号。本书安装的版本号是 1.2.1。
你可以根据需要安装合适的版本。注意，安装的命令只需要执行一次。

如果在 Python 程序中要使用 Scipy 库中的方法，一定记得在代码最开始的位置先引入
该库。具体代码如下：

```
#导入 scipy
import scipy
```

还有一点值得注意的是，在对数据的结果进行分析时，时常需要以图形化的方式展
示，因此，在语音识别算法中，常常还会用到一个绘图库 MatPlotlib 中的 pyplot 工具，这
样就可以将 Scipy 函数的结果以图形化的形式展示。要使用该库中提供的方法前，也需要
先引入该库和模块。具体导入代码如下：

```
#导入 matplotlib
import matplotlib.pyplot as plt
```

上述代码中 as 的作用是，给 matplotlib.pyplot 这个冗长的名字取一个简化的别名，比
如 plt。其中 matplotlib 是一个库，通过 "." 可以访问到该库下的 pyplot 子模块。

5.5.3　应用案例：最小二乘法拟合直线

本案例运用 Scipy 库提供的 optimize. leastsq 接口针对对一组给定的数据，试图确定出一条最能表示该组数据的趋势变化直线方程，具体方法是通过参数估计法，保证该函数满足所有数据点到该函数代表的直线的垂直距离最小。关于实现过程中的中间结果和最终确定出的直线，将以图形的方式展示。

该案例的主要实现思路分为五步，具体介绍如下：

（1）引入必要的库，这里主要用到的库包括 Numpy、Scipy 和 MatPlotlib 及其子模块；

（2）准备一组数据，这里采用一组人为设定的数据，为了将它们表示在二维坐标系中，需要分别给出这组数据中 x 坐标和 y 坐标的值。

（3）定义 func() 和 error() 两个函数。其中 func() 函数用于传入合理的参数，获取直线方程；error() 函数的主要功能是统计算法得出的预测值和真实值之间的误差。

（4）利用 Scipy 中的 optimize. leastsq 接口确定函数的最佳参数，其原理通过最小二乘法的原则寻找最优直线的参数。

（5）图形化的结果显示，包括初始的数据点在二维坐标中的散点图，以及根据找到的参数绘制出的最佳直线。

具体代码如下：

```python
#1. 引入必要的库
import numpy as np
import scipy
from scipy. optimize import leastsq
import matplotlib. pyplot as plt


#2. 训练数据
Xi = np. array([7.15,2.32,5.39,8.51,4.43,2.26,4.78])
Yi = np. array([6.61,2.87,5.47,6.21,4.71,3.23,3.05])


#3. 自定义拟合函数
def func(p,x):
    k,b = p
    return k* x + b


#4. 自定义误差函数
def error(p,x,y):
    return func(p,x) - y
#5. 通过参数估计算法,寻找最佳参数
#随机给出参数的初始值
p = [10,2]
#使用 leastsq()函数进行参数估计
Para = leastsq(error,p,args = (Xi,Yi),full output =1)
print('参数估计总次数: ' + str(Para[2]['nfev']))
k,b = Para[0]
print('直线的参数分别为:')
print('k = ',k,'\n','b = ',b)
```

```
#6. 图形可视化
plt.figure(figsize = (8,6))
#绘制训练数据的散点图
plt.scatter(Xi,Yi,color = 'r',label = 'Sample Point',linewidths = 3)
plt.xlabel('x')
plt.ylabel('y')
x = np.linspace(0,10,1000)
y = k* x + b
plt.plot(x,y,color = 'orange',label = 'Fitting Line',linewidth = 2)
plt.legend()
plt.show()
```

上述代码中需要特别说明的地方如下：

- 为了确定出一条最佳直线，常见的做法是将问题的求解过程拟合为确定一条直线的两个参数，即斜率 k 和截距 b。
- 第 4 步提到的参数估计算法遵循的优化原则是 Scipy 中 optimize 模块下的优化函数 leastsq()，该函数的功能是不断迭代修改初始的参数值 p，直到确定出一组参数（k, b），满足所有数据点到这条直线的最小二乘距离最小。
- 函数 leastsq() 返回的结果是一个数组类型的参数值 Para［］，本案例需要用到第一个参数 Para［0］，也就是确定直线的两个参数斜率 k 和截距 b。另外，还可以通过查看 Para［2］的值，查看用了几轮才找到了最佳的参数。

最后，上述代码的最终输出结果如下：

```
参数估计总次数:7
直线的参数分别为：
k = 0.5902548568936151
b = 1.6550743984507266
```

拟合出的直线和数据如图 5.3 所示。

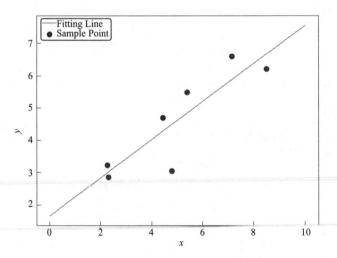

图 5.3　最小二乘法拟合出的直线和数据

在 Scipy 中，像上述案例中的优化函数还有很多，比如最小化函数 minimize()，还有线性方程求最优解的优化函数 LinearConstraint()。另外，关于语音识别中需要对语音做一些参数变换方面的分析，这个在后续算法章节中会有更多介绍。

5.6　机器学习算法的工具包：Scikit-learn

Scikit-learn（简称 Sklearn）是基于 Python 的机器学习算法的工具包，它提供了大量用于机器学习算法的接口，重点是对传统机器学习的主流算法进行实现，方便根据自己的需要调用相应的接口，从而更快捷地实现语音识别中分类任务的目的。

本节中依然先介绍 Sklearn 的主要接口以及导入与安装，然后通过一个应用案例展示 Sklearn 的具体用法。

5.6.1　Sklearn 的主要接口

Sklearn 提供的 API 实现了许多传统机器学习中的典型算法，这些算法可用于数据的预处理、数据降维、分类、回归、聚类等任务。在语音识别中，最重要的是将它应用于语音的分类任务。

Sklearn 擅长的是有监督分类算法和无监督分类算法。比如，常见的监督学习算法中的线性模型、支持向量机和朴素贝叶斯，以及有监督的神经网络模型。另外，在无监督学习算法中，它提供了高斯混合模型、聚类算法和无监督的神经网络模型。

特别地，为了更好地适应不同的分类任务，Sklearn 提供了包括模型训练、数据划分，比如交叉验证和性能度量等接口。另外，它还提供了若干特征提取的接口。表 5.4 列出了一些主要的接口函数作为参考。

表 5.4　Sklearn 中的主要接口函数

函数名称	功能说明
fit(x, y)	根据传入的数据 x 和标签 y 训练机器学习的模型
score(x, y)	对模型的正确率评分
predict(x)	对输入的数据 x 进行标签的预测
LeaveOneOut()	数据集的划分法：留一法
GroupKFold()	数据集的划分法：K 折交叉验证
PCA()	特征提取的主成分分析算法
KNN()	K 邻近分类算法
sk_bayes. GaussianNB()	高斯分布的朴素贝叶斯模型

注意，表 5.4 仅仅为了介绍接口函数及其功能，为了简便描述，这里省略了函数接收的参数。关于 Sklearn 更多接口函数的用法，请参考官网 https://scikit-learn. org/stable/，查看对应的使用手册。

5.6.2　Sklearn 的安装与导入

Sklearn 的安装比较特殊，原因是它对使用者的计算机有特殊的要求，这里的要求是指 Sklearn 中一些函数的运行必须依赖的必备环境。因此，在安装 Sklearn 之前，需要确保你的计算机上已经安装表 5.5 中的软件和库，并且保证版本号符合最低要求。

表 5.5　Sklearn 预装软件和库的要求

软件名称	版本要求	软件名称	版本要求
Numpy	1.11.0 以上	Pandas	0.18.0 以上
SciPy	0.17.0 以上	Python	3.5 以上
Matplotlib	1.5.1 以上		

为了确保上述模块已经安装完毕，且版本号是符合要求的，可以借助以下代码进行测试查看：

```
#检测已安装的 python 的版本号
import sys
print("Python version:{}".format(sys.version))
#检测已安装的 numpy 的版本号
import numpy as np
print("Numpy version:{}".format(np.__version__))
#检测已安装的 scipy 的版本号
import scipy as sp
print("Scipy version:{}".format(sp.ersion))
#检测已安装的 pandas 的版本号
import pandas as pd
print("Pandas version:{}".format(pd.__version__))
```

如果输出结果都符合版本号的要求，那么就可以进行 Sklearn 的安装了。安装操作十分简单，只需要在命令行工具中输入如下的 pip 命令：

```
pip install -U scikit-learn
```

然后，可以再完成 Sklearn 的导入，并测试其版本号，命令如下：

```
#检测已安装的 sklearn 的版本号
import sklearn
sklearn.__version__
```

接下来我们通过一个案例，看看如何使用 Sklearn 中的接口函数。

5.6.3　应用案例：鸢尾花的分类问题

在 Sklearn 中，接收的数据类型主要是 Numpy 的二维数组（ndarray）和 SciPy 的稀疏矩阵（sparse. matrix）。这里我们以 Sklearn 自带的鸢尾花数据集为例，讲解 Sklearn 中的接口是如何实现分类任务中的训练和预测的。

整个分类过程可以分为数据初探、数据集的划分、对数据集做统计分析、训练集上完成模型的训练、模型验证和在测试数据集上的预测与评估，共计六个主要步骤。

（1）数据初探

在 Sklearn. dataset 模块中，提供了 150 条鸢尾花的分类数据集。该数据集包含两个 Numpy 数组，一个是包含一组四个特征值的数组 X，另一个是包含正确分类标签的数组 Y。数组 X 是描述所有样本数据的二维数组，其中每一行代表一个样本的四维特征值，每一列对应某个特征值。数组 Y 是一维数组，包含三个类别标签，取值为 0、1、2，分别对应着三种鸢尾花的名称。

接下来，来看看数据的具体情况，代码如下：

```
from sklearn.datasets import load_iris
iris_dataset = load_iris()
#iris返回的是一个字典类型的数据,其中包含键和值
print("鸢尾花数据集的键值:\n{}".format(iris_dataset.keys()))
print("鸢尾花的类型名称:{}".format(iris_dataset['target_names']))
print("特征名称:\n{}".format(iris_dataset['feature_names']))
#查看数据类型
print("数据类型:\n{}".format(type(iris_dataset['data'])))
#查看数据形状
print("数据的形状:\n{}".format(iris_dataset['data'].shape))
```

我们来看一下它们的输出结果。

鸢尾花数据集的键值：

```
dict_keys(['data', 'target', 'target_names', 'DESCR', 'feature_names', 'filename'])
```

鸢尾花的类型名称：

```
['setosa' 'versicolor' 'virginica']
```

特征名称：

```
['sepal length (cm)', 'sepal width (cm)', 'petal length (cm)', 'petal width (cm)']
```

数据类型：

```
<class 'numpy.ndarray'>
```

数据的形状：

```
(150, 4)
```

根据形状的输出结果可知，该数据集中对应着 150 × 4 的二维数组。

由于空间所限，这里仅展示了结果中的前 8 条数据，如图 5.4 所示。

	0	1	2	3
0	5.1	3.5	1.4	0.2
1	4.9	3	1.4	0.2
2	4.7	3.2	1.3	0.2
3	4.6	3.1	1.5	0.2
4	5	3.6	1.4	0.2
5	5.4	3.9	1.7	0.4
6	4.6	3.4	1.4	0.3
7	5	3.4	1.5	0.2
8	4.4	2.9	1.4	0.2

图 5.4　鸢尾花数据集中部分特征数组 X

（2）数据集的划分

这一步需要将原始数据集划分为训练数据集和测试数据集。主要是使用 Sklearn 的 train_test_split 接口，具体代码如下：

```
from sklearn. model_selection import train_test_split
X_train,X_test,y_train,y_test = train_test_split(iris_dataset['data'], iris_
dataset['target'],random_state=0)
```

上述代码将原始的数据集分成了用于训练分类模型的训练集 X_train 和用于测试模型的测试集 X_test，每个集合都包括特征数据 X 和分类标签 y。其中，为了减少人为主动分配的因素，random_state 的值设定 0，表示根据随机种子分配数据集，这样每次不同的训练都能够得到不同的训练集，从而保证分配的公平性。另外，分配的比例采用默认的 0.25，因此，代码中并未列出。0.25 表示其中原始数据集中 25% 的数据要被用于测试集，在本案例中，就是 $150 \times 0.25 = 37.5 \approx 38$，即 38 条数据将用于测试，其余数据划分到训练集。

（3）对数据集做统计分析

为了对数据集有一个更清晰的认识，常见的做法是提取数据的统计特征，便于后续分类算法的判别。

```
#利用 X_train 中的数据创建 DataFrame
#利用 iris_dataset. feature_names 中的字符串对数据进行标记
iris_dataframe = pd. DataFrame(X_train,columns=iris_dataset. feature_names)
#利用 DataFrame 创建散点矩阵图,按 y_train 着色
grr=pd. plotting. scatter_matrix(iris_dataframe,c=y_train, figsize=(15,15),
marker='o',hist_kwds={'bins':20},s=70,alpha=0.8)
#矩阵的对角线是每个特征的直方图
```

鸢尾花数据集的四个特征值分别是花蕊中萼片的长度（sepal length）、萼片的宽度（sepal width）、花瓣的长度（petal length）、花瓣的宽度（petal width）。为了探索训练数据的更多特性，通过 pandas 的 DataFrame 接口，可以绘制出每个样本数据的特征分布图。结合分类标签 y_train，可以将数据集表示成三种不同颜色（最浅为黄色，次之为绿色，最深为紫色）样本点的分布，如图 5.5 所示。

在图 5.5 中，每一行对应的是一个特征的分析，每一列也是如此。其中，对角线还展示了对于每个特征的直方图，即具体每个值对应的样本数量绘制的柱状图。分析图 5.5 中的图形化结果，可以让我们对数据集有一个更加清晰的认识，提前知道哪些特征可以更好地将这三种鸢尾花区分开来。结合图 5.5 中的散点图和直方图可知，petal length 和 petal width 代表的特征组合能够将三个类别的样本尽量分开；相反，sepal length 和 sepal width 代表的特征组合虽然能够将紫色（深色）代表的样本很好地区分开，但是对于其他两个类别的样本则很难分辨，因为存在一些覆盖的区域。如果要做特征选择，就应该选择前者的特征组合。

（4）训练集上完成模型的训练

这里采用的是 Sklearn 中的 K 邻近模型（即 KNN），其中 $K=1$，相当于找出最邻近的分类标签。该模型属于机器学习中的一种典型算法，它需要基于训练数据集的学习和训练过程，才能得到最终训练好的模型。具体实现代码如下：

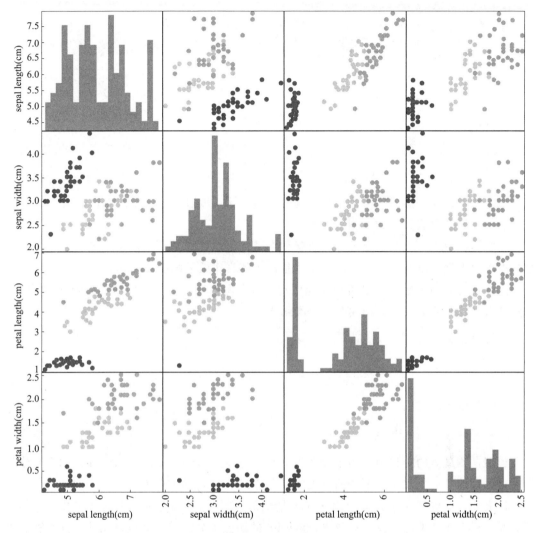

图 5.5　对鸢尾花数据集做特征数据的统计分析

```
from sklearn. neighbors import KNeighborsClassifier
knn = KNeighborsClassifier(n_neighbors =1)
#基于训练集来构建模型,需要调用 knn 对象的 fit 方法,输入参数为 X train 和 y train,二者均为
numpy 数组
knn. fit(X_train,y_train)
```

输出结果为：

```
KNeighborsClassifier(algorithm = 'auto', leaf_size =30, metric = 'minkowski',
        metric params = None, n_jobs = None, n_neighbors =1, p =2,
        weights = 'uniform')
```

（5）模型验证

这一步要将训练好的 K 邻近模型应用到新的数据上，验证它是否真的能够实现正确的分类。首先，需要创建一组新数据，也就是模型在训练阶段没有见过的数据，然后借助 predict()函数实现模型的应用效果进行验证。具体代码如下：

```
X_new = np.array([[5,2.9,1,0.2]])
prediction = knn.predict(X_new)
print("Prediction :{}".format(prediction))
print("Predicted target name:{}".format(iris_dataset['target_names'][predic-
tion]))
```

测试结果为：

```
Prediction :[0]
Predicted targe tname:['setosa']
```

最终发现，新数据的分类结果是正确的，这样才可以进行下一步的真正应用。

（6）在测试数据集上的预测与评估

在实际应用中，模型不是训练完成就结束了，更重要的是要应用于大批新数据上。新数据由于模型之前没有见过，因此，这才是检验其真实效果的必要操作。

这一步要将训练好的 K 邻近模型应用到测试数据集上，依然是借助 predict() 函数实现对这些数据的预测分析，输出实际的分类结果。

```
y_pred = knn.predict(X_test)
print("Test set predictions:\n{}".format(y_pred))
print("Test set score:{:.2f}".format(knn.score(X_test,y_test)))
```

测试集的预测结果：

```
[2 1 0 2 0 2 0 1 1 1 2 1 1 1 1 0 1 1 0 0 2 1 0 0 2 0 0 1 1 0 2 1 0 2 2 1 0 2]
```

模型在测试集的分类结果的正确率为 0.97。这是一个相当高的分数，说明 KNN 分类器对鸢尾花的数据集取得了不错的分类效果，达到了 97% 的准确率。

以上六个步骤展示了如何应用 Sklean 提供的 KNN 分类器对其自带的鸢尾花数据集进行分类。从上述完整的流程不难看出，Sklearn 的功能十分完善，其接口涵盖了分类算法中的全部处理流程，甚至还能提供评价接口，用于评价算法的分类结果。

5.7 工业级深度学习框架：Keras

Keras 是基于 TensorFlow 框架开发的一款深度学习算法的 Python 工具包。它可以用于图像识别、语音识别、语音理解等各种人工智能应用。Keras 提供的接口主要包括各种高阶深度神经网络接口，其最大的优点是代码简单、易于使用、支持模块化开发、易于扩展；其缺点是隐藏了太多底层 APIs，导致无法修改模型的一些底层逻辑。但是不得不说，Keras 通过十分简洁的代码便可搭建出一个复杂的深度学习模型，解决一些复杂的分类任务。尤其依靠 TensorFlow 的强大支持，它常常可以作为初学者初探深度学习的工具。但是，如果想要研究更加高阶的深度学习算法，或者对模型进行深层的改进，还是推荐学习下一节要介绍的 PyTorch 框架。

本节将介绍 Keras 中的主要接口，以及安装和导入过程，并最终通过一个案例，介绍一些典型接口的使用方法。

5.7.1　Keras 的主要接口

结合深度神经网络的构建和训练过程，Keras 提供了一整套流程中需要的接口函数，方便我们快速地搭建所需要的网络结构，并完成模型的训练、评估和预测等环节，表 5.6 列出了一些主要接口。

再次强调，表 5.6 仅仅为了介绍 Keras 的接口函数及其功能，为了简便描述，省略了函数接收的参数。关于 Keras 更多接口的用法，请参考中文手册 https：//keras-cn. readthedocs. io/en/latest/，或者去官网查看英文版手册。

接下来，先来看看 Keras 的安装与导入。

表 5.6　Keras 中的主要接口及说明

接口名称	功能说明
Sequential()	神经网络模型的层的堆叠模型
layers. Dense()	神经网络模型中层的设置
Sequential(). add()	向模型对象中添加具体的层信息
Sequential(). compile()	神经网络模型的编译
Sequential(). fit()	模型的训练
Sequential(). evaluate()	模型的评估
Sequential(). predict()	模型的预测

5.7.2　Keras 的安装与导入

如前所述，Keras 是基于 TensorFlow 框架之上的深度神经网络的库。实际上，它属于 TensorFlow 中的一个模块，因此，它的安装不需要单独进行，而是通过导入即可。

在 cmd 命令行工具中，需要先安装 TensorFlow，具体安装命令如下：

```
pip install tensorflow
```

然后，完成 Keras 的导入，代码如下：

```
#先导入 tensorflow
import tensorflow as tf
#再引入 keras 模块
from tensorflow import keras
#测试是否安装成功
tf.__version__
keras.__version__
```

上述代码中，第一行代码表示先导入 TensorFlow，这一步是必需的操作，可以理解为先引入大的框架，才能引入框架之上建立的模块。于是，就有了第二行代码，从 Tensorflow 中引入 keras 模块。最后，通过输出 Tensorflow 的版本号，一定要保证其版本在 2.0 以上。同时，还要检测 Keras 的版本号，用于确认 Keras 是否导入成功。

如果一切顺利，就可以使用 Keras 提供的接口了。接下来，通过一个案例，了解一下 Keras 是如何搭建深度神经网络并做分类的。

5.7.3　应用案例：利用 Keras 搭建神经网络实现手写数字识别

本节以手写体数据的分类为例，介绍如何通过 Keras 提供的接口函数，搭建出一个神经网络模型，达到识别手写数字图片的目的。

本案例的实现思路如下：

（1）数据集的准备，其中，训练数据集主要用于寻找模型中的参数，从而确定出一个合适的模型，而测试数据集则是对得出模型的应用与效果评价。准备好了数据集，就可以开始真正的分析阶段。

（2）第一个重要的分析就是数据的预处理，也就是将原始的图片样本和标签数据转化为特定的方法存储起来，为后续分析奠定基础。经过预处理后的数据，将作为神经网络模型的输入数据。至此，算法的准备工作才算完成。

（3）基于上一步的准备工作，可以对 Keras 提供的模型代码，在训练数据集上训练，通过不断迭代，确定模型中的权重参数，从而训练出一个最佳模型。模型的好坏，还应该通过一些测量标准去测试，当测试结果符合预期后，才可以进入模型的预测阶段。

（4）模型的预测是指将训练好的模型直接应用于测试数据集，这也是为了检验模型的真实效果。

由于本案例中的代码较多，接下来分步骤来介绍该案例的具体实施过程。

（1）引入相应的模块

需要引入的模块包括：用于数据分析的 Numpy、产生随机数的 random、用于深度学习算法的 Keras，以及最常用的绘图工具包 MatPlotlib。更重要的是，由于本案例中的函数归属于 Keras 下的子模块。因此，为了方便调用神经网络模型算法中的函数，还需要引入这些子模块。以下将对这些子模块进行简要说明：

- 本案例要分析的数据集不需要单独下载或另行准备，由于 Keras 已将数字手写体的数据集 mnist 封装在了 datasets 模块中，因此该模块提供了数据集一些的准备工作。
- 为了实现识别任务，分类模型不可少，Keras 提供的是 models 模块，本案例只需要 Sequential 和 Model 两个接口。
- 神经网络中关于隐藏层中一些核心操作的设定，包括层数。是否要 Dropout 操作以及激活函数的设定等，都在 Keras 的 layers 模块中。
- 训练阶段最优模型的确定是通过 optimizers 模块下的 RMSprop 接口实现，保证模型的预测结果和真实值之间的误差最小。
- utils 模块主要用于将原始数据定制化到离散的类别数据中，这个是通过 np_utils 接口的编码技术实现。

具体实现代码如下：

```
import numpy as np
import random
import keras
import matplotlib.pyplot as plt


from keras.datasets import mnist
from keras.models import Sequential, Model
from keras.layers.core import Dense, Dropout, Activation
from keras.optimizers import RMSprop
from keras.utils import np_utils
```

（2）准备数据集

这里需要准备训练集和测试集两类数据集。其中每一类数据集的数据都包括原始图片数据和已经做好的分类标签两个部分。

```
(X_train, y_train), (X_test, y_test) = mnist.load_data()
print(X_train.shape, y_train.shape)
print(X_test.shape, y_test.shape)
```

上述程序的输出结果如下：

```
(60000, 28, 28) (60000,)
(10000, 28, 28) (10000,)
```

其中，第一项关于 X 的输出中，60 000 是训练数据集中图片的数量，10 000 是测试数据集中图片的数量，28×28 是图片的大小。第二项关于 y 的形状输出结果可以看出训练数据集和测试数据集中分别对应着相应数量的标签。

（3）数据预处理

数据预处理就是将每个二维图像矩阵转换成一维向量，此时，向量的长度变为 768，然后再对向量中存储的像素值做归一化，也就是从 0～255 的取值压缩到 0～1。具体代码如下：

```
X_train = X_train.reshape(X_train.shape[0], -1) # 等价于 X_train = X_train.reshape
(60000,784)
X_test = X_test.reshape(X_test.shape[0], -1) # 等价于 X_test = X_test.reshape
(10000,784)
X_train = X_train.astype("float32")
X_test = X_test.astype("float32")
X_train /= 255
X_test /= 255
```

（4）标签编码

原始数据中的标签值是 0～9 的整数，这里为了更好地表示类型，将整数变换成长度为 10 的 one-hot 向量。具体代码如下：

```
y_train = np_utils.to_categorical(y_train, num_classes=10)
y_test = np_utils.to_categorical(y_test, num_classes=10)
```

（5）构建神经网络模型

神经网络模型虽然可以直接调用 Keras 提供的 Sequential() 函数，但是该函数中有大量参数需要我们自定义。首先需要指定模型的初始参数。具体代码如下：

```
model = Sequential()
model.add(Dense(512, input_shape=(784,)))
model.add(Activation('relu'))
model.add(Dropout(0.2))
model.add(Dense(512))
```

```
model.add(Activation('relu'))
model.add(Dropout(0.2))
model.add(Dense(10))
model.add(Activation('softmax'))
```

上述代码中我们为搭建了三层神经网络，具体是通过为 model 对象添加一些必要参数实现的。这些参数的含义说明如下：

- Dense：表示一层神经网络中的神经元个数。上述代码中，Dense 出现了三次，表明该神经网络是一个三层结构的神经网络。其中第一层输入层，有 512 个神经元；第二层是隐藏层，也有 512 个神经元；最后一层是输出层，只有 10 个神经元，对应着 0~9 这十个数字的 10 种类别。
- input_shape：说明每个神经元的输入是一个一维向量，其长度是 768 的值；
- Activation：表示神经网络中的激活函数，这里前两层都是采用 relu() 函数，最后采用的是 softmax() 函数。
- Dropout：表示正则化处理，其中输入层和隐藏层的神经元都需要进行该处理，它的目的是在对每轮神经元的权重更新时，将以 20% 的概率（即 0.2）随机选择神经元的节点舍弃，这是为了减少一些不重要的神经元对下层模型的影响。

（6）模型的编译

模型定义好之后，还需做一些规定，包括采用的优化方法（optimizer）、更新权重参数时的损失率（loss），以及评价模型好坏的量化标准（matrics）。具体代码如下：

```
rmsprop = RMSprop(lr=0.001, rho=0.9, epsilon=1e-08, decay=0.0)
# metrics means you want to get more results during the training process
model.compile(optimizer=rmsprop,
              loss='categorical_crossentropy',
              metrics=['accuracy'])
```

上述代码中，rmsprop 是通过 RMSprop 方法得到的优化器对象。该方法是一种基于梯度的学习优化算法。然后，将 rmsprop 传入 model.compile 的第一个优化器参数，损失率采用的是表示分类的 crossentropy 规则，metrics 设定的是准确度 accuracy。

（7）模型训练

模型训练的过程十分简单，只需要将上述编译好的模型应用到训练数据中即可。具体代码如下：

```
history=model.fit(X_train, y_train, epochs=10, batch_size=128,
              verbose=1,validation_data=[X_test, y_test])
```

上述代码的运行结果如图 5.6 所示。

从图 5.6 不难看出，经过 10 轮训练，该模型的准确率已经达到 98% 以上了，说明这个模型已经训练得足够好，可以用于测试集数据做验证了。

```
Train on 60000 samples, validate on 10000 samples
Epoch 1/10
60000/60000 [==============================] - 10s - loss: 0.2449 - acc: 0.9245 - val_loss: 0
.1227 - val_acc: 0.9614
Epoch 2/10
60000/60000 [==============================] - 12s - loss: 0.1031 - acc: 0.9692 - val_loss: 0
.0849 - val_acc: 0.9740
Epoch 3/10
60000/60000 [==============================] - 12s - loss: 0.0745 - acc: 0.9778 - val_loss: 0
.0803 - val_acc: 0.9774
Epoch 4/10
60000/60000 [==============================] - 12s - loss: 0.0610 - acc: 0.9820 - val_loss: 0
.0896 - val_acc: 0.9766
Epoch 5/10
60000/60000 [==============================] - 12s - loss: 0.0518 - acc: 0.9847 - val_loss: 0
.0909 - val_acc: 0.9775
Epoch 6/10
60000/60000 [==============================] - 11s - loss: 0.0442 - acc: 0.9874 - val_loss: 0
.0832 - val_acc: 0.9790
Epoch 7/10
60000/60000 [==============================] - 10s - loss: 0.0396 - acc: 0.9884 - val_loss: 0
.0902 - val_acc: 0.9810
Epoch 8/10
60000/60000 [==============================] - 10s - loss: 0.0362 - acc: 0.9896 - val_loss: 0
.0869 - val_acc: 0.9821
Epoch 9/10
60000/60000 [==============================] - 9s - loss: 0.0326 - acc: 0.9912 - val_loss: 0.
0959 - val_acc: 0.9818
Epoch 10/10
60000/60000 [==============================] - 10s - loss: 0.0304 - acc: 0.9915 - val_loss: 0
.0858 - val_acc: 0.9815
```

图 5.6　运行结果

（8）模型评估

最后来做一下模型的评价。下面是评价的部分代码：

```
score = model. evaluate(X_test, y_test, verbose = 0)
print('Test score:', score[0])
print('Test accuracy:', score[1])
```

上述代码的输出结果如下：

```
Test score: 0.0857994918345
Test accuracy: 0.9815
```

准确率为 98.15%，其实这个值与在之前训练过程最终输出的准确率是一致的。说明该模型可以用于真实数据的预测了。

（9）预测

为了将上述神经网络模型应用于真实数据，这里以一张模型从未见过的测试图为例。

下面来看预测的部分，为此先输出一张测试图像，代码如下：

```
X_test_0 = X_test[0,:]. reshape(1,784)
y_test_0 = y_test[0,:]
plt. imshow(X_test_0. reshape([28,28]))
```

输出的图像如图 5.7 所示。

模型预测的代码如下：

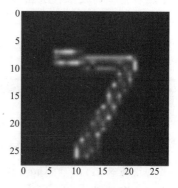

图 5.7　输出的图像

```
pred = model.predict(X_test_0[:])
print('Label of testing sample', np.argmax(y_test_0))
print('Output of the softmax layer', pred[0])
print('Network prediction:', np.argmax([pred[0]]))
```

程序的输出结果如下：

```
Label of testing sample 7
Output of the softmax layer [8.34779236e-24    8.63253248e-20
4.66306196e-16    7.04745600e-16
                                  2.07757194e-25   1.96880282e-22
4.68332635e-33   1.00000000e+00
                                  4.69165211e-21    4.72258688e-15]
Network prediction: 7
```

最终，上述模型预测的标签是 7，它表示经过 softmax 的计算后，输出向量属于第 7 个类别的概率最大，也就是数字 7，这恰好说明该模型的预测十分正确。

深度学习框架到底该怎么选？

目前支持 Python 的最流行的深度学习框架包括 TensorFlow、Keras 和 PyTorch。

TensorFlow 是支持 Python 开发最早的深度学习框架，它是由 Google 智能机器研究部门的 Google Brain 团队研发的，2017 年以前，TensorFlow 处于深度学习框架的领先地位。目前它仍然在人工智能的工业领域处于领先地位，其在 github 上的项目数量也是最多的。但是它的缺点是版本众多，且不同版本之间有些接口不兼容。

Keras 是谷歌的研究员 Francois Chollet 发明的，提供了基于 TensorFlow 框架的深度学习 APIs，它是基于 TensorFlow 进行二次集成的，主要应用于工业和企业的人工智能应用。对于初学者来说，它提供的 APIs 十分友好，能够轻松上手。其缺点是运行速度慢，由于对底层核心功能封装过度，导致对模型的修改不够灵活。

PyTorch 是由 Facebook 人工智能学院提供支持服务的框架。近年来，该框架深受科研人员的喜爱，因为它允许以轻量级代码实现 Keras 类似的功能。更重要的是，它开放了一些底层接口的权限，这让自行设计算法的实现变得简单。

综上所述，推荐你根据自己的需要做出选择。

5.8　科学研究深度学习框架：PyTorch

PyTorch 是 2017 年由 Facebook 团队研发的深度学习框架。它提供了以张量运算为基础的各种 Python 库和接口，通过建立 GPU 和 CPU 的计算环境，可以方便地实现深度神经网络的搭建和运行。PyTorch 提供了代码实现的灵活性，这一点对科研工作者研究特定的算法十分有帮助。另外，它针对声音、文本和视觉的研究对象，还提供了相应的库，分别为 torchaudio、torchtext、torchvision。毫不夸张地说，PyTorch 对于当今学习和研究深度神经网络如何实现的人来说，是一个必不可少的利器。许多语音识别的算法和模型也可以通过

PyTorch 提供的接口得以实现。

本节将首先介绍 PyTorch 中的主要接口，由于 PyTorch 是第三方的框架，因此，需要单独配置环境才能实现接口的调用；接着将介绍其安装过程；最后，通过一个案例介绍 PyTorch 中深度学习模型接口的使用方法。

5.8.1　PyTorch 的主要库和模块

与前面介绍的 Python 包和库不同，因为 PyTorch 是一个关于深度学习模型的框架，显然更丰富一些，它提供的不仅仅是接口，还有库和模块。另外，PyTorch 以张量作为表示和计算的基础，这里的张量和数组或矩阵一样，也是一种数据结构。张量的计算方法和 Numpy 中的多维数组十分类似，只不过张量运算能够在 GPU 上运行，从而可以加快计算速度。因此，PyTorch 搭建的神经网络模型中的输入、输出和网络参数等数据，都是采用张量描述。PyTorch 中的主要库和模块见表 5.7。

表 5.7　PyTorch 中的主要库和模块

名　称	功能说明
torch()	最基础的张量包，封装了张量相关的各种属性和方法
torch. nn()	一个提供搭建神经网络的库，封装了神经网络相关的各种属性和方法
torch. Tensor()	创建各种类型的张量，即多维矩阵
torch. cuda()	用于搭建 CUDA GPU，加速神经网络的训练和预测
torchaudio()	用于分析音频数据为主的深度神经网络的搭建
torchtext()	用于分析文本和自然语言处理为主的深度神经网络的搭建
torchvision()	用于分析机器视觉和图像识别为主的深度神经网络的搭建

再强调一次，表 5.7 仅仅是介绍 PyTorch 提供的主要库、模块和常见的接口，为了简便描述，省略了函数接收的参数。关于 PyTorch 的更多用法，推荐参考官网的手册 https：//pytorch. org/docs/stable/index. html。

关于 PyTorch 的安装有多种方式，最常见有两种：第一种是在 Anaconda 中完成，第二种是在 pycharm 中完成；前者的好处是安装简单，但是代码阅读和管理麻烦。后者相对来说安装稍微麻烦一些，但是可以对代码实现很好的管理。由于本书中大部分算法都是在 Anaconda中完成的，只有最后一章是在 pycharm 中，所以，本节将以第一种方式进行介绍。

接下来，看一下如何在 Anaconda 中安装 PyTorch。

5.8.2　PyTorch 的安装

这里以 Windows 10 系统为基础，介绍如何安装 PyTorch，一共分为三个主要步骤。

（1）检测已安装的 Python 版本

首先，需要确定 Anaconda 已经安装了 3.7 及以上版本的 Python，这可以通过在 Anaconda 命令行窗口中（见图 5.8）输入 conda list 命令查看已安装的所有工具包。根据首字母的 p 很快可以定位到 Python，确定它的版本。

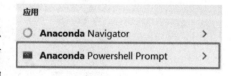

图 5.8　Anaconda 命令行窗口界面

（2）创建 PyTorch 环境

本书用的 Python 版本是 3.8.13。因此，接下来的步骤中 python = 3.8。在窗口中输入如图 5.9 所示的命令，即可完成创建。

```
■ Anaconda Powershell Prompt (anaconda3)
(base) PS C:\Users\dell> conda create -n pyTorch python=3.8
```

图 5.9　Anaconda 创建 PyTorch 环境的命令窗口

上述命令中，pyTorch 是随意拟定的名字，可以自由设定为 pytorch 或者 Pytorch。另外，这里是指定 Python 的版本号为 3.8，实践证明，版本 3.7 或版本 3.9 都是可以的。特别需要提醒的是，"python" " = " "3.8" 三者之间不能有空格，否则会报错。同时，PyTorch 依赖的其他库和包也会同时自动更新。

最后，通过 conda env list 命令查看已有的虚拟环境中是否有刚才创建的 PyTorch。如果有，说明已经创建成功，如图 5.10 所示。

```
# conda environments:
#
base                  *   D:\dell\anaconda3
PyTorch                   D:\dell\anaconda3\envs\PyTorch
```

图 5.10　虚拟环境列表

（3）进入刚刚创建好的 PyTorch 环境，下载并安装 PyTorch 包。

首先，在 Anaconda 命令行窗口中，通过命令 conda activate PyTorch 激活刚才创建的 PyTorch环境，转到 PyTorch 虚拟环境，此时可以发现最前面的（base）环境变成了（pyTorch），如图 5.11 所示。

```
(base) PS C:\Users\dell> conda activate pyTorch
(pyTorch) PS C:\Users\dell>
```

图 5.11　进入 PyTorch 环境

接着，确认计算机的 CUDA 版本，做法是通过快捷命令 cmd 打开命令提示符窗口，键入 uvidia – smi，可以看到如图 5.12 所示的计算机显卡的配置情况，重点是查看 CUDA version，见图 5.12 的右上角标注出的框，可以看到 CUDA 的版本是 11.6。

图 5.12　检查 CUDA 版本号

接着，打开 PyTorch 官网（https://pytorch.org/），单击 Install 按钮，找到与自己计算机显卡配置相适应的 CUDA 版本，即在下载页面中的 Computer Platform 一栏选择 CUDA 11.6，于是，在最下方的命令栏会自动给出相应配置的 PyTorch 的安装命令（见图 5.13 中线框标注处）。

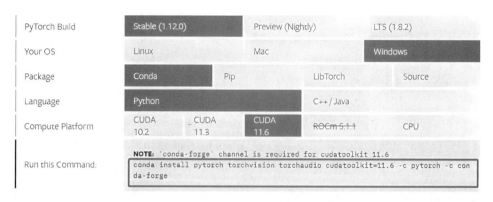

图 5.13　PyTorch 版本选择及获取安装命令

然后，回到 Anaconda 命令行窗口，将图 5.13 中最下面线框中的命令复制到 PyTorch 环境下对应命令的执行处，便可完成 PyTorch 的安装（见图 5.14）。如果你是第一次安装，可能需要安装一些新包，输入 y 完成安装即可。由于 PyTorch 框架依赖的包的总大小约有 2.45 GB，因此，整个安装过程大概需要花费二十分钟。如果这个过程网络不稳定可能会造成安装失败。针对这种情况，解决办法是找国内的镜像地址，采用本地安装的方式同样可以解决问题。推荐你去自行尝试。

```
(PyTorch) PS C:\Users\dell> conda install pytorch torchvision torchaudio cudatoolkit=11.6 -c pytorch -c conda-forge
```

图 5.14　输入 PyTorch 安装命令

最后，测试一下，在 Anaconda 命令行窗口中连续输入如图 5.15 所示的三条命令。

```
(PyTorch) PS C:\Users\dell> python
Python 3.9.12 (main, Apr  4 2022, 05:22:27) [MSC v.1916 64 bit (AMD64)] :: Anaconda, Inc. on win32
Type "help", "copyright", "credits" or "license" for more information.
>>> import torch
>>> torch.cuda.is_available()
True
```

图 5.15　验证 PyTorch 是否安装成功

如果返回的结果为 True，则表示 PyTorch 安装成功。另外，考虑到后续的案例中还将使用 torchvision 和 torchaudio 这两个库，因此，这里一并安装了。

PyTorch 安装完成后，就可以方便地调用其中的库和接口。接下来，将通过一个案例，介绍如何利用 PyTorch 框架搭建一个深度神经网络，主要目的是展示其基本用法。

5.8.3　应用案例：利用 PyTorch 搭建神经网络实现手写体识别

你可能注意到，本案例与上一节中的任务相同，之所以选择同一个任务，是为了方便 Keras 和 PyTorch 的对比学习。希望借助实现同一个任务，比较一下两者的不同用法，同时加深对 PyTorch 优势的理解。

本案例的实现思路如下：

（1）数据集的准备仍然使用 MINST 数据集，与 Keras 类似，PyTorch 也会提供自动下载数据集的服务。

（2）构建神经网络，这里主要是借助 torchvision 库中的接口创建卷积神经网络（CNN）。

（3）建立损失函数和优化器，用在 CNN 的训练阶段，它们将用于确定最优模型。至此，核心的神经网络模型就算搭建完成了。

（4）在数据集上训练神经网络模型。

（5）测试神经网络的效果。

由于代码量较大，仍然采用分步骤的方式详细介绍每一步的实现。

（1）数据集的准备。由于手写体数据是在 torchvision 库中，因此，需要先引入该库，利用其数据接口下载并获取数据集。具体代码如下：

```
#1. 数据集的准备
#1.1 下载数据集
train_data = torchvision.datasets.MNIST(
    root = "data",          #表示把 MINST 保存在 data 文件夹下
    download = True,        #表示需要从网络上下载。下载过一次后,下一次就不会再重复下载了
    train = True,           #表示这是训练数据集
    transform = torchvision.transforms.ToTensor()
                            #把数据集中的数据转换为 Tensor 类型
)


#测试数据集
test_data = torchvision.datasets.MNIST(
    root = "data",
    download = True,
    train = False,          #表示这是测试数据集
    transform = torchvision.transforms.ToTensor()
)
#1.2 创建两个数据加载器,作为模型训练的基础
train_dataloader = DataLoader(train_data, batch_size = 128, shuffle = True)
test_dataloader = DataLoader(test_data, batch_size = 128, shuffle = False)
```

这一部分代码中需要重点说明的有以下两点：

- torchvision 提供的 datasets 模块就提供了数字手写体的数据集（MNIST）的接口。通过调用该接口，获取训练数据十分方便，实时下载，大约 1 min 内即可完成。其中，需要注意的是，测试数据集的 test_data 获取也是通过相同的方式，只不过将 train 的参数改为 False 即可。

- 在深度学习模型的训练中，由于数据量通常较大，例如本数据有 1 000 多条；为了提高效率，通常要将较大数据集分成小批量数据，从而以 batch 的方式处理。这里的 batch 表示一次处理多少数据。因此，第二步就是这个目的。

（2）构建神经网络。这里希望构建 CNN，因为它能够通过卷积核的操作，提取出一

些更优越的特征。神经网络的搭建代码如下：

```
#引入必要的模块
import torch
import torch. nn as nn


#定义卷积神经网络类
class RLS_CNN(nn. Module):
    def __init__(self):
        super(RLS_CNN, self). __init__()
        self. net = nn. Sequential(
            #输入、输出通道数,输出通道数是为了提取特征
            nn. Conv2d(in_channels =1, out_channels =16,
                    kernel_size = (3, 3),          #卷积核尺寸
                    stride = (1, 1),               #卷积核每次移动多少个像素
                    padding =1),                   #原图片边缘加几个空白像素
                                                   #输入图片尺寸为 1 × 28 × 28

            #第一次卷积,尺寸为 16 × 28 × 28
            nn. MaxPool2d(kernel_size =2),
            #第一次池化,尺寸为 16 × 14 × 14
            nn. Conv2d(16, 32, 3, 1, 1),
            #第二次卷积,尺寸为 32 × 14 × 14
            nn. MaxPool2d(2),
            #第二次池化,尺寸为 32 × 7 × 7
            nn. Flatten(),
            nn. Linear(32* 7* 7, 16),
            nn. ReLU(),
            nn. Linear(16, 10)
        )

    def forward(self, x):
        return self. net(x)
```

在 PyTorch 中，关于网络结构的定义是通过类的方式完成的。因此，一般将上述代码
单独放在一个文件中，比如以 module 命名的 .py 文件。这样就可以方便在使用时，通过
import 方式引入。这段代码需要重点说明的地方如下：

- PyTorch 定义神经网络的模块是 torch. nn。因此，在最开始的位置，除了引入 torch，
  还应该引入 torch. nn。
- 深度神经网络的定义主要就是通过 Sequential() 接口实现，这里我们搭建了两层卷
  积操作的 CNN 网络，其目的是提取更好的特征，而池化则是为了进一步降低数据
  的维度。由于该数据集就是 0 ~ 9 个数字，因此，该模型的输出层是 10 个神经元。
  经过第二次池化操作后，应该再将这些计算图的结果转化成特征向量的形式，再
  经过激活函数 ReLU，最终输出每个类别的概率。这个网络的学习方式是前向
  传播。

至此，神经网络的定义算是完成了。接下来，就该去训练模型了。

（3）训练神经网络模型。这一步，又要回到第（1）步中数据集准备的文件，继续看下面的代码：

```
#3. 训练模型
#3.1 实例化模型
model = RLS_CNN()
#3.2 交叉熵损失函数
loss_func = torch.nn.CrossEntropyLoss()
#定义优化器
optimizer = torch.optim.SGD(model.parameters(), lr=0.2)

#3.3 定义训练次数
cnt_epochs = 10    #训练10个循环
#循环训练
for epoch in range(cnt_epochs):
    #把训练集中的数据训练一遍
    for imgs, labels in train_dataloader:
        outputs = model(imgs)
        loss = loss_func(outputs, labels)
        optimizer.zero_grad()    #注意清空优化器的梯度,防止累计
        loss.backward()
        optimizer.step()

    #用测试集测试一下当前训练过的神经网络
    total_loss = 0    #保存这次测试总的 loss
    withtorch.no_grad():    #下面不需要反向传播,所以不需要自动求导
        for imgs, labels in test_dataloader:
            outputs = model(imgs)
            loss = loss_func(outputs, labels)
            total_loss += loss    #累计误差
    print("第{}次训练的 Loss:{}".format(epoch + 1, total_loss))

#保存训练结果(包括模型和参数)
torch.save(model, "my_cnn.nn")
```

对上述代码做如下说明：

- 由于前面通过类定义的神经网络，在使用时，需要通过实例化操作，建立一个具体的模型对象。这样才能去完成该对象的相关训练。
- 关于模型的训练需要定义损失函数和优化器来进行单个优化和整体优化，从而保证能够训练出一个较好的模型。
- 通常情况下，深度神经网络的模型，需要通过多轮循环训练，才能找到最佳模型。预测结果和真实结果的总体误差逐步缩小，最后降低至 0 附近，就说明找到了合适参数对应的最佳模型。
- 为了在测试数据集上验证模型的训练效果，PyTorch 的 torch 模块提供了对模型的保

存。这里是针对含参数的模型，与模型的定义不同。注意该模型将单独保存在 .nn 的文件中，只有 torch 模块可以解读该模型。

观察图 5.16 可知，训练 10 轮就够用了，因为在第 8 轮以前，Loss 的确是在不断降低，第 9 轮稍微有些回升，因此，选择就此停止训练。

（4）测试神经网络模型。一般来说，PyTorch 鼓励再新建一个 test.py 文件，专门用于在测试数据集上验证上一步训练好的模型的效果。具体代码如下：

```
第1次训练的Loss:16.651012420654297
第2次训练的Loss:10.110952377319336
第3次训练的Loss:8.824002265930176
第4次训练的Loss:8.171521186828613
第5次训练的Loss:7.939874649047852
第6次训练的Loss:7.5146260261535645
第7次训练的Loss:7.233800088806152
第8次训练的Loss:6.952933311462402
第9次训练的Loss:7.129824638366699
```

图 5.16　训练结果

```python
#4. 测试神经网络的效果
#4.1 读取保存的神经网络模型和参数
model = torch.load("my_cnn.nn")
#4.2 构造 Dataset
class MyTestSet(Dataset):
    def __init__(self):
        self.transform = transforms.Compose([
            #transforms.Grayscale(),
            transforms.ToTensor()
        ])
        self.data = []
        self.labels = []
        for digit inrange(10):
            fori in range(50):
                path = "../data/test_data/{}/{}.bmp".format(digit, i)
                img = Image.open(path)
                img = self.transform(img)
                self.data.append(torch.unsqueeze(img[3], dim=0))
                self.labels.append(digit)

    def __len__(self):
        returnlen(self.data)

    def __getitem__(self, idx):
        return self.data[idx], self.labels[idx]


#4.3 实例化测试数据集
test_set = MyTestSet()
test_dataloader = DataLoader(test_set, batch_size=5, shuffle=False)
#4.4 测试效果
yes = 0
no = 0
for data, label intest_dataloader:
    out = model(data)
```

```
    fori in range(5):
        if(out[i].argmax() = = label[i]):
            yes + = 1
        else:
            no + = 1
print(yes, no)
print(yes/(yes + no))
```

针对上述代码做出如下说明：

- 借助 torch 模块的 load 接口，加载上一步的模型。
- 这里训练数据集需要单独通过一个类构造一下，因为这是一个单独的文件，所以无法直接使用第（1）步创建的训练集，这里一定要注意理解。该测试数据集中是 10 个文件夹，每个文件对应相应名字的类别，并且每个文件夹有 50 张手写体图片。
- 基于上一步建好的类，当然还要实例化，并且也要借助 DataLoader 创建数据的读取方式。
- 查看效果，基于模型预测出的正确标签的数据和错误标签的数据的数量，得到该模型的评价。

最后，我们可以对比一下上一节的案例和本节的案例，看一下 Keras 和 PyTorch 在搭建深度神经网络的不同用法。这里简单做一个总结，见表 5.8。

表 5.8　Keras 和 PyTorch 在深度学习模型中的比较

名称	编程理念	是否能够输出中间计算题的结构	计算单元	是否支持公共数据集的下载	是否支持 CPU 和 GPU 模式	效率
Keras	函数式定义网络，简单易懂	否	张量	是	是	较慢，比 Tensor-Flow 要慢
PyTorch	采用面向对象类的方式创建神经网络，可读性和可维护性更高	是	张量	是	是	较快

乍一看表 5.8，发现两者相似点很多，似乎看不出孰优孰劣。其实对于创建一些不太复杂的网络模型来说，两者都还可以。除非要创建的模型十分复杂或者对效率有很高的要求。

至此，关于语音识别算法中常用的 Python 包、库和模块就介绍完了。

本章小结

本章主要对本书后续算法实践中要用到的 Python 包、模块和库进行了简要介绍。这些模块可用于语音信号的图形化表示和预处理，还可以对图形化表示的信号进行计算和变换，这些都是语音识别中不可或缺的重要实践环节。除此之外，本章中所讲的用于机器学习和深度学习的重要的 Python 库和框架，后续分类算法的学习也少不了它们。所谓具备算法设计的能力，不仅仅是懂得算法和模型的理论设计，还必须将它们利用编程工具实现，从而在数据集上去训练和验证模型的好坏。

虽然语音识别的模型复杂，涉及的算法众多，借助本章介绍的工具包，省去了自己从头到尾编写每一行程序的麻烦，可以调用已有的接口，实现同样的效果。这给使用者和研究者带来了极大的便利，可以腾出更多精力去做实验，去做创新的工作。当然，对于初学者，Python 的友好也可以让你感受到一点儿温度。

从下一章起将正式介绍语音识别中处理流程的常用算法。

第6章 数据预处理

假设已经收集好了待识别的语音数据，收集的方式可以是自行录音或下载公共数据集。有了这些数据，便可以设计算法用于分析和处理数据，直到实现语音转文字的最终目标。

一般来说，在以机器学习为基础的语音识别系统中，算法设计的主要任务包括以下三个：

（1）数据预处理，其任务是对原始语音数据的变换处理、噪声的过滤和端点检测信号。

（2）特征提取，其目的是在增强后的信号基础上，提取一些重要的特征属性，对语音信号进一步降维，降维后的特征数据将作为机器学习算法的输入。

（3）分类，在特征数据基础上，分类算法将给出具体策略，目的是找到最佳的语音和文本的对应关系，从而实现对应文字的输出。

从本章开始，将围绕上述三大任务，对每个任务中用到的主流算法的设计思路和基于Python 的代码实现展开详细介绍。本章将先从数据预处理出发，带领读者探索预处理中常用的算法和设计思想。

6.1 语音信号分析基础

从数学角度来看，语音信号是一个随时间变化的非平稳随机过程。这说明语音信号具有很强的时变性。但实际上，人的发声器官受肌肉惯性的影响，很难从一个状态瞬间转移到另一个状态（这里的状态比音素要大），也就是说，在短时间内其特性可以视为稳定不变的。这为语音信号的分析提供了坚实的基础，其中衍生出的技术叫作短时分析。所谓短时分析，是指对原始语音信号的参数化分析是建立在短时间内的参数变换，这里的短时一般指 10 ~ 40 ms。

要理解短时分析技术，先要了解两个基本概念：分帧和加窗。

1. 分帧

一般来说，原始音频的采样率是很高的，例如 1 s 采集 22 050 个数据点。但在一个很短的时间段内，语音信号的基本特性不会发生较大的变化，这说明语音信号具有短时平稳性。短时分析技术正是利用这一特性，将语音信号拆分成一小段一小段来处理，这里的一小段就是一帧，对应着 10 ~ 40 ms 内的一组采样点。

另外，为了尽可能保证原始信息不丢失，相邻帧之间通常还需要一定的交叠部分，这可以通过设置当前帧与上一帧的重叠率（或称为帧移）实现。例如，0.5 表示50% 的重叠率，0.75 则表示 75% 的重叠率，帧移是具体的样本数，一般是完整样本数的一倍或 75%。

2. 加窗

分帧之后的数据还应经过加窗处理成周期性信号。从数学上来看，加窗操作是在分帧操作得到若干个信号片段的基础上，将每个信号片段中的采样点与窗函数的对应值做乘法。

假设原始语音信号为 $s(n)$，窗函数为 $w(n)$，那么分帧的计算方式为

$$s_w(n) = s(n) * w(n) \tag{6-1}$$

对于窗函数的选择不能随意，它必须要满足如下两个条件：

（1）通过加窗操作，使得分帧后的信号在全局上保持连续性，这是为了不改变原始信号。

（2）应使得窗口内的信号具有周期性，避免频率泄露的发生，这是保证提取频率信息时不会发生频率丢失。

在语音识别中，常用的窗函数包括矩形窗、汉明窗和海宁窗，其数学式分别为

$$w(n) = \begin{cases} 1, & 0 \leq n \leq N-1 \\ 0, & \text{其他} \end{cases} \tag{6-2}$$

$$w(n) = \begin{cases} 0.54 - 0.46\cos\dfrac{2\pi n}{N-1}, & 0 \leq n \leq N-1 \\ 0, & \text{其他} \end{cases} \tag{6-3}$$

$$w(n) = \begin{cases} 0.5\left(1 - \cos\dfrac{2\pi n}{N-1}\right), & 0 \leq n \leq N-1 \\ 0, & \text{其他} \end{cases} \tag{6-4}$$

接下来，通过两个示例，介绍窗函数的形状及分帧操作的用法。

【示例 6-1】 三个窗函数的图形化绘制

该示例根据窗函数的数学描述和加窗处理的含义，利用绘图工具绘制三个窗函数的图形。该过程十分简单，只包括三个主要步骤。

```
#1. 引入必要的包
import librosa
import matplotlib.pyplot as plt
import numpy as np
#2. 图形中的文字显示
plt.rcParams['font.family'] = ['sans-serif']
#准备样本数据
N = 32
nn = [i for i in range(N)]
#第一种窗函数
plt.subplot(3, 1, 1)
plt.stem(np.ones(N))
plt.tight_layout()
plt.title('(a)矩形窗')
#第二种窗函数
w1 = 0.54 - 0.46 * np.cos(np.multiply(nn, 2 * np.pi) / (N - 1))
plt.subplot(3, 1, 2)
```

```
plt.stem(w1)
plt.tight_layout()
plt.title('(b)汉明窗')
#第三种窗函数
w2 = 0.5 * (1 - np.cos(np.multiply(nn, 2 * np.pi) / (N - 1)))
plt.subplot(3, 1, 3)
plt.stem(w2)
plt.title('(c)海宁窗')
plt.tight_layout()
#3. 保存三个函数的图形
plt.savefig('window.png')
plt.close()
```

在【示例 6-1】的代码中，需要说明的步骤如下：

（1）要使用现有 Python 包中的接口，必须要先引入相应的包，因此，第 1 步引入了 Librosa、Numpy、MatPlotlib。

（2）因为要显示中文的图例，因此，需要单独做一个设定，将图例中的标题的字体设定为 sans-serif。另外，要准备一组随机产生的样本数据，其长度为 32，示例中是利用 for 循环产生的从 1 到 31 的整数。

（3）关于三种函数的实现，其中规定窗长和样本数据的长度一样，都是 32。第一个窗函数的实现十分简单，就是所有的值都为 1。第二和第三个窗函数则是根据公式（6-3）和公式（6-4）计算得到的。为了更好地展示效果，采用 matplotlib 的绘图接口，绘制出每一个窗函数的形状，并将其以列的组合形式表示，即三行一列的组图。

（4）将三个函数的组图保存为 window.png。

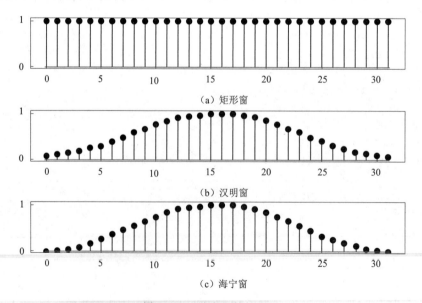

图 6.1　三种窗函数的图形

观察图 6.1 可知，汉明窗和海宁窗的作用是十分相似的，都是为了尽可能保持中间大部分原始信号，同时抑制两端的信号。如果仔细观察，能够看出两个窗函数在两侧的形状稍有不同，其中海宁窗对两侧的数据抑制得更厉害一些。不过也无须担心，通过重叠信号中帧移的设定，下一帧还是可以保持原始信号的。

【示例 6-2】语音信号的分帧操作

本示例首先读取一个音频文件，通过设置窗函数所需的参数，实现对语音信号的分帧操作，最后为了看到效果，将分帧后的信号以图形化方式展示。整个过程可以分解为五个核心步骤，具体见如下代码：

```python
#1. 引入必要的包
import librosa
from scipy.io import wavfile
import numpy as np
import matplotlib.pyplot as plt
#2. 对图形中的字体和坐标值做一些设定
plt.rcParams['font.family'] = ['sans-serif']  #图形中的文字字体设定
plt.rcParams['axes.unicode_minus'] = False    #坐标值显示负数
#3. 定义分帧函数
##输入:允许接收指定形式的输入信号 x,并对窗函数的窗长 win 和重复帧数 inc 设置
##输出:信号与窗函数计算后的结果
def enframe(x, win, inc=None):
    nx = len(x)
    if isinstance(win, list):
        nwin = len(win)
        nlen = nwin   # 帧长 = 窗长
    elif isinstance(win, int):
        nwin = 1
        nlen = win  # 设置帧长
    if inc is None:
        inc = nlen
    nf = (nx - nlen + inc) // inc
    frameout = np.zeros((nf, nlen))
    indf = np.multiply(inc, np.array([i for i in range(nf)]))
    for i in range(nf):
        frameout[i, :] = x[indf[i]:indf[i] + nlen]
    if isinstance(win, list):
        frameout = np.multiply(frameout, np.array(win))
    return frameout

#4. 读取音频文件,调用分帧函数,并针对每一帧的信号绘图
fs, data = wavfile.read('audio/mono_hello.wav')
inc = 100
wlen = 200
#print(data.shape)
en = enframe(data, wlen, inc)
i = input('起始帧(i):')
i = int(i)
```

```
tlabel = i
plt.subplot(3, 1, 1)
x = [i for i in range((tlabel - 1) * inc, (tlabel - 1) * inc + wlen)]
plt.plot(x, en[tlabel, :])
plt.xlim([(i - 1) * inc + 1, (i + 2) * inc + wlen])
plt.tight_layout()
plt.title('(a)当前波形帧号{}'.format(tlabel))

plt.subplot(3, 1, 2)
x = [i for i in range((tlabel + 1 - 1) * inc, (tlabel + 1 - 1) * inc + wlen)]
plt.plot(x, en[i + 1, :])
plt.xlim([(i - 1) * inc + 1, (i + 2) * inc + wlen])
plt.tight_layout()
plt.title('(b)当前波形帧号{}'.format(tlabel + 1))

plt.subplot(3, 1, 3)
x = [i for i in range((tlabel + 2 - 1) * inc, (tlabel + 2 - 1) * inc + wlen)]
plt.plot(x, en[i + 2, :])
plt.xlim([(i - 1) * inc + 1, (i + 2) * inc + wlen])
plt.tight_layout()
plt.title('(c)当前波形帧号{}'.format(tlabel + 2))
#5. 将所有图形结果保存
#plt.show()
plt.savefig('enframe.png')
plt.close()
```

【示例 6-2】中的主要代码说明如下：

（1）在最开始处引入需要用到的 Python 包和库，包括 Librosa、Scipy、Numpy、MatPlotlib。

（2）第 2 步中对图形的绘制做一些设定，这里是对标题的文字和坐标轴的数值进行了设定。文字的字体采用最常用的 sans-serif，坐标轴的负数应该显示负号。

（3）第 3 步中定义了一个分帧函数 enframe()，此时，采用的分帧函数是矩形窗，该函数接收的参数有三个，其中 x 是语音的时序序列，类型是一维数组；win 是窗长的设定，就是一个窗口内多少个样本参与窗函数的计算；inc 是对相邻帧之间的重叠率的设定，这里采用的是样本个数。函数内是具体的计算过程，就是按照前面介绍的数组之间的乘法运算展开的，最后输出的是分帧后的一维数组。

（4）第 4 步中为了调用分帧函数，首先读取特定的音频文件 mono_hello.wav，获取所有数据 data，并对分帧函数需要的 win 和 inc 进行设定，其中 inc = 100，表示重叠率是 50%。然后为了展示效果，允许输入起始帧的编号，运行时，输入的是 10，然后连续输出 10、11、12 分帧后的三帧信号。需要特别指出的是，由于 mono_hello.wav 是人为录制的音频，其中前面几帧是静音信号，因此，加窗后是一条直线，但是为了展示不同信号的分帧结果，起始帧为第 10 帧。

关于语音信号的提前分析

这里的加窗运算是两个一维数组之间的运算。默认情况下，Librosa 录制的音频是双声道的，因此，原始语音信号是矩阵形式的，第一维是语音信号，第二维则是信道的编号。但是针对【示例 6-2】中的分帧操作的实现，就需要额外将双声道的信号转换成单声道，这样才能满足 enframe() 函数的输入参数要求，否则，程序可能会报错。

另外，关于从第几帧信号开始展示，也需要通过在播放器中查看语音信号从何时开始，要避开前几帧的静音信号。

上述这些前期分析是必要的，需要对音频文件有一个较为基础的认识。

（5）第 5 步中将三帧信号的组图保存在本地。具体参考图 6.2。结合图 6.2 可知，每帧信号的长度的确是 200，比如图 6.2（a）中的信号是从 900～1 100 的样本。其中，900～1 000 个样本的值是静音信号，即图 6.2（a）中表现为 0 的信号。而后续随着语音信号的变化，开始得到不一样的形状。

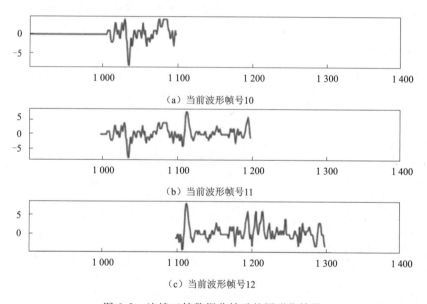

（a）当前波形帧号10

（b）当前波形帧号11

（c）当前波形帧号12

图 6.2　连续三帧数据分帧后的图形化结果

短时分析技术是语音识别中一项很重要的技术，它不仅体现了语音信号的短时平稳特性，同时还对下一步参数化的分析提供了强有力的理论支撑。

下一节将要介绍语音信号的参数化分析，这可以从原始的信号中获取更多有用的信息。

6.2　语音信号的参数化分析

语音信号分析的第一步就是参数化分析，它是指将音频文件中的声音信号表示成指定范围内的参数形式。根据参数所采用的变换方式不同，常见的变换分析包括时域分析、频域分析和倒谱分析。由于语音信号本身就是时域信号，因此，时域分析是最早使用且应用最广的一种分析方法。另外，两种分析技术则是以时域分析为基础，对语音信号更深一步的分析方法。

6.2.1 时域分析

时域变换是指将原始语音数据描述成随时间变化而变化的振幅序列。

为了获取语音信号的振幅时间序列，需要知道采样率 sample rate，即每秒获取多少个样本点。同时，原始数据是采用二进制表示的，需要将其转换到一个特定范围，最常见的做法是获取原始数据的最大值 max 和最小值 min，然后取（最大值 − 最小值）÷2 作为振幅的最大值。另外，还需要规定保留多少位小数，比如 8 位或 16 位。这个过程是一种对语音信号的参数化表示，即原始数据被表示为特定范围的参数值。

在时域分析中，采用的参数是振幅（amplitude）和时间（time），时间的单位是秒。由于具体数值的不同，振幅的取值范围可以是（−1~1）或者（−0.5~0.5）以内的浮点数，小数点的位数也需要人为规定。将声音信号的幅值与时间的关系以图形的方式描绘出来，就是我们熟知的波形图（waveform），也称为声音的时间序列。

下面来看一个波形图生成的简单示例，了解一下语音信号的时域分析中参数设定的重要性。

【示例 6-3】语音信号的定制化波形图绘制

本示例通过调用语音识别库 Librosa 中的 load() 函数，实现对 hello. wav 的音频文件的加载，并将其幅度值随着时间变化的序列以波形图的方式进行展示；具体实现代码如下：

```
import librosa
import matplotlib.pyplot as plt
#1. 加载音频文件
file_path = 'audio/hello.wav'
y,sr = librosa.load(file_path,sr =11025,offset =0.08,duration =0.4)
#2. 绘制图形
plt.figure()
#3. 以波形图显示
librosa.display.waveplot(y, sr)
plt.title('Waveform')
```

在【示例 6-3】的代码中，需要特别说明的内容如下：

（1）调用 Librosa 库的 load() 接口，它允许重新设定参数，以获得定制化的语音信号的时间序列。这里传入四个参数：file_path（音频文件路径）、sr（采样率）、offset（在此时间之后开始读取）和 duration（加载的音频时长）。需要特别指出的是 offset 的意义，默认情况下为 0.0，这里设置为 0.08 秒，因为事先知道该语音的前 0.08 秒属于静音信号。

（2）绘制波形图的 waveplot() 接口不是直接在 Librosa 库中，而是在其子模块 display 中，因此，需要先引用 display 模块，然后再引入 waveplot()。通过传入时间序列 y 和采样率 sr，从而得到语音信号对应的波形图。

上述代码结果的波形图如图 6.3 所示。当我们修改 load() 中的参数 sr = 8 000 时，可以得到如图 6.4 所示的波形图。

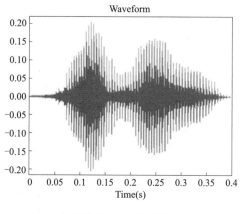

图 6.3 sr = 11 025

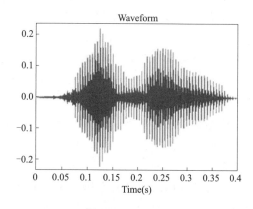

图 6.4 sr = 8 000

图 6.3 中纵坐标的范围是由接口设定的，也就是 Librosa 中的 load()方法和 waveplot()方法。它们默认是根据原始信号中的最大值和最小值计算出来，观察图可知，该段语音信号的幅度值范围在（-0.2, 0.2）。当幅度值 = 0.0，表示静音，其值离水平 x 轴越远，就表示声音越响。

另外，采样率（sr）的取值不同，意味着选取不同数量的样本点。在同样时间长度内，sr 越大，表示获取的样本数越多。对比图 6.3 和图 6.4 中纵坐标的单位标尺可以看出，前者的数据量比后者多。另外，也可以直接输出 y 的形状，检查两者的具体数据。检查形状的代码如下：

```
>>y. shape
```

图 6.3 的输出结果为 4410，它表示一个长度为 4410 一维数组，其中的 4410 是通过 sr × duration 得到的。

类似地，图 6.4 的输出结果 3200，它表示一个长度为 3200 一维数组，其中的它是通过 sr × duration 得到的。

实际上，Librosa 提供的绘制 waveform 的变换算法还可以是其他参数，包括 mono（是否转换为单通道）、offset（读取起止时间）和 duration（加载音频时长）等。这样就可以生成特定参数的波形图。

关于生成波形图参数的选择

如果你对如何设定合适的参数感到困惑，这里给出经验供你参考。

第一，采样率的设定需要根据具体情况来定，比如原始 PCM 格式音频文件的采样率通常为 22 050 Hz 或 44 100 Hz，而人发出的语音信号一般在 8 000 Hz 以下，因此，为了保留重要数据且节省分析的数据量，可以人为地将采样率截取为 8 000 Hz 再输出。如果读者在做鸟类声音方面的研究，则应该考虑将采样率设定为 11 000 Hz 比较合理。总之，不同的发音对象产生的最高频率是有一定差别的，原则是保证重要信号不丢失的同时还要尽可能地减少数据量。

第二，关于单/双通道的选择。单/双通道是指录音时麦克风的设定，以常见的左右声道的麦克风为例，录制的 PCM 格式的音频数据多数是双通道。而在分析语音数据时，并不总是需要对两个通道的数据分别进行重复分析，因为两者的区别不是十分明显，比如在一个安静的环境中录制的音频，左耳和右耳听到的声音信号都是一样的。通过笔者之前做过的观察实验发现，两个通道只在时间延迟上有很小的区别，信号值的分布几乎是一样的。所以，可以选择任意一个声道即可。

除非你研究的是说话人声音方向的声音分析，这时可能需要考虑左右两个声道，以获取更全面的信息。

语音信号的时域分析在语音识别的处理中是最基本的分析方式。为了从原始数据中获取有用的信息，时常需要在不损失原有信号的前提下，将原始数据变换到一个其他空间或范围内的参数化表示，比如本节提到的时间—幅度的表示，它代表信号随着时间幅度值在不断发生变化，幅度就是声音的响度。

由于时域变换产生的波形图的表示十分直观，早期语音识别的分析常常是建立在波形图的基础之上。但是，由于该方式无法提供频率信息，而频率信息对于语音信号的分析又十分重要，因此，下一节将介绍频域分析技术，看看这种方式又能提供哪些有用的信息。

6.2.2　频谱分析

实际上，语音的特性除了时域分析中提到的幅度（即声音的响度），更重要的是频率（音高）。一般来说，女士的声音比男士的声音要尖一些，这说的就是女士的音高比较高，而音高对应到信号的分析参数是频率。

对于语音识别来说，根据人耳的感知器官的特性可知，听者对语音的理解主要是建立在频率上，因此，分析频率信息显得尤为重要。从应用角度来说，频率所反映的信息更加丰富，比如基频和共振峰等信息，可以用于分辨元音和辅音的发音。

为了获取语音信号的频率信息，一种方式是借助傅里叶变换，将信号的时域表示转化到频域。傅里叶变换的思想是将时域表示的信号序列，展开成周期性的傅里叶级数形式，从而获取到具有不同周期性质的波形的振幅和相位，得到频率的参数表达。

频域分析描述的是频率和幅度之间的关系，其中，频率是横坐标，幅度是纵坐标，得到的图形化表示称为频谱图（spectrum）。因此，这里的参数是幅度和频率。这里的幅度实际是所有频率分量的功率谱，其计算方式有线性振幅、对数振幅和分贝振幅三种；其中：

- 线性振幅是通过傅里叶级数得到的振幅的平均值计算得到的，通常记作 A，它的缺点是不易于理解；
- 对数振幅是对线性振幅 A 作了对数计算 $\log_{10} A$，它的好处是符合人耳听力的习惯；
- 考虑到人类比较易于理解的是以分贝为单位的量值，所以，通过对数振幅的演化计算 $20\log_{10} A$，将其转换为 dB 单位即可通过。这样得出的结果便于理解声音，这种参数化表示也十分常见。

实际上，频域分析得到的频率信息更为关键，结合图 6.5 所示的频谱图可知，该图形是一个包含两个峰值的曲线图，两个峰值对应的横坐标表示，这段声音是由这两种主要频率组成的，其他频率可以忽略。另外，图 6.5 中的纵坐标是幅度的对数表示，由于原始时域信号的幅值比较小，经过 log 变换后，它们都变成了负数。

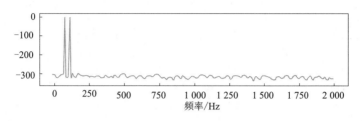

图 6.5　频谱图示例

幅度和幅度谱的区别

在时域分析的波形图中，纵坐标是振幅，它表示的是由声音产生的压强相对于标准大气压的比值，有时也把它称为声音的能量。

对于通过频域分析得到的频谱图，纵坐标的振幅是通过傅里叶变换得到的，它反映信号在不同频率分量的幅度。在语音分析中，多数情况下，频谱图的生成是依靠工具来完成的，所以，对于它的计算过程无须太在意。我们更在意的还是频率的峰值对应的横坐标。

接下来用一个示例展示如何通过傅里叶变换获得信号的频谱表示。需要特别说明的是，本示例中分析的声音信号不是一段语音数据，而是通过代码产生的模拟声音信号，其目的是找到频谱的意义。本示例如果采用一段真实的语音信号，那么，其对应的频谱将十分复杂，导致读者难以理解频谱的意义。

【示例 6-4】一段模拟声音信号的频谱分析

本示例的目的是展示频域分析的过程，主要通过三个步骤实现：

（1）借助 Numpy 生成一组模拟声音信号，该信号尽可能由简单的基础频率组成。

（2）为了说清楚频谱分析的过程，中间大量代码旨在通过傅里叶变换（FFT）得到振幅谱。

（3）为了比较波形图和频谱图的不同，绘制对应的图形。

```
import numpy as np #导入一个数据处理模块
import pylab as pl #导入一个绘图模块,matplotlib 下的模块
matplotlib.rc("font",family = "SimHei") #显示中文
matplotlib.rcParams['axes.unicode_minus'] = False # 显示负号

#1. 生成一段模拟声音信号
sampling_rate = 8000 #采样频率为 8000Hz
fft_size = 512 #FFT 处理的样本长度
#np.arange(起点,终点,间隔):产生 1s 长的取样时间
t = np.arange(0, 1.0, 1.0/sampling_rate)
```

```
# 两个正弦波叠加的信号
x = np.sin(2* np.pi* 156.25* t) + 2* np.sin(2* np.pi* 234.375* t)
#2.1 对取样数据做 FFT,得到振幅值
xs = x[:fft_size]# 从波形数据中取样 fft_size 个点进行运算
xf = np.fft.rfft(xs)/fft_size #对这些样本点做 FFT
#2.2 将原始的振幅转化为对数级别
xfp = 20* np.log10(np.clip(np.abs(xf), 1e-20, 1e100))
#2.3 准备横坐标的频率序列
nums = int(fft_size/2 +1)
stop = int(sampling_rate/4)
freqs = np.linspace(0, stop = stop, num = nums)
#3. 绘制波形图和频谱图
pl.figure(figsize = (8,4))
pl.subplot(211)
pl.plot(t[:fft_size], xs)
pl.xlabel(u"Time(S)")
pl.title(u"156.25Hz and 234.375Hz WaveForm And Frequency")
pl.subplot(212)
pl.plot(freqs, xfp)
pl.xlabel(u"Freq(Hz)")
pl.subplots_adjust(hspace = 0.4)
pl.show()
```

在【示例 6-4】的代码中，需要特别说明的内容如下：

（1）第 1 步中为了更好地展示频谱分析是如何从时间序列的波形图中获取频率信息的，该示例人为地生成了由两个频率为主的正弦波信号，生成的过程十分简单，就是定义了该信号是由 156.25 Hz 和 234.375 Hz 两个基础频率的叠加正弦波。

（2）第 2.1 步中为了计算频谱图的振幅，通过 np.fft.rfft()函数进行 FFT 计算，其中的 rfft()函数对实数部分的计算更为便利。该函数将返回 fft_size/2 +1 个复数，分别表示从 0Hz 到 sampling_rate/2Hz 的分量。为了得到最终的线性频率坐标，通过 np.linspace()函数得到 xf 下标对应的真实频率。

（3）第 2.2 步中是显示的频谱图的幅度值，选择以 dB 为单位，因此，要通过 20 × np.log10()函数对其转换计算。同时为了防止 0 幅值的成分造成"log10"无法计算，调用了 np.clip()函数对 xf 的幅值进行上下限的处理。

（4）第 2.3 步是为了得到频率的信息，即获得横坐标的值。

（5）第 3 步中为了绘制波形图和频谱图，可以通过 plot()方法传入合适的 x 轴和 y 轴的坐标值，就得到正确的图形了。

若代码一切运行正常，会生成图 6.6 所示的波形图（上）和频谱图（下）。在频谱图中，横坐标是傅里叶变换后的线性频率（frequency），纵坐标是以 dB 为单位的振幅（amplitude）。

从图 6.6 中的频谱图不难看出，大约在 frequency = 156 Hz 和 frequency = 234 Hz 两处对应的振幅值是最高的，这说明这段模拟信号是由这两种主要频率叠加而成的正弦波构成，也就是两种信号，这与实际情况相符。

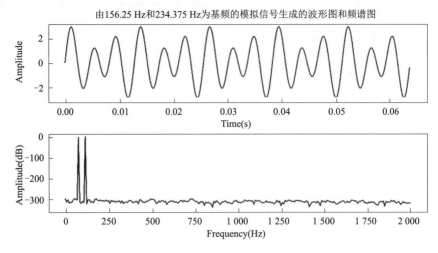

由156.25 Hz和234.375 Hz为基频的模拟信号生成的波形图和频谱图

图 6.6 基频在波形图和频谱图中的表现

接下来我们看一段真实语音信号的频谱图绘制，主要目的是展示真实语音信号对应频谱图的复杂性及不确定性。

【示例 6-5】 一段真实语音信号的频谱图绘制

本示例读取的数据是一段真实的语音文件，由于主要实现思想与【示例 6-2】类似，这里不再赘述；具体实现代码如下：

```python
import numpy as np#导入一个数据处理模块
import matplotlib
import librosa
import matplotlib.pyplot as plt
from scipy.fftpack import fft
matplotlib.rc("font",family = "SimHei") #显示中文
matplotlib.rcParams['axes.unicode_minus'] = False # 显示负号


# 1. 加载一个音频文件
file_path = 'audio/hello.wav'
x,sr = librosa.load(file_path,sr = 8000,offset = 0.08,duration = 0.4)


# 2. 对时域信号做快速傅里叶变换
ft = fft(x)
# 2.1 获取幅度和频率
magnitude = np.absolute(ft)   # 对 fft 的结果直接取模(取绝对值),得到幅度 magnitude
frequency = np.linspace(0, sr, len(magnitude))  # 具体值为(0, 16000, 121632)


# 3. 绘制图形,横坐标是 frequency,纵坐标是幅度 magnitude
plt.plot(frequency, magnitude)
plt.title("频谱图(spectrum)")
plt.xlabel("Frequency(Hz)")
plt.ylabel("Amplitude(dB)")
plt.show()
```

在【示例6-5】的代码中，需要特别说明的内容如下：

（1）第2步是对整个语音信号 x 做傅里叶变换，这一点与【示例6-5】有所不同，它是采用分帧思想，每次傅里叶变换都是在长度为512的窗口内进行的。正是由于这个步骤不一样，本案例得到频率范围是［0,8 000］Hz，幅度值也变成了正值。不过，如前所述，纵坐标的分布范围对语音信号的分析影响不大。

（2）本示例中频谱图的纵坐标对应着振幅，这里采用的是线性刻度，并没有对其进行对数运算。这样做是为了和下一节的时频谱图做对比说明。

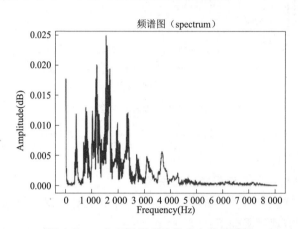

图 6.7　一个实际语音片段产生的频谱图

本示例中的音频是"hello"单词的发音，仔细观察图6.7不难发现，这段语音很难看出对应着两个元音的发音，相反能够看出的是多个频率成分组成的基频，其中排在前几位是1 600 Hz、1 150 Hz、0 Hz、850 Hz、350 Hz等。假设一个频率对应一个状态，hello 的发音主要由 [h]、[e]、[l] 和 [əʊ] 等音素组成，而基频得到了五个，说明该语音信号的复杂性。其中3 000 Hz 有可能是噪声信号，也可能对应辅音 h。

对整体信号，还是基于分帧后的信号做傅里叶变换

如果你观察足够仔细，关于【示例6-4】和【示例6-5】的区别，除了输入的信号是人为产生的模拟信号和真实含噪的语音信号外。其实，在做傅里叶变换时接收的输入信号也有所不同。【示例6-5】的 fft 变换接收的是完整的语音时序信号，而【示例6-4】的 fft 接收的则是分帧后的信号，也就是说，fft 基于分段的语音信号所做的分析。

之所以给出两种不同的输入信号，是为了做对比研究，在许多工程实践中，基于短时分析技术的傅里叶变换更好一些，因为这能体现语音信号的短时平稳特性。产生的结果也比较简单易懂。相比之下，对整个信号做频域变换，得到的结果则显得杂乱无章，对主要基频的分析显得十分费力。

和时域分析相比，频域分析提供了另一种观察语音信号的角度。其最大的特点是从频率的角度表示信号。转换的方式是通过傅里叶变换做到的，在转换时，由于忽略了时间信息，导致主要频率的先后关系无法看出，也就很难找到发音的音素和频率之间一一对应的关系。也就是我们不知道哪个频率先出现，哪个频率后出现，无法和正常的发音音素构成

相应的关系。为了弥补这一缺陷，就有了后来加入时间轴的倒谱分析。

下一节将介绍如何对声音信号做倒谱分析，从而得到随时间变化而长生的频率信息。

6.2.3　倒谱分析

在语音信号分析中，倒谱分析是指在傅里叶变换的频域分析的基础上做进一步的工作，也就是针对通过傅里叶变换得到的实数的幅值谱做对数变换，最后进行逆傅里叶变换，这样就可以得到信号的倒谱表示。这里的谱仍然是指频谱，其中，横坐标的时间是秒（s），纵坐标是频率。整个计算过程如图 6.8 所示。

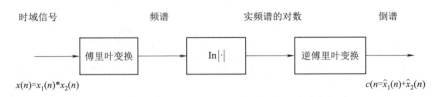

图 6.8　倒谱分析的计算过程

倒谱分析的过程可以分为四步：

（1）根据第 4 章介绍的数字语音的模型可知，原始的时序信号 x_n 可以看成是声门激励信号 $x_1(n)$ 和声道激励响应信号 $x_2(n)$ 的卷积结果，本质就是两者的乘法运算。

（2）对 $x(n)$ 进行加窗分帧操作，针对每一帧信号做傅里叶变换，这一步的作用是将时域信号转到频域。

（3）对上一步得到的实数结果中的幅度部分做对数运算，这是为了将原来的乘性关系变为加性关系。

（4）最后的结果得到了信号的倒谱表示，即倒谱信号 $c(n)$ 可以表示成声门激励信号的倒谱 $\hat{x}_1(n)$ 和声道激励响应信号的倒谱 $\hat{x}_2(n)$ 之和，根据加性原理，这十分有利于将两部分信号分离开来。

总结可知，倒谱分析就是将时域表示的信号转化到倒谱域，从而获得更多有意义的信息，有了倒谱分析的结果，就可以基于分离出的声门激励信号和声道冲激响应做分析，比如从声门激励信号提取基因周期，还可以通过声道冲击响应估算共振峰。另外，还可以引入倒谱距离的计算，用于端点检测算法。还有最重要的，提取 MFCCs 特征。

复倒谱域

上面介绍的倒谱域由于在计算时仅对幅度值做了取模运算，但却忽略了相位信息，因此，从原理上分析，它最终得到的结果不能和原始的信息完全相同。

实际上，如果不对实数部分进行取模运算，同时还考虑加入相位信息，这时得到的结果是复倒谱。从字面意思可知，它是考虑了实数的虚部和实部。因此，严格来说，倒谱其实是实倒谱，复倒谱才是对完整信息的运算。

复倒谱可以用于消除语音信号中的混响和回声，常见于语音增强的应用。简单来说，在复倒谱域中，由于纯净语音信号分布在靠近原点的位置，而回声的冲激响应分布在远离原点的位置。因此，可以利用这个差异设计复倒谱域上的"低通"滤波器，从而保留纯净语音信号，消除回声和混响。

接下来，让我们通过一个具体示例进一步了解倒谱分析的过程。

【示例 6-6】对一帧信号做倒谱分析

本示例试图读取一段音频文件，获得时域表示，然后分步骤展示倒谱的完整计算过程，最后以图形化的方式展示复倒谱和倒谱的结果。具体实现代码如下：

```
froms cipy.fftpack import fft, fftshift, ifft
froms cipy.fftpack import fftfreq
import numpy as np
import matplotlib.pyplot as plt
#1.1 为生成样本设置参数
fs = 1000
#采样点数
num_fft = 1024
#1.2 生成样本
"""
生成原始信号序列,在原始信号中加上噪声
np.random.randn(t.size)
其中 y1 是主频为 5/10/20Hz 的低频信号 + 噪声信号；
y2 是主频为 50/100/200Hz 的高频信号 + 噪声信号；
y 是 y1 和 y2 的调制结果
"""
t = np.arange(0, 5, 1/fs)
y1 = 10* np.cos(2* np.pi* 5* t) + 7* np.cos(2* np.pi* 10* t) + 5* np.cos(2* np.pi*
20* t) + np.random.randn(t.size)
y2 = 20* np.cos(2* np.pi* 50* t) + 15* np.cos(2* np.pi* 100* t) + 25* np.cos(2*
np.pi* 200* t) + np.random.randn(t.size)
y = y1* y2
plt.show()
#2.1 绘制原始信号的波形图
plt.figure(figsize=(20, 12))
ax = plt.subplot(331)
ax.set_title('y = y1* y2')
plt.plot(y)


#2.2 绘制频谱图
"""
对信号 y 进行 FFT
"""
Y = fft(y, num_fft)
Y = np.abs(Y)
ax = plt.subplot(332)
ax.set_title('y fft')
plt.plot(Y[:num_fft//2])
plt.show()


#2.3 绘制倒谱图
ax = plt.subplot(333)
"""
```

```
倒频谱的定义表述为:信号→功率谱→对数的实数→傅里叶逆变换
"""
spectrum = np. fft. fft(y, n = num_fft)
ceps = np. fft. ifft(np. log(np. abs(spectrum))). real


plt. plot(np. abs(ceps)[:num_fft//2])
plt. title('cepstrum')
plt. show()
```

在【示例 6-6】的代码中，需要特别说明的内容如下：

（1）第 1.1 和 1.2 步中为了便于看到效果，这里原始的信号是通过算法人为生成的，其中，原始的信号 y 是信号 y1 和信号 y2 的结合。

（2）为了更好地展示倒谱分析的计算过程，第 2 步将核心过程以图形化展示。第 2.1 步绘制的是原始信号的波形图，第 2.2 步展示的是 fft 变换后的频谱图，第 2.3 步则是基于 fft 结果进一步做逆 fft 变换，绘制出的倒谱图。

（3）需要特别指明的是，本示例绘制的频谱图的坐标轴和理论上是相反的，即横坐标是频率，纵坐标是时间。

上述示例运行后的结果如图 6.9 所示。

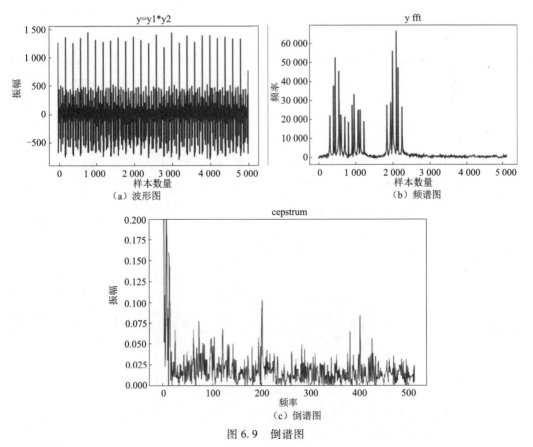

图 6.9　倒谱图

通过对比图 6-9 中的三个图可知，波形图很难看出是两组不同信号的叠加，而频谱图已经能明显看出两个不同的分段，但是不知道哪个分段对应着哪个信号。当看到倒谱图，可以看出在靠近 0 的低频部分，明显有三个峰值，说明这对应着一个可能的信号，另外，第二个较高的峰值是在 200 Hz 左右，这可能对应的就是第二个信号。其余部分则可能是噪声。

由此可见，三种不同的分析方法各有各自的特点，可以看成是从不同角度分析信号。在实践中，大家更加认可倒谱分析，因为它能够反映出的信息量更多。

了解了倒谱分析的基本过程，下面来详细了解一下其中的算法、分析方法和最终呈现。

（1）常见的傅里叶变换方法

在具体算法中，常见的傅里叶变换可以是离散傅里叶变换（DFT）、快速傅里叶变换（FFT）、短时傅里叶变换（STFT）及离散余弦变换（DCT）。

前三种变换方式的核心计算公式都一样，只是针对特殊情况做了规定。例如，DFT 只是对一个周期内有限个离散频率的表示；FFT 只是提升了 DFT 的计算效率，可以看作是快速版的 DFT；STFT 更加强调的是基于短时分析的傅里叶变换，即一次只分析一帧样本；而 DCT 则相对来说更加特别一些，它的计算公式是基于周期性的余弦函数展开的。如果你对它们感兴趣的话，推荐自行查阅文献。

有研究指出，DCT 更善于利用较少的样本点还原出原始信号，因此，它在信号合成中经常使用。当然，前三种变换方式用于语音识别问题也是足够的。

（2）梅尔倒谱和 MFCCs

考虑到人耳听力的特性，梅尔倒谱也是一种常见的分析方式，与之前的倒谱方法不同之处在于，在通过傅里叶变换获得了信号的频谱信息后，它又引入 Mel 滤波器，从而可以模仿人耳的听力频率分析通道。然后再做对数的 DCT，得到的结果称为梅尔倒谱系数（MFCCs）。MFCCs 是一个很重要的表示语音的特征，第 7 章将对其详细阐述，这里作简单了解。

（3）时频谱图

前面的示例展示的只是一帧信号的倒谱结果，其实，更常见的用法是利用倒谱分析得出一种时间和频率之间关系的二维矩阵。具体做法是在语音时间序列的基础上，采用分帧操作对每一帧内的数据做离散傅里叶变换（DCT），找出声音信号在时间和频率上的对应关系，最终输出一个二维矩阵。从数据表示方面来看，二维矩阵可以描述为一个平面图形，即这种变换生成的是一个时频谱图（spectrogram），如图 6.10 所示。

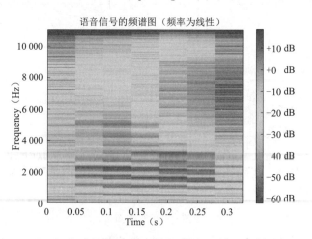

图 6.10　时频谱图

在图 6.10 中，横坐标代表时间，单位是 s，纵坐标代表频率，单位是 Hz。需要注意的是，这里的横坐标的每个基础单位不是 1 s 的时间长度，而是表示一帧样本信号的总时间长度；纵坐标中每个频率单元也不是 1 Hz，而是频带（frequency bin），频带的单位是由变换中帧移窗口参数（hop_window）的大小决定的；如何设定该参数，需要视实际情况而定。关于横坐标（Frame）、纵坐标的频带（Frequency bin）和帧移的窗口参数（hop_window）之间的对应关系，具体见表 6.1。

表 6.1　Log 域下的时频谱图中时间单元和频率单元的对应关系

Hop_window	Frame/ms	Frequency bin/Hz
512	0.16	11
1 024	0.32	22
2 048	0.64	33

在短时傅里叶变换中，需要设定每一段短时间内（即一帧内）的采样点数量，同时为了保证下一帧和上一帧有一些重叠部分，需要设定 hop_window 的值。从表 6.1 中反映的信息可以看出，如果 hop_window 设置的太窄，则频率的分辨率会较"粗"，如果设置的太宽，那么时间的分辨率会较"粗"，也就是说，频率和时间的分辨率之间是需要权衡的。如果希望得到更好的频率分辨率，可以将 hop_window 设置的大一些；反之，则要小一些。

下面通过一个简单的示例，看一下如何加入时间维度绘制时频谱图。

【示例 6-7】基于短时傅里叶变换的时频谱图绘制

该示例基于对语音信号的分析，绘制出时频谱图，主要通过以下三个步骤实现：

（1）借助 Numpy 加载一个音频文件 hello. wav；

（2）获得时频谱矩阵，可以通过 Librosa 的 amplitude_to_db()函数得到。

（3）时频谱图中的频率转换方式有线性和对数两种。这里通过 librosa. display. specshow()函数中对时频谱图的纵坐标 y_asix 的值进行指定方式的显示。

示例的具体实现代码如下：

```
import librosa
from librosa import display
import matplotlib. pyplot as plt
import numpy as np
# 1. 加载一个音频文件
file_path = 'audio/hello. wav'
y,sr = librosa. load(file_path,sr =11025,offset =0.08,duration =0.4)
# 准备绘图
fig =plt. figure()
ax =fig. subplots(2* 1)
# 2. 获取时频谱矩阵
M =librosa. amplitude_to_db(np. abs(librosa. stft(y)),ref =np. max)
# 3.1 绘制基于线性的频谱图
img =librosa. display. specshow(M,sr =sr,x_axis ='time',y_axis ='linear', ax =ax[0])
#plt. title('Linear - frequency power spectrogram'')
ax[0]. set(title ='Linear - frequency power spectrogram')
ax[0]. label_outer()
```

```
#3.2 绘制基于log域的频谱图
x,sr = librosa.load(file_path,sr=8000,offset=0.08,duration=0.4)
#compute power spectrogram withstft(short-time fourier transform):
#基于 stft,计算 power spectrogram
librosa.display.specshow(M,spectrogram,x_axis='time',y_axis='log',hop_length=
1024)
plt.colorbar(format='% +2.0f dB')
plt.title('语音信号的频谱图(频率为对数级)')
plt.xlabel('Time(s)')
plt.ylabel('Frequency(Hz)')
plt.savefig("./语音信号的时频谱图-对数级-hoplength-1024",dpi=600)
plt.show()
```

在【示例6-7】的代码中,需要特别说明的是:

（1）specshow 绘制 log 级别下时频谱图时,是通过读取一个音频文件,提取该音频数据的 mel 系数。

（2）提取之后,为了适应人耳的分辨特性,需要将 mel 系数转化为 log 空间。

（3）调用 display 模块下的 specshow()函数,设定要绘制的时频谱图。

（4）通过 plot 模块下的 show()函数实现最终的图形绘制。

若上述代码正常运行,则会生成图 6.11 所示的线性时频谱图。如果修改短时窗口内的 hop 长度,即 hop_length=1024,将得到图 6.12 所示的对数级时频谱图。

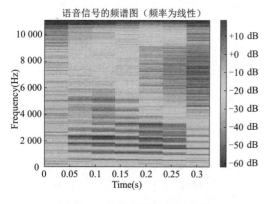

图 6.11 线性频率的时频谱图

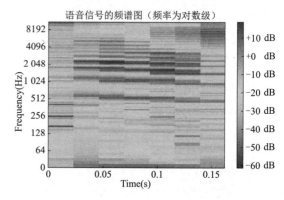

图 6.12 对数频率的时频谱图

6.2.4 三种语音信号分析方法的比较

现在总结一下本节提到的针对原始语音信号的三种参数变换方式以及坐标含义的不同,具体见表 6.2。

表 6.2 语音信号变换的三种方式及坐标含义

名称	含义	x 轴的含义	y 轴	z 轴	适用范围
波形图 （waveform）	声音序列	时间,单位为秒（s）	信号的振幅强度,线性刻度		平稳信号的分析,比如实验室的无噪声环境下采集的语音

名称	含义	x 轴的含义	y 轴	z 轴	适用范围
频谱图（spectrum）	频率分布	频率，单位为 Hz 或 kHz	信号的振幅强度，采用对数振幅，单位是分贝（dB）		分析平稳信号的大致频率分布
时频谱图（spectrogram）	Mel 空间的频率和声强关系	时间，单位为 11.5 ms 或 23 ms	频率，线性刻度下，单位为 1 Hz，对数刻度下，单位为 2 Hz、128 Hz	强度，单位是灰度值（0 ~ 255），或彩色值（r, g, b）	用得最多，平稳信号和非平稳信号都适用

由表 6.2 可以知道，波形图和频谱图属于二维数据，而时频谱图则属于三维数据。一旦明确原始声音信号需要转换的参数，也就明确了坐标的含义。而在程序中，对于波形图和频谱图，采用一维数组分别表示 x 轴和 y 轴的信息，而时频谱图采用二维数组，即矩阵的形式表示 x 轴和 y 轴的信息，z 轴则单独以一维数组表示颜色信息。

本节介绍的关于语音信号的三种变换，无论是一维的语音时间序列，还是一维的频率值，抑或是二维的频谱矩阵，不仅可以以图形化的方式直观地看到语音信号的变化；更重要的是，采用任何一种变换形式，也决定了能够获取到的更多衍生特征和后续噪声过滤的方式。

当要分析的是真实的声音信号时，在寻找特征之前，还有一只巨大的"拦路虎"，那就是噪声。接下来，将从去噪算法出发，看看如何对参数变换后的声音信号做进一步分析。

6.3　去噪算法

语音数据在收集时难免会受到说话人所处环境的影响；另外，传输过程中也会产生噪声。因此，在预处理阶段，十分有必要对原始的语音信号进行去噪处理，以保证纯净，可懂度高。

6.3.1　什么是去噪

常见的去噪算法认为，噪声和语音是可以分离的，因此，可以通过数学上的运算，将噪声从原始信号中减去或者抑制噪声的影响，这是去噪的主要目的。

为了更进一步地理解去噪的过程，接下来将先从数学角度分析噪声和语音的关系，这是去噪算法的重要理论依据。接着，为了判断一段语音信号的含噪情况，信噪比的计算十分关键，这是评判噪声含量的多少。最后，将揭示真实环境中采集的语音数据可能包含的噪声来源。

1. 加性噪音的数学定义

数学上，假设含有噪声的语音表示为 $y(n)$，它是由干净语音 $s(n)$ 和噪声 $d(n)$ 组成，于是，可以得到线性加法公式

$$y(n) = s(n) + d(n) \tag{6-5}$$

去噪算法是对含噪语音信号 $y(n)$ 进行计算模型 $h(n)$ 的处理，得到 $\hat{y}(n)$

$$\widehat{y}(n) = y(n) * h(n) \qquad (6\text{-}6)$$

公式中"$*$"的含义可能不同

公式中时常出现"$*$",需要注意的是,变量的维数不同,"$*$"的含义也不同。在时域信号中,"$*$"表示两个一维数组之间的乘法运算,而在二维数组中,则表示两个数组之间的卷积运算。

最终,经过去噪处理后的输出结果 $\widehat{y}(n)$ 接近于干净语音 $s(n)$,即

$$\widehat{y}(n) \approx s(n) \qquad (6\text{-}7)$$

为了评估语音信号中的噪声情况,常常使用一个叫作信噪比的物理量。接下来,看一下它的数学定义。

2. 信噪比的定义

对于含有噪声的信号来说,信噪比(signal to noise ratio,SNR)常常被用于衡量语音与噪声之间的关系,信噪比被定义为

$$SNR = 10\lg \frac{\sum_{n=0}^{N-1} s^2(n)}{\sum_{n=0}^{N-1} d^2(n)} \qquad (6\text{-}8)$$

上述公式中,$\sum_{n=0}^{N-1} s^2(n)$ 表示语音的能量,$\sum_{n=0}^{N-1} d^2(n)$ 表示噪声的能量。可见,信噪比是信号能量和噪声能量比值的对数值,再乘10。

但有时也存在不知道噪声能量的情况,比如,知道干净语音信号 $s(n)$ 和含噪声的语音信号 $y(n)$,这时,则可以结合式(6-5)和式(6-8),得到

$$SNR = 10\lg \frac{\sum_{n=0}^{N-1} s^2(n)}{\sum_{n=0}^{N-1} \left[y(n) - s(n) \right]^2} \qquad (6\text{-}9)$$

信噪比可以反映出含噪语音信号的噪声和信号的关系。一般来说,信噪比越高,表示信号的清晰度越好。

3. 噪声的来源

去噪的目标是通过滤除噪声,提升信噪比,增强干净的语音信号。为了实现这一目的,首先需要知道噪声产生的原因,一般来说原因包括以下四种情况:

(1)信道传输过程和麦克风录音过程产生的噪声,这类噪声和语音是没有直接关系的,可以看作是相互独立的,比如机器声、风扇声。

(2)非说话人发出的背景音,这种情况称为干扰信号,比如背景音乐。

(3)说话人所处环境造成的回响,比如在演播厅说话。

(4)在人机交互的音频和时频会议上产生的混响,这在网络录音环境中比较常见。

本节中将针对去除第(1)种情况下噪声的常见算法进行阐述,其他三种情况下的噪声去除比较复杂,属于更高级的话题,将来可以在高级语音识别中讨论。

4. 去噪算法的思路

为了尽可能地去除第一类噪声，常见的去噪算法思路有两种：

（1）将噪声看作是随机信号，而语音则是具有特定发音规律的信号。因此，采用统计模型的方法，比如平均值法就可以缓解孤立噪声对语音信号的影响，再如通过建立高斯噪声模型，去除符合高斯特征的噪声。

（2）人为地将噪声和语音信号区分开来，这里需要知道噪声和语音各自的特征，从而设置合理的阈值，将符合语音特征的信号保留，对于符合噪声特征的信号则被去除。

无论是采用哪种思路，都需要针对自己收集的语音数据做出分析后，再选择已有的去噪算法，或者自行设计去噪算法。

经过多年的研究，人们已经提出了许多经典的去噪算法，根据是否采用监督学习的方法，这些算法可以分为传统方法和现代方法。其中，传统去噪方法包括谱减法、维纳滤波、自适应陷波器等；现代方法是指引入监督学习的去噪方法，包括各类基于机器学习和深度学习算法的方法。接下来，详细阐述一些典型去噪算法的原理，在本节的最后还将给出每种算法的代码实现。

6.3.2　谱减法

谱减法是早期提出的一个经典去噪算法，它的原理简单且直观，主要是基于语音的频域变换，用含噪语音的频谱减去噪声的频谱，从而得到干净语音的频谱。不过，谱减算法的实现有一个很重要的前提，那就是假设噪声在统计意义上也是平稳变化的，也称平稳信号；另外，含噪语音、噪声和干净语音要符合加性关系，并且噪声与语音之间相互独立，互不影响。

由此可见，谱减法设计的关键是定位噪声所在的声音片段，并估计其频谱，因此，噪声的定位是否准确决定了去噪的最终效果。

1. 谱减法的数学意义

首先，将含噪的语音、干净语音和噪声分别表示为 $y(m)$、$s(m)$ 和 $n(m)$，假设噪声和干净语音是彼此独立且互不干扰的，于是得到信号的加性模型，即

$$y(m) = s(m) + n(m) \tag{6-10}$$

对式（6-10）中的时域信号做加窗处理，得到

$$y_w(m) = s_w(m) + n_w(m) \tag{6-11}$$

对上式两端分别做傅里叶变换，得到频域中的信号表达公式

$$Y(w) = S(w) + N(w) \tag{6-12}$$

上式的功率谱计算过程见式（6-13）：

$$|Y(w)|^2 = S(w)^2 + N(w)^2 + S(w)N^*(w) + S^*(w)N(w) \tag{6-13}$$

通过观测数据，可以估计出 $|Y(w)|^2$。其中，由于 $s(m)$ 和 $n(m)$ 相互独立，故互相的统计均值为 0，即式（6-13）中右侧的最后两项结果为 0，其余各项则应该接近统计的均值，所以干净语音的功率谱估计值为

$$|\hat{s}(w)|^2 = |Y(w)|^2 - E[|N(w)|^2] \tag{6-14}$$

最后，通过逆傅里叶变换，得到时域中增强后的语音结果为 $\hat{s}(m)$，计算方式为

$$\hat{s}(m) = \text{IFFT}[S(w)^2 + N(w)^2] \tag{6-15}$$

2. 谱减法的算法流程

根据上述数学表达式的计算过程，可以得到谱减法的算法流程：

（1）对输入的语音信号进行预加重和加窗分帧处理，每帧包含128个信号点，帧移是64，加窗函数为汉明窗（Hamming）。

（2）对加窗后的信号帧做 FFT 变换。

（3）对各帧语音信号求功率谱。

（4）对非语音信号（即噪声所在）的帧（一般可取20帧信号），求取平均噪声功率。

（5）针对第3步的结果做谱减运算，得出估计的干净语音信号功率谱。

（6）结合相位谱信息和第5步的结果，得到语音谱。

（7）进行逆傅里叶变换（IFFT），得到去噪后的语音信号。

3. 谱减法的代码实现

谱减法的代码要实现的功能十分复杂，从读取音频文件，到计算必要的参数，再到具体算法，以及最终数据的保存是一系列的操作。因此，将采用代码片段分步骤展示重要的计算和处理过程。

（1）导入必要的包和模块，作为准备工作。

```
#1. 导入必要的包和模块
importnumpy as np
import wave
import nextpow2
import math
```

（2）读取音频文件，获取波形数据，结果为一维数组形式的数据。

```
# 2. 读取音频文件,获取参数
# 打开 WAV 文档
f = wave. open ("hello_noise. wav")
# 读取格式信息
# (nchannels, sampwidth, framerate, nframes, comptype, compname)
params = f. getparams ()
nchannels, sampwidth, framerate, nframes = params[ :4]
fs = framerate
# 读取波形数据
str_data = f. readframes (nframes)
f. close ()
#将波形数据转换为数组
x = np. fromstring (str_data, dtype = np. short)
```

（3）计算谱减法中要用的参数。

```
# 3. 计算必要的参数
len_ = 20 *  fs // 1000 # 样本中帧的大小
PERC = 50 #窗口重叠占帧的百分比
len1 = len_ *  PERC // 100  # 重叠窗口
len2 = len_ - len1   # 非重叠窗口
```

```
#设置默认参数
Thres = 3
Expnt = 2.0
beta = 0.002
G = 0.9
#初始化汉明窗
win = np. hamming(len_)
# normalization gain for overlap + add with 50%  overlap
winGain = len2 / sum(win)
```

（4）计算噪声的幅度谱，假设前 5 帧为噪声或静音部分。

```
#4. 计算噪声的统计量
nFFT = 2 * 2 ** (nextpow2. nextpow2(len_))
noise_mean = np. zeros(nFFT)
j = 0
for k in range(1, 6):
    noise_mean = noise_mean + abs(np. fft. fft(win * x[j:j + len_], nFFT))
    j = j + len_
noise_mu = noise_mean / 5
```

（5）谱减法算法即将用到的变量的初始化工作。

```
#5. 初始化变量的工作
k = 1
img = 1j
x_old = np. zeros(len1)
Nframes = len(x) // len2 - 1
xfinal = np. zeros(Nframes * len2)
```

（6）开始正式的处理和计算，注意对每一帧都要计算。由于这部分代码比较长，所以分段展示。

①对每一帧信号做傅里叶变换。

```
#6. 谱减法的正式计算开始
for n inrange(0, Nframes):
    #加窗处理
    insign = win * x[k-1:k + len_ - 1]
    #计算一帧的傅里叶变换
    spec = np. fft. fft(insign, nFFT)
    #计算幅度值
    sig = abs(spec)
    #计算并保存噪声的相位角
    theta = np. angle(spec)
    SNRseg = 10 * np. log10(np. linalg. norm(sig, 2) ** 2 / np. linalg. norm(noise_mu, 2) ** 2)
```

②定义不同 SNR 下 alpha 的取值，用于判断幅度谱和功率谱下，对信号做增益处理。

```
#不同 SNR 下,定义 alpha 的取值
defberouti(SNR):
    if -5.0 < = SNR < = 20.0:
        a = 4 - SNR * 3 / 20
    else:
        if SNR < -5.0:
            a = 5
        if SNR > 20:
            a = 1
    return a
#不同 SNR 下,定义 alpha 的取值
def berouti1(SNR):
    if -5.0 < = SNR < = 20.0:
        a = 3 - SNR * 2 / 20
    else:
        if SNR < -5.0:
            a = 4
        if SNR > 20:
            a = 1
    return a
if Expnt == 1.0:  # 幅度谱
    alpha = berouti1(SNRseg)
else:  #功率谱
    alpha = berouti(SNRseg)
```

③计算谱减后的语音信号。

```
#求得谱减后的语音信号
sub_speech = sig * * Expnt - alpha * noise_mu * * Expnt;
#当干净语音信号小于噪声信号的功率时,beta 值为负
diffw = sub_speech - beta * noise_mu * * Expnt
def find_index(x_list):
    index_list = [ ]
    fori in range(len(x_list)):
        if x_list[i] < 0:
            index_list. append(i)
    return index_list

z = find_index(diffw)
if len(z) > 0:
    #用估计出来的噪声信号表示下限值
    sub_speech[z] = beta * noise_mu[z] * * Expnt
if SNRseg < Thres:  # 更新噪声的幅度谱
    noise_temp = G * noise_mu * * Expnt + (1 - G) * sig * * Expnt  #平滑处理
噪声功率谱

    noise_mu = noise_temp * * (1 / Expnt)  # 新的噪声幅度谱
#flipud 函数实现矩阵的上下翻转,是以矩阵的"水平中线"为对称轴
#交换上下对称元素
```

```
sub_speech[nFFT // 2 + 1:nFFT] = np.flipud(sub_speech[1:nFFT // 2])
x_phase = (sub_speech ** (1 / Expnt)) * (np.array([math.cos(x) for x in the-
ta]) + img * (np.array([math.sin(x) for x in theta])))
#实施逆 FFT 变换
xi = np.fft.ifft(x_phase).real
#对于有重复的信号进行补充
xfinal[k-1:k + len2 - 1] = x_old + xi[0:len1]
x_old = xi[0 + len1:len_]
k = k + len2
```

（7）将去噪后的数据保存到指定文件。

```
#7. 保存文件
wf = wave.open('afterNoiseremovemal.wav', 'wb')
#设置参数
wf.setparams(params)
#设置波形文件 .tostring()将 array 转换为 data
wave_data = (winGain * xfinal).astype(np.short)
wf.writeframes(wave_data.tostring())
wf.close()
```

以上就是谱减法去噪的完整实现过程。其中，步骤 1～3 及步骤 7 是后续很多算法都要用到的，可以看作是通用代码。为了达到复用且减少重复，后续的算法实现中，只将重点放在算法的计算部分，不再重复列出这部分代码。

4. 谱减法的总结

前面了解了通过谱减算法的数学定义设计出该算法的流程，并给出了翔实的代码实现过程；接下来把视角拉远一点儿，从整体上对谱减算法做个总结。

（1）原理

基于对噪声的频域表示，假设噪声和语音的频率信息不同，即语音信号的频率较为丰富，而噪声则较为单调。因此采取谱减策略，去除噪声的功率谱信息。最后，为了得到去噪后的语音信号，还需要经过逆傅里叶变换（IFFT）的操作。

（2）设计思想

考虑到语音信号对相位不灵敏，因此，该算法只考虑将谱减前的相位信息用于功率谱的计算中，在求出谱减后信号的幅度后，结合相角，就能用 IFFT 求出谱减后的语音信号。

（3）优点

算法简单、运算量小、便于快速实现处理，往往能得到较高的信噪比，可以被广泛使用。

（4）缺点

由于对噪声和语音信号关系的理解偏向于经验和直观意义上对语音做出的增强处理。这种处理方式在数学上显得不够严格，很难证明它是最优的。

为了解决谱减法中存在的问题，下一节将介绍维纳滤波算法，它是基于数学上最优均方误差准则，得到去噪后的语音信号的一种常见去噪算法。

6.3.3　维纳滤波算法

从名字不难看出，维纳滤波算法需要设计一个滤波器，为了更好地理解该算法，需要先理解语音信号处理中滤波器的作用。

滤波器是分析语音信号中常见的手段之一，它的主要作用是针对语音的频域信号，设计一个数字系统，让输入信号与该系统进行计算，实现让特定频率的信号以最小的损耗通过，同时抑制其他不需要的信号。这里的数字系统就是滤波器，通常表示为 h，有时也称为传输系统。

常见的滤波器分为低通滤波器、高通滤波器和带通滤波器。结合图 6.13 可知，以横坐标为频率轴，低通滤波器是指低频信号可以通过，但是高频信号无法通过；而高通滤波器正好相反；带通滤波器则是指在一定频率范围内的信号可以通过，而其他信号则不能通过。根据图 6.13 可知，带通滤波的样式常见的有两种情况。根据不同的噪声情况，维纳滤波器可以是这三种滤波器中的任意一种或几种的组合。

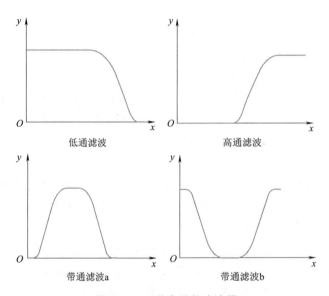

图 6.13　四种常见的滤波器

有了上述对滤波器的理解，接下来就可以一起看看维纳滤波算法的原理。

维纳滤波算法首先假设滤波过程是线性的，即将处理过程视为一个线性系统，输入信号通过该系统后，得到一个输出信号。为了找到最佳的系统，设定系统的目标是让输出信号与期望的干净语音信号的误差最小。对应到数学理论的支撑，就是要满足最小均方误差准则（LMS）。

1. 频域中维纳滤波的数学原理

当将输入信号表示为 $x(n)$，该信号包含噪声 $d(n)$ 和干净的语音 $s(n)$ 时，得到

$$x(n) = s(n) + d(n) \tag{6-16}$$

由于只能观测到含噪的语音信号 $x(n)$，因此维纳滤波的方法是设计一个数字滤波器 $h(n)$，应用于输入信号 $x(n)$，得到滤波后的输出估计值为 $\hat{s}(n)$，即

$$\widehat{s}(n) = x(n) * h(n) = \sum_{m=-\infty}^{+\infty} x(n-m)h(m) \tag{6-17}$$

$\widehat{s}(n)$ 按最小均方误差准则，使得 $E([s(n)-\widehat{s}(n)]^2)$ 最小。

根据正交性原理，最佳的滤波器 $h(n)$ 必须满足对所有 m 来说，式（6-18）都成立。

$$E([s(n)-\widehat{s}(n)] \cdot x(n-m)) = 0 \tag{6-18}$$

将式（6-18）代入式（6-17），并进行傅里叶变换后，导出 $H(k)$ 为

$$H(k) = \frac{P_{sx}(k)}{P_x(k)} \tag{6-19}$$

式中，$P_x(k)$ 为 $x(n)$ 的功率谱密度；$P_{sx}(k)$ 为 $s(n)$ 与 $x(n)$ 的互功率谱密度。

假设语音 $s(n)$ 和噪声 $x(n)$ 相互独立，于是可得

$$\begin{cases} P_{sx}(k) = P_s(k) \\ P_x(k) = P_s(k) + P_d(k) \end{cases} \tag{6-20}$$

这时式（6-20）变为

$$H(k) = \frac{P_s(k)}{P_s(k) + P_d(k)} \tag{6-21}$$

上式就是维纳滤波器的谱估计器。

有了 $H(k)$，就可以按照式（6-21）计算 $\widehat{s}(n)$ 在频域第 k 个频点上语音频谱的估算值 $\widehat{s}(k)$，即

$$\widehat{s}(k) = H(k) \cdot X(k) \tag{6-22}$$

式中，$X(k)$ 为含噪语音在相应频点上的频谱值，因此 $H(k)$ 又可以写为

$$H(k) = \frac{\lambda_s(k)}{\lambda_s(k) + \lambda_d(k)} \tag{6-23}$$

式中，$\lambda_s(k)$ 和 $\lambda_d(k)$ 分别为第 k 个频点上信号与噪声的功率谱。

考虑到语音只是短时平稳信号，因此，语音的功率谱无法计算得到，因此式（6-23）只能改写为

$$H(k) = \frac{E[|S(k)|^2]}{E[|S(k)|^2] + \lambda_d(k)} \tag{6-24}$$

式（6-24）还可以进一步改写为

$$H(k) = \frac{\xi(k)}{1+\xi(k)} \tag{6-25}$$

$$H(k) = 1 - \frac{1}{\gamma(k)} \tag{6-26}$$

其中，$\xi(k)$ 为先验信噪比；$\gamma(k)$ 是后验信噪比。

它们的定义分别如下：

$$\xi(k) = \frac{E[|S(k)|^2]}{\lambda_d(k)} \tag{6-27}$$

$$\gamma(k) = \frac{|X(k)|^2}{(k)} \tag{6-28}$$

式（6-27）和式（6-28）对应着基于先验信噪比和后验信噪比的维纳滤波器谱估计器。

对每一帧信号引入平滑参数 α,导出

$$\begin{aligned}\xi_i(k) &= \alpha\xi_i(k) + (1-\alpha)\xi_i(k)\\ &= \alpha\xi_i(k) + (1-\alpha)(\gamma_i(k)-1)\\ &\approx \alpha\xi_{i-1}(k) + (1-\alpha)(\gamma_i(k)-1)\end{aligned} \tag{6-29}$$

或

$$\widehat{\xi}_i(k) = \alpha\xi_{i-1}(k) + (1-\alpha)(\gamma_i(k)-1) \tag{6-30}$$

式中,下标 i 是第 i 帧,它表明有第 $i-1$ 帧的先验信噪比及第 i 帧的后验信噪比,就可以求出第 i 帧的先验信噪比。一旦知道当前第 i 帧的先验信噪比,就能导出当前帧的维纳滤波器函数 $H_i(k)$,即

$$H_i(k) = \frac{\widehat{\xi}_i(k)}{\widehat{\xi}_i(k)+1} \tag{6-31}$$

进一步,可以导出维纳滤波器的输出为

$$\widehat{s}_i(k) = H_i(k)\cdot X_i(k) \tag{6-32}$$

这便是第 i 帧语音信号频谱的估算值。

2. 维纳滤波算法的计算步骤

根据维纳滤波算法的数学原理,可以得到对应算法的计算步骤,具体如下:

(1)对含噪的语音信号进行分帧处理,相邻帧之间有重叠。

(2)对加窗分帧后的信号做傅里叶变换,分别求出幅度谱和相位谱,保存起来,并进一步计算功率谱。

(3)假设已知前导无话段(即噪声)占有 NIS 帧,可以计算出噪声的平均功率谱和噪声的平均幅值谱。

(4)调用端点检测算法找出语音帧和噪声帧。

(5)针对噪声帧,修正噪声平均功率谱(方差)和噪声平均幅值谱。

(6)针对语音帧,计算后验信噪比和先验信噪比,在此基础上计算维纳滤波器的传递函数 H。

(7)按照式(6-28),计算维纳滤波器的幅度谱输出。

(8)结合第 2 步的相位谱和第 7 步的幅度谱进行傅里叶逆变换,将语音信号还原到时域,就得到了减噪后的语音信号。

3. 维纳滤波算法的代码实现

该算法的实现中,通过定义一个 wienew_filtering() 函数接收含噪的信号 x、退化函数 h 和参数 K;最后,该函数返回维纳滤波后的信号。值得一提的是,h 是在时域上的信号,而不是频率上的信号,它对应的是式(6-13)中的函数 $h(m)$。这里的思想是对含噪信号 x 和 h 同时做傅里叶变换,从而转换到频域。基于两者的频域表示,就可以借助 Numpy 包中的 conj 函数,进行算法步骤中的第 5~6 步,最后就是按照第 7~8 步,得到最终滤波后的信号。具体实现代码如下:

```
import numpy as np


def wiener_filtering(x, h, K):
    '''
```

```
维纳滤波
:paramx:输入信号
:param h:退化函数(时域)
:param K:参数 K
:return:维纳滤波后的信号(幅值)
'''
output = [] #输出信号

output_signal_fft = [] # 输出信号的傅里叶变换
input_signal_cp = np.copy(x) # 输入信号的副本
input_signal_cp_fft = np.fft.fft2(input_signal_cp)   #输入信号的傅里叶变换
h_fft = np.fft.fft2(h) # 退化函数的傅里叶变换
h_abs_square = np.abs(h_fft)**2 # 退化函数模值的平方

#维纳滤波
output_signal_fft = np.conj(h_fft) / (h_abs_square + K)
output = np.abs(np.fft.ifft2(output_signal_fft * input_signal_cp_fft)) #输出
信号傅里叶反变换
return output
```

4. 维纳滤波的总结

接下来我们总结一下维纳滤波算法的原理与优缺点。

（1）原理：假设去噪的过程是线性的，目的是设计一个系统，使得输出信号尽可能逼近所期望的干净语音信号，使其满足最小均方误差下的最优解。实现维纳滤波首先要求输入过程是平稳的；其次要保证无话语音作为历史输入数据的统计特性是已知的。

（2）优点：适应面较广，无论平稳随机过程是连续的还是离散的，都可以应用。

（3）缺点：不能用于噪声为非平稳的随机过程的情况。由于信号的输入取决于外界的信号和干扰环境，这种情况下的统计特性常常是未知且变化的，因而很难满足噪声的平稳特性，这就促使人们研究自适应滤波器。

6.3.4　LMS 自适应滤波器算法

从字面意思可知，LMS 自适应滤波器也同样遵循最小均方误差准则（LMS）；但是该算法的最大优点是避免了像维纳滤波器那样为了寻找最佳滤波器而要进行的大量矩阵计算。解决思路是自适应滤波器将大数据切分成小数据，用每个小数据片段求得一个近似解 h，然后用期望不断去修正，这样在多次修正之后，最终得到一个误差最小的滤波器的最优解 $h_{opt}(m)$。

1. LMS 自适应滤波器的数学原理

假设每次切分的小数据的样本量有 $N+1$ 个，这样每次得到的卷积输出为

$$y(n) = \sum_{m=0}^{N} h(m)x(n-m)$$
$$= h(0)x(n) + h(1)x(n-1) + \cdots + h(N)x(n-N) \tag{6-33}$$

式（6-33）指出，当前输出 y，是当前及以前输入 x 的加权组合，因此，这里将 h 看作权重，具体过程如图 6.14 所示。

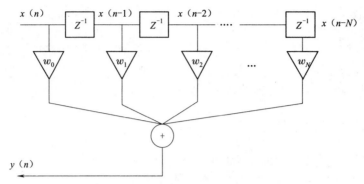

图 6.14   LMS 的数学原理示意图

用 $d(n)$ 表示期望的干净语音信号，则可以定义误差为

$$e(n) = d(n) - y(n) = d(n) - \sum_{i=0}^{N} w_i x(n-i) \tag{6-34}$$

具体过程如图 6.15 所示。

误差信号可以表示为

$$e(n) = d(n) - X^{\mathrm{T}} W = d(n) - W^{\mathrm{T}} X \tag{6-35}$$

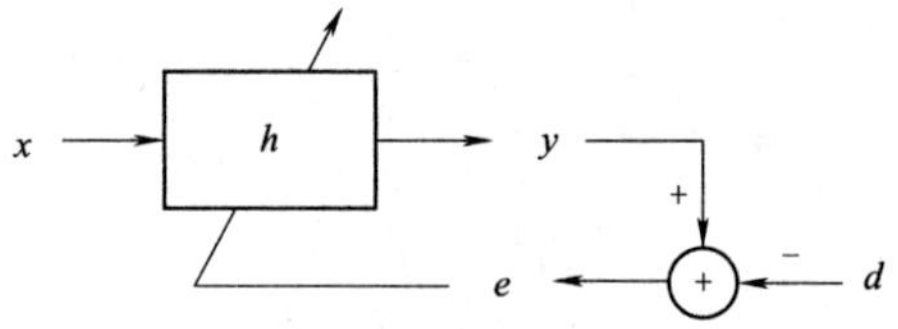

于是，得到误差平方为

$$e^2(n) = d^2(n) - 2d(n)X^{\mathrm{T}}W + W^{\mathrm{T}}XX^{\mathrm{T}}W \tag{6-36}$$

图 6.15   LMS 的整体示意图

假设 $e(n)$、$d(n)$、X 在统计上是平稳的，则取上式的数学期望 J 表示为

$$
\begin{aligned}
J &= E(e^2(n)) = E(d^2(n)) - 2E(d(n)X^{\mathrm{T}}W) + E(W^{\mathrm{T}}XX^{\mathrm{T}}W) \\
&= E(d^2(n)) - 2E(d(n)X^{\mathrm{T}})W + W^{\mathrm{T}}E(XX^{\mathrm{T}})W \\
&= E(d^2(n)) - 2R_{dx}W + W^{\mathrm{T}}R_{xx}W
\end{aligned}
\tag{6-37}
$$

上式表明，均方误差是权重系数的二次函数，且二阶偏导数为 0，该函数的特性是开口向上且只有一个最小值。于是，对权重系数求导得到均方误差函数的梯度为

$$
\begin{aligned}
\nabla_w(n) &= \frac{\partial J}{\partial w} = -2\frac{\partial}{\partial W}R_{dx}W + \frac{\partial}{\partial W}W^{\mathrm{T}}R_{xx}W \\
&= -2R_{dx} + R_{xx}W + R_{xx}^{\mathrm{T}}W \\
&= 2(R_{xx}W - R_{dx})
\end{aligned}
\tag{6-38}
$$

假设 R_{xx} 是非奇异矩阵，令 $\nabla_w(n) = 0$，可通过式（6-39）求出最佳权系数。

$$W_{\mathrm{opt}} = R_{xx}^{-1}R_{dx} \tag{6-39}$$

为了避免矩阵求逆的复杂运算，要在函数的曲面上寻找合理的 W 值使得 J 最小，常见的做法是进行迭代运算，从而每次更新 W 的值。因此，问题被转化为找出迭代的递推公式。

根据曲面中梯度最陡的路径是最快路径的原则，可以得知 W 更新的方向，应该为梯度减小的方向，因此，递推公式可以写作

$$W(n+1) = W(n) - \mu \nabla_w(n) \tag{6-40}$$

由于直接求取梯度 $\nabla_w(n)$ 是十分困难的，更有效的做法是，取误差信号的瞬时值作为误差的估计值，即

$$E(e^2(n)) = e^2(n) \tag{6-41}$$

于是，梯度的计算过程为

$$\nabla_w(n) = \frac{\partial E(e^2(n))}{\partial W} \approx \frac{\partial e^2(n)}{\partial W} = -2e(n)X \qquad (6\text{-}42)$$

最终，权值系数 W 的递推公式变为

$$W(n+1) = W(n) - 2\mu e(n)X \qquad (6\text{-}43)$$

至此，自适应滤波器算法的数学求解过程就算完成了。接下来，看一下具体的算法实现步骤。

2. LMS 自适应滤波器的算法步骤

根据 LMS 自适应滤波器算法的数学原理，可以得到对应的计算步骤，具体如下：

（1）输入信号，计算块的数量。

（2）经过块滤波器，得到滤波器的输出。

（3）与期望信号 d 作运算，计算误差信号 e。

（4）更新块的权值，不断迭代，即反复执行第 2~4 步。

（5）最终找到滤波器的最佳自适应权值。

3. LMS 自适应滤波器的代码实现

该算法的实现过程是设计了一个 block_lms() 函数，结合上述算法的步骤，首先对含噪的语音信号 x 完成分块。这里比较需要经验的地方在于，对步长 mu 和块大小 L 的设定。mu 初始值选定为 0.05，是为了实现小步更新。L 的大小取决于静音帧信号的长度，目标是尽量将整段信号划分成小块，这也需要根据具体数据和经验来设定。

具体实现代码如下：

```
'''
分块 LMS 算法
    % 输入:
    % d - 无话段语音
    % x - 含噪语音
    % mu - 步长
    % M - 滤波器阶数
    % L - 块大小
    % 输出:
    % w - 滤波器参数
'''
def block_lms(x, d, mu = 0.05,M,L):
    d_length = length(d);
    K = floor(d_length / L);       % 块的数量,确保整数
    y = np.zeros(d_length, 1);
    w = np.zeros(M,K+1);
    e = np.zeros(d_length,1);
    x_ = [np.zeros(M-1,1); x];

    # 根据"块"进行循环
    for k = 1:K
        block_sum = 0;
        # 求一个块的权重
        for i = 1 + L*(k-1):L*k
```

```
            X = x[i:i+M-1];
            y(i) = w[:,k]' * X;    % 滤波器输出
            returny
            # 获取误差 e
            e(i) = d(i) - y(i);
            return e(i)
            block_sum = block_sum + X * e(i);
        # 权重更新
        w(:,k+1) = w[:,k] + mu * block_sum;

    # 将指针移动一步,使第 n 行对应于时间 n
    w = w[:2:K+1];
return w
```

4. LMS 自适应滤波器的总结

接下来将对 LMS 滤波算法的设计原理进行总结,同时指出该类算法的优缺点。

(1)设计原理:在上一节讲的维纳滤波中,信号的统计特征是已知的,因此,在后续设计滤波器时,可以依据这些特征一步到位地设计出滤波器。而自适应滤波器的思路是增加一个期望信号(或称为参考信号),于是,就构成了两路信号,这两路信号是不一样的。其中一路信号包含噪声,另一路则包含噪声和干净的语音信号。然后依据这两路信号的误差最小的判断依据,采用优化算法逐步迭代计算,当满足误差在一个最小值时,就可以求出滤波器的权值。

由此可见,自适应滤波器处理语音信号时,不需要事先知道输入信号和噪声的统计特性,滤波器自身能够利用观测数据依据 LMS 规则递归更新,并以此为依据调整自身参数,以达到最优滤波效果。

(2)优点:面对信号统计特性发生变化的情况,可以跟踪变化,随时调节参数,使滤波性能达到最优。因此,自适应滤波是处理非平稳信号的一种有效手段,并且运算量比维纳滤波要小。

(3)缺点:优化算法的收敛速度较慢。因为要保证两路信号的误差最小,且统计特性未知,容易在优化时造成盲目的更新。

前面介绍的谱减法、维纳滤波算法和自适应滤波算法都属于传统去噪方法,这些方法的核心目标是噪声估计模型的计算和滤波器的设计。这些算法都是假定噪声是平稳信号;因此,它们常常采用统一的模型去除所有噪声信号。然而,对于有些含有非平稳信号的噪声来说,这些去噪算法的效果十分有限。

针对传统去噪算法的局限性,近年来,有人提出有监督的机器学习去噪算法,从而提升处理非平稳噪声的情况。接下来,以基于机器学习的去噪算法为例,说明这类算法的基本思路。

6.3.5 基于机器学习的去噪算法

2000 年以来,随着机器学习算法的流行,很多学者提出在语音识别领域采用机器学习的算法去噪,这类算法需要首先选择一批数据进行训练,从而获取到合适的噪声和纯净语

音的模型，然后在遇到新信号时，便应用该模型进行分析，重建去噪后的语音信号，这一类方法称为有监督的语音增强算法。

根据机器学习方法的不同，最初人们只是在小数据集上训练机器学习模型，典型的算法包括隐马尔可夫模型和非负矩阵分解（NMF）。近年来，随着深度学习算法的大力发展和应用，也有不少学者将深度神经网络模型用于语音的去噪问题，典型的算法包括基于浅层神经网络和深层神经网络的语音增强算法。具体地，比如带预训练的深度神经网络模型，该模型的训练目标是学习纯净语音与噪声之间相关关系的时频掩蔽属性；还有受限波尔兹曼机，它作为预训练的前馈深度神经网络，从而进行噪声和语音信号的二元分类器。

基于机器学习的去噪算法，采用的模型有传统机器学习模型和深度学习模型两种，因此，接下来分别针对这两种模型讲述其中的工作原理。

（1）传统机器学习模型：这类模型对小型训练集上的数据中的噪声和纯净语音单独训练，主要算法有高斯混合算法（GMM）、支持向量机（SVM）和非负矩阵分解（NMF）。其中，GMM 算法的学习目标是搭建概率模型，一般认为语音信号和噪声的概率模型是不同的，从而可以挖掘出可能的不同类别；SVM 算法的学习目标是提取多维特征，建立噪声和语音的二分类模型；NMF 是最常用的语音降噪方法，学习目的是找到噪声和语音的信号基表示，从而建立类条件基矢量的补偿模型。

（2）深度学习模型：这类模型需要提前选取大量数据作为训练集，从而获取深度神经网络模型中的最优分类效果。这些算法的区别在于采用特定的预训练模型，比如采用受限波尔兹曼机作为预训练模型，同时深度学习算法中的网络模型也可以有卷积神经网络（CNN）和深度神经网络（DNN），以及 GAN，区别在于网络的结构不同，针对的问题不同。

由于这类机器学习算法众多，没有绝对的好和坏，也很难找到具有典型代表性的算法，因此，此处就不再给出代码示例和特点总结。毕竟常用的机器学习算法更多的还是完成语音识别阶段的任务，在后面的章节将有详细的介绍。

接下来，很重要的一项工作是端点检测，之所以重要是因为一段录音中难免会有大量静音信号，而往往我们希望识别分析阶段的数据只包含语音表达的部分，因此，端点检测的目的就是确定出感兴趣语音的开始和结束位置。

6.4　端点检测算法

端点检测的目标是以时域信号为基础，标识出只含有语音信号的开始时间和截止时间，从而确定出语音信号的位置，忽略静音信号。

6.4.1　什么是端点检测

在语音信号处理中检测出语音的端点是相当重要的，因为在某些应用中，只希望对由语音表达部分的信号进行分析和处理。例如，在语音减噪和增强中，对有话段和无话段可能采取不同的处理方法；在语音识别中也有类似的处理。

端点检测法要完成的任务则包括：

（1）确定当前信号是否为语音。

（2）定位语音信号在时间轴上的起始位置和结束位置。

端点检测的示例效果如图 6.16 所示，其中语音片段的起始点和终止点以竖直虚线标识出来。

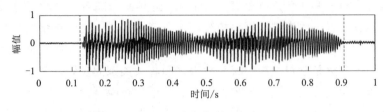

图 6.16　端点检测示意图

端点检测的含义

端点检测的目标是标记出语音信号的起始时间点和终止时间点，英文文献中对此类算法的常用称呼是 voice activity detection（VAD）或 acoustic event detection（AED），即声音事件检测。但是，需要注意的是，在某些算法中，当采用图像处理技术，这时声音事件的检测目标就成为定位频率的起止位置和时间的起止位置，对应图像中的一个方框，类似于目标检测。

近年来，人们已经提出了许多端点检测算法，根据信号表示的不同，在时域信号中，有基于完整信号的时域特征计算的方法，也有基于短时前后帧信号对比的相关函数方法。而在频域信号表示的基础上，则有常见的统计谱距离来估算语音信号的开始和结束的方法，以及通过计算频谱的方差实现语音信号的端点检测。接下来将针对常见的端点检测算法，展开详细阐述。

6.4.2　基于短时平均能量和过零率的自适应双门限算法

双门限算法是早期提出的一种时域中端点检测算法，它包含两个判定标准：计算短时平均能量和短时平均过零率，其原理是基于能量检测信号的强度。假设语音的能量大于背景噪声的能量；当能量大于某一门限（阈值）时，便认为有语音存在。然而，当噪声的能量大到和语音的能量一样时，能量这个特征就无法区分语音和噪声，于是，就需要同时引入过零率，因为它可以表示信号的频率，一般来说，噪声的过零率较低，而语音的过零率则较高。

双门限的含义

首先，门限是指针对某一个量化准则设定的阈值，所以也可以称为阈值。由于端点检测的任务决定了该阈值至少需要两个，表示一道门是语音的开始，一道门是语音的结束。对应着信号的起始点和终止点，在设计阈值时，一般至少包括两个，一个是从低到高的高阈值，该阈值是为了确定起始点；另一个是从高到低的低阈值，该阈值是为了确定终止点。

1. 算法实现原理：二级判决

双门限算法是使用二级判决来实现的，由于不涉及复杂数学公式的推导和计算，因此，这里采用文字的方式介绍。假设以一段语音信号为例，其波形图如图 6.17（a）所示。双门限算法遵循的二级判决方式如下：

（1）第一级判决

首先，由于语音的短时能量在包络线上，选取一个较高阈值作为门限 T_2 进行一次粗略判断，如图 6.17（b）中的水平虚线所示，若值高于 T_2 阈值，则判定一定是语音（即在 CD 段之间的一定是语音），其中，语音起止点应位于该阈值与短时能量包络交点，所对应的时间点之外（即在 CD 段之外）。

然后，在平均能量上确定一个较低的阈值作为门限 T_1，如图 6.17（b）中的实水平线所示，并从 C 点往左、从 D 点往右搜索，分别找到短时能量包络与阈值 T_1 相交的两个点 B 和 E，于是 B 和 E 就是根据短时能量所判定的语音段的起始点位置。

（2）第二级判决

以短时平均过零率为准，设定高于门限 T_3 的信号为语音，如图 6.17（c）中的水平实线所示，于是，从 B 点往左搜索、从 E 点往右搜索，找到短时平均过零率低于 T_3 的两点 A 和 F，这便是语音段的终止点。

根据上述两级判决，确定出语音的起始点位置 A 和结束点位置 F，如图 6.17（c）所示。

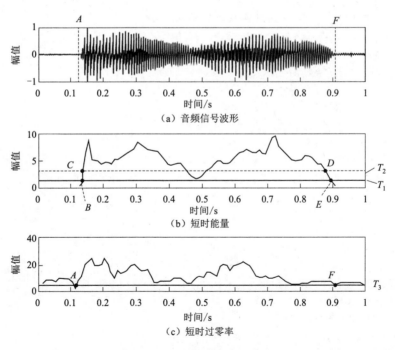

图 6.17 双门限算法的示意图

2. 双门限算法的计算步骤

了解了自适应双门限算法的设计实现原理后，接下来看一下如何通过具体的操作步骤来实现算法。

（1）对输入的语音信号做分帧处理。

（2）针对所有短时帧信号计算其短时平均能量和过零率。

（3）对短时平均能量和过零率分别设置第一级门限和第二级门限的初始值，即设置一个低阈值，一个高阈值，这些值一般是靠经验选取。

（4）判断每一帧与门限阈值的关系，分为静音段、噪声段、语音段和结束段四种状态，判断原则如下：

- 如果幅值大于第一个门限，则确认进入语音段；
- 如果幅值大于第一个门限，或者过零率大于第二个门限，则说明可能处于语音段；
- 如果幅值大于第一个门限，同时小于过零率的第二个门限，则说明处于语音的结束段；
- 如果幅值小于短时能量，并且同时小于过零率，则说明处于噪声段。

（5）获取实际长度，求出开始位置 x1 和结束位置 x2，算法结束。

3. 双门限算法的代码实现

在该算法实现中，设计了一个函数 TwoThr()，该函数接收一段语音数据的时序序列，按照上述算法步骤中的第 1 ~ 5 步的顺序依次实现各部分功能。该函数接收语音数据的一段时间序列数据 x、分帧长度 len、帧移动的数量 inc、静音帧的长度 NIS 作为输入参数。由于代码量较多，采用分段介绍，共分为三个部分。

（1）获取短时能量 amplitude 和过零率 zero crossing rate，并设置初始阈值 amp1、amp2 和 zcr2，以及初始位置 x1 和 x2。具体实现代码如下：

```
# 利用短时能量,短时过零率,使用双门限法进行端点检测
def vad_TwoThr(x, len, inc, NIS):
    """
    使用门限法检测语音段
    param x:语音信号
    param len: 分帧长度
    param inc: 帧移
    param NIS:静音帧长度
    return:
    """
    maxsilence = 15
    minlen = 5
    status = 0
    y = enframe(x, len, inc)
    fn = y.shape[0]
    amp = STEn(x, wlen, inc)
    zcr = STZcr(x, wlen, inc, delta=0.01)
    ampth = np.mean(amp[:NIS])
    zcrth = np.mean(zcr[:NIS])
    amp2 = 2 * ampth
    amp1 = 4 * ampth
    zcr2 = 2 * zcrth
```

```
xn = 0
count = np.zeros(fn)
silence = np.zeros(fn)
x1 = np.zeros(fn)
x2 = np.zeros(fn)
```

（2）针对每一帧信号，判断其状态信息，进一步判断当前信号帧的能量、过零率和对应阈值之间的关系，更新 x1 和 x2。实现代码如下：

```
for n in range(fn):
    if status == 0 or status == 1:
        if amp[n] > amp1:
            x1[xn] = max(1, n - count[xn] - 1)
            status = 2
            silence[xn] = 0
            count[xn] += 1
        elif amp[n] > amp2 or zcr[n] > zcr2:
            status = 1
            count[xn] += 1
        else:
            status = 0
            count[xn] = 0
            x1[xn] = 0
            x2[xn] = 0

    elif status == 2:
        if amp[n] > amp2 andzcr[n] > zcr2:
            count[xn] += 1
        else:
            silence[xn] += 1
            if silence[xn] < maxsilence:
                count[xn] += 1
            elif count[xn] < minlen:
                status = 0
                silence[xn] = 0
                count[xn] = 0
            else:
                status = 3
                x2[xn] = x1[xn] + count[xn]
    elif status == 3:
        status = 0
        xn += 1
        count[xn] = 0
        silence[xn] = 0
        x1[xn] = 0
        x2[xn] = 0
```

（3）判断是否遍历完所有帧信号，即是否检查完了所有信号。如果确认检查完毕，那么就找到了起始位置，并输出 SF 为起使帧的位置，NF 为结束帧的位置。同时，如果语音片段较多，还将同时输出多个语音片段，不过多个语音片段的确定需要调用 findSegment()函数，实现代码如下：

```
el = len(x1[:xn])
if x1[el - 1] = = 0:
    el - = 1
if x2[el - 1] = = 0:
    print('Error: Not find endding point!  \n')
    x2[el] = fn
SF = np.zeros(fn)
NF = np.ones(fn)
for i in range(el):
    SF[int(x1[i]):int(x2[i])] = 1
    NF[int(x1[i]):int(x2[i])] = 0
voiceseg = findSegment(np.where(SF = = 1)[0])
vsl = len(voiceseg.keys())
return voiceseg, vsl, SF, NF, amp, zcr
```

上述代码中，findSegment()函数目的是寻找多个分段，下面是一段可以重用的代码，意味着之后的算法也会用到，所以以后不再列出。

```
def findSegment(express):
    """
    分割成语音段
    param express:
    return:
    """
    if express[0] = = 0:
        voiceIndex = np.where(express)
    else:
        voiceIndex = express
    d_voice = np.where(np.diff(voiceIndex) > 1)[0]
    voiceseg = {}
    if len(d_oice) > 0:
        for i in range(len(d_voice) + 1):
            seg = {}
            if i = = 0:
                st = voiceIndex[0]
                en = voiceIndex[d_voice[i]]
            elifi = = len(d_voice):
                st = voiceIndex[d_voice[i - 1] +1]
                en = voiceIndex[ -1]
            else:
                st = voiceIndex[d_voice[i - 1] +1]
                en = voiceIndex[d_voice[i]]
            seg['start'] = st
```

```
          seg['end'] = en
          seg['duration'] = en - st + 1
          voiceseg[i] = seg
    return voiceseg
```

需要强调的是，算法中的函数可以接收的输入参数形式往往是多样的，可以是最原始的时间序列，也可以是经过分帧处理的短时信号，区别在于个人的设计理念。我们的理念是将算法中一些重复的操作封装成基本函数，这样后续进行更高级的分析可以调用这些基本函数。考虑到后续算法主要是基于短时信号分析，因此，重复的时间序列到帧的变换操作就不再重复显示，请感兴趣的读者参考本节代码。

4. 双门限端点检测算法的总结

最后，我们同样对双门限端点检测算法做一个总结。

（1）设计原理：该算法通过计算平均能量和过零率两个特征，在初始时，设定了语音信号相应阈值，从而将每一帧信号与设定好的阈值进行比较，进而判断每一帧信号是否为语音点，又处于语音段的哪个阶段。其关键点是如何找到比较可靠的三个门限值。一般来说，门限值的初始设定，是根据已知数据获取或者经验得到的。

（2）优点：该算法的优点是计算简单，实现起来容易。

（3）缺点：由于对非语音的估计是基于对已知的静音帧信号的判断，然而对于不同的语音数据来说，静音帧在不断发生变化，很难找到一个门限值适合所有数据。另外，如果该静音帧中存在噪声，那么，噪声的能量值和过零率很容易和语音信号混淆，此时会严重干扰对阈值的设定。这意味着该类算法对噪声和数据变化引起的问题的适应性较差。

其实，除了这里提到的短时平均能量和过零率，还可以加入更多特征来区别静音帧和语音帧，比如短时幅度谱的峰度、短时幅度谱的偏度等。

6. 4. 3 基于相关函数的端点检测算法

如前所述，双门限算法更适合判断静音帧和语音帧，而对于含有噪声的静音信号并不适用。于是，有人提出利用短时自相关函数的统计来区别噪音信号和语音信号。该类算法不再以初始的静音帧和噪声帧作为参考来判断后续的信号帧是否为语音，而是动态地计算相邻帧之间的差别，从而动态地设定阈值，这样可以增加算法的灵活度。

1. 相关函数端点检测的数学原理

针对语音信号 $x(n)$ 分帧后有 $x_i(m)$，下标 i 表示第 i 帧（$i = 1, 2, \cdots, M$），M 为总帧数。于是，每帧数据的自相关函数定义为

$$R_i(k) = \sum_{m=1}^{L-k} x_i(m) x_i(m + k) \tag{6-44}$$

式中，L 为语音分帧后每帧的长度；k 为延迟量，常见的取值为 128 或 256。

需要注意的是，$x_i(m)$ 表示的是一帧内的时间序列，也就是一个长度为 L 的数组，式（6-44）的意思是计算带有滑动窗口效果的数组之间的相关性运算。对所有信号中的采样点（假设为 n）进行相关计算后，得到的结果是长度包含 $2n - 1$ 个的采样点的相关函数。

由于语音信号具有短时平稳性，它在一帧内的变化比较缓慢，一般认为相邻两帧之间的互相关函数的结果也应该相似，因此，可以把它们分别看作噪声帧和语音帧互相关函数

的结果。

这里把计算相邻帧之间的相关函数称为互相关函数，其定义为

$$R_i(k) = \sum_{m=1}^{L-k} x_{i-1}(m) x_i(m+k) \tag{6-45}$$

式中，$i = 2, 3, \cdots, M$，M 为总帧数。

一般来说，噪声的波形形状和大小是差不多的，其中，自相关函数的最大值相差较大，因此，可以利用这一特征判断是语音帧还是噪声帧。根据噪声的情况，设置两个阈值 T_1 和 T_2，当相关的最大值大于 T_2 时，便判定为是语音；当相关函数的最大值等于或小于 T_1 时，则判定为语音信号的端点。

2. 基于相关函数的端点检测算法的计算步骤

基于上述对相关函数的端点检测算法数学原理的介绍，接下来，看一下如何通过具体的计算步骤实现算法。

（1）首先基于分帧后的语音信号的第一帧信号做相关函数的计算，获得参数 Rum，以及两个阈值 T_1 和 T_2。

（2）对要用到的参数做一些初始化设定，包括无音帧的最大长度 maxsilence、最小长度 minlen、初始状态 status、计数器 count 和静音帧 silence。

（3）针对每一帧的信号做判断，判断的依据是 status 的具体值，以及当前帧的自相关函数的结果与 T_1 和 T_2 的关系。

（4）status 的值只能是四种情况，即 0,1,2 和 3。0 表示开始，一般可能是静音信号或噪声信号，1 表示语音帧的进入，2 表示语音片段的结束，3 表示可能找到了连续的静音信号。

（5）经过对所有信号帧的遍历后，得到 SF 存储的是语音片段（如果有的话），NF 保存的是噪声片段，最终的结果是输出语音片段，包含起始点和结束点、语音片段的个数，以及 SF 和 NF。

3. 相关函数端点检测算法的代码实现

在该算法实现中，设计了一个函数 vad_Corr()，该函数通过接收完整的语音信号帧数据 y、静音帧信号 NIS，以及初始的两个阈值作为初始参数。需要注意的是，这两个阈值会随着静音帧信号的变化而发生更新，从而能够保持对数据变化的动态获取。另外，最关键的部分是检测语音帧的起始和终止端点，这一部分是通过对前后帧相关函数的距离与阈值进行比较，并分情况讨论当前帧的所属状态，对于符合端点条件的帧，对其对应的标志符号（SF 和 NF）做出标记。

具体实现代码如下：

```
# 基于 correlation 相关函数的 VAD 算法
def vad_Corr(x, NIS, th1, th2):
    Ru = STAc(x.T)[0]
    Rum = Ru / np.max(Ru)
    thredth = np.max(Rum[:NIS])
    T1 = th1 * thredth
    T2 = th2 * thredth
    voiceseg, vsl, SF, NF = vad_forw(Rum, T1, T2)
    return voiceseg, vsl, SF, NF, Rum
```

上述代码中，vad_forw()函数的目的是根据传入的两个门限 T1 和 T2 计算信号的端点检测。实现代码如下：

```python
def vad_forw(dst1, T1, T2):
    fn = len(dst1)
    maxsilence = 8
    minlen = 5
    status = 0
    count = np.zeros(fn)
    silence = np.zeros(fn)
    xn = 0
    x1 = np.zeros(fn)
    x2 = np.zeros(fn)
    for n in range(1, fn):
        if status == 0 or status == 1:
            if dst1[n] > T2:
                x1[xn] = max(1, n - count[xn] - 1)
                status = 2
                silence[xn] = 0
                count[xn] += 1
            elif dst1[n] > T1:
                status = 1
                count[xn] += 1
            else:
                status = 0
                count[xn] = 0
                x1[xn] = 0
                x2[xn] = 0
        if status == 2:
            if dst1[n] > T1:
                count[xn] += 1
            else:
                silence[xn] += 1
                if silence[xn] < maxsilence:
                    count[xn] += 1
                elif count[xn] < minlen:
                    status = 0
                    silence[xn] = 0
                    count[xn] = 0
                else:
                    status = 3
                    x2[xn] = x1[xn] + count[xn]
        if status == 3:
            status = 0
            xn += 1
            count[xn] = 0
            silence[xn] = 0
```

```
            x1[xn] = 0
            x2[xn] = 0
    el = len(x1[:xn])
    if x1[el - 1] == 0:
        el -= 1
    if x2[el - 1] == 0:
        print('Error: Not find endding point! \n')
        x2[el] = fn
    SF = np.zeros(fn)
    NF = np.ones(fn)
    for i in range(el):
        SF[int(x1[i]):int(x2[i])] = 1
        NF[int(x1[i]):int(x2[i])] = 0
    voiceseg = findSegment(np.where(SF == 1)[0])
    vsl = len(voiceseg.keys())
    return voiceseg, vsl, SF, NF
```

4. 相关函数端点检测算法总结

这里对相关函数端点检测算法做一个总结。

（1）设计原理：通过计算当前帧的自相关函数和相邻帧的互相关函数，得到一组特征值；然后通过设定两个合理的门限阈值找到语音的端点。

（2）优点：计算量小，容易实现。

（3）缺点：抗噪性差，对于语音信号中存在多种噪声的情况不易做出准确的判定。

基于本节提到的自相关和互相关函数的计算，有人提出可以对相关函数的结果做进一步分析，比如做归一化处理，这样就可以应用于不同长度信号的分析。还有的算法提出可以利用自相关函数的主副峰比值和余弦角的值作为特征区别语音和噪声。总之，这些特征是在计算自相关函数的过程中都可以很容易获取到的统计量，人们只是希望找到最好的特征能用于实现语音信号的端点检测。至于如何选择适合于你的语音数据，还需要自行多做尝试。

6.4.4 基于倒谱距离的端点检测算法

在语音信号的频域表示中，频谱和倒谱能够很好地表示语音信号，因此，有很多语音识别系统采用倒谱系数作为特征参数。实践证明，在噪声环境下，对于短时能量和过零率不能很好区分语音和非语音的情况，倒谱系数是一种更优的特征参数。

本节以对数频谱距离为例，介绍这类算法的思想。

1. 谱距离端点检测的数学原理

假设含噪语音信号为 $x(n)$，加窗分帧处理后得到第 i 帧语音信号为 $x_i(m)$，每帧的长度为 N。对 $x_i(m)$ 进行离散傅里叶变换可得到离散频谱为

$$X_i(k) = \sum_{m=0}^{N-1} x_i(m) \exp\left(-j\frac{2\pi km}{N}\right), \quad 0 \leq k \leq N-1 \tag{6-46}$$

对式（6-46）中的 $X_i(k)$ 取模再取对数有

$$\widehat{X}_i(k) = \log_{10}|X_i(k)| \tag{6-47}$$

假设有两个不同信号 $x_0(m)$ 和 $x_1(m)$，其第 i 帧的对数频谱分别为 $\widehat{X}_i^0(k)$，$\widehat{X}_i^1(k)$，其

中下标 i 表示第 i 帧，上标 0 和 1 分别对应信号 $x_0(m)$ 和 $x_1(m)$。于是，这两个信号的对数频谱距离可以表示为

$$d_{\mathrm{spec}}(i) = \frac{1}{N_2} \sum_{k=0}^{N_2-1} \left(\widehat{X}_i^0(k) - \widehat{X}_i^1(k) \right)^2 \tag{6-48}$$

式中，N_2 只取正频率部分，当帧长为 N 时，$N_2 = N \div 2 + 1$。

至此，关于对数频谱距离的计算介绍完毕，接下来，看一下它是如何被应用到端点检测算法中的。

2. 基于谱距离的端点检测算法的计算步骤

了解了基于谱距离的端点检测算法的具体实现原理，下面来看一下如何通过具体的计算步骤实现算法。

（1）输入前导无语音帧（这里被认为是噪声）的信号，计算噪声的平均频谱，并得到噪声帧的对数频谱。这一步的目的是获取噪声的统计信息。

（2）针对分帧后的数据，计算每帧信号的对数频谱。

（3）计算每帧信号与噪声信号的对数频谱距离。

（4）设置一个无声段计算器 counter，初始值为 100，同时设置距离的阈值 Th = 3。每当输入一帧信号后，就按照公式（6-48）计算出该帧的对数频谱距离 d，判断 d 是否小于 Th。如果小于 Th，则认为该帧是噪声帧，同时计数器 counter + 1；如果 d 大于 Th，则 counter = 0，噪声标记为 0。

（5）判断 counter 是否仍然小于最小噪声段的长度，如果是，则标记为语音帧；否则标记为静音帧。

上述算法中还需要一个标记变量，用于判断每个帧是否为语音帧的起始点和结束点。

3. 基于对数谱距离的端点检测算法的代码实现

在该算法实现中，设计了一个函数 vad_LogSpec()，该函数接收语音数据的一个短时信号帧数据 x、一个短时噪声信号数据 noise、噪声信号的初始帧数 NoiseCounter、噪声的边界点数量 NoiseMargin 和噪声边界的最大上限 Hangover 作为输入参数。根据上述算法步骤中第（2）~（5）的顺序，实现对语音帧和噪音帧之间的倒谱距离 SpectralDist 的计算，然后对计算的值进行评判，更新 NoiseFlag 的值，从而确定噪声起始边界和终止边界。具体实现代码如下：

```python
def vad_LogSpec(signal, noise, NoiseCounter=0, NoiseMargin=3, Hangover=8):
    """
    倒谱距离检测语音端点
    :param signal:
    :param noise:
    :paramNoiseCounter:
    :paramNoiseMargin:
    :param Hangover:
    :return:
    """
    SpectralDist = 20 * (np.log10(signal) - np.log10(noise))
    SpectralDist = np.where(SpectralDist < 0, 0, SpectralDist)
    Dist = np.mean(SpectralDist)
```

```
    if Dist < NoiseMargin:
        NoiseFlag = 1
        NoiseCounter + = 1
    else:
        NoiseFlag = 0
        NoiseCounter = 0
    if NoiseCounter > Hangover:
        SpeechFlag = 0
    else:
        SpeechFlag = 1
    return NoiseFlag, SpeechFlag, NoiseCounter, Dist
```

4. 基于谱距离的端点检测算法总结

我们来对基于谱距离的端点检测算法做一下总结。

（1）工作原理：该算法的核心思想是计算噪声帧信号和输入信号中每一帧的频谱距离，进而与阈值相比较，得出是否是语音帧的判断。通过设计标记位，确定语音帧的起始点和结束点。

（2）优点：计算量小，实现简单。

（3）缺点：对于含噪的语音信号表现不佳，采用频谱距离的计算方式过于简单，无法对具有干扰源或背景噪声的语音信号进行很好的区分，因此鲁棒性不高。

其他距离计算方式

除了本节提到的频谱距离方法外，还可以通过计算倒谱距离，比如基于 LPCC 和 MF-CC 的倒谱，实现端点检测算法。由于算法的设计思想类似，只是选择的距离计算方法不同，这里不再详细阐述。

6.4.5 基于频谱方差的端点检测算法

考虑到语音和噪声在频域谱中的分布特性存在较大的差异。一般来说，语音段的能量随着频谱有较大的变化，尤其是在共振峰处有较大的峰值，而在其他频段能量则会小很多；而噪声段能量的数值相对较小，且在频带内分布均匀，这说明噪声信号的频带变化是比较平稳的。根据这一特征我们可以区分原始信号中的语音段和噪声段，这一类方法被称为频谱方差法。

1. 频谱方差端点检测的数学原理

假设含噪的语音信号在时域波形为 $x(n)$，加窗分帧处理后得到第 i 帧语音信号为 $x_i(m)$，则 $x_i(m)$ 满足

$$x_i(m) = w(m) * x(iT + m), \quad 1 \leqslant m \leqslant N \tag{6-49}$$

式中，$w(m)$ 为窗函数；$i = 0, 1, 2, \cdots$；N 为帧长；T 为帧移长度。对 $x_i(m)$ 进行离散傅里叶变换得到频谱的表达式 $X_i(k)$ 为

$$X_i(k) = \sum_{m=0}^{N-1} x_i(m) \exp\left(-\mathrm{j}\frac{2\pi km}{N}\right), \quad 0 \leqslant k \leqslant N - 1 \tag{6-50}$$

令 $X_i = \{X_i(1), X_i(2); \cdots, X_i(N)\}$，则幅值的均值为

$$E_i = \frac{1}{N} \sum_{k=0}^{N-1} |X_i(k)| \tag{6-51}$$

方差为

$$D_i = \frac{1}{N-1} \sum_{k=0}^{N-1} (|X_i(k)| - E_i)^2 \tag{6-52}$$

式中，E_i 和 D_i 分别表示第 i 帧语音信号的均值和频谱方差值。

从以上公式可知，频谱方差包含了两个重要信息：

（1）它反映了一帧内各频谱间的起伏程度。

（2）它能够说明一帧信号的短时能量，即当能量越大且起伏越激烈，则 D 值越大，而这正是语音的特点；反之，噪声起伏越平缓，D 值越小。

于是，可以根据式（6-52）求出每一帧信号的频谱方差值。和前面的方法类似，阈值的初始设定也要通过已知的信号进行确认，从而设定初始的双门限阈值。

2. 基于频谱方差的端点检测算法的计算步骤

根据上面讲到的数学原理的实现机制，下面来梳理一下实现基于频谱方差的端点检测算法的计算步骤：

（1）对输入的信号作离散傅里叶变换，得到频域信息，求取正频率信息。

（2）根据第（1）步的结果，求取幅值。

（3）计算每一帧信号的频谱方差。

（4）计算前 NIS 个静音帧的阈值。

（5）根据阈值，设定双门限 T_1 和 T_2。

（6）根据 T_1 和 T_2 判定语音的开始位置和结束位置。

3. 基于频谱方差的端点检测算法的代码实现

在该算法具体实现中，旨在设计一个函数 vad_Dvar()，该函数接收来自语音数据转化的时域序列信号 x 和采样率 fs 为输入参数，根据算法步骤中第（2）~（5）的顺序实现阈值的设定和对每帧信号是否为语音帧的判定。需要特别注意的是，关于具体的判定算法是调用 6.3.1 节介绍的双门限函数。

具体实现代码如下：

```
def vad_Dvar(x,fs):
    """
    对数频率距离检测语音端点
    :param x: 输入信号
    :param fs: 采样率
    :return
      voiceseg:每一段语音的端点信息,即起始点和终止点
       vsl: 语音片段的长度,以帧为单位
        SF: 语音信号的标志位,1表示有话帧,0表示无话帧
        NF: 噪声信号的标志位,1表示无话帧,0表示有话帧
    """
    len = 20 * fs // 1000    # 计算帧的长度
    insign = win * x[k-1:k + len_ - 1]
```

```
spec = np.fft.fft(insign, nFFT)
#计算幅值
sig = abs(spec)
for k = 1:fn:                        # 针对每一帧信号
    Dvar(k) = var(sig(1:K))          # 计算频谱方差
    Dth = mean(Dvar(1:NIS))          # 计算阈值
    T1 = 1.5* dth
    T2 = 3* dth
    # 调用单参数双门限检测算法得到最终结果
return voiceseg,vsl,SF,NF = VAD_1Thr(Dvar,T1,T2)
```

4. 基于频谱方差的端点检测算法总结

我们来对基于频谱方差的端点检测算法做一下总结。

（1）工作原理：该算法利用频域中频谱的特性得出每一帧信号的方差作为统计量，并找出合适的双阈值，从而实现端点检测的目的。

（2）优点：方差的计算十分简单且易于实现；比较适合于区分纯净语音和静音。

（3）缺点：一旦遇到语音信号中夹杂着噪声的情况，则该方法就无法取得更好的效果。

至此，常见的端点检测算法就介绍完了。当然，还有很多算法本书并未提到，如果你感兴趣，可以去查阅相关文献。不过，需要指出的是，近年来的算法其实多数都是在传统算法的基础上改进而来的，只要清楚了基础算法，对理解新算法也会有一定的帮助。

本章小结

本章主要介绍了语音识别中预处理环节的主要工作。其中必不可少的参数变换是最基础的分析，它主要是将原始的信号转化到其他域中，比如时域、频域和倒谱域，这些变换分析的目的是寻找更好的方式表达信号，它为后续的处理提供了强有力的支持。另外，本章更大的篇幅在介绍去噪算法，这是由于语音数据中会不可避免地掺杂噪声，预处理任务的第一步就是去除噪声，目的是还原出纯净的语音信号，为此人们提出了大量的去噪算法。除此之外，为了更专注地分析语音段的数据，端点检测算法显得十分重要，它是为了定位出数据中的语音片段，从而刨除其他无关的静音数据和纯噪音数据。

总的来说，本章介绍的两大类算法都是为了提升语音信号的质量，加强可理解度。经过预处理分析后，在很大程度上就保证了语音信号的质量。特别地，基于端点检测算法的处理后，可以基于特定的语音信号提取特征，从而实现对语音信号可甄别性的量化表示，这将有助于后续的识别处理。

为了寻找更合适且具有辨别性的特征去描述待识别的语音数据，下一章将介绍特征提取中常用的算法。

第7章　特征提取算法

在基于统计模式的语音识别任务中，经过预处理分析后的语音信号，要计算一组统计量或特定参数，实现以特征向量的方式描述语音信号，这样的方式十分有利于不同语音信号代表的模式之间进行比较，而且还能为分类和识别做准备。为了寻找到有意义的特征向量，需要在语音信号参数变换的基础上，针对每一种方式，获得对应的特征向量，从而发展出了许多特征提取算法。本章主要针对语音识别中典型的特征，围绕算法设计背后的数学原理和代码实现两方面展开详细阐述。同时，还将总结每类特征提取算法的使用场景和优劣势。

7.1　特征提取算法概述

简单来说，特征提取算法的目的是将原始数据转变成特征的过程，这些特征不仅可以以较少的信息量就能很好地描述原始数据，还可以作为分类模型的输入，提升模型对未知数据的预测能力。由此可见，从机器学习的角度来说，决定分类模型预测能力的好坏不仅仅和所选用的模型有关，输入的特征也起着关键作用。

在语音识别任务中，特征提取也是很重要的一步。正如第 3 章模式识别介绍的，语音识别中的特征提取算法是基于预处理中的参数化分析，进一步获得特定的统计量或衍生出的参数量作为特征向量或特征矩阵，这些结果将作为分类器的输入。

7.1.1　特征提取算法的设计要求

一般来说，一个良好的特征提取算法获得的特征应该满足三个要求：

（1）组成特征向量的各个分量之间的相关性要尽量低，最好是相互之间独立。

这一点非常好理解，如果特征分量之间相关性很高，就意味着特征的冗余度过大，也就不够精简。因此，应该尽可能降低这种重复度。一个办法是为了检验特征分量之间的分散程度，可以通过计算一个分量取值的方差，如果发现方差很小，就可以丢弃，因为这个分量可能不具有分别性。另外，还可以通过计算两个特征分量之间的相关系数来判定它们的相关性，如果值为 0，表明两个分量之间线性无关；如果系数大于 0，说明两个分量之间是正相关；如果系数小于 0，代表两者呈现负相关。

（2）特征向量的维度不能过高，否则会造成计算量的陡增，以致形成灾难。

假设已经选好了可靠的特征分量，但是组合起来发现特征向量的维数过大，导致计算量惊人，这也是十分常见的问题。为了解决这类问题，特征选择算法是必要的，它可以通过设计一个合理的模型，对训练阶段得出的参数中不重要的特征分量进行滤除，从而保留最重要的一些特征分量。这一类算法的代表是最大熵模型、随机森林、决策树等。

除了设计合理的特征选择模型外，还有一个解决办法是从原始特征向量中选取出子集，通过贪心搜索算法和一定的约束规范，最终确认出最佳的特征子集。

（3）特征要具有可分性，且不能产生歧义。

这一点是显而易见的，如果一个特征向量获取之后，发现有的特征值既可以归属到类别 A，又可以归属到类别 B，这显然会对分类模型造成困扰。为了尽早发现可能产生歧义的特征分量，可以利用线性模型分析，例如，线性评价分析（LDA），它可以检测到哪些可以满足让同一类样本尽可能聚合在一起，同时，不同类别的样本尽量扩散。

实际上，有时由于语音数据自身的复杂性，以及识别目标的高难度，很难设计出一种特征提取算法能够很好地满足上述三个要求。当设计特征提取算法时，应该尽可能地满足这些要求，并结合识别的准确率综合判断。这里提前列出这些要求，是为了让读者体会特征提取算法的重要性和如何设计良好的特征。

7.1.2　特征提取算法的两大阵营

总结自动化语音识别系统相关的文献可知，主流的特征提取算法可以分为以先验知识为主的传统方法和以表示学习为核心的深度学习算法两大类。

1. 以先验知识为主的传统方法

该类算法需要研究人员对语音信号拥有较好的背景知识和丰富的个人经验，通过对语音信号的细致观察和了解，提前预想可能有效的特征，从而设计出合理的算法，寻找这些有效的特征用于辨别不同类别的语音信号。

如何获取背景知识

这里提到的背景知识可以通过阅读相关文献和书籍，了解常用的描述语音信号的统计量，也可以通过感知与语音信号相关的已知物理量，借助信号处理技术对语音信号进行特定的空间转换，进而计算衍生的特征向量。甚至还可以参考图像识别领域中的特征提取方法，将语音信号转化为图像形式，就可以挖掘更多有意义的图像特征。总之，这些知识通常是研究人员提前已知的，只是针对不同类型的数据，需要对这些特征进行改进或计算衍生的统计量，从而形成新的算法。

一般来说，以先验知识为主的传统特征提取方法，其计算过程是比较烦琐的，往往需要依靠专业人员的经验，但有时也会受主观经验的影响，导致特征提取不全。由于这类方法提取的特征的意义具有良好的可解释性，一直在学术界备受推崇。然而，随着数据复杂度的不断提升，这些预先设计的特征会无法准确地描述数据。当样本所属的类别数量不断增加时，这类方法提取的特征的辨别性也会急速下降，最终导致分类效果不佳。

为了解决上述问题，发展出了以表示学习为核心的另一类特征提取方法。

2. 以表示学习为核心的深度学习算法

与前文介绍的传统方法不同，以表示学习为核心的特征学习算法的研究者，不需要事先设计要提取的特征，更多的是让神经网络模型自己去学习。这类算法的好处是省去了提前获取背景知识和预设特征的麻烦，这样自然减少了人为的干预，通过算法自身的学习和探索，得到一些底层特征和高层抽象特征。

特征学习算法的核心

特征学习算法实现的关键是基于原始信号的输入，经过若干网络层的自动化学习，得到有用的特征图或特征向量。根据输入数据和中间网络结构的不同，最终学习到的特征也会有所差异。

其中，由于神经网络模型接收的数据都是以矩阵或向量为主的张量，隐藏层负责提取特征，当研究者想要对提取的特征进行可视化分析时，会发现很多时候根本无法对其进行解释，因为网络临时学习的特征非常抽象。另外，如果遇到最终分类效果不佳，需要寻找原因，也无法精确判定出问题所在。

考虑到这里提到的两类算法中有许多典型的代表算法，接下来，将针对一些重要算法详细阐述，旨在揭示其设计思想和实现细节。其中，第 7.2、7.3 和 7.4 小节主要围绕传统方法为主的特征提取算法，根据参数变换形式的不同，依次介绍可能提取的特征。第7.5 小节将介绍深度学习为核心的特征提取模型。

7.2　基于时域变换的特征

如第 6 章所述，原始的数字化语音信号通过采样和量化处理后，得到语音信号的波形表示，基于该时域表示，可以计算出许多有意义的特征，包括音频包络、平均能量和过零率等。考虑到短时分析技术的重要性，接下来将分别介绍基于语音信号的时域表示，如何计算短时音频包络、短时平均能量和短时过零率的特征。

7.2.1　短时振幅包络

短时振幅包络（amplitude envelope，AE）的计算是获取一帧内样本中的最大幅值，其数学式为

$$\mathrm{AE}_t = \max_{k=t \cdot K}^{(t+1) \cdot K-1} s(k) \tag{7-1}$$

其中，t 表示某一个时刻；$s(k)$ 是该帧内第 k 个样本的幅值；$t \cdot K \sim (t+1) \cdot K-1$ 表示一帧内的所有样本数据的范围；AE_t 表示第 t 帧的 AE 值。

通过式（7-1）计算出音频包络特征的结果，可以参考图 7.1。其中，中间部分的波形曲线是原始的语音信号采样点，可以看到，音频包络提取的特征被标注出加粗的点，大致对应着原始波形中的波峰。在图 7.1 中，将振幅包络找出的采样结果连成线后，可以绘制出一种波峰趋势的轮廓线，即由多个波峰的最大值连接成的轮廓线。

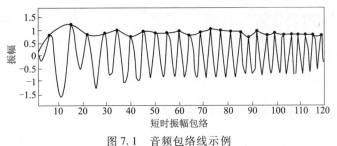

图 7.1　音频包络线示例

音频包络可以反映出一段语音信号响度的概况，即波峰的趋势走向。由于该特征很容

易受到噪声信号或背景音的影响，尤其容易受个别异常值的影响。因此，它无法直接被用于语音信号的分类模型建立。目前，音频包络主要用于纯净语音信号的节奏检测，比如，一段慷慨激昂的演讲和小声地说话，显然，在响度的变化曲线上存在较大差异。

7.2.2 短时平均能量

短时平均能量（root-mean-sqare energy，RMSE）是指对一帧内所有样本能量的平方的平均值再开方，具体计算方法为

$$\text{RMSE}_t = \sqrt{\frac{1}{k} \sum_{k=t\cdot K}^{(t+1)\cdot K-1} s(k)^2} \tag{7-2}$$

式中，RMSE_t 表示在 t 帧的平均能量。与 AE 不同的是，RMSE 考虑了一帧内所有样本的能量值。不过它仅考虑能量的大小，而不考虑方向，所以，这里只取时域表示中幅度的平方。

短时平均能量作为特征，可以很好地反映一段声音信号的响度变化，可以用于语音信号的分割检测，一般来说，声音信号比噪声信号的能量值要大。和 AE 相比，它们的缺点类似，由于计算过程容易将噪声包含在内，因此，对于同一时刻既有噪声又有语音的情况，则无法分辨。相较于 AE，RMSE 的优势在于，它计算的是一帧内所有样本的能量的平均值，不容易受到单个异常样本点的影响。

7.2.3 过零率

短时过零率（zero crossing rate，ZCR）是统计一帧内采样点穿过横轴的次数。例如图 7.2 中曲线信号与 $x=0$ 的横轴相交的 6 个点，表示该信号的过零率是 6。

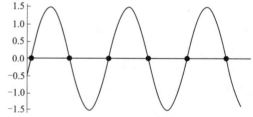

图 7.2　过零率的计算过程

从数学式来看，参考式（7-3）：

$$\text{ZCR}_t = \frac{1}{2} \sum_{k=tK}^{(t+1)K-1} |\text{sgn}(s(k) - \text{sgn}(s(k+1)))| \tag{7-3}$$

该式的含义是计算连续两个采样点之间能量值的符号，具体符号 sgn 的判断依据如下：
- $s(k) > 0$ 时，sgn 为 $+1$；
- $s(k) < 0$ 时，sgn 为 -1；
- $s(k) = 0$ 时，sgn 为 0。

根据式（7-3）和 sgn 符号的判断可知，存在以下情况：
- 当 $s(k)$ 和 $s(k+1)$ 一个为正，一个为负，此时得出的绝对值为 2，再除以 2，就可以算是 ZCR 的数量加 1；
- 当两者都为正数时或都为负数时，两者的和为 0，此时，对过零率的统计无效。

在多数情况下，噪声过零率的值要大于语音信号的过零率，因此，ZCR 特征可以用于判别语音和噪声。甚至浊音和清音信号在 ZCR 中的表现也不一样，因此它还可以用于判别清音和浊音。但是，对于噪声和语音在短时间内同时发生的情况，只计算过零率就无法判别两个类别了。

7.2.4 示例：基于时域信号的特征提取

在本节示例中，我们的目标是要从语音数据中获取前面介绍的三种时域特征。主要实现思路如下：

首先，读取音频文件以获取声音数据，这一步的重要工作是获得原始信号的时域表示，即波形图。其次，基于波形图的表示，分别计算振幅包络、平均能量和过零率，并最终以图形化的方式显示结果。最后，介绍过零率特征在区别噪声和纯净声音方面的具体应用。

接下来，看一下具体的实现过程。

（1）读取音频文件生成波形图

首先是准备工作，导入必要的 python 包，然后利用 librosa 的 load()函数读取音频数据，并计算该语音信号的持续时间属性，最终生成信号的波形图（见图 7.3）。具体代码如下：

```python
#1. 引入必要的包和库
import matplotlib.pyplot as plt
import numpy as np
import librosa
import librosa.display
import IPython.display as ipd
#2. 加载音频文件
audio_file = "audio/hello.wav"
#3. 获取音频数据的基本信息：shape，时间
speech,sr = librosa.load(audio_file)
speech.shape # 输出(23501,)，表明音频数据是包含23501个样本的一维数组
sample_duration = 1 / sr
print(f"One sample lasts for {sample_duration:2f} seconds")
#4. 计算音频的持续时间
total_samples = len(speech)    #计算结果为23501
duration = 1 /sr * total_samples
print(f"The audio lasts for {duration} seconds")
# 输出 The audio lasts for 1.065 seconds
#5. 在时域中显示音频数据
plt.figure(figsize=(15, 7))
librosa.display.waveshow(speech, alpha=0.5)
plt.ylim((-0.5, 0.5))
plt.savefig("波形图.png")
plt.show()
```

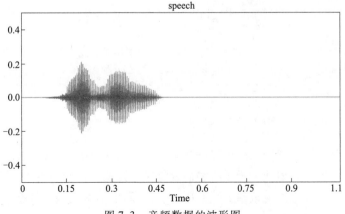

图 7.3 音频数据的波形图

（2）计算音频包络特征

根据前面介绍的振幅包络的统计方法，自定义一个 amplitude_envelope()方法，对每一帧信号计算音频包络的特征，也就是短时间内振幅的最大值，最终这些最大值将存储到一个数组中，用于绘制包络特征的图形。具体实现代码如下：

```python
# 1. 定义方法计算 Ampltitude Envelope 特征
FRAME_SIZE = 1024
HOP_LENGTH = 512
def amplitude_envelope(signal, frame_size, hop_length):
    amplitude_envelope = []
    # 针对每一帧计算 AE
    for i in range(0, len(signal), hop_length):
        amplitude_envelope_current_frame = max(signal[i:i + frame_size])
        amplitude_envelope.append(amplitude_envelope_current_frame)
    return np.array(amplitude_envelope)
# 2. 统计语音信号中的 AE 特征
ae_speech = amplitude_envelope(speech, FRAME_SIZE, HOP_LENGTH)
# 3. 绘制 AE 的图形
#3.1. 准备参数
frames = range(len(ae_speech))
t = librosa.frames_to_time(frames, hop_length = HOP_LENGTH)
#3.2. 绘制
plt.figure(figsize = (5, 5))
librosa.display.waveshow(speech, alpha = 0.5)
plt.plot(t + 0.035, ae_speech, color = "r")
plt.ylim((-0.5, 0.5))
plt.savefig("音频包络特征.png")
plt.show()
```

上述代码的执行结果如图 7.4 所示，图中线条描述的就是该音频数据的包络结构。

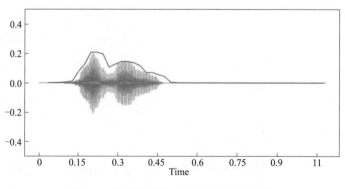

图 7.4　音频数据波形图上显示 AE 特征

需要特别指出的是，音频包络图是在短时能量上得到的统计量，而波形图是与原始音频文件的长度完全相等，因此，为了将它们绘制在一张图上，音频包络图的时间会有 0.02 s的延迟，因此，在代码中人为地给 t 加了 0.035 s。如果不这么做，那么，包络线会有一点距离的迁移。如果你想实验，可以自行尝试。

（3）计算平均能量特征

这一步主要是根据前面介绍的音频数据的平均能量的统计方法来计算短时平均能量。幸运地是，Librosa 库中提供了直接获取平均能量的方法，即 librosa. feature. rms()；该方法返回的是一个长度等于帧数的数组。最后，为了绘制出该特征的轮廓图，需要将以帧为单位的信号转化为以秒为单位的统计量，方法是通过 Librosa 中的 frame_to_time()方法，从而保持波形图和短时平均能量的时间单位一致。

```
#1. 调用 librosa 中的 rmsfeature 的计算方法
#1.1 指定参数
FRAME_SIZE = 1024
HOP_LENGTH = 512
#1.2 调用 rms 特征的方法
rms_speech = librosa. feature. rms(speech, frame_length = FRAME_SIZE, hop_length =
HOP_LENGTH)[0]
2. 绘制图形
#2.1 准备参数
frames = range(len(rms_speech))
t = librosa. frames_to_time(frames, hop_length = HOP_LENGTH)
#2.2plt 绘制
plt. figure(figsize = (15, 17))
ax = plt. subplot(3, 1, 1)
librosa. display. waveshow(speech, alpha = 0.5)
plt. plot(t, rms_speech, color = "r")
plt. ylim((-1, 1))
plt. show()
```

上述代码的执行结果如图 7.5 所示，图中单个线条描述的就是该音频数据的平均能量结构。

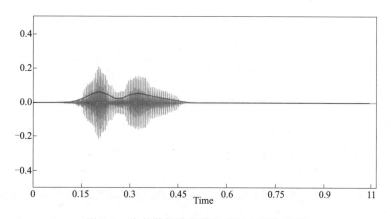

图 7.5　音频数据波形图上显示 RMSE 特征

需要特别说明的是，Librosa 库中计算方法 librosa. feature. rms()的返回值是一个矩阵。在图 7.5 中，其矩阵的维度是帧数 ×1，而我们需要的只是第一维的具体数值，因此，上述代码通过［0］取得第一维数据。

（4）计算语音信号的过零率特征

由于过零率是表示语音信号的常用特征，Librosa 库也为我们提供了可直接调用的接口

feature. zero_crossing_rate()。需要注意的是，该接口不是直接统计信号能量的值等于 0 的个数，而是经过归一化后的处理，并且取值范围被限定在 0 ~ 1。具体实现代码如下：

```
#1. 调用 librosa 中的 rmsfeature 的计算方法
#1.1 指定参数
FRAME_SIZE = 1024
HOP_LENGTH = 512
#1.2 调用 zero crossing rate 特征的方法
zcr_speech = librosa. feature. zero_crossing_rate(debussy, frame_length = FRAME_
SIZE, hop_length = HOP_LENGTH)[0]
#2. plt 绘制
plt. figure(figsize = (15, 10))
plt. plot(t, zcr_speech, color = "b")
plt. ylim(0, 0.3)
plt. show()
```

上述代码的执行结果如图 7.6 所示，图中线条描述的就是该音频数据的过零率的数量统计。

需要特别指出的是，为了让纵轴看上去不至于过高，通过 plt 提供的 ylim() 方法对纵轴的输出进行了控制，这样将一帧中所有样本数据穿过横轴的具体数值，经过最大值和最小值的计算，将其映射到了指定范围内，这里主要是映射到 (0,0.3)，因为试验中发现音频文件 hello. wav 的最大能量都没有超过 0.3，因此，选择缩小范围是合适的。

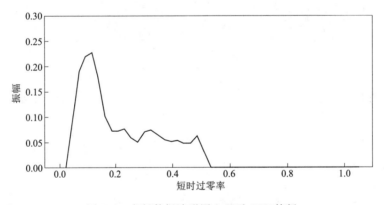

图 7.6　音频数据波形图上显示 ZCR 特征

（5）过零率特征区别噪声和语音

过零率除了可以表示音频数据的特征，还能用于区别噪声和语音。接下来具体看看它的表现。

在下面的例子中，首先准备两段录音，一段为安静环境下录制，一段为嘈杂环境下录制。为了保证客观的效果，对音频的长度进行了截取，截取时间为 15 s。然后，分别对每一段录音计算过零率特征。为了更好地比较效果，可以将两者的结果绘制在一张图中，便于观察两者的区别。具体实现代码如下：

```
#1. 准备两个音频文件
voice_file = "audio/voice. wav"
noise_file = "audio/noise. wav"
```

```
# 2. 加载音频数据,这里只截取前 15 s
voice, _ = librosa. load(voice_file, duration = 15)
noise, _ = librosa. load(noise_file, duration = 15)
# 3. 分别计算 ZCR
# 3.1 计算 ZCR
FRAME_SIZE = 1024
HOP_LENGTH = 512
zcr_voice = librosa. feature. zero_crossing_rate(voice, frame_length = FRAME_SIZE,
hop_length = HOP_LENGTH)[0]
zcr_noise = librosa. feature. zero_crossing_rate(noise, frame_length = FRAME_SIZE,
hop_length = HOP_LENGTH)[0]


# 3.2 准备绘制图形的参数
frames = range(len(zcr_voice))
t = librosa. frames_to_time(frames, hop_length = HOP_LENGTH)
# 3.3 绘制图形
plt. figure(figsize = (15, 10))
plt. plot(t, zcr_voice, color = "y")
plt. plot(t, zcr_noise, color = "r")
plt. ylim(0, 1)
plt. show()
```

上述代码运行结果如图 7.7 所示，代码中，利用红色（深）曲线（color = "r"）描述语音信号的 ZCR 值，它对应的波形振幅集中在 0.2 以下，且上下震荡不大；而黄色（浅）曲线（color = "y"）表示噪声信号的 ZCR 值，它对应的是多个幅值达到 0.4 左右的峰值的曲线。

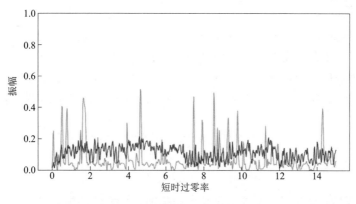

图 7.7　ZCR 特征区别语音和噪声

观察图 7.7 可知，语音信号的 ZCR 特征有若干峰值，表示震荡幅度较大，其余则在 0 附近，而噪声信号的变换则相对较为平稳，并且波动不是很大。由此可见，ZCR 特征可以用于建立模型，将噪声信号和纯净声音信号区别开来。

关于时域特征的总结

实际上，除了本节介绍的三类常见特征外，还有一些其他特征，比如短时自相关函数和短时平均幅度差。根据文献可知，这些时域特征只能用于分析噪声稳定的简单任务，比如区分噪声和语音。但是对于存在背景音、多人说话的情况，时域特征显然是不够用的。近年来语音识别的任务越来越复杂，时域特征只用于初学者了解音频信号的特性使用，而不做实际的应用。因此，这里没有列出所有的时域特征，感兴趣的读者可以自行尝试。

7.3　基于傅里叶变换的频域特征

语音信号的一个显著表现是周期性的震动发音，因此，获取频率信息就显得尤为必要。常见的做法是将原始信号的时域表示转化到频域中，从而提取与频率相关的特征。常见的频域特征见表 7.1。

表 7.1　常见的频域特征

名　称	描　述	应用场景
fundamentral frequency	基频	区分男女声、噪声和语音
formant	共振峰	区分元音、浊辅音和清辅音的发音
spectral centroid	频率中心	用于和其他特征做组合，形成更有效的特征向量
band energy ratio	频带能量比	同上
bandwidth	频带宽度	同上

接下来，将以频谱中心和共振峰的特征为例，介绍这些特征的用法。

7.3.1　频率中心

频率中心（spectral centeroid）是基于一帧信号的时频谱图的幅度。在频域信号表示的基础上，语音信号被表示成以频率为变量的能量分布，频率中心是将该分布的中心值（即平均值）作为语音信号的特征。

假设将每一帧信号的频率中心表示成 C_i，i 是帧的索引，于是，得到它的计算式为

$$C_i = \frac{\sum_{k=1}^{W_f} kX_i(k)}{\sum_{k=1}^{W_f} X_i(k)} \tag{7-4}$$

其中，W_f 表示信号总的帧长；k 表示时频谱图中的一个频带的值。

接下来，我们看看如何利用 Python 实现频率中心的提取。Librosa 库中直接提供了相应的接口 librosa. feature. spectral_centroid。接下来将调用该接口，并可视化频率中心的特征，以加深其含义的理解。具体代码如下：

```
#0. 准备工作:引入必要的包
import librosa
import matplotlib. pyplot as plt
#1. 加载音频文件
harward_file = "harvard. wav"
```

```
audio,sr = librosa.load(harward_file)
#2. 准备参数,获取 spectral centroid 特征
frame_size = 1024
hop_length = 512
sc_feature = librosa.feature.spectral_centroid(y = audio,sr = sr,n_fft = frame_
size,hop_length = hop_length)[0]
sc_feature.shape
frames = range(len(sc_feature))
t = librosa.frames_to_time(frames)
#3. 可视化特征
plt.figure(figsize = (25,10))
plt.plot(t,sc_feature,color = 'b')
plt.show()
```

上述代码中需要特别说明的有两处：

（1）Librosa 提供的接口返回结果原本是一个二维矩阵，即（1,791）。但为了将频率中心的特征值在图形中展示，我们只需要一维频率中心的特征值用于绘制图形中的纵坐标，所以，这里需要对返回的结果通过索引［0］做一下截取。建议运行上述代码后，再查看其结果是否是一维数组，在具体的案例中，audio 是一组 791 帧的信号，所以，一维数组的长度 sc_feature.shape 返回的结果就是（791,）。

（2）为了便于看到频率中心随着时间的变化而变化，而不是随着帧的变化，因此还多做了一个转换，做法是通过 Librosa 的 frames_to_time 接口。这样就可以看到如图 7.8 所示的结果。其中，横坐标是时间，纵坐标是频率。由于纵坐标是每一帧信号的频率平均值，所以其最大值为 6 000 Hz。

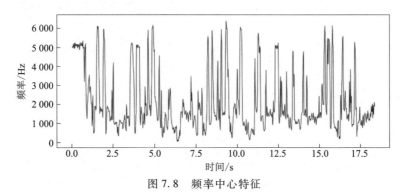

图 7.8 频率中心特征

实际上，librosa 还提供了频带宽度和频带能量比的特征接口，感兴趣的读者可以查阅官方文档。

基础频率特征的小提示

本节介绍了频率中心这一频域特征，由于计算简单，特别适合初学者对特征提取算法的初探。但在实际的应用中，却很少采用这种单一的特征描述语音信号，更多的是采用多个特征的融合，形成一组特征集合，这样既可以加强特征描述的精确度，又有助于提升分类器分类结果的准确率。

7.3.2 共振峰

共振峰（formant）也称谐波，在本书第 4 章中我们提到过，元音信号由于舌位和嘴形同第一共振峰 F_1 和第二共振峰 F_2 的关系，因此，可以通过计算 F_1 和 F_2 共振峰来区别不同的元音信号。

估计共振峰的方法很多，这里以倒谱法估计共振峰为例。其中的数学原理是当信号经过快速傅里叶变换后，采样信号可以表示为

$$X_i(k) = \sum_{n=1}^{N} x_i(n) e^{-\frac{2\pi knj}{N}} \qquad (7\text{-}5)$$

接着，取采样点的倒谱，即

$$\widehat{x_i}(n) = \frac{1}{N} \sum_{k=1}^{N} \lg |X_i(k)| e^{-\frac{2\pi knj}{N}} \qquad (7\text{-}6)$$

通过给倒谱加窗得到

$$h(n) = \begin{cases} 1, & n \leq n_0 - 1 \text{ 且 } n \geq N - n_0 + 1 \\ 0, & n_0 - 1 < n < N - n_0 + 1 \end{cases}, \quad n \in [0, N-1] \qquad (7\text{-}7)$$

这时，通过式（7-8）求出 $h(n)$ 的包络线为

$$H_i(k) = \sum_{n=1}^{N} h_i(n) e^{-\frac{2\pi knj}{N}} \qquad (7\text{-}8)$$

然后，在包络线中寻找极大值，获得共振峰参数。

理解了利用倒谱法估计语音信号共振峰特征的数学原理之后，来看一下具体的代码实现。

```python
def Formant_Cepst(u,cepstL):
    """
    倒谱法共振峰估计函数
    :param u:
    :param cepstL:
    :return:
    """
    wlen2 = len(u) // 2
    U = np.log(np.abs(np.fft.fft(u)[:wlen2]))
    Cepst = np.fft.ifft(U)
    cepst = np.zeros(wlen2, dtype=np.complex)
    cepst[:cepstL] = Cepst[:cepstL]
    cepst[-cepstL + 1:] = Cepst[-cepstL + 1:]
    spec = np.real(np.fft.fft(cepst))
    val, loc = local_maxium(spec)
    return val, loc, spec
#2. 数据预处理
data, fs = soundBase('C4_3_y.wav').audioread()
#2.1 预处理-预加重
u = lfilter([1, -0.99], [1], data)
cepstL = 6
wlen = len(u)
wlen2 = wlen // 2
```

```
#2.2 预处理 - 加窗
u2 = np.multiply(u, np.hamming(wlen))
#2.3 预处理 - FFT,取对数
U_abs = np.log(np.abs(np.fft.fft(u2))[:wlen2])
freq = [i * fs / wlen for i in range(wlen2)]
#3. 绘制图形
plt.figure(figsize = (14, 12))
#3.1 通过倒谱法计算共振峰
val, loc, spec = Formant_Cepst(u, cepstL)
#3.2 绘制频谱图
plt.subplot(2, 1, 1)
plt.plot(freq, U_abs, 'k')
plt.title('频谱')
#3.3 绘制共振峰估计图
plt.subplot(2, 1, 2)
plt.plot(freq, spec, 'k')
plt.title('倒谱法共振峰估计')
for i in range(len(loc)):
    plt.subplot(2, 1, 2)
    plt.plot([freq[loc[i]], freq[loc[i]]], [np.min(spec), spec[loc[i]]], '-.k
')plt.text(freq[loc[i]],spec[loc[i]],'Freq={}'.format(int(freq[loc[i]])))
```

　　上述代码可以得出共振峰的结果如图 7.9 所示。可以看到，频谱图体现的是所有的短时帧内频率的变化情况，由于是总体情况，看上去就有高高低低的波形，没有任何规律。而相对来说，共振峰的信息量虽然少，但是十分有用，因为它只突出了三个主要频率，即 700 Hz、2 700 Hz 和 3 450 Hz，如图 7.9（b）所示，这说明该示例中的音频数据可能包含了三个不同的元音。

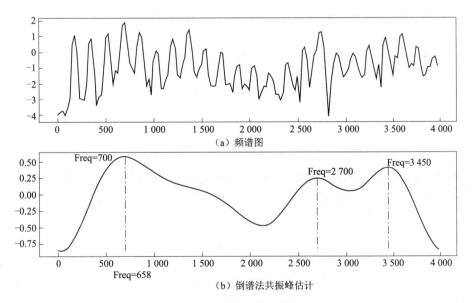

（a）频谱图

（b）倒谱法共振峰估计

图 7.9　频谱图和共振峰估计

共振峰的统计常用于语音识别中的元音识别。

本节提到的特征提取方法都是基于傅里叶变换的频域表示，虽然得到了一些重要的频率信息，但是由于缺少时间维度的信息，其应用并不广泛。实际上，更为常见的是下一节将要介绍的基于倒谱变换的特征。

7.4 基于倒谱变换的特征

倒谱变换是对时域的语音信号傅里叶变换后的结果取模的对数，再求逆傅里叶变换，得到信号的倒频谱。基于信号的倒谱表示，可以获得诸如基于线性假设的预测倒谱系数（LPCC）和基于非线性假设的梅尔倒谱系数（MFCC），以及其他衍生特征。

另外，倒谱信号表示方法还可以得到时频谱图像，于是，也有许多人提出将图像特征用于表示语音信号。不过本节对图像特征不做特别说明，感兴趣的读者可以参考一些数字图像处理和图像识别相关的书籍。

本节将主要介绍 LPCC 和 MFCC 两种特征提取算法，前者是一种较为基础且经典的方法，后者则在语音识别中得到了广泛应用。

7.4.1 线性预测倒谱系数

线性预测倒谱系数的理论依据是线性预测编码（linear predictive coding，LPC）技术。LPC 的思想是，由于语音样本点之间存在一定的线性相关性，于是，当前信号值的预测可以利用过去若干个采样点的线性组合逼近，也就是经过优化处理可以使预测值在最小均方误差意义上逼近实际采样值。

利用 LPC 技术可以预测出一小部分系数，从而以参数化的形式描述语音信号。实验证明，LPCC 特征确实比较适合描述具有周期特性的浊音。

从数学上来看，若语音信号的取样值序列为 $s(n)$（$n = 1, 2, \cdots, p, \cdots$），则某一个 $s(n)$ 信号，可以通过提取序列的前 p 个取样值进行加权预测得出，即

$$s(n) \approx a_1 s(n-1) + a_2 s(n-1) + \cdots + a_p s(n-1) \qquad (7\text{-}9)$$

其中，$a_1, a_2, \cdots, a_p$ 可以看作每一帧信号的常数。它们被称为线性预测系数，一般 p 的取值范围为 $[12, 14]$，若 $p = 12$，则一帧信号被表示为长度为 12 的一维数组。

在具体的实现中，预测系数的获得是通过计算采样点预测值和真实值之间的误差，其中误差 $E(n)$ 的计算公式如下：

$$E(n) = s(n) - \widehat{s}(n) = s(n) - \sum_{k=1}^{p} a_k s(n-k) \qquad (7\text{-}10)$$

式中，$s(n)$ 是原始的语音信号，$\widehat{s}(n)$ 则是预测得到的语音信号，a_k 是预测系数。

一般来说，在代码的实现中，为了保证预测系数的唯一性，可以利用最小均方误差来约束，均方误差的计算式为

$$E(n) = \sum_{m} \left[s_n(m) - \sum_{k=1}^{p} a_k s_n(m-k) \right]^2 \qquad (7\text{-}11)$$

式中，m 是语音信号中的总帧数。

由于 LPCC 是基于倒谱分析的，因此，它的计算过程稍微复杂一些，需要经过图 7.10 所示的流程。

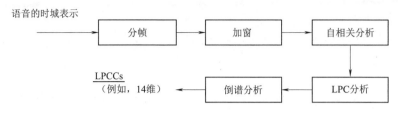

图 7.10　LPCC 特征提取的基本流程

　　Librosa 库已经封装好了 LPC 分析的接口 librosa. lpc()，它返回的是自相关分析的系数。由于 Librosa 没有提供完整获取 LPCC 系数的接口。因此，只能将前半部分的流程借助已有的接口来完成，而后续的步骤则需要单独实现。LPCC 系数的具体实现代码如下：

```
#0. 引入必要的包和函数
import librosa
import numpy as np
#1. 加载音频文件
audio_file = "audio/harvard.wav"
# 通过 librosa 读取音频文件中的语音信号
signal,sr = librosa. load(audio_file,duration = 3)
#2. 调用 lpc 接口
lpc_coeff = librosa. lpc(signal, order = 16)
lpc_order = 16
#3. 进一步计算 lpccs
lpcc_order = 48
lpcc_coeff = np. zeros(lpcc_order)
lpcc_coeff[0] = lpc_coeff[0]
for m in range(1, lpc_order):
    lpcc_coeff[m] = lpc_coeff[m]
    for k in range(0,m):
        lpcc_coeff[m] = lpc_coeff[m] + lpcc_coeff[k] * lpc_coeff[m - k] * k / m
for m in range(lpc_order, lpcc_order):
    for k in range(m - lpc_order, m):
        lpcc_coeff[m] = lpc_coeff[m] + lpcc_coeff[k] * lpc_coeff[m - k] * k / m
print(lpcc_coeff)
```

　　上述代码输出的结果如图 7.11 所示，从结果可知，它是一个 12 × 4 的矩阵，其中每一列的值表示一帧信号，列中的每一个值都是一个 LPCC 系数。

```
[ 1.00000000e+00  -1.21876812e+00   1.82210782e+00  -3.13361872e+00
  4.23472859e+00  -5.20746423e+00   6.53447884e+00  -8.08056082e+00
  9.61490431e+01  -1.14789332e+01   1.37243847e+01  -1.60416682e+01
  1.87026352e+01  -2.17559643e+01   2.49899300e+01  -2.86553280e+01
  1.49503067e+02  -3.11639447e+02   6.37456239e+02  -1.36042757e+03
  2.89778574e+03  -6.15825797e+03   1.31427704e+04  -2.81219056e+04
  6.02623202e+04  -1.29370907e+05   2.78204428e+05  -5.99129478e+05
  1.29202950e+06  -2.78985536e+06   6.03123962e+06  -1.30531051e+07
  2.82796135e+07  -6.13278020e+07   1.33119070e+08  -2.89200483e+08
  6.28799848e+08  -1.36823619e+09   2.97938803e+09  -6.49223044e+09
  1.41561909e+10  -3.08866221e+10   6.74299518e+10  -1.47292812e+11
  3.21917955e+11  -7.03936091e+11   1.54005341e+12  -3.37088258e+12]
```

图 7.11　LPCC 系数特征的结果

上述代码中需要特别说明的是第 3 步，如何从 LPC 分析的结果得出预测系数。关于预测的方法是采用前向传播和反向传播算法实现的。前向传播算法是基于当前样本的前 m（$m \geq 1$）个样本得到的，而后向传播则是基于 m 之后的样本得到的。最后，通过迭代不断更新预测的系数。

以 LPCC 系数作为特征的优点是计算量小，易于实现，能够很好地描述元音，还可以用于描述共振峰，去除激励信息。缺点是对辅音的描述能力较弱，因为对声道的先行假设不成立，并且 LPCC 的抗噪性较差，即如果遇到语音夹杂着噪声信号，那么，LPCC 就无法很好地反映语音信号了。

目前，LPCC 广泛应用于语音合成中，在语音识别中只有少量应用，因为它已经被 MFCC 特征取代。下一节将介绍 MFCC 特征的提取过程。

7.4.2 梅尔倒谱系数

梅尔倒谱系数（Mel-scale frequency cepstral coefficients，MFCC）是一种非线性的映射，根据人耳对不同频率的声波有不同的听觉敏感度进行映射。

从数学上来说，梅尔倒谱系数可以看作在 Mel 标度频率域上提取出来的倒谱参数。Mel 标度描述了人耳频率的非线性特征，它与频率的关系可通过式（7-12）近似表示：

$$\mathrm{Mel}(f) = 2\ 595 \times \log_{10}\left(1 + \frac{f}{700}\right) \tag{7-12}$$

其中，f 为频率，单位是 Hz。图 7.12 展示了 Mel 频率与线性频率 f 的关系。

当两个响度不等的声音作用于人耳时，响度较高的频率成分会影响到响度较低的频率成分，使其变得不易察觉，这种现象称为掩蔽效应。由于频率较低的声音在内耳蜗的基底膜上行，传递的距离大于频率较高的声音。所以，低音容易掩蔽高音，而高音掩蔽低音则比较困难。由此得出一个发现，在低频处的声音掩蔽临界带宽较高频要小一些。

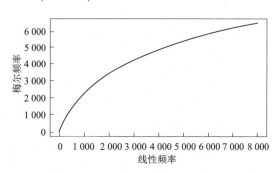

图 7.12　Mel 频率与线性频率的关系

基于上述发现，MFCC 计算特征的做法是，从低频到高频这一频带内，按临界带宽的大小安排一组由密到疏的带通滤波器，对输入信号进行滤波。

接下来，看一下 MFCC 特征的计算依据和流程。

首先了解一下 MFCC 特征的提取过程，如图 7.13 所示。

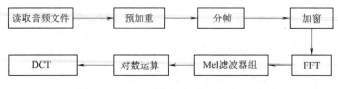

图 7.13　MFCC 特征提取的基本流程

从图 7.13 可以看出，MFCC 特征的提取主要分为八个步骤。虽然 Librosa 提供了获取 MFCC 特征的接口，但是笔者认为理解该特征中的中间过程也很重要，因此，有必要详细讲解一下 MFCC 特征的具体计算流程。

（1）读取音频文件

这一步是为了读取特定目录的音频文件，从而获取信号的时域表示；主要代码如下：

```
#1. 加载音频文件
#1.1 引入必要的包和函数
import numpy
importlibrora
import scipy. io. wavfile
from scipy. fftpack import dct
#1.2 获取时域信号
audio_file = "audio/harvard. wav"
signal,sr = librosa. load(audio_file,duration =3) #只加载前3s的数据
```

代码中的操作十分简单，包括引入必要的包和函数，然后直接调用 librosa. load() 方法就可以直接获取到时域信号，并保存在一维变量 signal 中，其中 sr 是原始音频文件的采样率。

（2）预加重

预加重的作用是加强原始信号中的高频信号，因为一般认为高频信号中更有可能存在有意义的信息，而低频信号更多的情况下则是噪声。另外，原始信号经过预加重处理后，信号的频谱变得十分平坦，能够保证在低频到高频的整个频带中，采用同样的信噪比求取频谱。同时，也是为了消除发声过程中由于声带和嘴唇的效应，补偿语音信号受到发音系统所抑制的高频部分，从而突出高频的共振峰。

在具体实现中，预加重的操作是将原始信号经过一个高通滤波器的运算，得到新的信号，见公式（7-13）：

$$y(t) = x(t) - \alpha x(t - 1) \tag{7-13}$$

式中，参数 α 的取值范围是 0.9 ~ 1.0，根据经验来看，该值通常取 0.97。

预加重的实现过程相当于预处理中的一些准备工作，主要代码如下：

```
#2. 预加重
pre_emphasi = 0.97
emp_signal = numpy. append(signal[0], signal[1:] - pre_emphasis * signal[:-1])
```

（3）分帧

在经过预处理后的时域信号中，需要将连续的 N 个采样点集合成一个观测单位，称为帧。通常情况下，$N = 256$ 或 512，其对应的时间跨度为 20 ~ 30 ms。为了避免相邻两帧的变化过大，会让两相邻帧之间有一段重叠区域，此重叠区域包含 M 个取样点，通常 M 的值约为 N 的 1/2。语音识别中所采用语音信号的采样频率通常为 8 kHz 或 16 kHz。以 8 kHz 为例，若帧的长度为 256 个采样点，则对应的时间长度是 32 ms。

分帧的实现过程比较简单，主要代码如下：

```
#3. 分帧
#将时间转化为样本点数
frame_length, frame_step = frame_size * sample_rate, frame_stride * sample_rate
signal_length = len(emphasized_signal)
frame_length = int(round(frame_length))
frame_step = int(round(frame_step))
num_frames = int(numpy.ceil(float(numpy.abs(signal_length - frame_length)) /
frame_step))
pad_signal_length = num_frames * frame_step + frame_length
z = numpy.zeros((pad_signal_length - signal_length))
pad_signal = numpy.append(emphasized_signal, z)
indices = numpy.tile(numpy.arange(0, frame_length), (num_frames, 1)) + numpy.tile
(numpy.arange(0, num_frames * frame_step, frame_step), (frame_length, 1)).T
frames = pad_signal[indices.astype(numpy.int32, copy = False)]
```

上述代码主要借助 Numpy 中的一些接口实现了对原始信号的分帧操作。由于第 6.1 节详细介绍过分帧操作，因此不再展开介绍。

（4）加窗

加窗操作的目的是进一步增强重要信号，因此仍然属于预处理的操作。这里以汉明窗函数为例，加窗的过程是将每一帧乘以汉明窗函数，以增加帧的左端和右端的连续性。假设分帧后的信号为 $s(n)$，$n = 0, 1, \cdots, N-1$，N 为帧的大小，那么，乘以汉明窗后 $s'(n) = s(n) \times w(n)$，窗函数 $W(n)$ 的形式为

$$W(n, a) = (1-a) - a \times \cos\left(\frac{2\pi n}{N-1}\right), \qquad 0 \leqslant n \leqslant N-1 \tag{7-14}$$

式中，不同的 a 值会产生不同的汉明窗，一般情况下，a 取值 0.46，于是，$1 - a = 0.54$。

由于 Numpy 有内置的接口可以直接调用，因此加窗的代码十分简单，具体如下：

```
#4. 对每一帧信号加窗处理
frames * = numpy.hamming(frame_length)
```

（5）快速傅里叶变换

加窗操作后，每帧必须经过快速傅里叶变换，以得到信号在频谱上的能量分布。经过分帧加窗后的各帧信号进行快速傅里叶变换得到各帧的频谱。对语音信号的频谱的模取平方，就可以得到语音信号的功率谱。设语音信号的离散傅里叶变换公式为

$$X_a(k) = \sum_{n=0}^{N-1} x(n) e^{-\frac{2\pi k j}{N}}, \qquad 0 \leqslant k \leqslant N \tag{7-15}$$

式中，$x(n)$ 为输入的语音信号，N 表示傅里叶变换的点数。具体实现代码如下：

```
#5. FFT 求取每一帧信号的模及功率谱
mag_frames = numpy.absolute(numpy.fft.rfft(frames, NFFT))  # Magnitude of the FFT
pow_frames = ((1.0 / NFFT) * ((mag_frames) ** 2))  # Power Spectrum
```

（6）Mel 滤波器组

Mel 滤波器的操作是指在语音的频谱范围内设置若干个滤波器 $H_m(k)$，其中 $1 \leqslant m \leqslant$

M，M 为滤波器个数。一般来说，滤波器的个数和临界带的个数相近，因此 M 的取值范围通常为 22 ~ 26。另外，每个滤波器为三角滤波器，中心频率为 $f(m)$，$0 \leqslant m \leqslant M$，各 $f(m)$ 之间的间隔随着 m 值的减小而缩小，随着 m 值的增大而增宽，如图 7.14 所示。

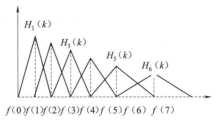

图 7.14　Mel 频率滤波器组示例

三角滤波器的频率响应定义为

$$H_m(k) = \begin{cases} 0, & k < f(m-1) \\ \dfrac{2(k - f(m-1))}{(f(m+1) - f(m-1))(f(m) - f(m-1))}, & f(m-1) \leqslant k \leqslant f(m) \\ \dfrac{2(f(m+1) + k)}{(f(m+1) - f(m-1))(f(m) - f(m-1))}, & f(m) \leqslant k \leqslant f(m+1) \\ 0, & k \geqslant f(m+1) \end{cases}$$

(7-16)

式中，$\sum\limits_{m=0}^{M-1} H_m(k) = 1$。

三角带通滤波器有两个主要目的：对频谱进行平滑处理，以消除谐波的作用，同时还可以凸显原始语音信号中的共振峰。一般来说，一段语音的音调或音高是不会呈现在 MFCC 系数中的；换句话说，以 MFCC 为特征的语音辨识系统，并不会因为输入语音的音调不同而受影响。此外，三角带通滤波器还可以减少运算量。

Mel 滤波器操作的实现代码如下：

```
#6. mel 滤波器操作
low_freq_mel = 0
high_freq_mel = (2595 * numpy.log10(1 + (sample_rate / 2) / 700))  # Convert Hz to Mel
mel_points = numpy.linspace(low_freq_mel, high_freq_mel, nfilt + 2)  # Equally spaced in Mel scale
hz_points = (700 * (10** (mel_points / 2595) - 1))  # Convert Mel to Hz
bin = numpy.floor((NFFT + 1) * hz_points / sample_rate)
fbank = numpy.zeros((nfilt, int(numpy.floor(NFFT / 2 + 1))))
for m in range(1, nfilt + 1):
    f_m_minus = int(bin[m - 1])    # left
    f_m = int(bin[m])              # center
    f_m_plus = int(bin[m + 1])     # right
    for k in range(f_m_minus, f_m):
        fbank[m - 1, k] = (k - bin[m - 1]) / (bin[m] - bin[m - 1])
    for k in range(f_m, f_m_plus):
        fbank[m - 1, k] = (bin[m + 1] - k) / (bin[m + 1] - bin[m])
filter_banks = numpy.dot(pow_frames, fbank.T)
filter_banks = numpy.where(filter_banks == 0, numpy.finfo(float).eps, filter_banks)  # Numerical Stability
```

（7）计算每个滤波器组输出的对数能量

对数能量的计算参照式（7-17）：

$$s(m) = \ln\Big(\sum_{k=0}^{N-1} |X_a(k)|^2 H_m(k)\Big), \quad 0 \leqslant m \leqslant M \tag{7-17}$$

式中，对第 6 步得到的功率谱 $X(k)$ 做一组 $H(k)$ 的滤波操作，这一步相当于卷积操作。具体代码实现过程如下：

```
#7. 求对数能量
filter_banks = 20 * numpy.log10(filter_banks)  # dB
```

（8）经离散余弦变换（DCT）得到 MFCC 系数

$$C(n) = \sum_{m=0}^{N-1} s(m)\cos\left(\frac{\pi n(m-0.5)}{M}\right), \quad n = 1, 2, \cdots, L \tag{7-18}$$

将第 7 步得出的对数能量代入式（7-15）进行 DCT 变换，求出 L 阶的 Mel-scale Cepstrum 参数。L 阶指 MFCC 系数阶数，通常取 12～16。具体实现代码如下：

```
8. 经过 DCT 变换后得到离散的 MFCC 系数
Num_ceps = 12
mfcc = dct(filter_banks, type = 2, axis = 1, norm = 'ortho')[:, 1 : (num_ceps + 1)]
```

此外，一帧的能量也是语音的重要特征，而且非常容易计算。因此，通常再加上一帧的对数能量（定义：一帧内信号的平方和，再取以 10 为底的对数值，再乘以 10）使每一帧基本的语音特征多了一维，包括对数能量和倒频谱参数的组合，一共是 13 维。

对数能量特征的可替换说明

除了第 7 步提到的对数能量，还可以加入其他语音特征以测试识别率，只是要注意一定在该阶段加入，比如音高、过零率、共振峰等。

标准的 MFCC 倒谱系数只反映了语音参数的静态特性，语音的动态特性可以通过这些静态特征的差分谱来描述。实验证明：把动态特征、静态特征结合起来才能有效提高系统的识别性能。差分参数的计算通过式（7-19）可以得到

$$d_t = \begin{cases} C_{t+1} - C_t, & t < K \\ \dfrac{\displaystyle\sum_{k=1}^{k} k(C_{t+k} - C_{t-k})}{\sqrt{2\displaystyle\sum_{K=1}^{K} k^2}}, & \text{其他} \\ C_t - C_{t-1}, & t \geqslant Q - K \end{cases} \tag{7-19}$$

式中，d_t 表示第 t 个一阶差分；C_t 表示第 t 个倒谱系数；Q 表示倒谱系数的阶数；K 表示一阶导数的时间差，可取 1 或 2。

最后，我们对 MFCC 系数提取的完整过程做一个总结。首先，读取一个音频数据（假设是 one. wav）的目的是得到时域信号。其次，对语音的时域信号进行预加重、分帧、加窗、快速傅里叶变换（FFT）、梅尔滤波器组和离散余弦变换（DCT）的处理。最后，原始的音频信号转化为一个由梅尔频率倒谱系数组成的矩阵，矩阵的维数是音频包含的帧数乘以 MFCC 的个数，假设音频信号 x，时间长度是 1 s，每 25 ms 分为 1 帧且有 60% 的重叠，共计有 100 帧，其中每一帧对应的 MFCC 的维数是 13，则结果为 100 × 13 的矩阵，矩

阵中的每一个值都是 MFCC。

7.4.3　示例：通过 Librosa 计算 MFCC 特征及衍生特征

本小节将展示一个简单的示例，演示如何利用 Librosa 提供的接口计算与 MFCC 相关的两种常见的特征：

- MFCC 倒谱系数、一阶 MFCC 和二阶 MFCC；
- 梅尔滤波器。

1. 计算 MFCC 倒谱系数、一阶 MFCC 和二阶 MFCC

根据前面介绍的 MFCC 系数的计算步骤，以及差分公式（7-16），要计算 $K=1$ 时的一阶差分 MFCC 和 $K=2$ 时的二阶差分 MFCC。

Librosa 提供了对应函数的接口，即 librosa. feature. mfcc( ) 和 librosa. feature. delta( )，其中，一阶 MFCC 和二阶 MFCC 的计算只需要通过指定 delta() 方法中的参数 order 为 delta_mfccs 或 delta2_mfccs 即可实现。因此，只需要准备好要分析的音频信号，并向这些函数传入正确的函数即可。

具体实现代码如下：

```
#1. 加载音频文件
audio_file = "audio/harvard. wav"
#2. 通过 librosa 读取音频文件中的语音信号
signal,sr = librosa. load(audio_file)
# 3. 计算 MFCC,delta_MFCC,和 delta_delta_MFCC
mfccs = librosa. feature. mfcc(y = signal, n_mfcc = 13, sr = sr)
mfccs. shape　# 输出 (13,791)
delta_mfccs = librosa. feature. delta(mfccs)
delta2_mfccs = librosa. feature. delta(mfccs, order = 2)
plt. figure(figsize = (25, 18))
yticks_13 = np. arange(1,13,2)
plt. subplot(3,1,1)
librosa. display. specshow(mfccs,
                          x_axis = "s",
                          sr = sr)
plt. yticks(yticks_13)
plt. title("MFCC")
plt. colorbar(format = "% + 2. f")
plt. subplot(3,1,2)
librosa. display. specshow(delta_mfccs,
                          x_axis = "s",
                          sr = sr)
plt. colorbar(format = "% + 2. f")
plt. yticks(yticks_13)
plt. title("delta_MFCC")
plt. subplot(3,1,3)
librosa. display. specshow(delta2_mfccs,
                          x_axis = "s",
                          sr = sr)
plt. yticks(yticks_13)
```

```
plt.title("delta_delta_MFCC")
plt.colorbar(format = "% +2.f")
plt.show()
```

执行上述代码，得到由三个对应的 MFCC 系数绘制的频谱图如图 7.15 所示。横轴是时间，纵轴是 13 个系数，右侧的颜色条指示像素点颜色灰度的变化对应系数值大小。

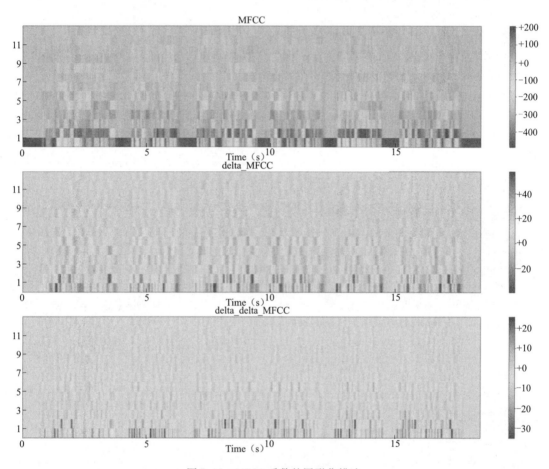

图 7.15　MFCC 系数的图形化描述

观察图 7.15 可知，无论哪一类特征，每一帧语音信号都被表示成了长度为 13 的一维特征向量。其中，三个图中像素点的横向分辨率、颜色值分布情况差异很大，正好说明不同的 MFCC 系数代表不同的特征，代表系数的取值差别较大。但是，如果观察仔细，还是可以看出有六个主要信号（1~4 s、4.5~6 s、7~9 s、10~12.5 s、13~14.5 s、15~17.5 s）在时间上都是一致的。

其中，最上面是 MFCC，根据右侧的颜色条的值可知，它的值从负值到正值不断衰减。其中每一帧信号的第一个系数都比较小，向上逐渐增大。特别地，在 2.5 s、6 s、8 s、12 s、14 s 和 16 s 处的第二个系数最大，因为颜色更深。相比之下，一阶 MFCC 的图则主要是负数，最下面的二阶 MFCC 系数主要是正数。

2. 统计语音信号的 Mel Filter Banks

Mel Filter Banks 与 MFCC 的区别在于它止步于从 MFCC 特征提取流程的第 6 步，而不再计算第 7 步和第 8 步。这样做的好处是可以最大化地保留更多原始信息。每个实现步骤与 MFCC 特征提取的前 6 步基本一致，但由于没有第三方提供接口直接得到滤波器的输出结果。因此，只能通过自己写代码来实现每一个步骤的完成。

（1）准备工作，即引入必要的包，并完成音频文件的读取和时域语音信号的获取。

```
import numpy
import scipy.io.wavfile
from scipy.fftpack import dct

sample_rate, signal = scipy.io.wavfile.read('harvard.wav')
signal = signal[0:int(3.5 * sample_rate)]   # 保留前 3.5s
```

（2）预处理工作，此时设定预加重参数 pre_emphasis，目的是保留多数重要信息，滤除不重要的低频信号。

```
pre_emphasis = 0.97
emphasized_signal = numpy.append(signal[0], signal[1:] - pre_emphasis * signal
[:-1])
```

（3）分帧和加窗处理，形成以帧为单位的短时信号。

```
frame_size = 0.025
frame_stride = 0.01
frame_length, frame_step = frame_size * sample_rate, frame_stride * sample_rate
 # Convert from seconds to samples
signal_length = len(emphasized_signal)
frame_length = int(round(frame_length))
frame_step = int(round(frame_step))
num_frames = int(numpy.ceil(float(numpy.abs(signal_length - frame_length)) /
frame_step))
pad_signal_length = num_frames * frame_step + frame_length
z = numpy.zeros((pad_signal_length - signal_length))
pad_signal = numpy.append(emphasized_signal, z)

indices = numpy.tile(numpy.arange(0, frame_length), (num_frames, 1)) + numpy.tile
(numpy.arange(0, num_frames * frame_step, frame_step), (frame_length, 1)).T
frames = pad_signal[indices.astype(numpy.int32, copy=False)]
```

（4）对分帧信号做加窗处理，采用汉明窗函数 hamming()。

```
frames *= numpy.hamming(frame_length)
```

（5）计算快速傅里叶变换，计算功率谱。

```
NFFT = 512
mag_frames = numpy.absolute(numpy.fft.rfft(frames, NFFT))   # Magnitude of the FFT
pow_frames = ((1.0 / NFFT) * ((mag_frames) ** 2))   # Power Spectrum
```

（6）计算 filter banks。

```
low_freq_mel = 0
```

```
nfilt = 40
high_freq_mel = (2595 * numpy.log(1 + (sample_rate / 2) / 700))  # Convert Hz to Mel
mel_points = numpy.linspace(low_freq_mel, high_freq_mel, nfilt + 2)   # Equally
spaced in Mel scale
hz_points = (700 * (10** (mel_points / 2595) - 1))  # Convert Mel to Hz
bin = numpy.floor((NFFT + 1) * hz_points / sample_rate)
fbank = numpy.zeros((nfilt, int(numpy.floor(NFFT / 2 + 1))))
for m in range(1, nfilt + 1):          #每个 filter 都是一个倒三角的频率
    f_m_minus = int(bin[m - 1])    #左频率
    f_m = int(bin[m])              #中间频率
    f_m_plus = int(bin[m + 1])     #右频率
    for k in range(f_m_minus, f_m):
        fbank[m - 1, k] = (k - bin[m - 1]) / (bin[m] - bin[m - 1])
    for k in range(f_m, f_m_plus):
        fbank[m - 1, k] = (bin[m + 1] - k) / (bin[m + 1] - bin[m])
filter_banks = numpy.dot(pow_frames, fbank.T)
filter_banks = numpy.where(filter_banks == 0, numpy.finfo(float).eps, filter_
banks)
filter_banks = 20 * numpy.log10(filter_banks)
```

上述代码执行完后，相当于产生出了 Mel 级别上的多个倒三角形状的滤波器函数，如图 7.16 所示。

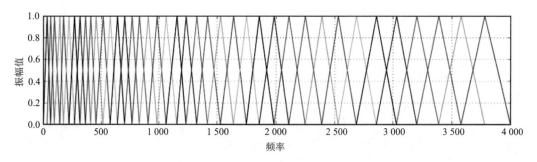

图 7.16　Mel fbank 滤波器组

观察图 7.16 可知，与之前通过 MFCC 系数绘制的图形不同，这里的特征是若干个滤波器函数，形状都是三角形。特别地，在不同频带上，三角形的开口角度也不一样，例如，在 500 Hz 以下的低频部分，三角形开口的角度更窄，在 2 000 Hz 以上的高频部分，三角滤波器的开口角度更宽。另外，这里的不同深浅颜色的滤波器，可以看作对应幅度下不同频率的特征表示。

LPCC 特征和 MFCC 特征的应用

LPCC 特征是根据声管模型建立的线性假设，是对声道响应的特征的表征，主要用于描述浊音信号，所以它主要用于语音合成。在生活中，你的手机上有很多应用就是采用这种技术合成的声音。而 MFCC 特征则是基于人耳的听觉特性提取出来的参数，因此，它在

语音识别中更为常用。在使用时，通常是将 MFCC 系数和 Mel 滤波器组结合使用，可以更好地刻画语音信号。

近年来，随着深度学习模型的不断发展，有人提出使用神经网络模型直接学习滤波器组代替 Mel 滤波器组，这样可以学习到一些自动化的特征，有时这些学习的特征能取得更好的效果。

前面 7.2 节到 7.4 节讲述的算法都属于传统的特征提取算法，接下来的 7.5 节将要介绍的是基于深度学习的特征提取算法。

7.5　基于神经网络的特征图

自 2016 年 3 月 AlphaGo（阿尔法围棋）战胜世界围棋高手后，以神经网络架构为主的深度学习算法开始崭露头角，获得众多研究人员的青睐，尤其是图像识别领域的研究。借鉴图像识别领域取得的成功，许多语音识别领域的学者提出大胆的尝试，将语音的时频谱图作为神经网络的输入，进而利用多层神经网络的自我学习能力，可以得到一些十分有用的特征。

本节将重点介绍深度学习算法提取特征的原理，并以一个经典的人工神经网络为例，讲解这类模型是如何提取语音信号的特征的。

7.5.1　基于神经网络的特征学习算法

如第 3 章介绍，神经网络的基本结构是输入层、多个隐藏层和输出层。其中，输入层是接收原始样本点的值，隐藏层则通过搭建多层结构和设计连接方式，对输入层接收的值做一系列运算，这里运算的核心目的是学习一些更有用的信息表示样本，这些信息在经过输出层前的非线性变换，最终得到每个分类的概率输出结果。整个过程看来，神经网络自身就是一个完整的分类模型。当对应到特征提取的任务时，神经网络中的隐藏层承担着对应的角色。

在语音识别中，为了发挥神经网络在处理图像信号中的优势，原来基于向量的计算单元要变成以张量为核心的计算单元，这里的张量可以看成是一个或多个图像。为了更好地理解图像特征的意义，首先将以图像中经典的 SIFT（scale invariant feature transform，尺度不变特征）为例，讲解图像特征提取的过程。

1. SIFT 特征的提取过程

SIFT 是一种局部图像特征。以识别图像中的人物为例来看该特征的特点。首先，人作为识别对象，无论人出现在图像中哪个位置，或者目标对象的尺寸发生了怎样的改变，都应该保证能够准确地识别出人。这类可以反映图像中目标对象的特征，称为平移和角度不变性。

在具体实现中，SIFT 算法为了能够更好地描述感兴趣对象，具体策略定位能够满足平移和角度不变性特点的关键像素点，这样当对象的位置和尺寸发生变化时，仍然可以被识别出来。从算法输出的角度来说，SIFT 算法将标注出图像中寻找到的大量特征点。所谓特征描述子可以是图像中梯度变化剧烈的像素点，比如对象的边缘或角点。

举例来说，假设图 7.17 代表的是一个由 $4 \times 4 \times 16$ 个像素点组成的原始图像矩阵，经过 SIFT 算法的计算后，得到了图 7.18 所示的 $4 \times 4 \times 8$ 的特征算子，其中每一个 4×4 的小区域都被表示成了 8 个方向的梯度值。当采用线性分类器算法做分类时，还要将图 7.18 的结果转化为图 7.19 的特征向量，即从左上角第一个方框的梯度值顺序拼接，形成 128 维的一维向量（图 7.19 省略了中间的黑色特征描述子矩阵）。另外，如果采用非线性的分类器，则不需要转化为线性的特征向量，可以直接做矩阵之间的比较。

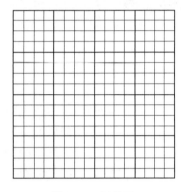

图 7.17　原始图

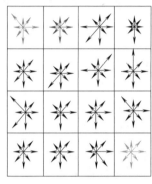

图 7.18　SIFT 特征图

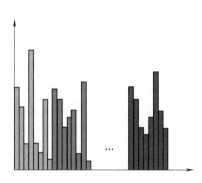

图 7.19　SIFT 特征向量

为了与特征向量保持一致，类似于图 7.18 的特征算子又称为特征图。由此可见，图像中的特征，主要是采用二维矩阵的方式，利用像素点上的具体数值描述关键像素点的位置关系或者梯度方向信息，以这些值形成的特征图或者组合成特征向量方式输出结果。

传统特征向量与特征图的区别

前面的章节中介绍的特征提取算法中，得到的特征向量的形式要么是一维向量，要么是由 MFCC 系数组成的二维矩阵，采用深度学习算法产出的结果更多的是特征图，看上去对特征描述的名称发生了很大的变化，实则不然，它们都是为了找到一种更好的方式描述语音信号。

特征图与特征向量的不同点在于，中间的处理过程由于采用了若干隐藏层的神经元，导致可以学习出多种不同种类，甚至是不同层级的特征，最终输出对应的特征图，这些图分别代表着不同种类的高级特征。

其实，SIFT 仍然是人工设计的特征，因为到底是 8 个方向的梯度还是 4 个方向的梯度都是由研究者提前制定的。而本节介绍的深度学习算法，要摆脱人为的干预，通过打造纯数据驱动的神经网络架构，设计不同的隐藏层来学习不同层级的特征。所谓学习的过程，可以看成是构建隐藏层结构的过程。

2. 特征提取的深度学习算法实现

如果你理解了 SIFT 提取特征的过程，接下来，看一下深度学习算法是如何实现上述过程的。

深度学习的特征提取算法以搭建一个人工神经网络架构为手段，试图从大量语音信号转化的时频谱图中，学习到一些有用的特征，形成特征图。常见的算法代表有卷积神经网络（CNN）、循环神经网络（RNN），以及最近流行的 Transformer。接下来，以三层 Alexnet

卷积神经网络为例，其网络的结构如图 7.20 所示。

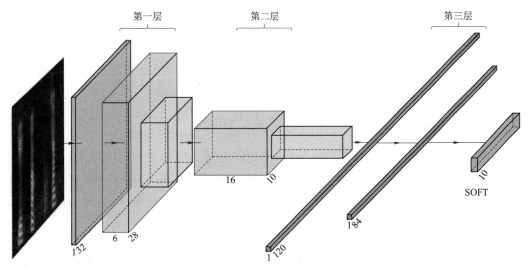

input(32,32,1) conv(28,28,6) pool(14,14,6) conv(10,10,16) pool(5,5,16) conv(1,1,120) fullyconn(1,1,84) softmax(1,1,10)

图 7.20　Alexnet 卷积神经网络结构

图 7.20 所示为 Alexnet 卷积神经网络的结构图，与第 3 章介绍的神经元组成的图形不同的是，每个神经元处理的是单个输入值，而图 7.18 的结构图则是以三维张量的表示为基础，其中，每一个隐藏层的处理步骤也不是简单的线性运算，而是矩阵之间的卷积运算和池化运算。

接下来，结合图 7.20，对该网络提取特征的过程逐一分析。

（1）最左侧是该网络的输入层，可以看到是一个 $32 \times 32 \times 1$ 的图像，其中，32×32 表示图像的像素大小，1 表示只对应着 1 个颜色通道。最终，输入就是一个 $32 \times 32 \times 1$ 的张量。

（2）输入图像来到隐藏层的第一层，该层包括 6 个尺度为 28×28 卷积核（conv(28, 28,6)）的运算和 6 个池化运算（pool(14,14,6)）。其中，卷积核的作用就是为了提取一些初级特征，其尺寸是 28×28，数值设为 6 是为了提取不同种类的特征。而池化运算的作用则是为了降低特征的维度，一般是取卷积核维度的一半，因此是 14×14。

（3）上一层的输出来到隐藏层的第二层，该层包括 16 个尺度为 10×10 的卷积核（conv(10,10,16)）运算和 6 个池化运算（pool(5,5,16)），这 16 个卷积核作用是为了提取更精细化的特征，同样地，池化则是对提取的特征又一次降维。

（4）上一层的输出来到隐藏层的第三层，经过一个尺度 1×1 的卷积核运算（conv(1,1, 120)），它的目的是将上一步得到的特征结果转化成一维特征向量的形式，向量的长度为 120。同时，为了最终实现分类，还通过 fullyconn 定义了全连接层的结构，将它与 84 个神经元进行全连接。最终通过 softmax() 函数的计算，得到一个最终的分类输出结果。

网络结构中哪部分是为了特征提取

需要注意的是，在提取特征的过程中，要么是输入两个 conv 和 pool 操作，直接输出图像，这就是特征图。要么是采用一个 1×1 的卷积核，规范化为一维的特征向量。到这一步特征提取的工作就算是完成了。而后面的 softmax() 函数，已经属于分类的步骤了。

图 7.20 直观地展示了网络结构，但是当网络更复杂时，这里的"复杂"指的是层数更深，并且每一层的处理更烦琐，此时，更常见的网络展示方式是 Bottleneck 的结构图。另外一种描述网络结构的方式是以参数表格的形式列出主要层的参数信息。

由于网络结构中的层数不同及神经元之间的连接方式不同，还有一些中间参与计算的卷积核的尺寸不同，可以组合出各种不同的网络架构。接下来，将以实现 Resnet-50 的网络结构作为特征提取的算法，介绍如何在语音数据中应用该网络。

7.5.2 示例：利用 Resnet-50 网络结构生成特征图

Resnet-50 的网络结构规模比较小，其最大特点是提出了残差单元的概念，可实现跨层连接，这样就减少了参数量和计算量，被广泛应用于图像征特的提取，该网络的详细结构如图 7.21 所示。日前，该网络的实现代码已经开源，所以，本节以 Resnet-50 为例，介绍如何利用深度学习算法获得我们想要的特征图。

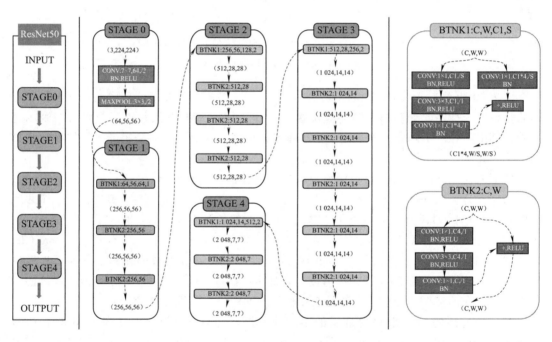

图 7.21 Resnet-50 网络的 bottle-neck 结构

基于 Resnet-50 的特征提取算法步骤和主要实现代码如下：

（1）加载预训练的 Resnet-50 模型。

（2）输入语音信号变换的时频谱图作为模型的输入。

（3）将 Resnet-50 模型应用到时频谱图，并输出网络结构的第三层作为输出结果。

```
#1  加载 Resnet-50 模型
from torch importnn
import torchvision.models as models
import torchvision.transforms as transforms
import cv2
class FeatureExtractor(nn.Module): # 提取特征工具
```

```
    def __init__(self, submodule, extracted_layers):
        super(FeatureExtractor, self).__init__()
        self.submodule = submodule
        self.extracted_layers = extracted_layers

    def forward(self, x):
        outputs = []
        for name, module inself.submodule._modules.items():
            if name is "fc":
                x = x.view(x.size(0), -1)
            x = module(x)
            if name inself.extracted_layers:
                outputs.append(x)
        return outputs

model = models.resnet50(pretrained = True) #加载 resnet50 工具
model = model.cuda()
model.eval()

#2. 加载提前生成的语音 go 的时频谱图
img = cv2.imread('go.jpg') # 加载时频谱图
img = cv2.resize(img, (224,224));
img = cv2.cvtColor(img, cv2.COLOR_BGR2RGB)
transform = transforms.Compose(
    [transforms.ToTensor(),
     transforms.Normalize((0.5, 0.5, 0.5), (0.5, 0.5, 0.5))])
img = transform(img).cuda()
img = img.unsqueeze(0)
#3. 应用模型, 并输出第三层作为输出结果
model2 = FeatureExtractor(model, ['layer3']) # 指定提取 layer3 层特征
withtorch.no_grad():
    out = model2(img)
    print(len(out), out[0].shape)
```

观察图 7.22 和图 7.23 可知，第二层是为了提取一些边缘的低维特征，而第三层就是为了提取较为抽象的语音信号在时频谱中所表现的梯子形状的特征。由此可见，层数越高，提取的特征越具有抽维象意义，反之，则是在提取一些低维特征，比如边缘、梯度、纹理等。

图 7.22　第二层特征图

图 7.23　第三层特征图

学习上面的示例之后，下面来梳理一下局域深度学习特征提取算法的优缺点。

（1）优点

基于深度学习的特征提取算法由于经过大量数据的学习，提取到的特征泛化性比较好，有时比传统的 SIFT 特征还要好。除此之外，由于网络中使用了多种不同的卷积层，该算法常常可以提取到比较精细的特征，能够很好地描述时频谱图。

（2）缺点

基于深度学习的特征提取算法中间的过程值和输出值解释性较差，如果效果不好，很难判断问题到底出在哪里。网络中需要学习的巨大参数量导致计算量大，对运行的硬件要求高，投入成本相对较大。

至此，语音识别系统中常见的特征提取算法介绍完毕。

本章小结

本章主要介绍了语音识别中常用的特征提取算法。由于原始语音信号包含的信息量太杂且冗余，因此，有必要通过特征提取算法获得一组有意义的精简特征，这样可以更好地描述语音信号。受篇幅所限，本章并未列出文献中所有的算法，只是提到了一些经典算法。这些算法之所以经典，是因为它们结合了许多前人的经验，并且被反复验证过，尤其这些算法的设计思想对于近代算法的理解十分具有参考价值。

值得注意的是，经过特征提取算法的处理，一段音频信号现在被表示成了一组由特定统计量组成的特征向量，或者由多维信息组成的特征图，这些输出的特征可以很好地描述语音数据。基于这些特征描述，就可以很方便地比较两段音频或者音频片段，从而找出其对应的文字，可以说，特征提取算法为后面的分类算法奠定了重要的基础。

下一章，将介绍更多识别阶段用到的主流分类模型。

第 8 章　基于机器学习的分类算法

语音信号被描述为特征向量或特征图的表示后，就来到最后的分类和识别阶段了。分类算法的目标是基于特征向量的输入，通过计算距离或建立概率模型，预测原始样本所属的发音类别。类别确认好后，就可以通过搜索算法和文本建立映射关系，从而完成识别。

由于分类算法众多，根据机器学习发展的历程，这些分类算法往往可以分为传统机器学习算法和深度学习模型两大类。本章先介绍语音识别中常见的机器学习算法，包括简单实用的 K 邻近算法、效果良好的支持向量机（SVM）和经典的高斯-隐马尔可夫模型（GMM-HMM）。主要围绕这些算法的设计思想和代码实现思路进行详细阐述。

8.1　传统机器学习分类算法简介

在介绍具体的分类算法之前，有必要先理清楚机器学习分类算法的作用和与之相关的若干重要概念。

1. 分类算法的作用

分类算法主要以接收已知样本的特征向量和标签作为输入，为了预测未知样本的所属类别，通过设计一些比较规则，比如距离或是某种概率的统计模型，通过判断距离的远近或模型的归属，从而得知未知样本属于已知类别中的哪一个，或者至少可以推测出大概率上是属于哪个类别。

2. 分类算法的分类

分类算法根据是否需要用到训练数据的信息，可以分为有监督学习的分类算法和无监督学习的分类算法。在语音识别中，所有分类算法都需要考虑特征向量的形式及分布情况，同时还要考虑原始数据的特性，从而选择合适的模型。

（1）有监督学习的分类算法

有监督学习（supervised learning）的分类算法是需要事先知道训练集中所有数据所属的类别标签，也就是说，分类算法在训练时，需要结合所有已知样本的特征向量和标签这两类信息，才能完成对未知样本所属类别的判断。这类算法典型的代表包括 K 邻近算法、马尔可夫模型、支持向量机模型。

这类算法的好处是，利用已有数据的信息可以找出许多规律，便于验证模型的分类效果。但是为了获得更好的效果，往往需要大量标注数据，而标注工作一般都是由人工完成的，工作量极大。另外，如果未知样本的类别不在已知类别的范围，那么模型就会失效。

（2）无监督学习分类算法

无监督学习（unsupervised learning）的分类算法不需要事先知道训练集中所有数据所属的类别标签，也就是说，分类算法在训练时，只需要结合所有已知样本的特征向量即可，它们一般通过建立统计模型，将所有特征向量聚成不同概率分布所对应的类别，从而挖掘一些有用的信息。许多聚类算法，例如 Kmeans 和高斯混合模型都属于典型的无监督分类。

和有监督学习的分类算法不同，无监督学习的分类算法不需要标签信息，这极大地节约了标注成本。另外，对于未知类别的数据也可以做出推测，而不至于束手无策。这类算法适用于那些获取标注训练集困难的应用，例如，基于状态的音素分类问题。

3. 线性可分和非线性可分

分类模型本质上是在建立分类决策，这个决策往往对应着一个数学模型。根据样本特征向量的分布，若能够通过线性函数（比如一条直线或一个平面）将样本点分开，则说明该样本数据是线性可分的（见图 8.1）。比如通过建立一条直线方程或一个平面方程实现二分类。但是，也存在一些复杂情况，例如，多维特征向量的分布无法通过建立一条直线或一个平面去分开，而是需要通过建立环形曲线（见图 8.2）或站在一个更高维的空间上才能找到可能的超平面。这时建立的模型就是非线性模型，常见的算法例如基于核函数的支持向量机。

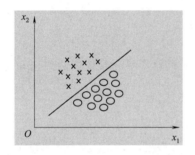
图 8.1 线性可分的示例

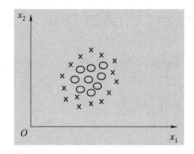
图 8.2 非线性可分的情况

4. 训练的目标

在传统机器学习中，训练数据集的存在要么是为了给模型提供分类依据的信息，要么是为了完善模型，即确定模型中的参数。为了让分类模型能够更好地预测未知样本，首先，应该保证在训练数据集上达到尽可能好的效果。

这一步可以理解为模型在学习，就像人类在学习新知一样，机器也需要不断"喂"给它数据，才能具有更强的推理能力，从而对未知事物进行更好的预测。因此，对分类模型进行训练的意义重大。

5. 测试的意义

即使模型在训练数据集上取得的效果很好，也不能直接拿去应用。测试的意义就是为了对分类模型的预测能力做客观分析。这一步是将训练好的模型应用在未曾见过的测试数据集上，只有这样才能证明模型真实有效。有时也称为模型的泛化能力，简单理解，就是模型能够举一反三。

不得不指出，机器学习的分类算法并不是万能的。这里的原因是，分类模型之所以有效通常是建立在一个前提假设上，即无论是训练数据集还是测试数据集，它们的特征向量在特征空间中的分布是一致的。如果超出这个假设，那么就不能期待模型还能取得好的结果，这也是机器学习无法实现真正人工智能的一个难题。但是随着大数据技术的崛起，也许这个难题在不久的将来能够解决。

理解了上述基本概念，下面将进入正式的算法介绍部分。本章选取的一些典型算法符合从简单到复杂的原则，并且它们已经在语音识别中得到广泛使用。

8.2 基于有监督学习的分类算法

K 邻近（K-nearest neighbor，KNN）是一个典型的有监督学习的分类算法，它主要从已知类别的训练样本中求出未知数据的类别。由于该算法的原理设计简单，训练复杂度为 0，即根本不需要训练，所以它又被称为懒人学习算法。目前它主要应用在类别数量较少的语音分类问题中。

在本书的 3.5 节中讲述分类器时，我们简单了解过 KNN 算法；本节中我们会从示例层面深入理解它。

8.2.1 K 邻近算法

KNN 实现分类的原理是：为了判断未知样本数据的所属类别，将所有已知类别的样本作为参照，计算未知样本与所有已知样本的距离，从中选取与未知样本距离最近的 K 个已知样本，根据少数服从多数的投票法则（majority-voting），将未知样本与 K 个最邻近样本中所属类别占比较多的归为一类。

为了更好地理解 KNN 算法，将以图 8.3 所示的二分类问题为例，详细阐述该算法的设计思想。

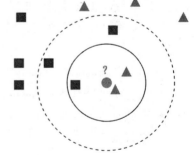

在图 8.3 所列出的数据中，已知样本数据共有两个所属类别，分别对应着三角形和正方形，而中间标记问号的圆形则是待分类的未知数据。关于如何确定圆形样本到底归属哪一类的问题，KNN 分类的关键是通过计算圆形与其附近图形之间的特征距离，确定出最相邻的 K 个已知标签的样本数据，然后查看这些邻近数据的类别，最终将大多数数据的类别作为未知数据圆形的分类结果。

图 8.3 KNN 算法的分类示意图

根据以上介绍可知，KNN 的第一个关键点是，未知数据和已知数据之间特征距离，最常见的距离计算方法是欧氏距离（Euclidean distance），具体计算式为

$$\mathrm{dist}(\boldsymbol{X},\ \boldsymbol{Y}) = \sqrt{\sum_{i=1}^{n}(x_i - y_i)^2} \tag{8-1}$$

式中，$\boldsymbol{X}$ 和 $\boldsymbol{Y}$ 表示由两条数据计算得出的 n 维特征向量；x_i 和 y_i 分别是每一维的特征值。

根据式（8-1），可以计算出未知数据与所有已知数据的特征距离，这些距离的大小经过排序，便可以轻松找到距离最近的 K 个数据。

接着，第二个关键点是 K 的取值。一般来说有三种典型的取值，具体如下：

- 当 $K=1$ 时，表示选择与圆形距离最近的一个数据点。结合图 8.3 来看，最近的点是右下方的三角形，于是，就认为该圆形数据属于三角形类。

- 当 $K=3$ 时，表示选择与圆形距离最近的三个数据点，则该圆形取决于大多数数据点所属于的类别，对应图 8.3，实线圈住的环内，圈出了三个已知数据，其中有两个是三角形类，一个正方形类。很显然，三角形的数量大于正方形，所以，圆形样本应归属于三角形类。
- 当 $K=5$ 时，表示选取距离最近的五个数据点，同样是看大多数，在图 8.3 中所示虚线圈住的环内，其中三个数据为正方形，两个为三角形类，因此，判断该圆形样本属于正方形类。

如何设置参数 K

关于 KNN 算法的训练的目的，其实是寻找合适的 K。通过上面的讲解不难看出，为了遵循少数服从多数的原理，K 的取值一般为奇数。

接下来，看一下如何用 Python 代码实现 KNN 算法，并用于分类任务。

8.2.2　示例：KNN 算法实现二分类

在本示例中，通过自定义一组已知标签的样本数据，每条数据被表示为一组二维特征向量，这些数据所属的类别标签为两个，分别是 A 或 B。

本示例的实现思路是，根据 KNN 算法的原理，要知道待分类样本的所属类别，就要先计算该样本的特征向量与所有已知样本的特征向量之间的距离，并根据距离的排序结果，只比较与其相近邻最近的 K 个样本，从而得出最终的类别判断。

从机器学习算法的角度，将上述思路分解为模型建立和测试数据的应用两个步骤来实现。

（1）定义函数 kNNClassify()，建立通用的 KNN 算法。该算法需要三类基本输入数据：
- 待分类的新样本：newInput；
- 已知样本的特征向量和标签，分别是 dataSet 和 labels；
- 参数 K。

最终，KNN 算法的输出结果将返回 newInput 的所属类别。

本示例中，已知样本的特征向量和标签都是通过 createDataSet()函数生成的；具体实现代码如下：

```
fromnumpy import *
import operator
# 创建一个数据集,包含两个类别共四个样本
def createDataSet():
    # 生成一个矩阵,每行表示一个样本
    group = array([[1.0, 0.9], [1.0, 1.0], [0.1, 0.2], [0.0, 0.1]])
    # 四个样本分别所属的类别
    labels = ['A', 'A', 'B', 'B']
    return group, labels
```

```
"""    #KNN分类算法函数定义
def kNNClassify(newInput, dataSet, labels, k):
    numSamples = dataSet.shape[0]    #shape[0]表示行数
    diff = tile(newInput, (numSamples, 1)) - dataSet    #按元素求差值
    squaredDiff = diff ** 2    #将差值平方
    squaredDist = sum(squaredDiff, axis = 1)    #按行累加
    distance = squaredDist ** 0.5    #将差值平方和求开方，即得距离
    ##step 2:对距离排序
    #argsort()返回排序后的索引值
    sortedDistIndices = argsort(distance)
    classCount = {}    #define a dictionary (can be append element)
    for i in xrange(k):
            ##step 3:选择k个最近邻
            voteLabel = labels[sortedDistIndices[i]]
            ##step 4:计算k个最近邻中各类别出现的次数
            #当次数不在字典里时,get函数返回0
            classCount[voteLabel] = classCount.get(voteLabel, 0) + 1
            ##step 5:返回出现次数最多的类别标签
    maxCount = 0
    for key, value in classCount.items():
            if value > maxCount:
                maxCount = value
                maxIndex = key
    return maxIndex
```

（2）调用建立好的 KNN 算法，预测两条新数据的类别，具体代码如下：

```
import KNN
fromnumpy import *
#生成数据集和类别标签
dataSet, labels = KNN.createDataSet()
#定义一个未知类别的数据
testX = array([1.2, 1.0])
k = 3
#调用分类函数对未知数据分类
outputLabel = KNN.kNNClassify(testX, dataSet, labels, 3)
print "Your input is:",testX, "and classified to class: ", outputLabel
#再定义一个未知类别的新数据
testX = array([0.1, 0.3])
outputLabel = KNN.kNNClassify(testX, dataSet, labels, 3)
print "Your input is:",testX, "and classified to class: ", outputLabel
```

上述代码运行后的结果如图 8.4 所示。

```
Your input is: [1.2  1. ] and classified to class:  A
Your input is: [0.1  0.3] and classified to class:  B
```

图 8.4　KNN 对两个测试数据的分类结果

最后，通过上述示例，总结一下 KNN 的用法。

（1）KNN 作为分类算法接收的输入数据是基于特征向量和标签表示的已知样本数据，而不是原始样本，由此可见特征提取很关键。

（2）对未知样本的分类依据是未知样本与所有已知样本之间的基于特征向量的欧式距离。本示例中样本只是被表示为二维特征向量，计算量不是很大。若特征向量的维数超过 10 时，欧式距离的测算会变得不够精确。尤其是当有些特征分量的值分布过于集中，有些过于分散，这时得到的平均距离的结果也势必会受到影响。

（3）关于最终类别的判定是通过与排序后的前 K 个进行比较，如果前 K 个样本中包含噪声点或异常点，则会造成无法分类的失误。

综上所述，KNN 算法实现简单，理解起来也不复杂。但是随着特征维度的增加，会导致距离测算不准确。另外，由于每次预测一个新样本的类别都要与所有已知样本的特征向量做距离计算，这会导致大量重复性工作且效率低下。如果已知样本的数据量不断增大，甚至会导致距离计算的效率大打折扣。

关于 KNN 的补充

本节介绍的 KNN 是十分基础的分类算法，虽然它的缺点看上去很多，但其实它还是大有用处的，比如它适用于非线性分类问题，因为它的距离计算不是生成直线或平面，而是基于圆形的欧式距离的测算。因此，如果特征维数不高，数据量也不大，还是可以尝试使用 KNN。

实际上，由于 KNN 算法是基于特征向量之间距离比较的有监督学习算法，一来训练数据必须要提前打好标签，二来在应用于测试样本时会导致巨大的计算量，这两个原因导致 KNN 无法适用于大数据量的分类问题。为了解决这个问题，可以试试下一节要介绍的无监督学习的分类算法。

8.3　基于无监督学习的分类模型

基于无监督学习的分类算法是机器学习中一类很重要的算法，它在训练分类模型时，不需要提前标注好训练数据，这节省了大量的人工标注成本。另外，这类算法的主要目的是探索数据的内在规律，为分类决策提供有用的信息。无监督学习的分类算法的典型代表是聚类（cluster）算法。所谓聚类，是指分类算法通过学习观察样本数据，将相似的数据聚成一堆（或称一簇），一般来说，聚在一起的堆对应着一个类别。

在语音识别中，常用的无监督学习的分类算法包括 Kmeans 算法和高斯混合模型（GMM）。本节中我们会分别讲解这两类算法并配以示例说明。

8.3.1　Kmeans 算法

Kmeans 算法（又名 K 均值算法），K 表示将所有样本聚为 K 个簇，means 代表以每个聚类中样本的均值作为该簇的中心（或称为质心）。该算法的分类思想是：先从样本集中随机选取 K 个样本作为簇的中心点，然后计算所有样本与这 K 个簇中心点的距离，从而将每个样本划分到与其距离最近的簇中心所在的簇。另外，对于新的簇还应重新计算簇中心。

在具体实现中，Kmeans 算法做分类的主要步骤如下：

（1）簇个数 K 的设定。K 的值一般要根据实际需求决定，在算法实现时，一般先给出一个预定值。另外，还要随机设定每个簇的初始中心点。

（2）各个样本点到簇中心的距离计算。为了将其余样本分到距离聚类中心最近的簇，需要根据最邻近距离原则，对分类的样本进行归类。该原则的实施需要指定距离计算公式来计算待分类样本点和聚类中心的样本所表示的特征向量之间的距离。

根据特征向量取值的不同，距离度量公式也要有所选取。一般来说，最常见的距离计算公式包括欧氏距离、曼哈顿距离和余弦相似度。

①欧氏距离

$$d(\boldsymbol{x}, \boldsymbol{y}) = \sqrt{\sum_{i=1}^{n} (\boldsymbol{x}_i - \boldsymbol{y}_i)^2} \qquad (8\text{-}2)$$

式中，待分类的样本点采用 $\boldsymbol{x}_i$ 为特征向量，$\boldsymbol{y}_i$ 表示质心点的特征向量。当这些特征向量被表示为欧氏空间中的向量，则可以采用式（8-2）计算两个样本点之间的距离。

欧氏距离的含义可以理解为两点之间的最短距离等于两点之间的直线距离。

②曼哈顿距离

$$d_{12} = \sum_{k=1}^{n} |x_{1k} - y_{2k}| \qquad (8\text{-}3)$$

曼哈顿距离也称为出租车距离，用来计算两个点在标准坐标系上的绝对轴距的总和。与欧式距离不同，它计算的是投影到坐标轴的长度之和。根据式（8-3）可知，只需要把待分类样本点 x_{1k} 和质心样本点 y_{2k} 表示在一个 n 维坐标系中，然后将两个点的坐标值相减后取绝对值，再加和得到最后的结果。

例如，在三维空间内的两点 $a(x_1, y_1, z_1)$ 和 $b(x_2, y_2, z_2)$，则代入式（8-4）可得

$$d_{12} = |x_1 - x_2| + |y_1 - y_2| + |z_1 - z_2| \qquad (8\text{-}4)$$

观察式（8-4）可知，曼哈顿距离的结果是一个非负数，距离最小的情况是两个点重合，即距离为零。它的好处是只做加减法运算，计算效率高。

③余弦相似度

$$\cos \theta = \frac{\boldsymbol{A} \cdot \boldsymbol{B}}{\|\boldsymbol{A}\| * \|\boldsymbol{B}\|} \qquad (8\text{-}5)$$

式中，$\boldsymbol{A}$ 表示待分类样本点的特征向量，而 $\boldsymbol{B}$ 表示质心的特征向量，于是式（8-5）的等式右侧分子对向量 $\boldsymbol{A}$ 和 $\boldsymbol{B}$ 做内积运算，然后再除以两者的幅值，最后会得到两个向量夹角的余弦，其取值范围是 $[-1, 1]$。

与欧式距离计算特征向量数值上的绝对差异不同，余弦距离的差异体现在相对的方向。另外，在判断时需要注意，欧式距离的结果值越小越相似，而余弦距离的结果值越大越相似。

距离度量方法的确定

一般来说，当表示样本的特征向量可以表示在欧式空间中时，推荐使用欧式距离，这也是最常见的距离度量方法。但是当特征向量的维数较大或存在某些特征分量的分布不均

时，计算出的距离差太小，计算量增大。并且最后的结果容易受个别特征分量的值的影响，因此，对结果的判断有时会不一致。

为了解决上述问题，余弦相似度常常用来替代欧式距离，该方法由于采用内积运算，计算速度快，且不容易受过高向量维度的影响。

曼哈顿距离主要适用于不涉及浮点数的特征向量之间的距离测算，因为它更加适合于特征值是整数的情况。

不过在很多情况下，推荐先计算余弦相似度，看看基本的相似情况，然后在计算欧式距离，进一步寻找数值上的差异。

（3）根据新划分的簇，更新簇中心。对于分类后产生的 K 个簇，分别计算到簇内其他点距离最小的点作为质心，此时质心往往会得到更新。

（4）重复步骤 2 和 3，当质心不再改变或循环次数达到最大值，就停止。

下面结合一个案例来看看 Kmeans 算法做分类的具体实现过程。

8.3.2　示例：利用 Kmeans 算法对砂糖橘特征做聚类

因为 Kmeans 算法是一个经典的算法，不需要从头到尾一步一步自己写 Kmeans 算法的 Python 代码。本示例将利用 Sklean 库提供的 KMeans 接口，直接将其应用在准备好的二维数据集上。

（1）引入必要的包和库，这里很简单，只需要做简单的计算，因此要用到 Numpy 包，另外，还希望将最终的聚类结果画出来，因此，还需要用到绘图的库 MatPlotlib 中的 pyplot 模块。最后，就是为了实现聚类，需要调用 Sklean 库中的 cluster 模块下的 KMeans 接口。

```
#1. 引入相关的包和库
import numpy as np
import matplotlib.pyplot as plt
from sklean.cluster import KMeans
```

（2）准备砂糖桔的特征向量的数据集 X，X 包含 15 个样本，每个样本被表示成是一个二维特征向量，第一个特征分量表示砂糖桔的密度，第二个表示砂糖桔的甜度。

```
X = np.array([[0.774,0.376], [0.608, 0.318], [0.437, 0.211],
            [0.666,0.091], [0.361,0.371], [0.718, 0.102],
            [0.358, 0.187], [0.281, 0.254],[0.481, 0.311],
            [0.524, 0.368], [0.750, 0.487],[0.724,0.445]])
```

（3）调用 KMeans 接口，向它传入初始簇的数量为 3，第 个随机质心点是 X 中的第一个样本，然后把 X "喂"给该接口，就可以得到分类的结果。

```
kmeans = KMeans(n_clusters = 3, random_state = 0).fit(X)
```

（4）将 Kmeans 算法聚类后的结果以图形的方式展示出来，针对不同的类别采用形状和颜色加以区分。

```
colors = ['red', 'green', 'blue']
for i, cluster in enumerate(kmeans.labels_):
    if cluster = =0:
        plt.scatter(X[i][0], X[i][1], marker = 'x',color = colors[cluster])
    if cluster = =1:
        plt.scatter(X[i][0], X[i][1], marker = 'o',color = colors[cluster])
    else:
        plt.scatter(X[i][0], X[i][1], marker = 'v',color = colors[cluster])
plt.show()
```

最终，上述代码运行的聚类结果如图 8.5 所示。其中，可以看到有六个倒三角形的数据被聚为一类，最下方有两个叉子形状的数据被聚为一类，最后是右上角的四个圆形数据代表的一类。通过观察，这些类内的样本确实距离比较接近，尤其是叉子形状的类。

其实，Kmeans 的结果不太稳定。首先，它容易受到簇的数量 K 的影响，例如图 8.6 是修改了 KMeans 接口第一个参数 n_clusters = 2 时最终的聚类结果。可以看到图 8.5 和图 8.6 出现了不一致的聚类结果。其次，如果当数据集很大时，初始质心的选择也会对最终的聚类结果产生影响。由于上述示例中的数据量太小，即使调整 random_state 的值也无法看出区别。如果读者感兴趣，推荐去找一个上千条的数据集试一试。

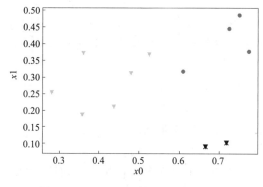

图 8.5　KMeans 聚类为三个簇的结果

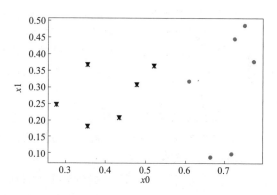

图 8.6　KMeans 聚类为两个簇的结果

总结一下，Kmeans 算法的设计思想比较简单，实现也十分容易，因此，受到广泛的应用。Kmeans 的缺点是当面对大数据样本时（如万条以上），其收敛速度变得十分缓慢，导致效率不高。另外，该算法对一些特殊分布的样本数据也无法很好地分割成不同的类。针对这种情况，可以实施下一节介绍的聚类模型：高斯混合模型。

8.3.3　高斯混合模型

高斯混合模型（Gausian mixture model，GMM）是由多个高斯概率密度函数组成的分布统计模型。

1. 当样本是多维数据时，单高斯概率密度函数

第 2 章介绍过一维随机变量的单个高斯分布的概率密度函数，其中变量的取值满足正态分布。而本节要分析的随机样本数据 x 是多维特征向量，此时，高斯模型的概率密度函

数形式为

$$g(\boldsymbol{x}; \boldsymbol{\mu}, \boldsymbol{\Sigma}) = \frac{1}{\sqrt{(2\pi)^d |\boldsymbol{\Sigma}|}} \exp\left(-\frac{(\boldsymbol{x}-\boldsymbol{\mu})^T \boldsymbol{\Sigma}^{-1}(\boldsymbol{x}-\boldsymbol{\mu})}{2}\right) \tag{8-6}$$

其中，$\boldsymbol{\mu}$ 是特征向量的均值；$\boldsymbol{\Sigma}$ 是协方差组成的矩阵；d 是特征向量的维度。$\boldsymbol{\mu}$ 决定了函数的中心，$\boldsymbol{\Sigma}$ 决定了函数两侧的宽窄和走向。

2. 当样本是多维数据时，混合高斯概率密度函数

假设 x 是随机的多维样本数据变量，则混合高斯模型的概率分布可以表示为

$$p(x) = \sum_{k=1}^{K} \alpha_k \phi(\boldsymbol{x} | \boldsymbol{\mu}_k, \boldsymbol{\Sigma}_k) \tag{8-7}$$

其中，$\phi(\boldsymbol{x} | \boldsymbol{\mu}_k, \boldsymbol{\Sigma}_k)$ 称为第 k 个单高斯子模型的概率密度函数。一般来说，高斯分量的个数对应着聚类的数量。公式中的 α_k 是混合系数，其值大于 0，且其和为 1，公式如下：

$$\sum_{k=1}^{K} \alpha_k = 1 \tag{8-8}$$

式中，α_k 可以看作各个高斯分量的权重。

3. GMM 的参数估计

当 GMM 模型应用于无监督学习的分类问题时，需要通过对训练数据集中所有观察样本的分析，找到 GMM 的最佳参数，这个过程就是 GMM 模型的训练过程，一般称为参数估计。

常见的参数估计方法

在机器学习的分类算法中，关于统计模型的参数估计的方法包括最小二乘法、极大似然估计法、极大后验法、贝叶斯估计等。其中最大似然估计法对于求解单高斯模型是比较合适的，但是对于 GMM，还要结合后验概率法来求解。

---

4. 最大似然法求解参数

最大似然法是一种十分流行的参数估计方法，其计算步骤如下：

（1）写出似然函数

假设有 N 个样本均服从高斯分布，训练一个多维数据的高斯分布模型，目的是找到一组参数，使得该模型生成所有样本的概率最大。

当 $x = x_i$ 时，其对应的概率密度函数为 $g(\boldsymbol{x}_i; \boldsymbol{\mu}, \boldsymbol{\Sigma})$。假设 x_i，$i = 1, \cdots, n$ 之间互为独立事件，则发生 $X = \{x_1, x_2, \cdots, x_n\}$ 的概率密度为

$$p(X) = \prod_{i=1}^{n} g(\boldsymbol{x}_i; \boldsymbol{\mu}, \boldsymbol{\Sigma}) \tag{8-9}$$

由于 X 是训练数据集中的所有样本，此时参数估计的目的是要找到一个参数值 $\boldsymbol{\mu}$，使得 $p(X)$ 取得最大值。这种估计参数的方法称为最大似然估计。公式（8-9）称为似然函数。

（2）对似然函数取对数

由于单个点的概率很小，连乘之后的结果更小，很容易造成浮点数下溢，一般要对式（8-9）取对数，得到目标函数 $J(X)$：

$$J(X) = \ln\left[\prod_{i=1}^{n} g(\boldsymbol{x}_i; \boldsymbol{\mu}, \boldsymbol{\Sigma})\right] = \sum_{i=1}^{n} \ln g(\boldsymbol{x}_i; \boldsymbol{\mu}, \boldsymbol{\Sigma}) \tag{8-10}$$

将式（8-6）的右侧部分代入式（8-10），可以将函数 g 展开，得到新的目标函数

$$J(X) = -\frac{nd}{2}\ln(2\pi) - n\ln|\boldsymbol{\Sigma}| - \frac{1}{2}\sum_{i=1}^{n}\left[(\boldsymbol{x}_i - \boldsymbol{\mu})^{\mathrm{T}}(\boldsymbol{x}_i - \boldsymbol{\mu})\right] \tag{8-11}$$

（3）求最佳的 $\boldsymbol{\mu}$ 和 $\boldsymbol{\Sigma}$

直接对式（8-11）分别求偏导数，并令偏导数的结果为 0，最后便得到相应的参数估计，分别见式（8-12）和式（8-13）：

$$\widehat{\boldsymbol{\mu}} = \frac{1}{n}\sum_{i=1}^{n}\boldsymbol{x}_i \tag{8-12}$$

$$\widehat{\boldsymbol{\Sigma}} = \frac{1}{n-1}\sum_{i=1}^{n}(\boldsymbol{x}_i - \widehat{\boldsymbol{\mu}})(\boldsymbol{x}_i - \widehat{\boldsymbol{\mu}})^{\mathrm{T}} \tag{8-13}$$

按照上面的思路，可以得到 GMM 的对数似然函数为

$$J(X) = \ln\sum_{k=1}^{K}\alpha_k\phi(\boldsymbol{x}_i;\,\boldsymbol{\mu}_k,\,\boldsymbol{\Sigma}_k) \tag{8-14}$$

如果知道样本所属的类别，那么，对上式直接求偏导还是可以的。但是现在样本的类别是未知的，即不知道每个样本来自哪个分布，所以很难直接利用最大似然估计去求取参数。为了找到可能的分类结果，还要结合后验概率方法。于是，综合起来，对 GMM 参数估计的方法期望最大算法（expectation maximization，EM）。

EM 算法的基本思路是：随机初始化一组参数 $\theta(\boldsymbol{\alpha}_k, \boldsymbol{\mu}_k, \boldsymbol{\Sigma}_k)$，根据后验概率更新类别 k 的期望 $E(k)$，用期望代替类别 k 求出新的模型参数 θ^*。不断迭代，直到参数趋于稳定为止。

关于 EM 算法的补充说明

上文提到为了在训练过程中确定 GMM 的参数需要用到 EM 算法，这是一种迭代算法，主要用于对含有隐变量的概率参数模型的最大似然估计或极大后验概率估计。EM 算法的本质与之前介绍的最小二乘法是一致的，都是为了寻找模型的最佳参数。不过 EM 算法是针对基于概率模型来说的。

EM 算法在实现时，主要分为 expectation-step（E-step）和 maximization-step（M-step）两步。其中 E-step 是通过观察数据和现有概率模型估计参数，基于这些参数去计算似然函数的期望值；而 M-step 则是寻找似然函数最大化时对应的参数。由于算法会保证在每次迭代后似然函数的不断增加，最终函数得到收敛，此时说明找到了最佳参数。

对应到 GMM 模型中，隐变量是聚类的数量 K。训练阶段的任务就是求出合适的 K，以及找出每个 K 对应的高斯分量模型的参数 $(\boldsymbol{x}|\boldsymbol{\mu}_k, \boldsymbol{\sigma}_k^2)$，随着对观察样本的学习，观察样本所属的高斯分量可能会发生变化。

其中，利用 EM 算法确定 GMM 参数的实现思路如下：

（1）初始化参数 $(\boldsymbol{\alpha}_k, \boldsymbol{\mu}_k, \boldsymbol{\Sigma}_k)$

（2）E-step：根据当前参数，计算每个样本 j 来自分量模型 k 的概率，即

$$\widehat{\boldsymbol{\gamma}}_{jk} = \frac{\alpha_k\phi(\boldsymbol{x}_j;\,\boldsymbol{\mu}_k,\,\boldsymbol{\Sigma}_k)}{\displaystyle\sum_{k=1}^{K}\alpha_k\phi(\boldsymbol{x}_j;\,\boldsymbol{\mu}_k,\,\boldsymbol{\Sigma}_k)},\quad j=1,2,\cdots,N,\ k=1,2,\cdots,K$$

（3）M-step：计算新一轮迭代的模型参数，即

$$\widehat{\boldsymbol{\mu}}_k = \frac{\sum_{j=1}^{N} \widehat{\boldsymbol{\gamma}}_{jk} \boldsymbol{x}_j}{\sum_{j=1}^{N} \widehat{\boldsymbol{\gamma}}_{jk}}, \quad k=1,2,\cdots,K$$

$$\widehat{\boldsymbol{\Sigma}}_k = \frac{\sum_{j=1}^{N} \widehat{\boldsymbol{\gamma}}_{jk}(\boldsymbol{x}_j - \widehat{\boldsymbol{\mu}}_k)(\boldsymbol{x}_j - \widehat{\boldsymbol{\mu}}_k)^{\mathrm{T}}}{\sum_{j=1}^{N} \widehat{\boldsymbol{\gamma}}_{jk}}, \quad k=1,2,\cdots,K$$

$$\widehat{\boldsymbol{\alpha}}_k = \frac{\sum_{j=1}^{N} \widehat{\boldsymbol{\gamma}}_{jk}}{N}, \quad k=1,2,\cdots,K$$

（4）重复步骤 2 和 3，直到目标函数 J 最终收敛为一个局部最大值。

需要特别指出的是，当样本的类别 k 是未知的，GMM 的参数求解除了高斯分量模型的系数 $\boldsymbol{\alpha}_k$、$\boldsymbol{\mu}_k$ 和 $\boldsymbol{\Sigma}_k$ 以外，还包括类别的数量 k。前面的参数是可以人工设定的，但是 K 是随着观察样本的不断学习在发生变化，而且变化的过程又看不到，所以 K 往往被称为隐变量。

隐变量的定义和作用

在统计学里，隐变量指不可观测的随机变量。一般来说，可以通过对观测样本变量分析得出隐变量的推断。

例如，在 GMM 模型中，隐变量 K 可以理解为，已知每个观察样本的值，不知道它是来自哪一个高斯分量模型产生的，这个过程是不可以观测到的。虽然过程看不见，但是它一定会影响到最终的结果，因此，引入隐变量是必要的。

在理想情况下，GMM 能够拟合出任意形状的密度分布，因此，近年来常常被用在语音识别中，且得到的效果还不错。

为了进一步理解 GMM 模型的妙用，下面来看一个例子。

有一批样本点的 n 维特征向量被抽象为如图 8.7 所示的一组数据点 x，假设这些数据点的分布可以近似抽象为二维坐标系中的一个椭圆形，可以用高斯密度函数来描述产生 x 的概率密度函数。

如果只用一个高斯分布函数拟合所有数据点，得到的是一个二倍标准差的正态分布，即一个椭圆区域。如果仔细观察样本点的分布可知，这样数据点被分为两个不同的类别更好一些。于是，利用两个不同的高斯分布来拟合样本点的分布，可以得到如图 8.8 所示的两个椭圆区域，即得到一个混合高斯模型。明显可以看出，图 8.8 的高斯混合分布对数据描述得更准确一些。因此，GMM 模型就是试图用多个高斯分布做线性组合。

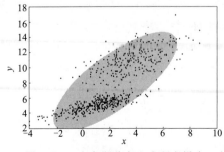

图 8.7　一个高斯分布生成所有样本

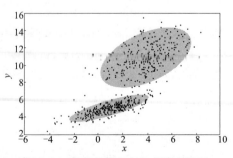

图 8.8　两个高斯分布生成所有数据

5. GMM 做分类的本质

与之前介绍的 Kmeans 不同，GMM 模型做分类时，并不是给出具体分类的标签，而是给出样本点由某一个高斯分量生成的概率值。因此，它又称 soft assignment（软分配）。

实际上，每个高斯分量都可以产生所有观测数据，只是产生的概率不同。最后，根据每个高斯分量产生观测数据的可能性不同，结合其权值汇总出 GMM 产生一组观测数据的概率。由于概率的取值范围通常在 $[0,1]$，因此，根据最大似然估计法求参数的原理可知，它每次选择最大概率值的分量模型作为最终的分类结果。

举例来说，假设 GMM 估计出类别的种类是 3，代表所有样本数据可能被看成三类，表示为 C_1、C_2、C_3，于是，针对特定的一个观察数据 x，GMM 算出的概率分别是：

- x 属于 C_1 类的概率为：$P(C_1 \mid x) = 0.43$；
- x 属于 C_2 类的概率为：$P(C_2 \mid x) = 0.56$；
- x 属于 C_3 类的概率为：$P(C_3 \mid x) = 0.23$。

最终可知，x 属于 C_2 的概率最大，表示属于 C_2 这个类的可能性最大，因此，可以认为 x 属于 C_2 类。

接下来，通过一个示例来看看 GMM 是如何做分类的。

8.3.4　示例：利用 GMM 实现二维特征的聚类

基于上一节 GMM 原理的介绍，这里将通过具体的代码实现 GMM 对二维数据做分类。首先来看一下实现思路。

（1）引入相关的库和模块，这是准备工作，否则可能导致库中的接口无法运行。

（2）准备待分类的样本数据。这里的数据是人为生成的三组模拟样本，每组样本都符合正态分布，最终构成三个类别，样本总数为 2 000。为了提前观察这些数据的分布情况，利用绘图函数展示特征分布情况。

（3）对上述数据做准确的分类过程，可以理解为确定 GMM 参数，这些要保证确定出三个高斯分量模型，从而能够聚出三个类别。注意：GMM 模型要训练的参数包括权重 W，以及似然函数中的 Pi、均值及方差。这里主要利用期望最大（EM）算法学习已有的样本数据，确定最佳的参数。学习的过程需要经过多轮迭代，直到达到满意的结果，即能够形成三个分量的 GMM 模型，并且该模型能够很好地拟合出所有样本的分布情况。

（4）最后，为了更好地看到效果，要将确定出的 GMM 模型投影到二维坐标中，查看是否对应着三个椭圆分布。

接下来，基于上面的实现思路来看一下具体的实现代码。

（1）引入必要的包和库。这里除了用到基本的向量运算工具包 Numpy 和绘图工具包外，还将用到 Scipy 对多元正态分布模型的计算接口。下面代码的最后一行规定了绘图的方式是采用 seaborn 的方式，该方式会显示出坐标轴的卡尺背景。

```
#1. 引入相关的包和库
importnumpy as np
importmatplotlib. pyplot as plt
frommatplotlib. patches import Ellipse
fromscipy. stats import multivariate_normal
plt. style. use('seaborn')
```

（2）生成 2 000 条二维模拟数据，其中 300 个样本来自 N（mu1，var1），700 个样本来自 N（mu2，var2），1 000 个样本来自 N（mu3，var3），实现代码如下：

```
# 第一类的数据
num1, mu1, var1 = 300, [0.5, 0.5], [1, 3]
X1 = np.random.multivariate_normal(mu1, np.diag(var1), num1)
# 第二类的数据
num2, mu2, var2 = 700, [5.5, 2.5], [2, 2]
X2 = np.random.multivariate_normal(mu2, np.diag(var2), num2)
# 第三类的数据
num3, mu3, var3 = 1000, [1, 7], [6, 2]
X3 = np.random.multivariate_normal(mu3, np.diag(var3), num3)
# 合并在一起
X = np.vstack((X1, X2, X3))
```

（3）绘制数据的图形，结果如图 8.9 所示，实现代码如下：

```
plt.figure(figsize=(10, 8))
plt.axis([-10, 15, -5, 15])
plt.scatter(X1[:, 0], X1[:, 1], s=5)
plt.scatter(X2[:, 0], X2[:, 1], s=5)
plt.scatter(X3[:, 0], X3[:, 1], s=5)
plt.show()
```

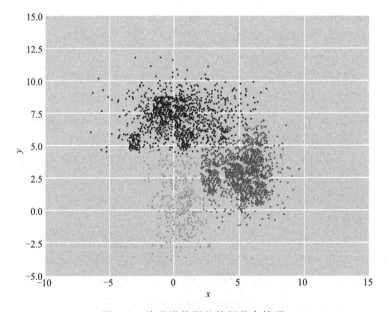

图 8.9 待分类数据的特征分布情况

（4）函数 update_W 通过接收参数样本 X、设定的均值 Mu、设定的方差 Var 和分量系数 Pi 来更新 W，实现代码如下：

```
def update_W(X, Mu, Var, Pi):
    n_points, n_clusters = len(X), len(Pi)
```

```
pdfs =np. zeros(((n_points, n_clusters)))
for i in range(n_clusters):
    pdfs[:, i] = Pi[i] * multivariate_normal.pdf(X, Mu[i], np. diag(Var[i]))
W = pdfs /pdfs. sum(axis =1). reshape(-1, 1)
return W
```

（5）随着对已知样本的不断学习，更新分量系数 Pi，实现代码如下：

```
def update_Pi(W):
    Pi =W. sum(axis =0) / W. sum()
    return Pi
```

（6）计算对数似然函数，便于利用最大似然估计确定参数，实现代码如下：

```
def logLH(X, Pi, Mu, Var):
    n_points, n_clusters = len(X), len(Pi)
    pdfs =np. zeros(((n_points, n_clusters)))
    for i in range(n_clusters):
        pdfs[:, i] = Pi[i] * multivariate_normal.pdf(X, Mu[i], np. diag(Var[i]))
    returnnp. mean(np. log(pdfs. sum(axis =1)))
```

（7）根据最终确定的参数，实时绘出由 GMM 模型生成的图像，实现代码如下：

```
def plot_clusters(X, Mu, Var, Mu_true =None, Var_true =None):
    colors = ['b', 'g', 'r']
    n_clusters = len(Mu)
    plt. figure(figsize = (10, 8))
    plt. axis([ -10, 15, -5, 15])
    plt. scatter(X[:, 0], X[:, 1], s =5)
    ax =plt. gca()
    for i in range(n_clusters):
        plot_args = {'fc': 'None', 'lw': 2, 'edgecolor': colors[i], 'ls': ':'}
        ellipse =Ellipse(Mu[i], 3 * Var[i][0], 3 * Var[i][1], ** plot_args)
        ax. add_patch(ellipse)
    if (Mu_true is not None) & (Var_true is not None):
        for i in range(n_clusters):
            plot_args = {'fc': 'None', 'lw': 2, 'edgecolor': colors[i], 'alpha': 0.5}
            ellipse =Ellipse(Mu true[i], 3 * Var_true[i][0], 3 * Var_true[i][1],
** plot_args)
            ax. add_patch(ellipse)
    plt. show()
```

（8）EM 算法中，迭代更新参数 Mean，实现代码如下：

```
def update_Mean(X, W):
    n_clusters = W. shape[1]
    Mu =np. zeros((n_clusters, 2))
    for i in range(n_clusters):
        Mean[i] = np. average(X, axis =0, weights =W[:, i])
```

```
        return Mean
```

（9）EM 算法中，迭代更新参数方差 Var，实现代码如下：

```
def update_Var(X, Mu, W):
    n_clusters = W.shape[1]
    Var = np.zeros((n_clusters, 2))
    for i in range(n_clusters):
        Var[i] = np.average((X - Mu[i]) ** 2, axis = 0, weights = W[:, i])
    return Var
```

（10）迭代五轮后的聚类结果，将分类结果绘制出来，如图 8.10 所示，实现代码如下：

```
loglh = []
for i in range(5):
    plot_clusters(X, Mean, Var, [mu1, mu2, mu3], [var1, var2, var3])
    loglh.append(logLH(X, Pi, Mu, Var))
    W = update_W(X, Mean, Var, Pi)
    Pi = update_Pi(W)
    Mu = update_Mean(X, W)
    print('log - likehood:% .3f'% loglh[ -1])
    Var = update_Var(X, Mean, W)
```

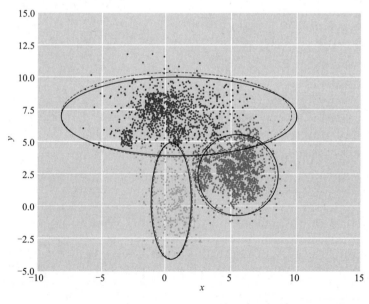

图 8.10　分类结果图

上述案例采用"偷懒"的方式，按照高斯模型生成了一组观测样本数据。主要目的是便于阐述如何通过 GMM 和 EM 算法对已知数据进行分类。从图 8.10 可以看出，只训练了五轮，就得出了与原始数据（实线）几乎重叠的高斯模型分布图形（虚线），可见该算法确实有效。

考虑到 GMM 主要适合特征向量维数较小的模式识别问题，比如音素级别。另外，GMM 无法解决不同发音人带来的音素变化问题。为了识别更高级别的发音单位，比如字和词的分类问题，更常见的统计模型是隐马尔可夫模型（HMM）。

8.4　基于序列数据分类的隐马尔可夫模型

隐马尔可夫模型（hidden Markov model，HMM）主要用于对具有时序特征的数据建立分类器，其产生最早可以追溯到 1980 年，它是语音识别算法中的经典，至今还在使用，可见其在语音识别中的重要性。HMM 模型实际上是由多个算法组成的，因此，要想真正理解 HMM 可没那么容易。

本节将从基本概念出发，理解 HMM 模型在做什么。然后再揭示该模型背后的数学原理和算法步骤。最后结合一个示例给出具体的应用。

8.4.1　HMM 模型

HMM 模型是将语音识别问题看作解码问题，即从已知的特征矩阵解码出包含的语音状态信息。为了更好地理解这个过程，接下来先从概念角度讲解 HMM 的工作原理，然后从算法实现角度揭示其背后的数学思想，这样能够由浅入深地理解 HMM 模型。

1. 从过程看 HMM 模型

通过前面章节的介绍，可以知道语音信号经过预处理后得到波形图，波形图上的采样点经过短时傅里叶变换，可以形成如图 8.11 所示的时频谱图像，其中横坐标代表帧，纵坐标代表特征向量，如果选择计算 MFCC 系数为特征，那么，纵坐标就应该是 12 个浮点数组成的特征向量，横坐标的长度对应着总帧数，颜色的深浅代表特征向量不同的值。

解码的含义是指将语音信号代表的矩阵表示成语音相关的状态信息。HMM 模型要实现这个目的，是借助两个基本的识别单位：音素和状态。

（1）音素

单词的发音由音素构成。对英语来说，一个

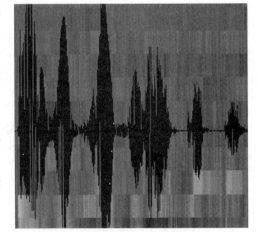

图 8.11　语音信号的时频谱图示例

常用的音素集是卡内基梅隆大学的一套由 39 个音素构成的音素集。汉语一般直接用全部声母和韵母作为音素集，另外，汉语识别还分有调无调，此处不做详细阐述。

（2）状态

状态可以理解成比音素更细致的语音单位。通常把一个音素划分成三个状态。

实际上，HMM 做分类的基本单元是寻找音素对应的状态组合。

接下来，重点来看 HMM 模型实现解码的原理，主要分为三步：

第 1 步：把帧识别成状态。

第 2 步：把状态组合成音素。

第 3 步：把音素组合成单词。

为了更好地理解上述过程，结合图 8.12 中的示意来做一个说明。

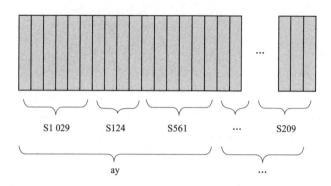

图 8.12　帧和状态编码之间的关系示意图

在图 8.12 中，每个小竖条代表一帧，若干帧语音对应一个状态，每三个状态组合成一个音素，若干个音素的组合构成一个单词。因此，单词的分类问题被转化成了从语音状态到最终单词的识别。

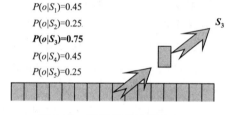

图 8.13　通过概率计算确定某一帧所对应的状态

那么，每帧音素对应哪个状态呢？有一个容易想到的办法，就是基于对已知观察序列数据的学习，寻找某帧对应哪个状态的概率最大，那么，这一帧就属于哪个状态。以图 8.13 为例，箭头指示的这一帧对应状态 S_3 的概率最大，因此，得出判断该帧属于 S_3 状态。

虽然上述基于状态的表示看似很巧妙，但是它会带来一个严重问题。假设每一帧都对应一个状态编号，整段语音信号的表示就会由一堆编号组成，且相邻两帧的状态编号都不相同。这显然违背了语音信号的短时特性，即大部分相邻帧的状态应该基本保持一致。另外，实际中的音素数量也没有那么多。以一段包含 1 000 帧的语音信号为例，每帧对应一个状态，每三个状态组合成一个音素，那么，总共会组合成 300 个左右的音素，但这段语音可能只会找到几十个音素。由此，可以得出一个推断，基于每帧信号的状态表示和概率计算是不可取的。

隐马尔可夫模型（HMM）可以解决上述问题，它给出的解决方案如下：

第 1 步：构建一个状态网络；

第 2 步：从状态网络中寻找与音素最匹配的路径。

状态网络的作用

这样就把结果限制在预先设定的网络中，避免了上述提到的问题。不过这也带来一个局限，例如，网络里只包含"一个好天气"和"一个坏天气"两个句子的状态路径，无论如何，识别出的结果必然是这两个句子中的一句。那如果想识别任意文本呢？把这个网络搭得足够大，做到包含任意文本的路径就可以了。但这个网络越大，想要达到较高的识别准确率就越难。所以，要根据实际任务的需求，合理选择网络大小和结构。

搭建状态网络可以实现由单词级网络展开成音素网络，再拆解成状态网络。语音识别过程其实就像是在状态网络中搜索一条最佳路径，某段语音信号对应这条路径的概率最大，称之为"解码"。路径搜索的算法是一种动态规划剪枝的算法，称之为 Viterbi 算法，用于寻找全局最优路径。

结合图 8.14 来分析 HMM 模型做分类的设计原理。首先观察图 8.14，它展示了四个主要信息，从上到下逐行展示的是语音信号的波形图、对应的时频谱图、每一帧对应的状态编码及状态转移链示意图。

首先来看之前真正的语音识别系统总体要计算的概率内容包括三部分，分别是：

（1）观察概率：根据已知数据计算每一帧和每个状态对应的概率，如图 8.14 中第二行和第三行所示，注意图中没有展示具体概率值。

（2）转移概率：每个状态转移到自身或转移到下个状态的概率，这里指图中围绕状态的前向箭头和自指箭头上的小数。

（3）语言概率：根据语言统计规律得到的发音音素出现的概率，这是从语言模型中计算得到的，未在图中体现。

其中，前两种概率从声学模型获取，显然 HMM 的工作主要集中在前两部分的概率计算。而第三种概率则要从语言模型获取。此处，暂时忽略语言模型，只关注 HMM 对音素的分类。

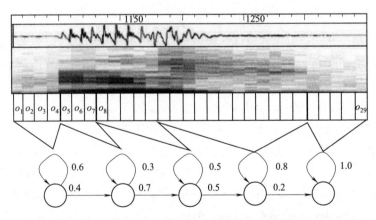

图 8.14　HMM 模型中的计算单元示意图

2. 从算法角度理解 HMM 模型

实际上，HMM 模型可以看成是一个时序概率模型，描述的是由一个隐藏的马尔科夫链随机生成不可预测的状态随机序列，再由各个状态生成一个观测，从而产生观测随机序列的过程。

HMM 在实际应用中重点需要解决三个问题：

（1）概率计算问题：给定模型 $\lambda = (A, B, \pi)$ 和观测序列 $O = \{o_1, o_2, \cdots, o_T\}$，计算在

模型下观测序列 O 出现的概率 $P(O \mid \lambda)$。

（2）学习问题：已知观测序列 $O = o_1, o_2, \cdots, o_T$，估计模型 $\lambda = (A, B, \pi)$，使 $P(O \mid \lambda)$ 最大。针对监督学习问题，可以直接采用极大似然法的方法估计参数。

（3）预测问题：已知观测序列 $O = o_1, o_2, \cdots, o_T$ 和模型 $\lambda = (A, B, \pi)$，求给定观测序列条件概率 $P(I \mid O)$ 最大的状态序列 $I = i_1, i_2, \cdots, i_T$，即给定观测序列，求最有可能对应的状态序列。

接下来，介绍 HMM 在建立分类模型时是如何解决以上三个问题的。

（1）概率计算问题：前向—后向算法

由于直接计算概率的复杂度是十分高的，HMM 中关于状态概率计算问题的解决办法是利用前向和后向算法。

首先，引入前向概率：给隐定马尔可夫模型 λ，定义到时刻 t 部分观测序列为 $o_1, o_2, \cdots, o_t$ 且状态为 q_i 的概率为前向概率，记作

$$\alpha_t(i) = P(o_1, o_2, \cdots, o_t, i_t = q_i \mid \lambda) \tag{8-15}$$

通过递推求得前向概率 $\alpha_t(i)$ 以及观测序列概率 $P(O \mid \lambda)$。

前向算法的步骤如下：

①初值化：当 $t = 1$ 时，$\alpha_1(i) = P(o_1, i_1 = q_1 \mid \lambda) = \pi_i b_i(o_1)$，$i = 1, 2, \cdots, N$；

②递推公式：对 $t = 1, 2, \cdots, T - 1$，有

$$\alpha_{t+1}(i) = \sum_{j=1}^{N} \alpha_t(j) a_{ij} b_i(o_{t+1}), i = 1, 2, \cdots, N \tag{8-16}$$

这一步需要用到状态转移概率矩阵中的元素 a_{ij}，上面的公式可以理解为：在确定前面所有状态观测值（在不同状态序列得到的概率）的前提下，计算当前状态下得到观测值的概率。

③计算最后的概率结果，并终止，式为

$$P(O \mid \lambda) = \sum_{i=1}^{N} \alpha_T(i)$$

后向算法与前向算法稍有不同之处，体现在后向算法计算的是后向概率，即给隐定马尔可夫模型 λ，定义到时刻 t 状态为 q_i 条件下，从 $t + 1$ 到 T 的部分观测序列为 $o_{t+1}, o_{t+2}, \cdots, o_T$ 的概率为后向概率，记作

$$\beta_t(i) = P(o_{t+1}, o_{t+2}, \cdots, o_T \mid i_t = q_i, \lambda) \tag{8-17}$$

解法依然依靠递推公式，由于与前向算法的过程十分类似，不再赘述。

（2）学习问题：Baum-Welch 算法

有监督的学习算法在有标注数据的前提下，使用极大似然估计法可以很方便地估计模型参数。但是在无监督学习的情况下，一般使用 EM 算法，将状态变量视作隐变量。利用 EM 算法学习 HMM 参数的算法称为 Baum-Welch 算法，简称 BW。BW 的模型表达式为

$$P(O \mid \lambda) = \sum IP(O \mid I, \lambda) P(I \mid \lambda) P(O \mid \lambda) \tag{8-18}$$

Baul-Welch 算法的步骤如下：

①输入 D 个观测序列样本 $\{(O_1), (O_2), \cdots, (O_D)\}$；

②随机初始化所有的 π_i，a_{ij}，$b_i(k)$；

③对于每个样本，用前向后向算法计算 $\gamma_t^d(i)$，$\varepsilon_t^d(i, j)$，$t = 1, 2, \cdots, T$；

④更新模型参数 π_i，a_{ij}，$b_i(k)$；

⑤如果第 4 步的参数已经收敛，则算法结束，否则回到第 3 步继续迭代。

具体过程的理解可以参考 8.3.2 小节的示例代码，这样能更好理解。

（3）预测问题：用维特比算法（Viterbi）确定最佳路径

第三个要解决的问题是给定观察序列和模型，如何有效地确定与之对应的最佳状态序列路径。HMM 模型是通过维特比算法解决这个问题的。简单来说，维特比算法可以解决给定一个观察值序列 O 和一个模型 λ，在最佳意义上确定一个状态序列的问题。最佳的含义有很多，这里的最佳是指使得 $P(S, O/M)$ 取最大值时对应的状态序列。即 HMM 输出一个观察值序列时，可能通过的状态序列 S 路径有很多种，这里使得输出概率最大的状态序列就是所求。

Viterbi 算法的关键有以下三点：

- 如果概率最大的路径经过网络的某一点，则从起始点到该点的子路径也一定是从开始到该点路径中概率最大的。
- 假定第 t 时刻有 k 个状态，从开始到 t 时刻的 k 个状态有 k 条最短路径，而最终的最短路径必然经过其中的一条。
- 在计算第 $t+1$ 时刻的最短路径时，只需要考虑从开始到当前的 k 个状态值的最短路径和当前状态值到第 $t+1$ 时刻的最短路径即可。如求 $t=3$ 时的最短路径，等于求 $t=2$ 时，从起点到当前时刻的所有状态结点的最短路径加上 $t=2$ 到 $t=3$ 的各节点的最短路径。

维比特算法的计算步骤如下：

①给每个状态准备一个数组变量，初始化时令初始状态 S_1 的数组变量为 1，其他状态的数组变量为 0；

②根据 t 时刻输出的观察符号 O，计算当状态 S 到状态 S 没有转移时，$a=0$；设计一个符号数组变量，称为最佳状态序列寄存器，利用这个最佳状态序列寄存器把每一次最大的状态 i 保存起来；

③当 $t=T$ 时，跳转到步骤 2，否则执行步骤 4；

④把这时的终止状态内的值取出，则输出最佳状态序列的值，即为所求的最佳状态序列。

直到解决预测问题，才算是找到了观察序列最可能的音素表示结果。至此，HMM 模型的部分就算介绍完了。

接下来结合一个案例，看一下 HMM 模型的代码实现过程，重点了解它是如何应用于序列数据做分类的。

8.4.2　示例：HMM 在序列数据分类中的应用

本示例中最大的区别是，数据集是具有时序性质的，而不是离散的特征向量，这表示每个样本之间具有前后的时序关系。这么设计的原因是，语音数据恰好具有这个特性。针对这类数据，重点要看 HMM 是如何针对这类时序数据建模并完成分类的。

本实例的核心实现思路包括：

（1）人为地构建时序数据集，这一步与前面示例中的数据集差异较大。

（2）HMM 分类器的建立，依据是上一小节中介绍的主要算法步骤。这部分内容最多。

（3）在测试集上对 HMM 建立的分类器进行验证。

由于 HMM 模型比较复杂，本示例的具体实现共分为 10 个步骤，接下来将分段介绍。

第 1 步：引入必要的 Numpy 包，然后定义一个 HMM 类，并做一些初始化的工作。具体代码如下：

```python
importnumpy as np

class HMM:
    def __init__(self, A, B, pi):
        # 状态转移概率矩阵
        self.A = np.array(Ann)
        # 观测概率矩阵
        self.B = np.array(Bnm)
        # 初始概率分布
        self.pi = np.array(piln)
        # 状态的数量
```

第 2 步：定义一个 simulate() 函数，生成模拟数据。具体代码如下：

```python
def simulate(self, T):
    def draw_from(probs):
        """
        1. np.random.multinomial:
        按照多项式分布，生成数据
        >>> np.random.multinomial(20, [1/6.] * 6, size=2)
                array([[3, 4, 3, 3, 4, 3],
                    [2, 4, 3, 4, 0, 7]])
        For the first run, we threw 3 times 1, 4 times 2, etc.
        For the second, we threw 2 times 1, 4 times 2, etc.
        2. np.where:
        >>> x = np.arange(9.).reshape(3, 3)
        >>> np.where( x > 5 )
        (array([2, 2, 2]), array([0, 1, 2]))
        """
        returnnp.where(np.random.multinomial(1,probs) == 1)[0][0]

    observations = np.zeros(T, dtype=int)
    states = np.zeros(T, dtype=int)
    states[0] = draw_from(self.pi)
    observations[0] = draw_from(self.B[states[0],:])
    for t inrange(1, T):
        states[t] = draw_from(self.A[states[t-1],:])
        observations[t] = draw_from(self.B[states[t],:])
    return observations,states
```

第 3 步：根据前文介绍的前向算法的公式，实现该算法。具体代码如下：

```python
def_forward(self, obs_seq):
```

```
    """前向算法"""
    N = self.A.shape[0]
    T = len(obs_seq)
    F = np.zeros((N,T))
    F[:,0] = self.pi * self.B[:, obs_seq[0]]

    for t inrange(1, T):
        for n in range(N):
            F[n,t] = np.dot(F[:,t-1], (self.A[:,n])) * self.B[n, obs_seq[t]]
    return F
```

第 4 步：根据前文介绍的后向算法的公式，实现该算法。具体代码如下：

```
def _backward(self, obs_seq):
    """后向算法"""
    N = self.A.shape[0]
    T = len(obs_seq)
    X = np.zeros((N,T))
    X[:, -1:] = 1

    for t in reversed(range(T-1)):
        for n in range(N):
            X[n,t] = np.sum(X[:,t+1] * self.A[n,:] * self.B[:, obs_seq[t+1]])

    return X
```

第 5 步：根据 HMM 模型中 BM 算法的步骤，实现该算法。具体代码如下：

```
def baum_welch train(self, observations, criterion=0.05):
    """无监督学习算法—Baum-Weich算法"""
    n_states = self.A.shape[0]
    n_samples = len(observations)

    done = False
    while not done:
        # alpha_t(i) = P(O_1 O_2 ... O_t, q_t = S_i | hmm)
        # Initialize alpha
        alpha = self._forward(observations)

        # beta_t(i) = P(O_t+1 O_t+2 ... O_T | q_t = S_i, hmm)
        # Initialize beta
        beta = self._backward(observations)

        xi = np.zeros((n_states,n_states,n_samples-1))
        for t in range(n_samples-1):
            denom = np.dot(np.dot(alpha[:,t].T, self.A) * self.B[:,observa-
tions[t+1]].T, beta[:,t+1])
            for i in range(n_states):
```

```
                      numer = alpha[i,t] * self.A[i,:] * self.B[:,observations[t +
1]].T * beta[:,t +1].T
                      xi[i,:,t] = numer / denom

            # gamma_t(i) = P(q_t = S_i | O, hmm)
            gamma = np.sum(xi,axis =1)
            # Need final gamma element for new B
            prod =  (alpha[:,n_samples -1] * beta[:,n_samples -1]).reshape((-1,1))
            gamma = np.hstack((gamma,  prod / np.sum(prod))) #append one more to gamma
            newpi = gamma[:,0]
            newA = np.sum(xi,2) / np.sum(gamma[:,: -1],axis =1).reshape((-1,1))
            newB = np.copy(self.B)

            num_levels = self.B.shape[1]
            sumgamma = np.sum(gamma,axis =1)
            for lev in range(num_levels):
                mask = observations == lev
                newB[:,lev] = np.sum(gamma[:,mask],axis =1) / sumgamma

            if np.max(abs(self.pi - newpi)) < criterion and \
                          np.max(abs(self.A - newA)) < criterion and \
                          np.max(abs(self.B - newB)) < criterion:
                done = 1

            self.A[:],self.B[:],self.pi[:] = newA,newB,newpi
```

第 6 步：这一步是为了计算前向算法中确定的观察序列的概率，这将为最佳路径的判断提供依据。具体代码如下：

```
def observation_prob(self, obs_seq):
        """P( entire observation sequence | A, B, pi ) """
        returnnp.sum(self._forward(obs_seq)[:, -1])
```

第 7 步：由于 HMM 将时序序列表示成了状态路径的组合，这一步就是为了通过学习观测序列数据找到概率最大对应的状态路径。具体代码如下：

```
def state_path(self, obs_seq):
        """
        Returns
        - - - - - - -
        V[last_state, -1] : float
            Probability of the optimal state path
        path : list(int)
            Optimal state path for the observation sequence
        """
        V,prev = self.viterbi(obs_seq)
        # Build state path with greatest probability
```

```
last_state = np.argmax(V[:, -1])
        path = list(self.build_viterbi_path(prev, last_state))

        return V[last_state, -1], reversed(path)
```

第 8 步：如上一节所述，维比特算法承担了搜索可能状态转移路径的角色，它可以看作是搜索算法，目的是基于对观测序列数据的学习，找到最大可能性的状态路径，并同时记录上一个状态的信息。关于维比特算法的具体实现代码如下：

```
def viterbi(self, obs_seq):
    """
    Returns
    -------
    V : numpy.ndarray
        V[s][t] = Maximum probability of an observation sequence ending
                  at time 't' with final state 's'
    prev : numpy.ndarray
        Contains a pointer to the previous state at t-1 that maximizes
        V[state][t]
    """
    N = self.A.shape[0]
    T = len(obs_seq)
    prev = np.zeros((T - 1, N), dtype = int)

    # DP matrix containing max likelihood of state at a given time
    V = np.zeros((N, T))
    V[:,0] = self.pi * self.B[:,obs_seq[0]]

    for t inrange(1, T):
        for n in range(N):
            seq_probs = V[:,t-1] * self.A[:,n] * self.B[n, obs_seq[t]]
            prev[t-1,n] = np.argmax(seq_probs)
            V[n,t] = np.max(seq_probs)
    return V,prev
```

第 9 步：这一步的依据是前面介绍的 HMM 模型的算法步骤中关于不同状态之间转移路径的确定。这可以看作通过训练寻找最佳路径，具体代码如下：

```
def build_viterbi_path(self, prev, last_state):
    """Returns a state path ending inlast_state in reverse order. """
    T = len(prev)
    yield(last_state)
    for i in range(T-1, -1, -1):
        yield(prev[i, last_state])
        last_state = prev[i, last_state]
```

第 10 步，基于上述步骤已经训练好的 HMM 分类器，将它应用于 10 条测试数据，用于验证其分类效果，具体代码如下：

```
if__name__ == "__main__":
    pi = np.array([.25, .25, .25, .25])
    A = np.array([
        [0,  1,  0, 0],
        [.4, 0, .6, 0],
        [0, .4,  0, .6],
        [0,  0, .5, .5]])
    B = np.array([
        [.5, .5],
        [.3, .7],
        [.6, .4],
        [.8, .2]])
    hmm = HMM(4, 2, pi, A, B)
    print(hmm.generate(10))    # 测试10个数据
```

上述代码产生的结果如下：

```
[0, 0, 1, 1, 1, 1, 0, 1, 0, 0]
```

值得注意的是，上述代码中，状态转移概率矩阵 **A** 和观察状态矩阵 **B** 是已知的，调用 HMM 类，得到分类结果是 0 或 1，0 和 1 分别对应着不同的类别。经过验证，它的分类结果准确率较高。

明白了 HMM 模型的概念、数学原理和算法步骤，再通过一个示例了解了它的实际应用，接下来进行总结。

与前面介绍的分类算法不同，HMM 特别考虑了数据的时序信息，为了表示数据状态之间各种可能的取值和顺序转换状态，一方面为了训练找到最佳的状态转移矩阵，另一方面还要更新状态之间的最优路径。由于隐马尔可夫链相关理论的成熟，这让 HMM 模型也具有十分强大的数据理论支撑。实验证明，它确实可以很好地描述各种不同的时序数据并完成分类。

另外，虽然 HMM 分类器的建立过程十分复杂，但是它需要的训练数据集并不是很大就能建立较好的分类模型。由于状态的分布是十分复杂的，为了训练出一个较好的分类器，需要的训练数据集中的发音音素的种类要尽量丰富，而面对大量训练数据要分析时，HMM 模型的训练过程是比较耗费时间的。

基于对参考文献的调研，前人对 HMM 的优缺点进行了总结。

HMM 模型具有良好的识别性能，而且抗噪性较好；它可以很好地解决与时间有关的数据分类问题，因此，被广泛应用在自然语音处理和语音识别领域。但是该模型依赖一个较大的语音库，尤其是以音素级别的发音为主，如果是不同的说话人，那么，这样的语音库将是巨大的，这也意味着寻找状态路径和文本序列之间就变得更困难了。除此之外，HMM 的最佳路径的判断只依赖观测状态，因此，它是无记忆的，这导致无法利用上下文信息。

HMM 模型充分考虑到语音数据的时序特点，描述由一个隐藏的马尔可夫链随机生成不可观测的状态的序列，再由各个状态随机生成一个观测从而产生观测序列的过程。但是，当数据量大且词典的数据量也不断增大时，训练 HMM 模型则是要耗费大量时间。近年来，为了能够解决大数据量和数据依赖的问题，常常将深度神经网络（DNN）与 HMM 模型相结合，构成 DNN-HMM，这样就能既提取出有效的特征，同时还能保证计算的效率。

另外，关于高维度特征向量的计算效率问题，也有许多研究人员采用支持向量机算法，下一节将详细阐述该模型。

8.5　适用于线性分类和非线性分类的算法

支持向量机（support vector machines，SVM）是传统机器学习算法中一个十分重要的分类模型，由于设计巧妙，它不仅可以用于解决线性可分的问题，还可以解决非线性可分的问题。因此，它有时被称为最佳分类模型。

由于 SVM 在分类任务中表现突出，有很多研究人员将它应用在语音数据的分类问题中。本节将首先从 SVM 算法的数学原理出发，介绍其核心设计思想；然后通过一个简单的示例展示该算法在分类问题中的基本用法。

8.5.1　SVM 算法

SVM 算法属于监督学习算法的一种，主要用于解决二分类问题，它实现分类的本质是求解最优决策面。这个求解的过程十分复杂，其背后有一套强大的数学理论支撑，因此，其实用性是毋庸置疑的。但是，对于初学者来说，要理解 SVM 的数学建模过程并不容易。

首先，让我们从一些基本概念出发，逐步去理解 SVM 完成分类建模的过程。

1. 决策面

在数学上，在多维特征空间中寻找决策面的过程，可以抽象为一个标准的数学公式

$$\boldsymbol{\omega}^{\mathrm{T}}\boldsymbol{x} + b = 0 \tag{8-19}$$

式中，x 是 n 维向量；ω 表示向量 x 的参数向量；b 是在决策面上某个坐标轴的截距。

在二分类问题中，所有样本点用 x 来表示，类别用 y 来表示，取值为 1 或者 −1，分别代表两个不同的类。SVM 建立分类器的目的是在 n 维特征空间中找到一个最优决策面。

（1）二维特征空间的决策面

先从二维特征空间的线性分类问题说起，当所有样本数据的特征向量都表示成二维特征向量时，此时所有样本点都可以绘制在一个二维平面中，即如图 8.15 所示的数据点。其中，一组实心点表示一个类别，一组空心点则表示另一个类别。SVM 算法分类的目标是希望找到一条直线的函数表达式，将样本数据划分为两个不同区域，直线以上的区域对应一个类别，直线以下的区域对应另一个类别。

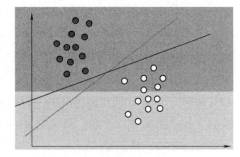

图 8.15　二维特征空间的分类决策面示意图

观察图 8.15 可知，两组数据在平面坐标系中

的间隔较远，说明它们之间的差异性较大。此时，将两类数据分开的直线选择有很多，例如，图 8.15 中随意画出的两条直线就是候选者。

（2）三维特征空间的决策面

当样本数据的特征向量扩展到三维空间时，SVM 算法做分类就变成了寻找最佳平面，用于分割两个不同的类别，具体如图 8.16 所示。

（3）n 维特征空间的决策面（$n > 3$）

当特征向量的空间维数超过 3 时，SVM 要寻找的决策面就是超平面，它是指 n 维线性空间中维度为 $n - 1$ 的一个子空间。

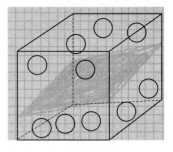

图 8.16　三维特征空间的
分类决策面示意图

2. 分类间隔

在介绍分类间隔的概念之前，先看一个例子。如图 8.17 所示的两个图可以看作是在二维空间中寻找到两个可能的分类决策面。为了从这两个决策面中选出最优的一个，SVM 引入了分类间隔的概念，通过不断平行移动决策面 A 和 B，在两侧寻找两个边界，即图 8.17（a）和图 8.17（b）中的两条虚线。两条虚线分别穿过了每个所属类别的若干样本点。于是，两条虚线之间的垂直距离就是最优决策面对应的分类间隔。

其中，具有"最大间隔"的决策面是 SVM 算法要找的最优解。观察图 8.17 的两个候选决策面可知，图 8.17（a）中的分类决策面 A 的分类间隔要更大，因此，SVM 认为决策面 A 要优于图 8.17（b）中的分类决策面 B。其中，最优解对应的两侧边界线，穿过的样本点是 SVM 的支持样本点，称为支持向量。对应到图 8.17 来说，图（a）中决策面 A 是最优解，穿过虚线的三个样本点所代表的向量就是支持向量。

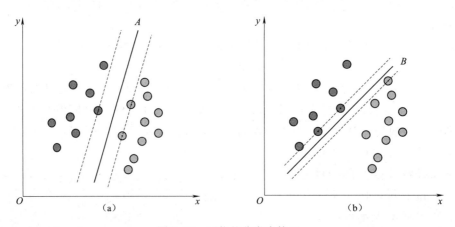

图 8.17　可能的分类决策面

对于二分类问题，最优解的边界线要两条，并且每个边界线到决策面的垂直距离是一样的，假设都为 d，于是，SVM 寻找的最优决策面的分类间隔正好是支持向量的样本点到决策面的距离，应该是 $2d$。

关于计算空间点到直线或平面的距离，一般化的计算公式如下：

$$d = \frac{|\boldsymbol{\omega}^{\mathrm{T}}\boldsymbol{x} + b|}{\|\boldsymbol{\omega}\|} \tag{8-20}$$

其中，$\|\boldsymbol{\omega}\|$ 是参数向量 $\boldsymbol{\omega}$ 的模，即向量的长度；$\boldsymbol{x}$ 是支持向量样本点的坐标，$\boldsymbol{\omega}$ 和 $\boldsymbol{b}$ 是决策面方程的参数组，于是，SVM 的目标就是寻找可能的参数组（$\boldsymbol{\omega}$，b），令 d 达到最大。这就是 SVM 的目标函数。

3. 约束条件

SVM 算法中目标函数的求解需要遵守如下三个约束条件：

- 存在一个超平面（$\boldsymbol{\omega}$，b）可以将训练样本完全正确地分类；
- 决策面的位置恰好在间隔区域的中轴线上；
- 式（8-20）中的 $\boldsymbol{x}$ 不是随意找的，而是要符合支持向量的要求。

正是由于上述约束条件的存在，对要优化的参数组的取值范围做了限制。于是，将上述条件进行数学建模后得到

$$\begin{cases} \boldsymbol{\omega}^{\mathrm{T}}\boldsymbol{x}_i + b \geqslant 1, & \text{当 } y_i = 1 \\ \boldsymbol{\omega}^{\mathrm{T}}\boldsymbol{x}_i + b \leqslant -1, & \text{当 } y_i = -1 \end{cases} \tag{8-21}$$

结合图 8.18 可知，当支持向量 $\boldsymbol{x}_i$ 是决策面 $\boldsymbol{\omega}^{\mathrm{T}}\boldsymbol{x}_i + b = 0$（即直线 B）所对应的支持向量的样本点时，式（8-21）等于 1 或 -1 的情况才会出现。这就启发了我们得出一个更加简化的目标函数。

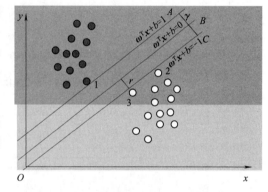

结合分类间隔式（8-20）可知，该等式右侧分子的绝对值是 1，于是，该等式可以进一步简化为

$$d = \frac{1}{\|\boldsymbol{\omega}\|}, \quad \text{当 } \boldsymbol{x}_i \text{ 是支持向量时} \tag{8-22}$$

图 8.18　二维数据可能的分类决策线

式（8-22）的几何意义是支持向量样本点到决策面方程的距离是 $\dfrac{1}{\|\boldsymbol{\omega}\|}$。于是，原来的目标函数是找到一组参数 $\boldsymbol{\omega}$ 和 b 使得分类间隔 $2d$ 最大化，即让式（8-23）达到最大。

$$\max_{\boldsymbol{\omega}, b} \frac{2}{\|\boldsymbol{\omega}\|} \tag{8-23}$$

对上式进行转换，得到式（8-24）所示的最小值公式：

$$\min_{\boldsymbol{\omega}, b} \frac{1}{2} \|\boldsymbol{\omega}\|^2 \tag{8-24}$$

以上就是关于 SVM 算法最优化问题的数学模型的建立过程。

支持向量的补充说明

这一节的公式很多，并且为了讲清楚分类间隔 d 的计算过程，该公式还发生了变化，这里主要提醒你注意的是式（8-23）和式（8-24）中的向量 x 是不一样的。后者是有条件约束的，可以看成是前者中一个很小的子集。毕竟满足条件的支持向量的样本点数量不会太多。而前者则是对所有样本点的特征向量来说的。

至此，理解了以上三个基本概念后，对于求解线性可分的分类的问题就足够了。但是对于如图 8.19 所示的非线性分类问题，仍然需要了解第四个概念：核函数。

4. 核函数

核函数的作用是将样本从原始的空间提升到一个更高维度的空间，从而使得在新的空间中样本变得线性可分，这样就可以继续使用 SVM 算法做分类。以图 8.19 为例，原本所有样本是分布在二维平面空间中，当把它们提升到三维空间时，可以想象成是将实心圆心点抽离出来，让它和 x 点有了一个空间上的错位，这样在三维空间中就可以通过寻找决策面实现分类。

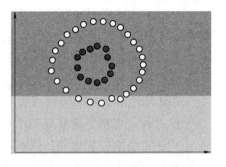

图 8.19 非线性可分的二分类
数据示例

具体地，SVM 模型实现非线性分类的关键是核函数，核函数是一个映射函数，它将原始样本从 n 维映射到 $n+1$ 维或更高维的空间，从而使得原本线性不可分的数据变成线性可分的。原理看上去很简单，但实现的过程却不简单，现在普遍认为可以通过对映射后的结果做内积运算，可以保持计算复杂度不变。

常见的核函数包括线性核函数、多项式核函数、高斯核函数等，其公式和使用原则见表 8.1。这些核函数中最常用的是高斯核函数。

表 8.1 SVM 模型中常用的核函数

函数名称	数学公式	特 性	使用原则
多项式核函数	$K(\boldsymbol{x}_i, \boldsymbol{x}_j) = \boldsymbol{x}_i^T \boldsymbol{x}_j$	相当于没有核函数	当特征向量的维数不大，且和样本数差不多时
线性核函数	$K(\boldsymbol{x}_i, \boldsymbol{x}_j) = (\gamma \boldsymbol{x}_i^T \boldsymbol{x}_j + b)^d$	等价于一个多项式变换	当数据是线性可分的，且特征向量的维数不大，或者样本数小于特征数的情况
高斯核函数	$K(\boldsymbol{x}_i, \boldsymbol{x}_j) = \exp(\gamma \parallel \boldsymbol{x}_i - \boldsymbol{x}_j \parallel^2)$	考虑新样本和原始样本的分布规律	使用频率最高，适用于所有场景，但是调参时间比较长
Sigmoid 核函数	$K(\boldsymbol{x}_i, \boldsymbol{x}_j) = \tanh(\gamma \boldsymbol{x}_i^T \boldsymbol{x}_j + b)$	将 sigmoid 函数转化为 tanh 函数	一般不推荐使用，效果不太好

5. 优化问题

通过前面的介绍可知，SVM 的优化目标函数是最大化几何间隔。但为了计算方便，最终的优化函数往往会转化为带有约束条件的最小值函数，见公式（8-25）

$$\min f(\boldsymbol{\omega}) = \min \frac{1}{2} \parallel \boldsymbol{\omega} \parallel^2 \qquad (8\text{-}25)$$

$$\text{s. t.} \quad g_i(\boldsymbol{\omega}) = 1 - y_i(\boldsymbol{\omega}^T \boldsymbol{x}_i + b) \leqslant 0$$

式中，s. t. 表示的是约束条件，为了表示方便，这里基于式（8-21）做了 g_i 函数和 y_i 函数的形式。

观察式（8-25）可知，该公式有一个必须遵守的约束条件，并且该条件是一个不等式，为此，不能直接借助拉格朗日函数法去求解，而是要引入一个松弛变量 a_i^2，从而将个等式的优化转化为等式的优化，这样原本的优化问题就变成了一般性的无约束优化。于是，得到新的约束条件

$$h_i(\boldsymbol{\omega},\ \alpha_i) = g_i(\boldsymbol{\omega}) + a_i^2 = 0 \tag{8-26}$$

注意：上式中是对式（8-14）中的约束条件的函数引入松弛变量的平方，选择平方是为了保证引入的值是非负数。

接着，为了求解目标函数，基于式（8-25）和改进后的约束条件（8-26），可以通过建立拉格朗日函数，见式（8-27）：

$$L(\boldsymbol{\omega}, \boldsymbol{\lambda}, a_i) = f(\boldsymbol{\omega}) + \sum_{i=1}^{n} \lambda_i h_i(\boldsymbol{\omega}),\quad \lambda_i \geqslant 0 \tag{8-27}$$

根据等式约束优化问题极值的必要条件对上式求解，即对每个参数求偏导并令结果等于 0，最终得到如下的联立方程：

$$\begin{cases} \dfrac{\partial L}{\partial \omega_i} = \dfrac{\partial f}{\partial \omega_i} + \sum_{i=1}^{n} \lambda_i \dfrac{\partial g_i}{\partial \omega_i} = 0 \\[2mm] \dfrac{\partial L}{\partial a_i} = 2\lambda_i a_i = 0 \\[2mm] \dfrac{\partial L}{\partial \lambda_i} = g_i(\boldsymbol{\omega}) + a_i^2 = 0 \\[2mm] \lambda_i \geqslant 0 \end{cases} \tag{8-28}$$

针对上式中第二个子式，可以分成两种情况，要么 $\lambda_i = 0$ 或者 $a_i = 0$，但是两者不能同时为 0，否则会导致约束条件不起作用。最终可以得到 $\lambda_i g_i(\boldsymbol{\omega}) = 0$ 时，当约束条件起作用时，$\lambda_i > 0$，$g_i(\boldsymbol{\omega}) = 0$；当约束不起作用时，$\lambda_i = 0$，$g_i(\boldsymbol{\omega}) < 0$。最终，得到新的 KKT 条件，其中 λ_i 称为 KKT 乘子。

$$\begin{cases} \dfrac{\partial L}{\partial \omega_i} = \dfrac{\partial f}{\partial \omega_i} + \sum_{i=1}^{n} \lambda_i \dfrac{\partial g_i}{\partial \omega_i} = 0 \\[2mm] \lambda_i g_i(\boldsymbol{\omega}) = 0 \\[2mm] g_i(\boldsymbol{\omega}) \leqslant 0 \\[2mm] \lambda_i \geqslant 0 \end{cases} \tag{8-29}$$

上式告诉我们，原来的目标函数可以转化为求取拉格朗日函数的最小值 $\min L(\boldsymbol{\omega}, \boldsymbol{\lambda})$。

另外，还需要利用强对偶性，来作为 KKT 条件的充要条件。该性质指出，假设存在一个函数 f，针对最大值和最小值的计算的次序，有以下关系：

$$\min \max f = \max \min f \tag{8-30}$$

如果函数 f 是凸优化问题，则上式一定成立。

好了，准备工作介绍完毕，接下来，可以来看具体的 SVM 做分类的优化步骤，总共分为五步。

第 1 步：构造拉格朗日函数：

$$\min \max L(\boldsymbol{\omega}, \boldsymbol{\lambda}, a_i) = \frac{1}{2}\|\boldsymbol{\omega}\|^2 + \sum_{i=1}^{n} \lambda_i + [1 - y_i(\boldsymbol{\omega}^{\mathrm{T}} x_i + b)],\ 其中，\lambda_i \geqslant 0 \tag{8-31}$$

第 2 步：利用强对偶性进行做转化，具体如下：

$$\max \min L(\boldsymbol{\omega}, \boldsymbol{\lambda}, a_i) \tag{8-32}$$

先从最小化函数部分开始，分别对参数 $\boldsymbol{\omega}$ 和 b 求偏导，得到

$$\min L(\boldsymbol{\omega}, \lambda, a_i) = \sum_{j=1}^{n} \lambda_i - \frac{1}{2} \sum_{i=1}^{n} \sum_{j=1}^{n} \lambda_i \lambda_j y_i y_j (x_i \cdot x_j) \tag{8-33}$$

再组成最大化函数，得到

$$\max \left[\sum_{j=1}^{n} \lambda_i - \frac{1}{2} \sum_{i=1}^{n} \sum_{j=1}^{n} \lambda_i \lambda_j y_i y_j (x_i \cdot x_j) \right], \quad \sum_{i=1}^{n} \sum_{j=1}^{n} \lambda_i \lambda_j y_i y_j = 0 \text{ 且 } \lambda_i \geq 0 \tag{8-34}$$

第 3 步：根据式（8-34）可知，针对这类优化问题，一般采用序列最小最优化（sequential minimal optimization，SMO）算法。该算法的核心思想是每次只优化一个参数，其他参数先固定住，仅求当前这个优化参数的极值。

如前所述，优化目标的约束条件是两个，具体如下：

$$\sum_{i=1}^{n} \sum_{j=1}^{n} \lambda_i \lambda_j y_i y_j = 0, \quad \lambda_i \geq 0 \tag{8-35}$$

观察上式，可知其中有两个参数，分别是 λ_i 和 λ_j，无法满足 SMO 算法的要求，因此，还需要做一些变换将上式转化成求解一个参数更好。

这里我们就引入两个参数，将约束变成

$$\lambda_i y_i + \lambda_j y_j = c, \quad \lambda_i \geq 0, \quad \lambda_j \geq 0 \tag{8-36}$$

其中，由于 $c = -\sum_{k \neq j, i} \lambda_k y_k$，由此可知，这样可以用 λ_i 的表达式替代 λ_j，就将目标问题转化成为仅有一个参数的最优化问题，即

$$\sum_{j=1}^{N} \lambda_i y_i = 0, \quad \lambda_i > 0 \tag{8-37}$$

此时，就可以对 λ_i 求偏导，令导数为 0，求出变量值 λ_i，进而再求出 λ_j。多次迭代直至收敛，即通过 SMO 算法求出最佳的 λ^*。

第 4 步：在上述过程中，还可以得到关于 $\boldsymbol{\omega}$ 的表达式

$$\boldsymbol{\omega} = \sum_{i=1}^{m} \lambda_i y_i x_i \tag{8-38}$$

由于 x_i, y_i 和 λ_i 都是已知的，因此可以很容易求出 $\boldsymbol{\omega}$。另外，当 $\lambda_i > 0$ 时，对应的点都是支持向量。然后随便找个支持向量代入超平面的公式，便可以求出 b。

第 5 步：$\boldsymbol{\omega}$ 和 b 都求出来了，就能构造出最大分割的超平面：$\boldsymbol{\omega}^{\mathrm{T}} \boldsymbol{x} + b = 0$。

分类决策函数：

$$f(x) = \mathrm{sign}(\boldsymbol{\omega}^{\mathrm{T}} \boldsymbol{x} + b) \tag{8-39}$$

其中，sign 是阶跃函数，其定义如下：

$$\mathrm{sign}(x) = \begin{cases} -1, & x < 0 \\ 0, & x = 0 \\ 1, & x > 0 \end{cases} \tag{8-40}$$

在应用时，只需要将测试样本点导入决策函数中即可找到样本的分类结果。

8.5.2 示例：基于 SMO 算法实现 SVM 分类器

本示例的目的是根据上一小节介绍的 SVM 算法的设计思想和计算流程，通过 SMO 算法实现分类器的建立。本示例的主要内容包括引入包和库的准备工作、训练数据集的读取和 SVM 分类器的建立，最后是将训练好的 SVM 分类器应用于测试数据集上，查看效果。

值得特别指出的是，SMO 算法的实现较为复杂，不过核心内容主要是围绕以下方面展开的：

（1）建立 KKT 公式，确定参数 λ 的值。

（2）计算决策面的上界和下界。

（3）迭代更新阈值 b 向量中的参数 b_1, b_2，最终得到 b 和 λ。

根据上面介绍的主要步骤，分步骤解析该示例的实现过程。

第 1 步：引入必要的包和库，一个是用于产生随机数的 random 库，还有就是用于向量计算的 Numpy 库，以及画图的库。具体代码如下：

```
import random
import numpy as np
import matplotlib.pyplot as plt
```

第 2 步：读取指定文件中所有样本数据的特征向量的值和标签，注意该文件的格式是文本格式（.txt）。具体代码如下：

```
def getdata(filename):
    x = []
    y = []
    with open(filename) as file:
        for line in file:
            lineArr = line.strip().split('\t')
            x.append([float(lineArr[0]), float(lineArr[1])])   # 添加数据
            y.append(float(lineArr[2]))   # 添加标签
    return x, y
```

第 3 步：定义绘制样本数据的分布图函数 drawdata()。这一步主要是为了提前通过图像的形式，观察数据可能的分类。具体代码如下：

```
def drawdata(x, y):
    plus = []
    minus = []
    for i in range(len(x)):
        if y[i] > 0:
            plus.append(x[i])
        else:
            minus.append(x[i])
    plus_matrix = np.array(plus)
    minus_matrix = np.array(minus)
    plt.scatter(np.transpose(plus_matrix)[0], np.transpose(plus_matrix)[1])
    plt.scatter(np.transpose(minus_matrix)[0], np.transpose(minus_matrix)[1])
    plt.show()
```

第 4 步：定义 SVM 类，主要实现了 SVM 模型可以对测试数据进行分类的功能。由于代码量较多，采用分段展示。

4.1 段代码是 SVM 模型中参数的初始化。

```
#4.1
class SVM(object):
    """
    参数：
        x:数据
        y:标签
        c:松弛变量
        toler: 容错率
        n_iter: 最大迭代次数
    """
    def __init__(self, c = 0.6, toler = 0.001, n_iter = 40):
        self.c = c
        self.toler = toler
        self.n_iter = n_iter
        self.lamda = np.array([])
        self.w_ = []
        self.b = 0
```

4.2 段的代码主要将读取到的特征向量 *x* 和标签 *y* 转换为矩阵的形式。

```
#4.2
def fit(self, x, y):
        # 转换为矩阵
        x_matrix = np.mat(x)
        y_matrix = np.mat(y).transpose()    # 矩阵转置
        # 利用 SMO 计算 b 和 alpha
        self.b, self.lamda = self.smosimple(x_matrix, y_matrix, self.c, self.toler)
        self.w_ = np.zeros((x_matrix.shape[1], 1))
        for i in range(self.lamda.shape[0]):
            self.w_ += np.multiply(self.lamda[i] * y_matrix[i], x_matrix[i, :].T)
        return self
```

4.3 段的代码采用 SMO 算法实现寻找决策面和支持向量集，由于该部分代码量也比较大，因此采用分段展示。

4.3.1 代码段定义了 smosimple()函数，主要是对一些重要参数的初始化工作。

```
#简化版 SMO
## 4.3.1 SMO
    def smosimple(self, x_matrix, y_matrix, C, toler):
        # 初始化 b 参数
        b = 0
        # 统计 x 矩阵维度 (m 行 n 列)
        m, n = np.shape(x_matrix)
        # 初始化 lamda 参数
        lamda = np.mat(np.zeros((m, 1)))
        count = 0
        #lamda 为矩阵, y 为矩阵, x 为矩阵
```

代码段 4.3.2 是寻找决策面过程的开始，由于存在有多种可能性，因此，需要通过不断迭代参数，迭代的过程是一个 while 循环。这里首先要优化参数 lamda。

```
## 4.3.2 SMO
      while count < self.n iter:
          lamdachanged = 0
          for i in range(m):
              #步骤1:计算误差 E
              #Ei = (sum[aj * yj * K(xi,xj)] + b) - yi;误差 = 预测值 - 真实值
              fi = float(np.multiply(lamda, y_matrix).T * self.kernel(x_matrix
[i, :], x_matrix)) + b
              Ei = fi - float(y_matrix[i])
          # 优化 lamda
              #满足 KKT 条件
              if ((y_matrix[i] * Ei < -toler) and (lamda[i] < C)) or (
                  (y_matrix[i] * Ei > toler) and (lamda[i] > 0)):
                  #随机选择另一个与 alpha_i 成对优化的 alpha_j
                  j = self.selectJrand(i, m)
                  fj = float(np.multiply(lamda, y_matrix).T * self.kernel(x_ma-
trix[j, :], x_matrix)) + b
                  Ej = fj - float(y_matrix[j])
                  lamdaIold = lamda[i].copy()
                  lamdaJold = lamda[j].copy()   # 深复制,不随原数据修改而修改
```

代码段 4.3.3 用于计算决策面的上界和下界，也就是两条边界的确定。

```
## 4.3.3
# 步骤2:优化 L 和 H
if y_matrix[i] != y_matrix[j]:
    L = max(0, lamda[j] - lamda[i])
    H = min(C, C + lamda[j] - lamda[i])
else:
    L = max(0, lamda[j] + lamda[i] - C)
    H = min(C, lamda[j] + lamda[i])
if L == H:
    continue
```

代码段 4.3.4 是为了利用 SMO 算法求解参数的核心思想，通过计算学习率，完成同时更新两个参数：lamda_i 和 lamda_ j，这是为了一次性学习两个参数。

```
## 4.3.4
#步骤3:计算学习率
# eta = K11 + K22 - 2* K12
eta = (self.kernel(x_matrix[i, :], x_matrix[i, :])
      + self.kernel(x_matrix[j, :], x_matrix[j, :])
      - 2.0 * self.kernel(x_matrix[i, :], x_matrix[j, :]))
if eta <= 0:
    continue
```

```
#步骤 4:更新 lamda_j
lamda[j] + = y_matrix[j] * (Ei - Ej) / eta
#步骤 5:对 alpha_j 进行剪枝
lamda[j] = self.clipper(lamda[j], H, L)
#步骤 6:更新 lamda_i
lamda[i] + = y_matrix[i] * y_matrix[j] * (lamdaJold - lamda[j])
```

代码段 4.3.5 的目的是通过迭代更新 b 中 b1, b2，最终确定了参数 b 和 lamda，从而确定出最佳分类决策面。

```
## 4.3.5
#步骤 7:更新 b1,b2,b
b1 = (-Ei
        - y_matrix[i] * self.kernel(x_matrix[i, :], x_matrix[i, :]) * (lamda[i] - alphaIold)
        - y_matrix[j] * self.kernel(x_matrix[j, :], x_matrix[i, :]) * (lamda[j] - alphaJold)
        + b)
b2 = (-Ej
        - y_matrix[i] * self.kernel(x_matrix[i, :], x_matrix[j, :]) * (lamda[i] - alphaIold)
        - y_matrix[j] * self.kernel(x_matrix[j, :], x_matrix[j, :]) * (lamda[j] - alphaJold)
        + b)
if (0 < lamda[i]) and (C > lamda[i]):
    b = b1
elif (0 < lamda[j]) and (C > lamda[j]):
    b = b2
else:
    b = (b1 + b2) / 2.0
lamdachanged + = 1
iflamdachanged = = 0:
    count + = 1
return b,lamda
```

第 5 步：定义核函数 kernel()，通过接受参数 xi 和 xj 设置具体的核函数，具体代码如下：

```
def kernel(self, xi, xj):
    return xj * xi.T


    def selectJrand(self, i, m):
        while True:
            j = int(random.uniform(0, m))
            ifj ! = i:
                return j
```

第 6 步：根据输入的参数 lamda, H, L 进行剪枝操作。目的是确认出 SVM 决策面的最佳上限或下限，具体代码如下：

```
#6
def clipper(self, lamda, H, L):
        iflamda > H:
            return H
        elif L < = lamda < = H:
            return lamda
        elif lamda < L:
            return L
```

第 7 步：将 SVM 模型找到的决策面函数以图形的方式绘制出来，具体代码如下：

```
#7
def drawresult(self, x, y):
        # x = np.mat(x)
        # y = np.mat(y).transpose()
        plus = []
        minus = []
        for i in range(len(x)):
            if y[i] > 0:
                    plus.append(x[i])
                else:
            minus.append(x[i])
        plus_matrix = np.array(plus)
        minus_matrix = np.array(minus)
        plt.scatter(np.transpose(plus_matrix)[0], np.transpose(plus_matrix)[1],
s = 30, alpha = 0.7)
            plt.scatter(np.transpose(minus_matrix)[0], np.transpose(minus_matrix)
[1], s = 30, alpha = 0.7)
        x1 = max(x)[0]
        x2 = min(x)[0]
        a1, a2 = self.w_
        b = float(self.b)
        a1 = float(a1[0])
        a2 = float(a2[0])
        y1 = (-b - a1 * x1) / a2
        y2 = (-b - a1 * x2) / a2
        plt.plot([x1, x2], [y1, y2])
        for i, alpha in enumerate(self.lamda):
            if abs(alpha) > 0:
                X, Y = x[i]
                    plt.scatter([X], [Y], s = 150, c = 'none', alpha = 0.7, linewidth = 1.5,
edgecolor = 'red')
            plt.show()
```

第 8 步：调用第 4 ~ 7 步定义的 SVM 类，应用于测试样本数据，完成分类测试，具体代码如下：

```
#8
if __name__ = = '__main__':
    filename = "../data/SVMTest.txt"
    x, y = getdata(filename)
    #drawdata(x, y)
    svm = SVM()
    svm.fit(x, y)
    # print(svm.w_)
    svm.drawresult(x, y)
```

在第 8 步中，通过调用函数 drawdata() 的结果输出了测试数据的分布情况，如图 8.20 所示。接着，调用 SVM 类中的 fit() 函数，对测试数据集 X，Y 进行分析，最终找到一条图 8.21 所示的直线，该直线支持向量的数据点以圆圈的方式标注出来了。

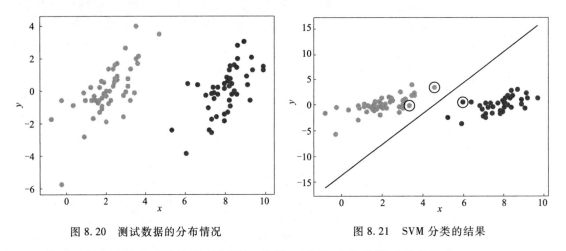

图 8.20　测试数据的分布情况　　　　　图 8.21　SVM 分类的结果

最后，结合上述案例及文献的调研，总结一下 SVM 做分类时的优缺点。

（1）SVM 模型的优点

首先，通过前面的概念介绍可知，SVM 既支持线性分类，也可以支持分线性分类；其次，SVM 模型理论依据强大，在示例中可以看到 SVM 算法的实现过程是很复杂的，因为它牵涉的数学理论很多。另外，受到三个约束条件的影响，并为了兼顾多种复杂的样本分布情况，它考虑得比较周全且严谨，因此，算法的复杂度是很高的。但是，由于表现突出，它目前仍然是传统机器学习分类算法中最出色的模型之一。除此之外，SVM 模型可以很好地解决小样本的分类问题。虽然在上述示例中没有展示高维度特征数据的分类，其实 SVM 解决特征向量维度在 1 000 以下的识别任务时都可以很好地完成分类。

（2）SVM 模型的缺点

SVM 模型对于参数调节和核函数的选择很敏感；上述示例没有尝试调整不同的核函数，也没有做多轮参数调节的实验，如果读者感兴趣，可以尝试调整松弛变量、容错率及最大迭代次数，可以观察一下，也许得到的决策面会有所不同。SVM 模型的另一个缺点是当数据量特别大时，训练很慢。上述示例的数据量只有几十条，因此，不存在耗时长的问题，但是在处理实际分类问题时，数据量是很大的，一般都要高达一万到几十万条，由于 SVM 算法的计算量很大，因此，还是比较耗费时间的，导致训练效率不会太高。

在深度神经网络模型流行以前，SVM 模型被认为分类效果最佳的算法。甚至目前仍有许多人推崇 SVM。需要注意的是，SVM 看似是为了二分类问题准备的，其实当叠加多个 SVM 时，它也可以应用于多分类问题。不过 SVM 最大的问题是，随着数据量的不断增多，其训练效率低下。于是，人们开始转向深度学习算法。

本章小结

本章主要介绍了四种典型的传统机器学习分类算法和模型，这些算法都曾经被语音识别研究广泛使用，并且取得了一定的效果。KNN 是一种简单且容易实现的有监督学习算法。Kmeans 和 GMM 则是无监督学习算法，其中，前者的设计思想比较直观，而后者的设计更为科学。另外，HMM 由于考虑了语音数据的时序特性，很长一段时间中，许多语音识别应用都在采用。而 SVM 则凭借其优秀的设计理念，在非线性分类问题中广泛使用。总的来看，这些算法和模型，在针对小数据量情况下的语音分类问题中扮演着十分重要的角色，但是当面对大数据量的复杂问题时，则显得有一些乏力。

近年来，随着深度神经网络模型在图像识别领域取得的快速发展，语言识别的研究者也将注意力转向搭建神经网络完成分类，这是下一章将要介绍的分类模型。

第9章 基于深度学习的分类模型

近年来随着深度学习算法热度的不断升高，深度神经网络在图像识别和自然语言处理领域中的研究和应用取得了重大进展，甚至许多语音识别任务也开始转向采用深度学习分类算法。对于一些以识别音素和单词为主的语音系统来说，对现有的经典神经网络模型进行改进便可取得良好的识别结果。而如果要识别连续句子的语音信号，还需要考虑时间信息，这与单纯的图像识别还是有所不同的，因此，也发展出了特有的神经网络模型。

本章主要介绍语音识别中常用的三个深度神经网络分类模型，分别是卷积神经网络（CNN）、循环神经网络（RNN）、长短时记忆网络（LSTM）。最后还将介绍常用的预训练模型，因为这对于初学者探索深度学习模型的分类是十分有帮助的。在介绍每一个模型时，将围绕模型的网络结构、设计思想和实现过程进行详细阐述。

9.1 深度学习技术简介

实际上，深度学习技术既可以解决回归问题，也可以实现分类目的。考虑到在语音识别中深度学习技术主要用来解决多分类问题。因此，本章重点介绍的是深度学习技术在分类问题中的原理。

通过第3章对神经网络的简要介绍，针对分类问题，深度神经网络的本质是在寻找能够将输入数据和分类标签建立成映射关系的函数，基于对训练数据的学习，使深度神经网络最终的预测标签与真实标签的误差达到最小。

1. 神经网络如何做分类

当神经网络用于分类应用时，其典型的结构如图9.1所示。

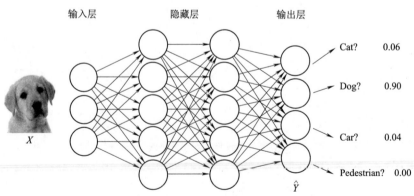

图 9.1 用于分类应用的神经网络结构示意图

观察图9.1可知，该神经网络接收一张小狗图片作为输入数据 X，组成该图片的像素值依次对应着输入层中的神经元。其中，该网络包含两个隐藏层，每个隐藏层中神经元的数量都是相等的。最后，经过一个激活函数得到输出层的结果。结合图9.1可知，输出层中每个神经元的值对应的是四个类别的概率，即 X 是 Cat、Dog、Car 和 Pedestrian 的概率值分别为 $0.06, 0.90, 0.04$ 和 0.00。最终经过该网络的推算可知，该图片的标签 $\widehat{Y}$ = Dog。

2. 神经网络的核心要素

通过对图 9.1 的理解，对深度神经网络中神经元的组合和作用有了大致了解。接下来，逐步分解神经网络的核心要素，逐步探索其背后更复杂的设计原理。

（1）输入数据

一般来说，输入层神经元的数量和图像的尺寸与通道数有关。举例来说，一个大小为 32×32 的图像，输入层中神经元的数量就是 1 024 个，正好是图像的大小。如果是彩色图像，其通道数是三个，此时，神经元的数量则扩充到 $1\ 024 \times 3$ 个，或者也可以每个通道单独计算。如果是更复杂的深度图像，则通道数量会更多。

（2）隐藏层

隐藏层的设计主要包括深度和宽度。其中深度表示隐藏层的数量，一般要大于两层，才能称得上深度神经网络，如果是一层隐藏层，则只能称为浅层神经网络；宽度则表示每个隐藏层中神经元的数量。

隐藏层的作用主要是为了提取特征，其原理是仿照生物神经元传递电信号的方式，通过学习每个神经元的权重参数，不断更新网络。随着权重参数和偏置参数的不同，可以认为得到的函数也是不同的。这些函数主要是对数据特征的描绘。

关于隐藏层的设计可以说是神经网络设计的精髓，然而，目前还没有统一的理论能够知道该如何设计。一般是借鉴已经实验成功的网络或者直接模仿经典网络。

（3）输出层

在解决问题时，输出层的前面还应该有一个激活函数，例如关于多分类问题常用 softmax() 函数作为激活函数，这样得出的结果就是概率值。另外，输出层中神经元的数量一般对应着类别的数量。

值得一提的是，为了方便计算预测结果和真实值之间的差别，一般将概率数组通过 one-hot 编码，转化为二进制数组。例如以图 9.1 为例，其编码后的结果是 $[0, 0, 1, 0]$。

（4）神经元之间的连接关系

一般来说，当上一层的神经元与下一层的神经元默认都采用全连接的方式，但是这样的方式并不总是奏效的。随着隐藏层深度的加深，以及每个隐藏层神经元的数量不断增加，会导致很难学习更新完所有权重参数。因此，一些现代的神经网络提出可以在一些步骤中忽略一些不重要的神经元，从而减轻学习的负担，加快网络的收敛速度。这就将全连接方式转变成了局部连接，以达到加快学习效率的目的。

（5）激活函数的作用

第 3 章提到了激活函数对神经网络的重要性，通过给网络增加非线性函数，对线性不可分的数据也能够实现分类。常见的激活函数主要用于中间层的全连接网络，例如 Sigmoid 和 Relu。另外，Softmax 则主要用于网络输出层的前一步。关于这些网络的介绍，参考 3.5.3 小节。

（6）损失函数

为了更好地训练神经网络模型，需要对模型的输出结果与真实值之间的差值（即错误率）进行评估，一般用于评估的函数称为损失函数。在多分类问题中，神经网络主要采用交叉熵误差作为损失函数 E，其公式如下：

$$E = \sum_{i=1}^{N} (-y_i \log_{10} \widehat{y_i} - (1 - y_i) \log_{10}(1 - \widehat{y_i})) \qquad (9\text{-}1)$$

式中，y 表示真实标签的值；$\widehat{y_i}$ 表示神经网络预测的值。其中，E 的取值范围是 $[0,1]$。一般来说，我们希望 E 的值越小越好，这意味着神经网络比较成功。

需要特别注意的是，上式是针对单个样本的预测误差来说的。对于采用批量处理方式训练时，交叉熵损失函数需要做出一些改进。关于这个问题，后续会具体介绍。

举个例子，针对某个样本来说，神经网络的输出结果包含五个概率值的一维张量，记为 q，其值为

$$q = (0.15, 0.32, 0.33, 0.20)$$

根据 q 的值做初步判断，可知该模型并未很好的结果，因为第一个类和第二个类的值十分接近，很容易混淆。

实际上，该样本的真实标签的一维张量的结果记为 p，其值为

$$p = (0, 0, 1, 0, 0)$$

根据 p 的值，可知样本的真实类别是第二个类别。

将 q 和 p 的损失函数的结果计算如下：

$E = (-0) * \log(0.15) - 1 * \log(1 - 0.15) + (-0) * \log(0.32) - 1 * \log(1 - 0.32) + (-1) * \log(0.33) - 0 * \log(1 - 0.33) + (-0) * \log(0.20) - 1 * \log(1 - 0.2) = 0.8164$

上述结果比较接近 1，结合前面的初步判断，可以说明该网络训练得还不够，还应该继续学习。

（7）优化函数

神经网络在训练数据集上学习的目的是保证所有权重找到最佳的组合。因此，优化函数可以看作是结合神经网络模型中需要学习的所有超参数等信息的综合判断，从而不断调整更新网络中的权重。用于分类的神经网络采用的优化函数主要是以梯度下降法（gradient descend）的变体为主，例如，批量梯度下降法（BSD）和随机梯度下降法（SGD）。另外，RMSProp 和 Adam 也是常用的方法。

（8）前馈网络和反馈网络

根据信息在网络中是单向流动还是双向流动，深度神经网络可以分为前馈式神经网络和反馈式神经网络。其中，在前馈式神经网络中，信息在网络中式单向流动的结构，即信息只能从输入层流向下一层隐藏层，逐步递进，最终流向输出层。而对于反馈式神经网络来说，信息则既可以按照从输入层向输出层不断传输的顺序，也可以从输出层流回到隐藏层，直到输入层为止。

一般来说，前馈式神经网络具有较强的计算和模型解释能力，主要用于静态分类任务中，代表性网络是卷积神经网络，其主要用于图像识别和文本分类等应用。反馈式神经网络可以更好地完成序列数据和时间序列任务，常见的代表性网络是循环神经网络，主要用于语音识别和自然语言处理等任务。

（9）参数和超参数

众所周知，深度神经网络是通过对训练数据的学习，寻找一些确定的参数，从而得到

一个性能优越的模型。这里提到的参数实际上分为参数和超参数两类，其中参数主要是指模型根据数据可以自动学习得到的变量，比如权重和偏差。而超参数一般是人为设定和调控的，这些参数的取值不同，导致得出的模型不同。

根据特定任务，需要不断调整大量参数，由于量非常大，它们常常被称为超参数，具体见表 9.1。

表 9.1　深度神经网络中常见的超参数

参数名称	含　义	作　用
网络结构	主要是指隐藏层的深度和宽度，以及神经元之间的连接方式	调节网络的核心架构，以获取最优的特征
Dropout	是一种防止过拟合，提升模型准确度的方法。使用 Dropout 方法，可以在学习过程中屏蔽一些神经元	加快计算效率，提升模型的泛化能力，防止学习过多信息，导致模型过拟合
激励函数	多指一些典型的分线性函数	支持解决非线性分类问题
损失函数	为了对模型的输出值和数据的真实值的差别进行评估的函数	通过更新权重，使得其误差最小化，学习最优的模型
优化函数	根据学习率，epochs 的数量，以及权重更新的历史数据计算微分，并影响权重的更新速度	合适的优化算法将提高模型的学习效率
学习率	对每个层的权重更新时的速度的量化指标	学习率的合理取值，将加快模型的收敛
epoch	可以增加重复学习的次数	由于模型训练得到的参数不完全一样，导致准确率不同，通过训练多次，找到最佳准确率
小批次大小	一次性提交给模型的数据的量	（1）基于小批量数据，而不是整体一次性数据，可以防止个别异常数据对模型的学习产生的不良影响 （2）可以提高并行计算的可能性

3. 简单示例说明

上面说了这么多，读者可能有点迷糊了，接下来结合一个示例，展示通过 Keras 库搭建一个简单的深度神经网络，从实践角度对上面所讲的内容进行理解。

整个实现过程包括四个核心步骤。

（1）准备工作，主要从 Keras 库和绘图库导入相应的模块。

（2）数据集的读取，主要包括数据集和分类标签。并且为了验证模型效果，一般要将数据集分为训练集和测试集。

（3）模型的建立，主要利用 Keras 提供的接口，可以逐层建立网络模型的架构，从输入层—隐藏层—输出层。对搭建好的框架还要进行编译，模型才能被投入真正的训练学习。

（4）为了查看建立好的深度神经网络，将模型的结构以图形化方式输出。

下面来看具体的实现代码。

```
#0 准备工作:引入必要的包
#导入需要的模块
from keras.datasets import mnist
from keras.models import Sequential
from keras.layers import Dense,Activation
```

```
from keras. utils. vis_utils import plot_model
from keras. utils. np_utils import to_categorical
import matplotlib. pyplot as plt

#1. 数据集的准备
(X_train,y_train),(X_test,y_test) = mnist. load_data()
X_train = X_train. reshape(X_train. shape[0],784)[:6000]
X_test = X_test. reshape(X_test. shape[0],784)[:1000]
y_train = to_categorical(y_train)[:6000]
y_test = to_categorical(y_test)[:1000]

#2. 模型的建立
model = Sequential()
#输入层 – 第一个隐藏层:全连接
model. add(Dense(256,input dim = 784))
model. add(Activation("sigmoid"))
#第一个隐藏层 – 第二个隐藏层:全连接
model. add(Dense(128))
model. add(Activation("sigmoid"))
#第二个隐藏层 – 输出层:全连接
model. add(Dense(20))
#激活函数
model. add(Activation("softmax"))
model. compile(optimizer = "sgd",loss = "categorical_crossentropy",metric = ["accu-
racy"])
#3. 输出模型的结构
plot_model(model,"model. png",show_layer_names = False)
```

上述代码运行成功后，得到的模型结构如图9.2所示。

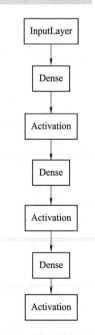

图 9.2　模型结构图

关于以图形化输出网络结构的补充说明

上述代码的最后一行容易出现一个小 bug，就是 Keras 的可视化模块容易出现错误。这时只需要做三个步骤就可以解决。

（1）在 anacanda 命令行窗口中，使用 pip 命令安装 pip install pydot。

（2）使用 pip 命令安装 pip install graphviz。

（3）去 graphviz 官网下载对应版本的软件，并完成安装，注意勾选自动配置环境变量。

经过以上安装和配置，就可以保证 Keras 中 plot_model 的正常工作。

通过观察图9.2可知，该网络结构包括一个输入层、两个隐藏层和一个输出层。结合代码来看，其中每一层是通过 Dense() 接口定义的，由于该模型是三层的深度神经网络，其中输入层不算作深度的层数计算，只是作为第一层的输入看待。

接下来对上述代码做一个细致的梳理，具体如下：

（1）数据集使用的是 Keras 自带的数字手写体，其中 6 000 张图片用于模型的训练，1 000 张用于模型的测试。

（2）模型的建立被看作是一个顺序搭建网络中每一层的过程，这里主要借助 Sequential()接口定义一个模型新的模型变量：model。

（3）该模型的首层是一个通过 Dense()接口定义的全连接的层，第一个参数是输出维度，可以看作是 256 个神经元的数量，第二个参数是输入维度，表示输入数据的维度，它对应的是一张图片的维度大小（$28 \times 28 = 784$）。

（4）在层与层的连接处加入一个 sigmoid 激活函数，用于实现非线性数据的拟合。

（5）从第一层到第二个隐藏层，仍然是采用 Dense()定义全连接层，此时，可以看到第二个参数省略了，因为该函数可以自行推断，也就是自动得到上一层的输出维度。于是，这里只定义了输出维度为 128，可以看作是 128 个神经元。同时后面还有层，因此也需要一个激活函数。

（6）从第二个隐藏层到输出层，与上一步类似，不过这里输出维度是 20，对应着 20 个类别。由于要输出每个类别的概率值，因此，激活函数设定为 softmax。

（7）关于更多超参数和模型准确度的评价，通过调用 compile()接口指定，包括优化算法是随机梯度下降法（sgd），损失函数是交叉熵损失（categorical_crossentropy），以及评价模型分类好坏的指标采用准确度（accuracy）。

为什么在层和层之间一定要加一个激活函数

根据实验可知，如果不加，原本的深度神经网络会退化成一个感知机网络。

上述示例只是展示了模型的建立过程，当模型要应用于真正的分类问题时，还应该包括模型的验证步骤。总结来看，一个用于分类的深度神经网络的核心步骤包括以下三个方面：

（1）准备数据集。

（2）搭建神经网络，主要是完成基本结构的确定，以及超参数的设定，并应用于训练数据集上开始学习。

（3）在测试数据集上验证上一步训练好的网络。

一般来说，一个完整的深度神经网络的建立过程一定都包含上述步骤。

与传统机器学习算法相比，深度神经网络可以看成是提供了一套方法同时解决自动化特征提取和分类两项任务。其中，多个隐藏层结构的设计在为提取更好的特征服务；在输出层前通过一个激活函数，则是为实现非线性分类问题。这一点与前面介绍的分类模型很不一样。传统机器学习中，每一帧信号表示成特征向量，分类算法需要基于对这些特征向量的运算构建分类器。深度神经网络的出现不单单是为了分类，它更重要的是要自动地学习特征，然后基于自己学到的特征做分类决策。

在语音识别中，常用的深度神经网络模型包括卷积神经网络。循环神经网络。长短时记忆。接下来分别对这些模型展开介绍。

9.2 卷积神经网络模型

卷积神经网络（convolutional neural network，CNN）的核心是通过"卷积层"实现特征提取。卷积层的概念是基于人类大脑视觉皮层具有类似的结构而提出的。CNN 由于能够很好地捕捉图像信息，它在图像识别领域发挥着重要作用。幸运的是，语音识别的数据也可以转化为图像数据，从而利用 CNN 实现分类。

需要特别指出的是，虽然 CNN 中的卷积层和上一节介绍的全连接层都是负责提取特征的网络层，但两者的不同之处在于，CNN 可以直接处理原始二维图像表示的矩阵，实现特征图的提取，而全连接层则是基于原始像素值组成的一维向量实现特征值的提取。实践证明，CNN 通过引入不同的卷积核，能够很好地提取出图像中具有的分界线、弧度角等二维特征。这些特征对于图像分类大有益处。

本节将从探索 CNN 的结构出发，理解 CNN 的设计思想，重点看看它是如何实现分类的。最后，通过实现数字手写体图片分类的示例，展示 CNN 的用法。

9.2.1 CNN 的基本结构

为了更好地理解 CNN，以一个基本的 CNN 网络结构为例（见图 9.3），剖析网络中各个层的含义和作用。

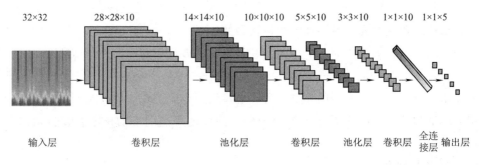

图 9.3 一个 CNN 网络结构示例

图 9.3 已经直观地显示了 CNN 网络各层和一些基本数据。其中，输入层用于接收一幅 32×32 图像作为网络的输入数据。隐藏层通过卷积运算得到卷积层的特征图，经过池化运算再一次得到压缩缩后的特征图，以此类推，直到全连接层，可以看作是将二维特征图展开成一维向量。最后的输出层一般是经过激活函数的作用后得到的分类结果。

CNN 网络中的输入层、隐藏层和输出层都比较容易理解，这里不详细介绍，只是重点来看卷积层和池化层的含义和作用，并利用 Keras 搭建一个基本的 CNN 网络来理解其基本结构。

1. 卷积层

卷积层的意义在于选取原始数据中的少量数据，与卷积核做卷积运算，得到局部特征，形成特征图。在图 9.3 中，输入层后的第一个卷积层表示采用 10 个卷积核，每个卷积核通过在原始图像（32×32）中采用滑动窗口的方式做卷积运算，最终得到的是 10 个 28×28 的特征图（具体运算过程参考第 2 章）。可以看到卷积层后的输出结果的维度变少了，这是跟卷积核的操作有关。

具体地，卷积核的选择不同，提取到的特征也不同。以图 9.4 为例，它是三个卷积核。当这些卷积核应用于某个图像时就可以发挥出各自的作用，重点检测对应的特征。例如，图 9.5 是一个数字手写体 0 的图片，如果应用图 9.4 中前三个卷积核，就可以利用提取三类不同的特征，并分别产生相应的特征图。

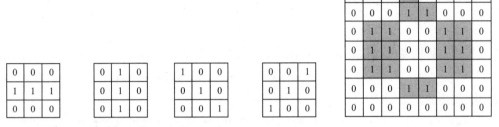

图 9.4　提取横线、竖线、不同角度的斜线的卷积核示例　图 9.5　数字手写体图片 0 的二维表示

每一层卷积层的操作过程如图 9.6 所示。

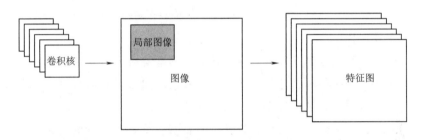

图 9.6　卷积层的计算过程示意图

观察图 9.6 可知，卷积核要依次与相同大小的局部图像进行卷积运算，然后每次滑动特定的步长，依此类推，最终得到一个对应的特征图。一般来说，最基础的 CNN 模型中，每一层卷积层中卷积核的大小基本都是 3×3 的，并且有几个卷积核，就会得到对应数量的特征图。当然也存在一些特例，比如，Alexnet 就为了提取更加细微的局部特征，通过设计不同的特征，增加卷积核的数量，甚至使用不同尺寸的卷积核，例如 1×1、3×3 或 5×5。

综合来看，卷积层的设计关键是确定哪些特征要尤为关注，卷积核的选择应服务于这些特征的检测。利用 CNN 的好处是，在对模型的训练过程中，通过自动学习完成的。这就省去了人为设计卷积核的麻烦。

另外，不同层的卷积层提取的特征性质是不同的。一般来说，越靠近输入层的卷积层是为了提取一些低级特征，比如斜线、横线等，而越靠后的卷积层是为了提取一些高级特征，可以理解为具有抽象意义的结构，比如人脸、语音中的堆叠结构等。这部分在第 7 章有过介绍，此处不再赘述。

2. 池化层

池化层是为了对卷积层产生的输出结果进行压缩，这样就可以减少要处理的数据量，因此，这一步可以看作是对数据的压缩。以图 9.7 中的数据为例，假设左侧是经过卷积运

算后得到的一个结果，即 4×4 的矩阵，经过池化后的结果
是 2×2 的矩阵。

　　观察图 9.7 可知，池化操作包括三个主要步骤：

　　（1）第一个参数是 2×2，表示池化操作要处理的数据
范围，以图 9.7 中左侧图为例，第一次池化运算的输入数据
是左上角深色背景底纹的四个值。

　　（2）图 9.7 中展示的池化运算是找到这四个值中的最大
值，作为池化后的第一个结果。

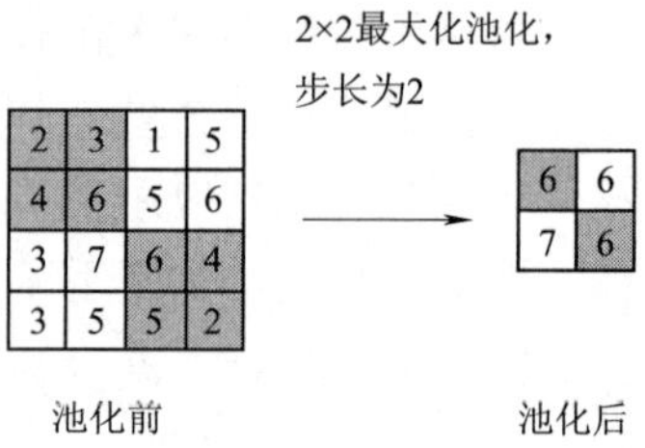

图 9.7　对卷积层产生的特征图
进行池化操作的示例

　　（3）下一次处理数据的选择需要移动的窗口的步长是 2，表示先以行的顺序，从第一
个值移动到第三个值，再次以四个值作为计算的输入。当一行数据处理完成后，再移动到
1＋2 列，依此类推。

　　通过上述步骤，就可以得到压缩后的数据。其中，不同的参数组合，产生的结果也不
一样。需要特别指出的是，第二步池化运算除了利用最大值作为池化后的结果外，还可以
采用均值的方法。这个要视具体情况而定。

为什么一定要池化

　　在多数情况下，经过卷积层的卷积运算得到的结果有时会出现某些特征特别集中，或
大片区域根本没有显著的特征，这就导致经过卷积层处理后得到的特征图中包含许多毫无
用处的数据，这当然就增加了网络要处理的数据量。

　　于是，为了加快网络的学习效率，设置了池化层，目的就是对那些无意义的数据进行
削减，同时保证重要信息不丢失。经过实践证明，该操作确实有一定的实际意义。不过也
要承认池化操作会丢失掉原始数据中一些位置相关的特征信息。但是，由于位置发生变化
对最终目标的识别并不会造成影响，因此，池化操作还是十分有用的。

---

3. 搭建基本的 CNN 网络示例

　　前面了解了各层的含义和用处，下面来看看如何利用 Keras 搭建一个 CNN 网络。

　　首先，创建一个模型实例。

```
model = Sequential()
```

　　全连接层的定义是向 add() 接口传入一个 Dense() 作为参数。

```
model.add(Dense(128))
```

　　卷积层的定义是向 add() 接口传入一个 Conv2D() 作为参数。

```
model.add(Conv2D(filters = 64, kernel_size = (5,5))
```

　　池化层的定义是向 add() 接口传入一个 MaxPooling2D() 作为参数。

```
model.add(MaxPooling2D(pool_size = (3,3))
```

　　模型的编译，就算是完成了一个 CNN 网络的建立。

```
model.compile(optimizer = "sgd",loss = "categorical_crossentropy",metric = [ "accu-
racy"])
#输出模型的结构
model.summary()
```

最后，以搭建如图 9.8 所示的模型结构为例，看一下是如何利用 Keras 搭建一个完整的 CNN 网络模型。

Mode1：“sequential”

Layer （type）	Output Shape	Param #
conv2d（Conv2D）	（None, 28, 28, 32）	160
max_pooling2d（MaxPooling2D）	（None, 14, 14,32）	0
conv2d_1（Conv2D）	（None, 14, 14, 32）	4128
max_pooling2d_1（MaxPooling2D）	（None, 7,7, 32）	0
flatten（Flatten）	（None, 1568）	0
donsc（Densc）	（Nonc, 256）	401661
activation（Activation）	（None, 256）	0
dense_1（Dense）	（None, 128）	32896
activation_1（Activation）	（None, 128）	0
dense_2（Dense）	（None, 5）	645
activation_2（Activation）	（None,5）	0

Total params：439,493
Trainable params：439,493
Non-trainable params：0

图 9.8　一个 CNN 所有结构的概述信息

注意，以下代码的目的是展示 CNN 模型中每一层的输入和输出数据，以及需要训练的参数的数量情况。由于未涉及实现分类任务，因此，暂不涉及模型的编译操作。

```
#1.引入必要的模块
from keras.layers import Activation,Conv2D,Dense,Flatten,MaxPooling2D
from keras.models import Sequential,load_model
from keras.utils.np_utils import to_categorical
#2.CNN 模型的建立
model = Sequential()
#卷积层,输入数据是
model = Sequential()
#输入数据
input_dim = (28,28,1)
#卷积层,卷积核的大小为 3 * 3,这是最常用的
model.add(Conv2D(input_shape = input_dim,
```

```
                          filters = 32,
                          kernel_size = (3,3),
                          padding = "same",
                          activation = "relu"))
#最大池化层,为了尽可能地减少数据量,因此步长为2
model.add(MaxPoolinq2D(pool_size = (2,2),
                       strides = (2,2)))
#卷积层,与上一个卷积层的定义不同之处在于参数的省略表示
model.add(Conv2D(64,(3,3),padding = "same",activation = "relu"))
#最大池化层,为了尽可能地减少数据量,因此步长为2
model.add(MaxPooling2D(pool_size = (2,2),
                       strides = (2,2)))
#将所有参数展开成一维向量的形式
model.add(Flatten())
#定义全连接层,进一步降低特征维度
model.add(Dense(256,Activation('sigmoid')))
model.add(Dense(128,Activation('sigmoid')))
#定义全连接层,作为模型的输出层
model.add(Dense(5),Activation('softmax'))
#3.CNN 模型的概述信息的输出
model.summary()
```

上述代码中,需要特别说明的是,卷积核的运算常常称为滤波器(fitler),因此,在定义卷积层中卷积核的数量时,参数的名称是 filters。其余代码比较简单,此处不再赘述。

至此,关于 CNN 模型中的基本操作和各层结构的介绍就算完成了。接下来,通过一个具体示例,展示 CNN 是如何实现分类任务的。

9.2.2 示例:CNN 实现数字手写体图片的分类

前面关于 CNN 模型的实现都是基于 Keras 的,很明显基于 Keras 搭建的顺序流的网络十分容易理解。但若要搭建较为复杂的网络,则还是 PyTorch 的函数定义模型的方式更好一些。另外,PyTorch 也很少会发生像 Python 版本与 Tensorflow 和 Keras 的版本之间不兼容的情况。

因此,本示例将介绍如何基于 PyTorch 库搭建一个 CNN 分类模型,并实现在数字手写体图片数据上的分类。实现该示例主要步骤包括:

(1)导入必要的包和库。

(2)初始参数的设定,主要包括训练次数、批处理的大小及初始学习率。

(3)准备图片的训练数据集。

(4)定义 CNN 类,主要是搭建一个完整的 CNN 网络结构。

(5)训练 CNN 中的重要参数和超参数。

(6)在测试数据上测试 CNN 的分类结果。

关于 CNN 的实现除了前面介绍的重要的层之外,在实践中还有一些参数的设置技巧是需要注意的,比如步长、填充、学习率、优化器及特征的归一化。具体见表9.2。

表 9.2　CNN 实践参数设置

参数名称	说　　明
步长（stride）	指卷积核在输入上滑动时，每次移动的距离，一般设置为 1，当然如果图像的尺寸较大，也可以设置为 2
填充（padding）	填充是为了弥补卷积核的边缘特征信息模糊化的问题，padding 相当于通过扩充操作维持图像的尺寸保持不变，同时初始图片的边缘信息还能得以保留。具体操作是给最外层添加 0，如果 stride = 2，则应该是最外 2 层添加 0
学习率（learning rate）	学习率深度学习算法中重要的超参数，其决定着目标函数能否收敛到局部最小值及何时收敛到最小值。刚开始训练时：学习率以 0.1～0.001 为宜。一定轮数过后：逐渐减缓。接近训练结束：学习率的衰减应该在 100 倍以上
优化器（optimizer）	优化器是指通过学习不断更新权重参数的方式
归一化（batch normalization）	归一化实现了在神经网络层的中间进行预处理的操作，即在上一层的输入归一化处理后再进入网络的下一层，这样可有效地防止"梯度弥散"，加速网络训练

下面来看具体的实现步骤和相关代码。

第 1 步：导入 torch 库、神经网络的包及公开的图片数据集，这样可以省去自己去搜集数据集的麻烦，具体代码如下：

```
#引入 pytorch 包
import torch
import torch.nn as nn #神经网络层的包
from torch.autograd import Variable
import torch.utils.data as Data import torchvision #包含一些图片数据库
import matplotlib.pyplot as plt
```

第 2 步：初始参数的设定，包括训练次数、批处理的大小及初始学习率，具体代码如下：

```
EPOCH = 1 #训练数据训练 n 次
BATCH_SIZE = 50
LR = 0.001 #学习率
```

第 3 步：下载 torchvision 中的手写体数据图片 MNIST 分别作为训练数据集和测试数据集。其中，测试数据集又分别存储为 test_x 和 tets_y，前者表示原始的图像，后者表示分类标签，具体代码如下：

```
DOWNLOAD_MNIST = True #如果已经 download 就设置为 DOWNLOAD_MNIST = False,#没有下载
好的话,就设置为 DOWNLOAD_MNIST = True
#数据下载
train_data = torchvision.datasets.MNIST( root = './mnist', #保存在/mnistw 文件夹
中 train = True, # train = False 给的是 test Data 有一万个,而 train Data 有六万个
transform = torchvision.transforms.ToTensor(), #图片数据值 0-255 变为 0-1 之间的
tensor 值
download = DOWNLOAD_MNIST
)
print(train_data,train_data.size()) # (60000,28,28)
print(train_data.train_labels.size()) # (60000)
```

```
plt. imshow(train_data. train_data[0]. numpy(),cmap = 'gray') #第一张图片呈现出来
plt. title('% i'% train_data. train_labels[0])
#plt. show()


#训练数据集
train_loader = Data. DataLoader(dataset = train_data,batch_size = BATCH_SIZE, shuffle
= True,num_workers = 2)
# train = False 意味着提取出来的不是 train data 而是 test data
#测试数据集
test_data = torchvision. datasets. MNIST(root = '. /mnist/',train = False)
test_x = Variable (torch. unsqueeze (test_data. test_data, dim = 1), volatile = True)
. type(torch. FloatTensor)[ :2000]/255.
tets_y = test_data. tets_labels[ :2000]
```

第 4 步：通过定义一个 CNN 类，搭建一个完整的 CNN 网络结构。

```
#定义卷积神经网络
class CNN(nn. Module):
```

本步骤中的代码量较多，下面把代码按照功能进行分段介绍。

代码段 4.1 在 CNN 类中定义了一个初始化函数，主要是对第一层神经元的卷积层设置 conv1，对于输入图像大小为 28×28 的灰度图像来说，只采用一个通道即可，即 in_channel = 1。而卷积核的大小则是 5×5，步长 stride = 1，padding = 2，此时只是定义了 CNN 中的一层神经元的结构。

```
#4.1 初始化
    def _init_(self):
        super(CNN,self). __init__()
        #卷积层
        self. conv1 = nn. Sequential( #图片输入时,是 1* 28* 28,图片的高为 1,长宽为 28
        nn. Conv2d(
            in_channel = 1, #灰度图高度就是 1,RGB 图高度就是 3
            out_channels = 16, #16 个 fileter 同时在一个区域扫描,得到特征,类似于高度为 1 的
图片,加工后得到了 16 个高度的图片
            chore_siez = 5, #表示 fileter 是 5* 5 的像素大小
            stride = 1, #扫描的步长为 1
            padding = 2, #在原图代表的矩阵四周,填充了一维的数据 0 # if stride = 1,padding
= (Kernel_size -1)/2 ),
            #由于使用了 padding 的途径,图片的长和宽没有变,输出的图片为(16* 28* 28)
            nn. ReLU(), # ReLU()后图片的长宽高没有变化
            nn. MaxPool2d(kernel_size = 2), #使得长、宽更窄,高度不变的图片,nn. MaxPool2d
(kernel_size =2)选取 2* 2 里面的中值 #
            #nn. MaxPool2d(kernel_size =2)由于在 2* 2 的图片上只选取了一个点,所以输出的图
片变为(16,14,14)
        )
```

代码段 4.2 定义 CNN 类中的初始化函数，主要是对第二层神经元的卷积层设置

conv2，基于上一层的输出图片是 16 个 14×14，其中经过卷积核的操作将图片加工为 32 个图片。经过 Relu 激活函数后，图片尺寸和数量不变。但是通过计算全连接层的操作，将原来的特征矩阵转化为一维特征向量。

```
#4.2 第二层神经元结构
    self.conv2 = nn.Sequential(
        #输入的图片为16*14*14
        #上一层的数据是16层的图片,所以这一层的输入是16层
        nn.Conv2d(16,32,5,1,2)
        #这里的32是指这一层再把图片加工为32层的图片
        #卷积后的图片变为32*14*14
        nn.ReLU(),#激活函数后的图片还是32*14*14
        nn.MaxPool2d(2) #nn.MaxPool2d(2)后的图片是32*7*7
    )
        #第一个参数为全连接层输入大小,第二参数为输出的种类,这里由于分类数字由0-9,所
以分为10类
        self.out = nn.Linear(32*7*7,10)
        #全连接层使得三维数据展平为二维数据
```

代码段 4.3 组合 CNN 的前馈结构，即顺序拼接 conv1 和 conv2，最终形成一个前馈神经网络。

```
def forward(self,x):
        x = self.conv1(x)
        x = self.conv2(x) # (batch,32,7,7)
        x = x.view(x,size(0),-1) # (batch,32*7*7)
        output = self.out(x)
        return output
```

代码段 4.4 调用 CNN 类，生成一个 CNN 网络对象，并设定优化器为 Adam，用于优化网络中的卷积核的参数，分类的损失函数则采用 CrossEntropyLoss 函数以保证损失最小。

```
#实例化一个 CNN 模型
cnn = CNN()
optimizer = torch.optim.Adam(cnn.parameters(),lr=LR) #优化所有 CNN 参数
loss_func = nn.CrossEntropyLoss() # the target label is not one-hot
```

第 5 步：在训练数据集上，完成第一轮 CNN 的训练，目的是确定出卷积核的最佳参数集和其他超参数，包括学习率等。

```
#训练和测试数据
for epoch in range(EPOCH):
    for step in (x,y) in enumerate(train_loader):
            b_x = Variable(x)      #一批数据中的 x
            b_y = Variable(y)      #一批数据中的 y


            output = cnn(b_x)
            loss = loss_func(output,b_y)
```

```
        optimizer. zerp_grad()
        loss. backward() optimizer. step()

        if step % 50: #每50步打印一下,有多少图片预测对了
            test_output = cnn(test_x)
            pred_y = torch. max(test_output,1)[1]. data. squeeze()
            accuracy = sun(pred_y == test_y) / test_y. size(0)
            print('Epoch:',epoch,' |train loss:% .4f' % loss. data[o],' |test
accuracy:',)
```

第6步：在测试数据集上测试 CNN 的分类结果。

```
#放前十个数据进行测试,例如图片是5的话,看能不能测试出来是5
test_output = cnn(test_x[:10])
pred_y = torch. max(test_output,1)[1]. data. numpy(). squeeze()
print(pred_y,'prediction number')
print(test_y[:10]. numpy,'real number')
```

上述代码的输出结果为：

```
[5,3,5,5,3,5,5,4,5,7]
0.9526
```

经过验证，CNN 模型对测试数据的预测结果都正确，且准确率高达 95.26%。由此可见，CNN 模型的表现还是很出色的。

最后是对上述示例做一个总结，具体如下：

（1）与 Keras 采用过程式编程的方式定义 CNN 模型不同，PyTorch 考虑到了一些具有面向对象编程习惯的使用者，不过尽管定义网络的方式不同，但是基本思想是一致的，都是通过不断的堆叠各个层的结构，定义每一层的输入和输出，以及进行的基本运算实现的。另外，它们都符合深度学习模型做分类的基本步骤。

（2）在 CNN 类定义的内部，关于数据的前向传播操作可以很清晰地通过 forward()函数定义出来，这样有助于理解 CNN 网络数据的计算顺序。

（3）为了加快学习速度，本示例中采用分批次学习的方式，而不是一次性读取所有数据，这一点与第 9.1 节中展示的示例相比，效率得到极大的提升。

（4）考虑到每一轮训练得到的精确度都不完全相同，本示例采用迭代循环多轮的方式，对 CNN 模型展开训练，这种操作对于提升模型的准确率具有一定的积极作用。

另外，补充一点，基于对文献调研的研究，前人认为 CNN 用于语音识别时，具有以下优点和缺点：

（1）优点

①CNN 采用卷积核共享的思想，处理高维度数据十分有利。

②对于图像中具有平移不变形的对象能够很好地识别出来。

③可以进行自动化特征提取，通过学习大量训练数据，确定卷积核的参数，从而实现自动学习特征。

（2）缺点

①基础的 CNN 采用梯度下降算法训练结果，这十分容易导致局部最小值，而不是全局最小值。

②由于特征提取的封装，为网络性能的改进罩上了一层黑盒。

③当网络层次太深时，采用前向传播修改参数会使靠近输入层的参数改动较慢。

综上所述，CNN 能够基于图像的输入提取出有意义的平移不变形特征，并且整个过程可以自动化，但是正如缺点中第三条所指，前向神网络对于修改参数是不利的，因此，更好的办法是结合前馈和反馈的双向结构的网络，用于提升参数的有效率。这就是下一节要介绍的循环神经网络。

9.3 循环神经网络

循环神经网络（recurrent neural network，RNN）的核心是隐藏层神经元的输出和另一个神经元的输入存在一个循环（或称为环路）结构。随着输入数据的循环，当前信息将得到不断更新。通过对数据的循环，RNN 便可以做到一边记忆过去的信息，一边通过更新得到最新的信息。

RNN 中循环含义的类比

如果你有看过一些广场的喷泉，应该会猜到它的内部是一个循环系统，每一次喷出的水，大部分都会被回收回去，用于制造下一个喷泉。随着时间的推移，泵中的水量一定会存在一定程度的减少，或由于蒸发，或由于流速太慢，因此，循环泵中的水其实是不断循环的。

类似地，一个 RNN 网络中的神经元中的信息，不再是单纯地从输入经过权重和偏置的线性函数组合运算得到输出，这种流线型的结构，而是从线性变成循环结构，即每一次计算过程，将输出结果又带入到线性函数的组合运算中，从而构成一个循环结构。

RNN 的设计来源主要是考虑到时间序列数据，比如语音数据中的前后帧，以及自然语言文本中由一组单词组成的句子。对于这类数据来说，时间是很重要的信息，尤其之前或之后出现的上下文信息会对最终的结果产生影响。

例如，有这样一组词语，"吃＿＿＿"，假设模型要预测空白处的词语时，可以推断出该词语必须是可以吃的东西，例如"面条""包子"等，一定不会是"轮胎""汽车"。推断的依据是根据前文的信息（即"吃"），提升对当前信息的预测准确率。

再如，当遇到这样的情况，"＿＿＿车"，假设声学模型通过学习，猜到前面的词的结果可能是"打""答""达"等，很显然，第一个候选的可能性最大，第二个如果中间存在一个停顿符号"："，则也有可能成为最佳结果，第三个候选出现的则概率较小。

通过上述两个简单的示例不难发现，对于这种具有时间顺序规律的数据来说，前文和后文都有可能会存在一些重要信息，而最初的 RNN 仅考虑到前文的数据对当前信息的影响。

本节将从 RNN 的网络结构说起，重点介绍 RNN 网络的基本结构和设计原理，最后给出用 Python 建立 RNN 模型。

9.3.1　RNN 的基本结构

从神经网络的结构上来说，RNN 与 CNN 最大的区别在于每个隐藏层的节点之间是有
连接的。对比图 9.1 和图 9.9 可以发现，每个隐藏层中的三个神经元之间也发生了联系，如图 9.9 所示的向下的箭头。

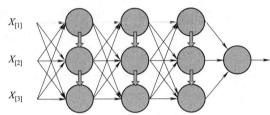

图 9.9　RNN 神经网络结构图

接下来，看一下 RNN 的隐藏层中每一个神经元。图 9.10 展示的是 RNN 中的一个隐藏层的结构。其中，该层接收的输入数据是 x_t，代表时刻 t 的一组时序数据（x_0,
$x_1, \cdots, x_t$），圆圈 RNN 则代表隐藏层中的所有神经元，经过运算后，得到相应的输出数据 h_t,（$h_0, h_1, \cdots, h_t$）。可以看到的是，RNN 其实存在一个环形结构，它是通过复制 h_t，又成为其自身的输入。

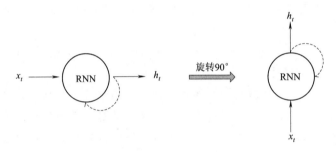

图 9.10　一个隐藏层结构

RNN 的特别之处就是存在环形结构，该结构能够令数据在层内循环。具体地，将隐藏层结构中的循环展开来看，就变成了图 9.11 所示的一个神经网络结构。特别值得注意的是，这个展开过程是对一个隐藏层中的环形结构的展开，由此可知，每一层都在处理一个时间段内的数据，比如一秒内 100 帧信号，每一帧信号就对应着一个时刻，每个时刻表示一帧信号计算出的特征向量。

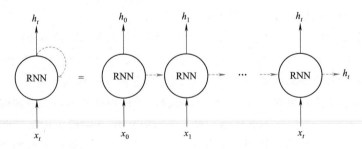

图 9.11　RNN 隐藏层的展开

根据以上结构的理解，可以得到一个 RNN 层所需要进行的一般化计算公式，即
$$h_t = f\left(W h_{t-1} + U x_t + b\right) \tag{9-2}$$
式中，h_{t-1} 和 x_t 都是行向量。该公式说明每个 RNN 都有两个权重，分别是前一个 RNN 层

的输出 W 和针对当前输入 x_t 输出 h_t 的权重 U。b 是偏置。其中，f 是激活函数，f 常常采用 $\tan h$ 正切函数作为激活函数，其计算式见式（9-3），图像如图 9.12 所示。

$$\tan h = \frac{\sin hx}{\cos hx} \qquad (9\text{-}3)$$

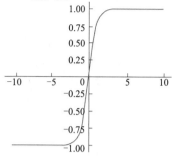

观察式（9-2）可知，当前时刻输出的 h_t 是由前一个输出 h_{t-1} 计算得来的，由于前一次的输出结果被记录下来，这样就可以描述序列数据中当前的输出与之前信息的关系，如此就实现了网络的记忆功能。很显然这些记忆信息也将影响后面信息的输出结果。

图 9.12　$\tan h$ 函数的图像

特别地，RNN 将 h 存储为状态，时间每前进一个单位，它的形式就会更新一次。正如许多文献中指出的那样，h_t 被称为隐藏状态向量或隐藏状态。

接下来，详细了解一下 RNN 的计算过程和数学原理。

1. RNN 的计算过程

RNN 的计算过程可以看作是训练一个 RNN 模型，确认隐藏状态 h 的参数，并最终获得输出结果 y 的过程，具体参考隐藏层的计算式（9-4）和最后一层的输出结果式（9-5）：

$$s_t = f(Ux_t + Ws_{t-1} + b) \qquad (9\text{-}4)$$
$$o_t = \text{softmax}(Vs_t + c) \qquad (9\text{-}5)$$

其中，U, W 是隐藏层中的权重参数，V 是最后一层的权重参数；b 是偏置；c 是类别参数；f 表示激活函数。需要特别指出的是，对于一段时间内的所有输入数据来说，三个权重参数 U, W, V 都是共用的，即时刻 t 内（从时刻 0 到时刻 t），RNN 参与运算的权重都是一致的。

另外，从维度判断，该公式说明 RNN 的输入数据的长度和输出数据的长度是严格一致的。举个例子，输入是 100 帧时长的语音数据，那么，输出就是每一帧数据对应的发音类别，总共长度应该是 100 个。

从神经网络的结构组成来看，RNN 的参数关系如下：

- 输入层：x_t 表示时刻 t 的输入；
- 隐藏层：$s_t = f(Ux_t + Ws_{t-1} + b)$，其过程是随着输入数据，不断更新参数的过程；
- 输出层：$o_t = \text{softmax}(Vs_t + c)$，其常用的公式见（9-6）：

$$\text{softmax} = \frac{e^{o_t}}{\sum_{c=1}^{N} e^{o_t}} \qquad (9\text{-}6)$$

其中，c 表示输出节点的个数；N 对应着数据所有类别的总个数；o_t 表示第 t 个节点的输出值，可以是每一帧的分类标签，也可以对下一个字符出现概率的预测。

2. RNN 的工作原理

要深刻理解 RNN 是如何经过训练从而学习到合适的参数的，需要先理解以下基本概念。

（1）参数的更新

如同 CNN 模型一样，RNN 的训练过程也是基于大量训练数据集的输入，以确定网络中的参数。具体方法是通过多轮迭代式训练，不断修改 RNN 中的权重和偏置参数，以确定出一个最佳的 RNN 网络，该网络满足产生的输出和期望输出之间的误差足够小，随着重复训练数量的增加，误差呈现逐渐下降的趋势，直到达到趋于稳定的一个最小值，即可终止训练。

（2）沿时误差反向传播

沿时误差反向传播算法是指按照时间顺序展开的神经网络的误差反向传播。与 CNN 模型不同的是，RNN 可以先进行正向传播信息，然后再采用反向传播求取目标梯度，从而能够进行双向更新（见图 9.13）。

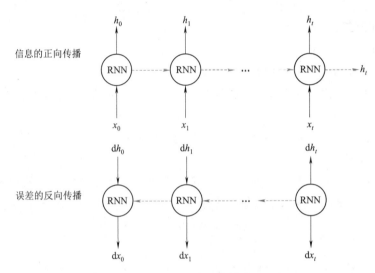

图 9.13　RNN 中的传播过程

由于前向传播在 CNN 模型中阐述过，这里只重点关注误差反向传播的部分。在反向传播时，某个时刻 t 的梯度损失是由当前位置的输出对应的梯度损失和时刻 $t+1$ 时的梯度损失这两部分共同决定的。这说明定义网络中神经元的连接方式发生了变化。

（3）片段式学习

由于 RNN 中的隐藏层状态要参与到后一个状态信息的计算中，在模型训练完成前，这些中间的状态要一直保存在内存中，随着网络的复杂或数据时长的增加，将导致所需的计算资源和内存空间不断增大，这将带来效率低下的问题。为了解决这个问题，可以对学习过程设置一个截断的参数，用于将长序列的数据分割成均等长度的片段，这样对参数的学习就变成了片段式学习。

例如，对于 1 000 帧的输入数据，平均截成 10 段，第一次学习第 1～100 帧，第二次学习 101～200 帧，依此类推。

至此，关于 RNN 模型的基本结构和学习过程已经介绍完毕。接下来将通过一个示例，展示如何用 Python 搭建一个 RNN 网络。

9.3.2　示例：TextRNN 对句子下一个词语的预测

本示例中，实现 RNN 模型的主要步骤如下：

（1）网络初始化：设定权重的初始值。通常来说，使用随机的权重初始化神经网络。

（2）前向传播：通过节点激活函数和权重使信息在网络中从输入层前向传递到隐藏层

和输出层。激活函数通常是输入节点加权和的 S 形状的函数，因为这类函数有上下限，并且是可微的。

（3）误差评估：评估误差是否满足最小化原则，或者迭代次数是否达到预设的上限。如果满足任意一种情况，则训练结束。反之，学习过程将继续迭代进行。

（4）反向传播：使用输出层的误差重新调整权重。算法在网络中反向传播误差，并计算相对于权重值变化的误差变化梯度。

（5）调整：以降低误差为目标，使用变化梯度对权重做出调整。根据激活函数的导数，网络输出和实际目标结果之间的差异，以及神经元输出，调整每个神经元的权重和偏差。神经网络计时是通过该过程进行"学习"的。

需要注意的是，以下代码是实现了上述提到的所有内容，但是步骤不会完全对应。接下来，以 PyTorch 提供的 TextRNN 为例，看一下 RNN 的具体实现过程。

第 1 步：导入必要的包和库，包括 Numpy、Torch 及优化器和梯度函数。

```
#1. 导入包
importnumpyas np
import torch
import torch. nn as nn
import torch. optim as optim
from torch. autograd import Variable
```

第 2 步：准备文本数据，即三个英文句子，这里还包括一些去重的预处理操作。这是为了文本分类做准备，这一步很关键。

```
#2. 准备数据
dtype = torch. FloatTensor
sentences = [ "i like dog", "i love coffee", "i hate milk"]
word_list = " ". join(sentences). split()
word_list = list(set(word_list))   #去除重复
print(word_list)
word_dict = {w: i for i, w in enumerate(word_list)}
number_dict = {i: w for i, w in enumerate(word_list)}
print(word_dict)
print(number_dict)
n_class = len(word_dict)   #词表大小,用于定义 n 分类预测
```

上面代码的结果如图 9.14 所示，样本 sentences 中一共有 7 个不同的词，即 7 个类。通过 enumerate() 函数对句子样本中的词汇进行遍历，从而对这些词语进行从 0 ~ 6 的编号，分别代表一个类别。

```
['love',  'milk','dog','i',  'like','coffee','hate']
{'hate':  6,'coffee':  5,'love':  0,'milk': 1, 'dog': 2,'i':  3, 'like': 4}
{0: 'love', 1: 'milk',2: 'dog',3:  'i', 4: 'like', 5: 'coffee', 6: 'hate' }
```

图 9.14   训练样本中文本的类别情况

第 3 步：初始化 RNN 的参数，具体代码如下：

```
# 3. TextRNN 参数初始化
batch_size = len(sentences)
n_step = 2
n_hidden = 5 # 隐藏层的单元数
```

第 4 步：定义批处理函数，该函数的作用是允许一次读取多个句子，并最终将句子转化为张量的输出格式，具体代码如下：

```
def make_batch(sentences):
    input_batch = []
    target_batch = []

    forsen in sentences:
        word = sen.split()
        input = [word_dict[n] for n in word[:-1]]
        target = word_dict[word[-1]]   #最后一个单词作为 target
        print("input:", input, "traget:", target)

        input_batch.append(np.eye(n_class)[input])
        target_batch.append(target)
    return input_batch, target_batch

# to Torch.Tensor
input_batch, target_batch = make_batch(sentences)

input_batch = Variable(torch.Tensor(input_batch))
target_batch = Variable(torch.LongTensor(target_batch))

print(input_batch)
print(target_batch)  #[5 : dog, 0 : coffee, 1 : milk]
```

上述代码的结果如图 9.15 所示，每次处理三个句子，每个句子中的词的数量可以是不相等的。目标张量的大小是 2×5，取值是 0 或 1。

```
input: [3, 4]traget: 2
input: [3, 0]traget: 5
input: [3, 6]traget: 1
tensor([[[0., 0., 0., 1., 0., 0., 0.],
         [0., 0., 0., 0., 1., 0., 0.]],

        [[0., 0., 0., 1., 0., 0., 0.],
         [1., 0., 0., 0., 0., 0., 0.]],

        [[0., 0., 0., 1., 0., 0., 0.],
         [0., 0., 0., 0., 0., 0., 1.]]])
tensor([2, 5, 1])
```

图 9.15 执行结果

第 5 步：定义 TextRNN 类，该类是对 RNN 模型的完整实现。该类主要完成了网络的初始化工作和参数训练过程的定义，具体代码如下：

```
class TextRNN(nn. Module):
    def __init__(self):
        super(TextRNN, self).__init__()

        self. rnn = nn. RNN(input_size = n_class, hidden_size = n_hidden)
        self. W = nn. Parameter(torch. randn([n_hidden, n_class]). type(dtype))
        self. b = nn. Parameter(torch. randn([n_class]). type(dtype))

    def forward(self, hidden, X):
        X = X. transpose(0, 1) # X : [n_step, batch size, n_class]  [2, 3, 7]
        outputs, hidden = self. rnn(X, hidden)
        #outputs : [n_step, batch_size, num_directions(=1) * n_hidden]
        #hidden : [num_layers(=1) * num_directions(=1), batch_size, n_hidden]
        print("X : ", X ,"outputs : ",outputs ,"hidden : ",hidden)

        outputs = outputs[-1] # [batch_size, num_directions(=1) * n_hidden]
        model = torch. mm(outputs, self. W) + self. b # model : [batch_size, n_class]
        return model
```

第 6 步：调用 TextRNN 并定义损失函数和优化器，具体代码如下：

```
model = TextRNN()

criterion = nn. CrossEntropyLoss()
optimizer = optim. Adam(model. parameters(), lr = 0.001)
```

第 7 步：训练 TextRNN，为了得到更好的效果，学习周期的最大数为 5 000，否则周期越大，意味着耗费的时间越长。具体代码如下：

```
#开启反复多轮训练
for epoch in range(5000):
    optimizer. zero_grad()

    #hidden : [num_layers * num_directions, batch, hidden_size]
    hidden = Variable(torch. zeros(1, batch_size, n_hidden))
    #input_batch : [batch_size, n_step, n_class]
    output = model(hidden, input_batch)

    #output : [batch_size, n_class], target_batch : [batch_size] (LongTensor, not
one - hot)
    loss = criterion(output, target_batch)
    if (epoch + 1) % 1000 == 0:
        print('Epoch:', '% 04d' % (epoch + 1), 'cost =', '{:.6f}'. format(loss))

loss. backward()
optimizer. step()
input = [sen. split()[:2] for sen in sentences]
print(input)
```

第 8 步：测试 TextRNN 的预测分类效果。这里针对三条数据，进行模型测试，具体代码如下：

```
# Predict
hidden = Variable(torch.zeros(1, batch_size, n_hidden))
predict = model(hidden, input_batch).data.max(1, keepdim = True)[1]
print([sen.split()[:2] for sen in sentences], '->', [number_dict[n.item()] for n
in predict.squeeze()])
```

模型测试结果如图 9.16 所示。

```
[['i', 'like'], ['i', 'love'], ['i', 'hate']]
X: tensor([[[0., 0., 0., 1., 0., 0., 0.],
        [0., 0., 0., 1., 0., 0., 0.],
        [0., 0., 0., 1., 0., 0., 0.]],

        [[0., 0., 0., 0., 1., 0., 0.],
        [1., 0., 0., 0., 0., 0., 0.],
        [0., 0., 0., 0., 0., 0.., 1.]]]) outputs: tensor([[[ 0.1280, 0.5284, -0.4171, -0.7108, -0.5635],
        [0.1280, 0.5284, -0.4171, -0.7108, -0.5635],
        [0.1280, 0.5284, -0.4171, -0.7108, -0.5635]],

        [[-0.7746, 0.2192, -0.8011, -0.8696, 0.8246],
        [0.7305, -0.8823, -0.9143, -0.9204, -0.3281],
        [0.2434, -0.8612, 0.7484, 0.8363, 0.7863]]],
        grad_fn=<StackBackward>) hidden: tensor([[[-0.7746, 0.2192, -0.8011, -0.8696, 0.8246],
        [0.7305, -0.8823, -0.9143, -0.9204, -0.3281],
        [0.2434, -0.8612, 0.7484, 0.8363, 0.7863]]],
        grad_fn=<StackBackward>)
[['i', 'like'], ['i', 'love'], [i', 'hate']]-> ['dog', 'coffee', 'milk']
```

图 9.16   执行结果

用图 9.16 中最后一行的结果与样本定义时的 sentence 做比较可知，该 RNN 网络训练得还不错，能够准确地预测出句子中的下一个词语。

对上述示例，再来做一个总结。

（1）在表示时序数据方面，RNN 允许输入任意长度的数据。比如，在本示例中，测试数据 X 表示的英文句子的长度可以由三个单词组成，也可以是更多单词组成的句子。这一点与 CNN 模型不同，它要求输入数据的维度都是一样的；这体现了 RNN 模型对输入数据的灵活性。

（2）在定义 RNN 类时，最核心的部分包括对前向传播（forward）的计算过程和反向误差传播（backward）的计算过程的定义。其中，前向传播函数可以看作是特征提取的过程，而反向传播函数则主要是用于计算损失函数 loss。

（3）更重要的是，同一层的 RNN 在更新权重参数时，由于引入了隐藏状态（hiddens）信息，令前一个单词的预测会对下一个单词的预测产生影响，类似于临时记忆，这个功能为提升最终的预测准确率带来了正面的效果。

接下来，结合示例的基础上，梳理一下 RNN 做语音识别的优点和缺点。

从理论上来说，RNN 是一个非常优秀的深度学习模型，非常适合时序类型的数据，比如文本和语音。通过前向传播学习一些特征，同时结合反向传播算法计算损失函数，这可以更加准确地计算梯度。另外，每一段时间内隐藏层的权重参数都是一致的，这也为参数共享带来了益处，极大地提升了学习效率。

但是，在具体应用 RNN 时，随着层数的加深，离输出层越远的隐藏层在计算梯度时，可能会发生梯度消失。另外，如果一次处理的时长过大，意味着参与矩阵的运算量也急剧增加，这又会导致梯度爆炸。最后，就是考虑到计算机内存资源是有限的，一般不会存储大量隐藏状态，而只能暂时保存上一层的状态，这就意味着 RNN 无法记忆时间更久远的上下文信息。

为了发挥 RNN 的优势，同时解决存在的弊端，现实中用得更多的是升级版的 RNN，这也是下一节要介绍的模型：长短时记忆网络。

9.4　长短时记忆网络

长短时记忆网络（long short term model，LSTM），从字面意思不难看出它具有记忆长短信息的能力，同时它也是处理序列数据的神经网络的代表，不过它是一种特殊的 RNN 模型。如前所述，它的出现主要是为了解决 RNN 梯度消失的问题，可以说它是对 RNN 的改进。

本节看一下 LSTM 到底在哪里做了改进。

9.4.1　LSTM 的基本原理

RNN 对于具有上下文关系的文本识别应用来说，它可以很好地表示与当前词较近的几个词，但是距离较远的则无法解决，究其原因，它只实现了短期依赖。而关于一些词可能需要更长久的记忆来产生长期依赖。例如，我最常吃的菜是烤鸭，如果要预测"烤鸭"，那么，需要追溯到前文可能有介绍我是北京人，而北京的特色菜之一就包括烤鸭。可以说，LSTM 主要是为了解决这个问题来的。

LSTM 的基本原理和 RNN 十分类似，只是对重复的神经单元做了修改，因此这里只重点介绍改进的部分是如何解决长期依赖的问题。

先来观察图 9.17 和图 9.18，前者是 RNN 的网络结构，它仅仅采用了 tanh() 函数作为激活函数，而后者就是 LSTM 的网络结构，可以明显看出，它设计了更为复杂的门电路，试图记忆更多信息。

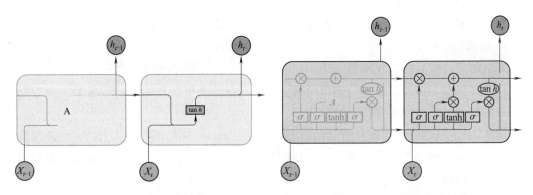

图 9.17　RNN 的网络结构　　　　　图 9.18　LSTM 的网络结构

为了理解 LSTM 中的门电路，我们将注意力主要放在图 9.19 中右侧框内上面的结构。首先要理解一个基本概念：Cell 状态。

在 LSTM 中，Cell 状态（cell state）表示为 C_t，用于保存当前 LSTM 的状态信息并传递到下一时刻的 LSTM 中，也就是 RNN 中那个"自循环"的箭头。当前的 LSTM 接收来自上一个时刻的 Cell 状态 C_{t-1}，并与当前 LSTM 接收的信号输入 x_t 共同作用产生当前 LSTM 的 Cell 状态 C_t，具体过程如图 9.19 所示。

在 LSTM 中，引入专门设计的"门"去除 Cell 状态 C_t 中的信息。门是一种让信息选择性通过的方法。有的门跟信号处理中的滤波器有点儿类似，允许信号部分通过或者通过时被门加工；有的门也跟数字电路中的逻辑门类似，允许信号通过或者不通过。这里所采用的门包含一个 Sigmoid 神经网络层 σ 和一个按位的乘法操作，如图 9.20 所示。

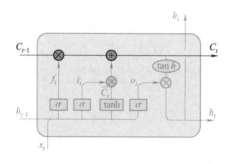

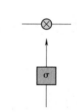

图 9.19　LSTM 中的 Cell 状态结构　　图 9.20　LSTM 中的计算

在图 9.20 中，箭头线穿过的方块表示 sigmoid 神经网络层 σ，横线上的 $\otimes$ 表示按位乘法操作，类似地，图 9.19 中横线上的 $\oplus$ 表示按位加法操作。该神经网络层可以将输入信号转换为 $0 \sim 1$ 之间的数值，用于描述有多少量的输入信号可以通过。0 表示"不允许任何量通过"，1 表示"允许所有量通过"。

LSTM 主要包括三个不同的门结构：遗忘门、记忆门和输出门。这三个门用来控制 LSTM 的信息保留和传递，最终反映到细胞状态 C_t 和输出状态 h_t。

- 遗忘门由一个 sigmoid 神经网络层和一个按位乘操作构成。
- 记忆门由输入门（input gate）、tanh 神经网络层和一个按位乘操作构成。
- 输出门（output gate）与 tanh 函数（注意：这里不是 tanh 神经网络层）及按位乘操作共同作用将细胞状态和输入信号传递到输出端。

为了理解 LSTM 中的门电路，需要先理解三个门结构的重要概念。

1. 遗忘门

顾名思义，遗忘门的作用就是用来"忘记"信息的。在 LSTM 的使用过程中，有一些信息不是必要的，因此，遗忘门的作用就是用来选择这些信息并"忘记"它们。遗忘门决定了细胞状态 C_{t-1} 中的哪些信息将被遗忘。

图 9.21 中左边的结构就是遗忘门，包含一个 sigmoid 神经网络层（图 9.20 的方框中 σ），接收 t 时刻的输入信号 x_t 和 $t-1$ 时刻 LSTM 的上一个输出信号 h_{t-1}，这两个信号进行拼接以后共同输入到神经网络层中，然后输出信号 f_t，f_t 是一个 $0 \sim 1$ 之间的数值，并与 C_{t-1} 相乘来决定中的哪些信息将被保留，哪些信息将被舍弃。

2. 记忆门

记忆门的作用与遗忘门相反，它将决定新输入的信息 x_t 和 h_{t-1} 中哪些信息将被保留；其结构如图 9.22 所示。

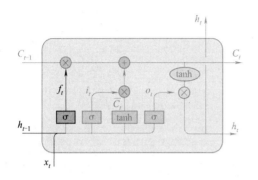

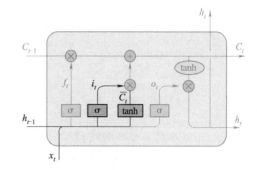

图 9.21　遗忘门结构　　　　　　　　　图 9.22　记忆门结构

由图 9.22 可知，记忆门包含两个部分。第一个是 sigmoid 神经网络层（输入门 σ），另一个是 tanh 神经网络层（tanh），它们的作用如下：

- sigmoid 神经网络层的作用很明显，跟遗忘门一样，它接收 x_t 和 h_{t-1} 作为输入，然后输出一个 0 到 1 之间的数值 i_t 来决定哪些信息需要被更新；
- tanh 神经网络层的作用是将输入的 x_t 和 h_{t-1} 整合，然后通过一个 tanh 神经网络层来创建一个新的状态候选向量 $\widetilde{C}_t$，$\widetilde{C}_t$ 的值范围在 $-1 \sim 1$ 之间。

记忆门的输出由上述两个神经网络层的输出决定，i_t 与 $\widetilde{C}_t$ 相乘来选择哪些信息将被新加入 t 时刻的细胞状态 C_t 中。这个过程称为更新 Cell 状态 C_t，接下来一起结合图 9.22 看一下整个过程。

如图 9.23 所示，将遗忘门的输出 f_t 与上一时刻的细胞状态 C_{t-1} 相乘来选择遗忘和保留一些信息，将记忆门的输出与从遗忘门选择后的信息加和得到新的 Cell 状态 C_t。这就表示 t 时刻的 Cell 状态 C_t 已经包含了此时需要丢弃的 $t-1$ 时刻传递的信息和 t 时刻从输入信号获取的需要新加入的信息 $i_t \cdot \widetilde{C}_t$。$C_t$ 将继续传递到 $t+1$ 时刻的 LSTM 网络中，作为新的 Cell 状态传递下去。

3. 输出门

前面已经讲了 LSTM 如何更新细胞状态 C_t，那么在 t 时刻输入信号 x_t 以后，接下来看一下如何计算输出信号。

如图 9.24 所示，输出门就是将 $t-1$ 时刻传递过来并经过了前面遗忘门与记忆门选择后的细胞状态 C_{t-1}，与 $t-1$ 时刻的输出信号 h_{t-1} 和 t 时刻的输入信号 C_t 整合到一起作为当前时刻的输出信号。整合的过程图 9.23 所示，x_t 和 h_{t-1} 经过一个 sigmoid 神经网络层（神经网络参数为）输出一个 $0 \sim 1$ 之间的数值。C_t 经过一个 tanh 函数（注意：这里不是 tanh 神经网络层）得到一个在 $-1 \sim 1$ 之间的数值，并与 o_t 相乘得到输出信号 h_t，同时 h_t 也作为下一个时刻的输入信号传递到下一阶段。

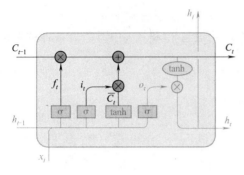 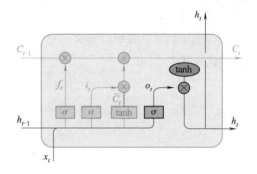

图 9.23　更新 Cell 状态　　　　　　　　图 9.24　输出门结构

至此，基本的 LSTM 网络模型就介绍完了。由于它的本质还是 RNN，此处就不对它的学习过程做重复性介绍了。接下来，结合一个示例，说明如何用 Python 实现一个 LSTM 网络。

9.4.2　示例：LSTM 预测余弦函数的趋势

在本小节中，以一个简单的例子说明如何使用 PyTorch 构建 LSTM 模型。具体地，使用正弦函数和余弦函数来构造时间序列，而正余弦函数成导数关系，可以构造模型来学习正弦函数与余弦函数之间的映射关系，通过输入正弦函数的值来预测对应的余弦函数的值。其中，示意图如图 9.25 所示。

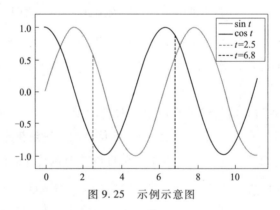

图 9.25　示例示意图

取正弦函数的值作为 LSTM 的输入来预测余弦函数的值。为了方便说明，采用一个输入神经元、一个输出神经元、16 个隐藏神经元作为 LSTM 网络构成参数，利用平均绝对误差作为损失函数，使用 Adam 优化算法训练 LSTM 网络。

接下来看一下具体的实现步骤和完整代码。

第 1 步：导入必要的包和库，主要是 Numpy、Torch 和绘制图形的库 MatPlotlib，代码如下：

```
#1
import numpy as np
import torch
from torch importnn
import matplotlib. pyplot as plt
```

第 2 步：定义 LSTMRNN 类，并作初始化和设定初始的网络结构，代码如下：

```
# 2. 定义 LSTM 网络
class LstmRNN(nn.Module):
    """
        Parameters:
        - input_size: feature size
        - hidden_size: number of hidden units
        - output_size: number of output
        - num_layers: layers of LSTM to stack
    """
    def __init__(self, input_size, hidden_size=1, output_size=1, num_layers=1):
        super().__init__()

        self.lstm = nn.LSTM(input_size, hidden_size, num_layers) # utilize the
LSTM model in torch.nn
        self.forwardCalculation = nn.Linear(hidden_size, output_size)

    def forward(self, _x):
        x, _ = self.lstm(_x)  # _x is input, size (seq_len, batch, input_size)
        s, b, h = x.shape  # x is output, size (seq_len, batch, hidden_size)
        x = x.view(s * b, h)
        x = self.forwardCalculation(x)
        x = x.view(s, b, -1)
        return x
```

第 3 步：调用 LSTMRNN 类，并完成训练和测试。

```
if __name__ == '__main__':
```

由于本步骤中代码量较多，故根据功能采用分段介绍方式。

代码段 3.1 的功能是准备数据，并绘图查看数据的信息。

```
#3.1
data_len = 200
t = np.linspace(0, 12 * np.pi, data_len)
sin_t = np.sin(t)
cos_t = np.cos(t)v
dataset = np.zeros((data_len, 2))
dataset[:,0] = sin_t
dataset[:,1] = cos_t
dataset = dataset.astype('float32')

#绘制部分原始数据
plt.figure()
plt.plot(t[0:60], dataset[0:60,0], label = 'sin(t)')
plt.plot(t[0:60], dataset[0:60,1], label = 'cos(t)')
plt.plot([2.5, 2.5], [-1.3, 0.55], 'r--', label = 't = 2.5') # t = 2.5
```

```
plt.plot([6.8, 6.8], [-1.3, 0.85], 'm--', label='t = 6.8') # t = 6.8
plt.xlabel('t')
plt.ylim(-1.2, 1.2)
plt.ylabel('sin(t) and cos(t)')
plt.legend(loc='upper right')
```

代码段 3.2 用于准备训练数据集。

```
#3.2 准备训练数据集和测试数据集
    train_data_ratio = 0.5 # Choose 80% of the data for testing
    train_data_len = int(data_len* train_data_ratio)
    train_x = dataset[:train_data_len, 0]
    train_y = dataset[:train_data_len, 1]
    INPUT_FEATURES_NUM = 1
    OUTPUT_FEATURES_NUM = 1
    t_for_training = t[:train_data_len]
```

代码段 3.3 用于准备测试数据集。

```
#3.3
# test_x = train_x
# test_y = train_y
test_x = dataset[train_data_len:, 0]
test_y = dataset[train_data_len:, 1]
t_for_testing = t[train_data_len:]
```

代码段 3.4 用于对数据进行预处理，以满足调用 LSTM 模型的参数需要。

```
#3.4
# ----------------- train -------------------
train_x_tensor = train_x.reshape(-1, 5, INPUT_FEATURES_NUM) # set batch size to 5
train_y_tensor = train_y.reshape(-1, 5, OUTPUT_FEATURES_NUM) # set batch size to 5
# transfer data to pytorch tensor
train_x_tensor = torch.from_numpy(train_x_tensor)
train_y_tensor = torch.from_numpy(train_y_tensor)
#test_x_tensor = torch.from_numpy(test_x)
```

代码段 3.5 用于建立 LSTMRNN 类对象以训练学习模型中的参数，主要包括损失函数的定义、学习周期 epoch 的设定、优化器的设定，当模型搭建完毕后，就开始在训练数据集上运行，完成隐藏层的参数学习。

```
#3.5
lstm_model = LstmRNN(INPUT_FEATURES_NUM, 16, output_size=OUTPUT_FEATURES_NUM,
num_layers=1) # 16 hidden units
print('LSTM model1:', lstm_model)
print('model.parameters:', lstm_model.parameters)

loss_function = nn.MSELoss()
```

```
        optimizer = torch.optim.Adam(lstm_model.parameters(), lr = 1e - 2)
        max_epochs = 10000
        for epoch in range(max_epochs):
            output = lstm_model(train_x_tensor)
            loss = loss_function(output, train_y_tensor)
            loss.backward()
            optimizer.step()
            optimizer.zero_grad()
            if loss.item() < 1e - 4:
                print('Epoch [{}/{}], Loss: {:.5f}'.format(epoch + 1, max_epochs, loss.item
())))
                print("The loss value is reached")
                break
            elif (epoch + 1) % 100 = = 0:
                print('Epoch: [{}/{}], Loss:{:.5f}'.format(epoch + 1, max_epochs, loss.item
())))

    # prediction on training dataset
    predictive_y_for_training = lstm_model(train_x_tensor)
    predictive_y_for_training = predictive_y_for_training.view(-1, OUTPUT_FEATURES_
NUM).data.numpy()

    #torch.save(lstm_model.state_dict(), 'model_params.pkl') # save model parameters
to files
```

代码段 3.6 将训练好的 LSTM 网络应用于测试数据集，验证效果。

```
    #3.6
    # ----------------- test -------------------
    #lstm_model.load_state_dict(torch.load('model_params.pkl'))  # load model parame-
ters from files
    lstm_model = lstm_model.eval() # switch to testing model
    test_x_tensor = test_x.reshape(-1, 5, INPUT_FEATURES_NUM) # set batch size to 5,
the same value with the training set
    test_x_tensor = torch.from_numpy(test_x_tensor)

    predictive_y_for_testing = lstm_model(test_x_tensor)
    predictive_y_for_testing = predictive_y_for_testing.view(-1, OUTPUT_FEA-
TURES_NUM).data.numpy()
```

代码段 3.7 用于查看绘制结果，以图形化方式展示。

```
    # ----------------- plot -------------------
    plt.figure()
    plt.plot(t_for_training, train_x, 'g', label = 'sin_trn')
    plt.plot(t_for_training, train_y, 'b', label = 'ref_cos_trn')
    plt.plot(t_for_training, predictive_y_for_training, 'y - - ', label = 'pre_cos_trn')

    plt.plot(t_for_testing, test_x, 'c', label = 'sin_tst')
```

```
    plt.plot(t_for_testing, test_y, 'k', label = 'ref_cos_tst')
    plt.plot(t_for_testing, predictive_y_for_testing, 'm--', label = 'pre_cos_tst')

    plt.plot([t[train_data_len], t[train_data_len]], [-1.2, 4.0], 'r--', label = '
separation line') # separation line

    plt.xlabel('t')
    plt.ylabel('sin(t) and cos(t)')
    plt.xlim(t[0], t[-1])
    plt.ylim(-1.2, 4)
    plt.legend(loc = 'upper right')
    plt.text(14, 2, "train", size = 15, alpha = 1.0)
    plt.text(20, 2, "test", size = 15, alpha = 1.0)

    plt.show()
```

最终执行结果如图 9.26 所示。

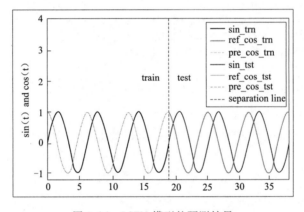

图 9.26　LSTM 模型的预测结果

在图 9.26 中，虚线的左边表示该模型在训练数据集上的表现，右边表示该模型在测试数据集上的表现。可以看到，使用 LSTM 构建训练模型，可以仅仅使用正弦函数在 t 时刻的值作为输入来准确预测 t 时刻的余弦函数值，不用额外添加当前的时间信息、速度信息等。

接下来结合示例梳理一下 LSTM 模型的特点：

- 它解决了长序列训练过程中存在的梯度消失和梯度爆炸问题；
- 在序列建模上有一定优势，具有长时记忆功能，实现也比较简单。

综上所述，LSTM 不仅做到了 RNN 做不到的长时记忆，还解决了梯度消失的问题。然而不可避免的是，它基于 RNN 做出的新改动不具有并行计算的可能性，这导致计算量巨大。无论如何，从对语音数据的表示和语言模型的构建来说，它已经十分优越。

9.5　预训练模型

前面介绍的深度学习分类模型虽然可以在语音识别中取得一定的进展，但仍然属于有监督的分类模型，这意味着需要大量人工标注语音数据作为训练数据集，众所周知，人工标注的成本是十分高昂的。因此，自监督的预训练模型就是为了解决这类难题而产生的。

9.5.1 预训练的由来与意义

预训练（pre-training）是指在一个原始任务上预先训练一个初始模型，然后在目标任务上使用该模型，针对特定任务，对该初始模型进行精调（fine-tuning），从而达到提高目标任务的目的。该思路来源于迁移学习，即在自己的目标任务上使用别人训练好的模型，其核心就是 pre-training 和 fine-tuning。

预训练最早是由图片分类任务的研究人员提出的，比如大众熟知的 ImageNet 数据库拥有两万多个类别标注好的数据集合，共包含 140 万张图片，这为预训练模型提供了天然的条件。于是人们提出可以在已知的大规模图片数据上预先获取"通用特征"，这样对于后续的分类目标有着十分重要的作用，可以说这是做图像识别研究人员的幸运。

自然语言处理中预训练模型的发展则稍微晚一些，究其原因是文字作为语言天然具有一些挑战，利用经典的深度神经网络并不能很好地表示文本信息，更别说去解决多义词的问题了。直到 2017 年 ELMo 的出现打破了这一僵局，它考虑到上下文的词向量方法，通过双向 LSTM 作为特征提取器，后来 2018 年又出现了更强大的特征提取器 Transformer，才真正算是开启了预训练模型在自然语言处理领域中的发展。

语音识别虽然在文字的匹配方面与自然语言有着许多相似点，但是单纯沿用自然语言预训练的 Transformer 模型架构，仍然无法看到更大的进步。2021 年微软亚洲研究院与微软 Azure 语音组的研究员提出了全新的 Denoising Masked Speech Modeling 框架，在 94 000 小时的英语语音中进行预训练，通用语音预训练语言模型（WavLM）在 SUPERB 所有 13 项语音任务测评中超过先前所有模型，排名第一，并在其他四个不同的语音经典测评数据集上都取得了很好的效果。

由此可见，预训练模型最大的好处之一是缓解了新任务对大量训练数据的要求，这些模型基于大数据量的学习，可以提升模型的泛化能力，从而应用到我们正在解决的问题中。

9.5.2 预训练模型的三大核心技术

预训练模型的实现包括三大核心技术：通用的特征提取器、基于大规模训练数据的自监督学习以及对模型的学习过程进行微调即可。

1. 强大的特征提取器

以处理文本信息的 Transformer 网络为例，它提出自注意力（self-attention）机制，用于学习词与词之间的关系，编码其上下文信息，通过一个前馈网络经过非线性变化，输出综合了上下文特征的各个词的向量表示。每一层 Transformer 网络主要由 Multi-head self-attention 层（多头自注意力机制）和前馈网络层两个子层构成。Multi-head self-attention 会并行地执行多个不同参数的 self-attention，并将各个 self-attention 的结果拼接作为后续网络的输入。此后，可以得到包含当前上下文信息的各个词的表示，然后网络会将其输入前馈网络层以计算非线性层次的特征。

将 Transformer 引入预训练模型，离不开 self-attention 的发展，因为它一改 CNN 粗暴建模局部关键信息的思路，侧重建模元素之间的关系，于是让 Transformer 能够自动捕捉信息的关键和信息的交互，所以被称为注意力机制。它扩展了经典深度学习网络模型的两项重要任务：

（1）做到了以无时序的矩阵乘法为核心，矩阵乘法是 GPU 最擅长的地方，有了 Transformer，这一切运算就可以得到加速。

（2）由于 Transformer 的计算比较简单，神经网络的层数可以做得比较深。

2. 自监督学习

在预训练的模型中，自回归语言模型和自动编码器是最常用的自监督学习方法。其中，自回归语言模型旨在利用前面的词序列预测下个词的出现概率（语言模型）。自动编码器旨在对损坏的输入句子，比如遮掩了句子某个词或者打乱了词序等，重建原始数据。通过这些自监督学习手段可以实现学习单词的上下文相关表示的目标。

3. 微调技术

在做具体任务时，微调旨在利用其拥有的标注样本对预训练网络的参数进行调整。以我们使用基于 BERT（一种流行的预训练模型）为例来判断两个句子是否语义相同。输入的是两个句子，经过 BERT 得到每个句子的对应编码表示，可以简单地用预训练模型的第一个隐节点预测分类标记判断两个句子是同义句子的概率，同时需要额外加一个线性层和 softmax 计算得到分类标签的分布。预测损失可以反传给 BERT 再对网络进行微调，当然也可以针对具体任务设计一个新网络，把预训练的结果作为其输入。

总之，有了预训练模型，不仅可以在初期直接拿来用，更重要的是还无须担心多次训练带来调参的烦琐工作，取而代之的是进行一些学习率等参数的微调，便有可能得到最佳的模型。

9.5.3 用于语音识别的 WavML 预训练模型

已有研究表明，使用自监督预训练模型可以提升多种语音任务的性能。因此，本节以最新的 WavML 为例介绍该模型的结构，如图 9.27 所示。

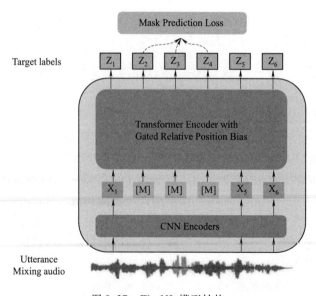

图 9.27　WavML 模型结构

通过图 9.27 可以看到，WavLM 模型包含一个卷积编码器（CNN encoder）和一个 Transformer 编码器（Transformer encoder）。其中，卷积编码器共有七层，每层包含一个时域卷积层、一个层规范化层和一个 ReLU 激活函数层。在 Transformer 编码器中，研究员们使用了门控相对位置编码（gated relative position bias），从而将相对位置引入了注意力网络的计算中，以便更好地对局部信息进行建模。

在训练中，WavLM 会随机地对输入的声波信号 wav 进行变换，例如：将两个 wav 进行混合，或者加入背景噪声。之后，再随机遮盖约 50% 的音频信号，并在输出端预测被遮盖位置所对应的标签。WavLM 沿用了 HuBERT 提出的思想，通过 Kmeans 方法将连续信号转换成离散标签，并将离散标签当作目标进行建模。形式化来讲，给定输入语音 X，首先抽取其分类标签 Y，之后对 X 进行加噪和掩码，生成 $\hat{X}$，而 Transformer 模型需要通过输入 X 来预测被掩码位置的标签 Y。

WavLM 使用了 94 000 小时英语语音进行了预训练，这是目前开源英文模型使用的最大规模的训练数据。来自于不同领域的大规模无监督语音数据有助于 WavLM 提高模型的鲁棒性。以往的研究大多只使用 LibriSpeech 和 LibriLight 数据集进行预训练，由于输入数据都是从有声读物中提取的，所以，限制了预训练模型的泛化能力。另外，电子书中的语音环境与真实场景中的有所不同，真实场景往往伴随着更多的噪声。

总结一下，WavLM 充分考虑了真实场景下录音数据中的噪声情况，于是其泛化能力得到极大地提升。

最后看一下预训练模型的发展趋势。

（1）未来预训练模型的规模会越来越大。最重要的体现是 Transformer 的层数变化，从 12 层的基础模型到 24 层的大模型。这样会导致整个模型的参数越来越大，比如 GPT 的参数量高达 1.1 亿个，到 GPT-2 则是 15 亿个，图灵是 170 亿个，甚至 GPT-3 的参数量更是达到了惊人的 1 750 亿个。一般而言模型大了，其能力一定会越来越强，但是训练代价也会随之增大。

（2）预训练方法也在不断增加，从自回归语言模型到自动编码的各种方法，以及各种多任务训练等。

（3）在解码器方面，将从语言、多语言到多模态不断演进。

本章小结

本章主要介绍了语音识别中常用的深度学习分类模型。得益于在大数据集上得到训练学习，这些模型的分类结果要比传统机器学习算法具有更大的优势。其中，CNN 是这些模型中的基础，也是核心，它的最大优势是能够很好地捕捉到图像数据中目标对象的平移不变性特征，基于这类特征完成的分类效果也是不错的；RNN 则更加擅长对时间序列的数据进行更好的刻画，这符合语音数据的特点，但 RNN 的缺点是会造成梯度消失和缺少长时依赖的问题；LSTM 的出现弥补了 RNN 的缺陷，可以看作是对 RNN 做出了少量的改进，以更好地解决时序数据为主的分类。另外，也有一些团队提供了预训练模型，这为初学者带来了福音，不仅省去了从头到尾搭建模型并调整大量参数的麻烦，更重要的是，无须为无法筹集大量训练数据集而担心。不过根据经验来看，预训练模型也不是万能的，还是自已搭建起来的网络会更加适应特定的数据集。

有人说，深度学习算法并不是完美的，由于需要已标注数据量的需求很高，深层次结构的模型的训练对 GPU 的高度依赖性，有人提出，深度学习似乎已迎来了瓶颈期。另外，它无法和人类依靠小数据量的推断和学习能力匹敌。尽管如此，不可否认的是，深度学习模型的发展确实让自动化语音识别的准确率提高了不少。为了达到完美的效果，代价是必须依靠更多 GPU 算力的支持，而这似乎只有大公司和大机构才具备这样的实力，一些小的机构和个人根本无法搭建复杂的网络模型。也许未来将有人打破这种僵局，或许完全是与神经网络不同的思路，也或许是 GPU 的价格不再昂贵。

至此，语音识别中常见的分类算法就介绍完了。下一章将通过完整的案例，展示如何利用传统机器学习算法搭建出系统，解决一个具体的语音识别问题。

第 10 章　搭建基于 GMM-HMM 模型的语音识别系统

前面的章节对语音识别中常见的算法进行了详细描述，然而无论一个算法设计得多么巧妙，如果不用于解决问题那也只能算是摆设或者实验室的产物。而实际生活中的问题常常十分复杂，往往需要融合多个算法，形成一个系统，才能实现自动化地解决问题。语音识别就是这样的实际问题。因此，本章将整合一系列算法，制定出一个可行的工作流程，进而搭建出一个具体的语音识别系统。

本章采用经典的 GMM-HMM 模型为主的算法，目的是搭建出一个能够识别若干英文单词的系统。具体地，首先介绍系统的分析和处理流程。然后按照流程中每个重要步骤，依次详细阐述整个系统的设计思想和实现过程。只要读者依次按照本章的每个流程走一遍，就一定可以搭建出一个真正的语音识别系统。

本章的写作主旨不仅有助于读者对经典算法进一步理解，更重要的是，读者能够领略到如何将若干算法组建成一个自动化的系统，从而解决具体的语音识别问题。

10.1　动手前的分析

在搭建一个语音识别系统之前，一般都需要经过初步的分析和设计。其主要目的是要定义出语音识别系统的任务，然后围绕该任务，尽可能地利用已有知识，给出一个可能的解决方案。本章的语音识别系统也不例外，下面将在任务分析的基础上，给出一个相对翔实的设计流程。

10.1.1　任务分析

为了尽可能地向读者展示前面章节中介绍的算法是如何应用于一个真正的语音识别系统，笔者打算从识别简单的英文单词的任务入手。也就是说，希望融合一系列算法搭建出一个系统，能够实现准确地识别出每个录音数据中包含的英文单词，并输出单词对应的文本。

注意，我们的想法是采用经典的 GMM-HMM 模型作为识别阶段的核心算法，该模型非常适合于小规模数据、单词序列为主的语音识别任务。最重要的是，其识别率往往也是比较可靠的。

基于上述任务分析的结果，可以确定出数据集的规模，以及核心算法的工作原理，接下来就可以搭建出一个基本的识别系统框架。

10.1.2　流程设计

基于上述任务分析，根据经验，笔者设计了一整套处理流程，这可以看作是实现识别英文单词系统的一个技术框架。具体流程如图 10.1 所示。

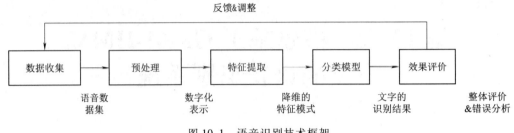

图 10.1　语音识别技术框架

观察图 10.1 可知，该系统包括五个主要的子处理任务。接下来，详细分解每个子任务的作用和意义。

（1）数据收集

采用的 GMM-HMM 模型是典型的机器学习算法，为了让算法自动化地识别出语音中的英文单词，前提是必须提前收集好一批语音数据，才能实现模型中参数的学习目标。通常情况下，数据的收集工作是寻找可用的公共数据集，这样既可以节省时间，也可以便于其他研究人员随时复现并检测算法的效果。

（2）预处理

预处理十分关键，这里将通过读取每个音频文件，首先获得语音信号的时间序列表示，进而基于这种语音序列的表示，经过快速傅里叶变换和短时傅里叶变换等处理，最终得到时频谱图的矩阵化表示。这一步的作用可以看作是读取原始录音文件，得到语音识别系统要分析的输入数据模式。

（3）特征提取

特征提取旨在将前一步产出的数据模式进一步提炼出低维度、高质量的数据特征，从而能够更好地描述不同单词的特性。这一步的关键是，特征计算的简便性，以及特征要具有可分辨性，也就是具备将不同类别的单词区别开的能力。

（4）分类模型

分类模型是通过对上一步提取的特征数据的分析，进一步应用分类模型，即 GMM-HMM，从而实现准确地计算和分类功能，最终输出每个录音中识别出对应的英文单词。因此，这一步可以是为了最终获得语音识别系统分析后，输出识别的最终结果。

（5）效果评价

值得注意的是，虽然上一步已经得出了结果，但是作为更严谨的科学研究，输出识别结果是远远不够的。机器学习模型或算法的重要意义是，能够被广泛地使用在更加通用的数据上，也就是将前一步已经建立好的模型，应用在未见过的语音数据上，从而获得更可靠的评价结果。另外，对于一些探索性的研究工作来说，这一步更重要的作用是给出反馈，从而促使我们去修正和调整前面的步骤，从而获得更好的识别结果。

有了上述技术框架，就可以按部就班地开展各项工作了。接下来，将针对框架中的每一项处理流程，阐述具体的设计和实践。

10.2　数据收集

为了更好地展示 GMM-HMM 模型是如何应用在语音识别系统中的，首先需要收集一批待识别的语音数据，因为数据是一切机器学习算法的根本。

本节将介绍数据集的获取方式，并做简单的数据特点分析，然后重点介绍如何利用代码对原始数据集进行处理，形成便于后续算法分析使用的矩阵形式的语音数据和文本格式的类别标签。

10.2.1　数据集初探

本章搭建的语音识别系统使用的数据集是从 Hakon Sandsmark 领导的谷歌开源项目中下载得到的，如果读者不方便访问该项目，本书也提供了相应的数据下载服务，可以从本书下载包中获取。

关于选择数据集的说明

首先，需要说明的是，我们准备的数据集是公开的，这样能保证百分之百地实现本章提到的所有算法。这符合最基本的科学再现原则。

其次，数据的内容是由英文单词组成的，不是会议演讲稿或电视剧剧本那样复杂的连续发音的句子。选择从简单数据开始的主要原因是，将重点聚焦在最小可行的系统算法的实践上，而不是为了解决生活中一个十分复杂的难题，因为那往往需要一个团队的努力，不是个人能够完成的。如果你真的需要解决实际生活中更复杂的语音识别问题，也是可以参考这里的算法并尝试进行改进，或者融合一些更加优秀的算法。

最后，本章的算法并不完全只针对我们收集的数据有效，推荐尝试自己收集的数据或获取其他公开来源的数据集，尝试探索本章的所有算法，也许能获得一些新的洞见。

在开始真正的算法实践之前，有必要进一步探索数据集的组成，这将对算法的实践有一些启发。经过初步探索可知，该数据集的组成和特点简要说明如下：

（1）整个数据集共有七种类型的单词，每种类型分别有 15 条录音，共计 105 条录音，对应着 105 个 wav 格式的文件。另外，关于对应的单词标签是直接在命名录音文件的名称中体现的。

（2）整个数据集来自单一说话者不同情景下的重复录音，环境是在实验室中录制的标准英文发音，这个特征告诉我们，只需要设计一些基础的特征，便能够满足区别不同类别和不同发音情景的单词。

（3）数据集中的数据是比较均衡的；从每种类型的单词数据的数量可知，每个类别的数量是均等的，也就是说，不存在某个类别的数据量很多而某个类别很少的情况。这也说明对算法的复杂度要求不是很高。

10.2.2　数据集的处理

数据集准备完毕，初步分析也做完了，接下来就到代码实践环节了。在进入正式的算法处理前，还要做一些数据方面的准备，目的是读取原始的语音数据，并最终将其保存成矩阵格式，便于后续的算法处理。同时，数据的类别标签也要单独保存，便于验证分类算法。

整个处理过程主要分为三步，下面依次实现。

（1）读取整个数据集所在目录，获取对应的类别标签，具体代码如下：

```
#读取数据集中的标签,注意,标签是存储在文件名中的
fpaths = []
labels = []
spoken = []
for f in os.listdir('audio'):
    for w in os.listdir('audio/' + f):
        fpaths.append('audio/' + f + '/' + w)
        labels.append(f)
        if f not in spoken:
            spoken.append(f)
print('Words spoken:', spoken)
```

（2）读取整个数据集中包含的标签，并保存到矩阵 all_ labels 中，具体代码如下：

```
from scipy.io import wavfile

data = np.zeros((len(fpaths), 32000))
maxsize = -1
for n,file in enumerate(fpaths):
    _,d = wavfile.read(file)
    data[n,:d.shape[0]] = d
    if d.shape[0] > maxsize:
        maxsize = d.shape[0]
data = data[:, :maxsize]

print('Number of files total:',data.shape[0])
all_labels = np.zeros(data.shape[0])
for n,l in enumerate(set(labels)):
    all_labels[np.array][i for i,_ in enumerate(labels) if_ == l])] = n

print('Labels and label indices',all_labels)
```

上述代码运行后的结果如下：

```
Number of files total: 105
Labels and label indices [6. 6. 6. 6. 6. 6. 6. 6. 6. 6. 6. 6. 6. 6. 6. 2. 2. 2. 2. 2. 2. 2. 2.
2. 2. 2. 2. 2. 2. 2. 4. 4. 4. 4. 4. 4. 4. 4. 4. 4. 4. 4. 4. 4. 4. 0. 0. 0.
0. 0. 0. 1. 1. 1. 1. 1. 1. 1. 1. 1. 1. 1. 1. 1. 1. 1. 3. 3. 3. 3. 3. 3. 3. 3. 3. 3. 3. 3. 3. 3. 3. 5
5. 5. 5. 5. 5. 5. 5. 5. 5. 5. 5. 5. 5. 5. ]
```

观察上述结果可知，如果直接顺序处理上述结果，对于要训练的学习算法来说是十分不利的。因为这些数据太整齐，会令算法过早地训练完毕，导致其无法泛化到复杂的情

况。因此，还应该多做一步，就是将这些数据打乱并随机分组，从而满足算法的训练、验证和测试。

（3）数据集的划分

这里采用混合后随机分组的方式，将 105 条数据分成三个集合：X_training、X_validation 和 X_test。其中，用于训练算法的 X_ training 包含 60 条数据，用于训练参数的 X_validation 包含 30 条数据，用于测试整体算法效果的 X_test 包含 15 条数据。

主要做法是定义一个 create_ lists()函数，通过向该函数传入两个参数，人为设定测试集（X_ testing）和验证集（X_ validation）的比例，其余的默认为训练集（X_ training）。为了做到随机分组，采用 random 库中的 randint()方法产生随机数的方法，为三个数据集合随机分配数据。具体代码如下：

```python
import glob
import os. path
import random
import numpy as np
#录音数据文件夹
INPUT_DATA = './audio_data'
#这个函数从数据文件夹中读取所有的录音列表并按训练、验证、测试数据分开
#testing_percentage 和 validation_percentage 指定了测试数据集和验证数据集的大小
def create_lists(testing_percentage,validation_percentage):
    result = {}
    #每个子目录表示一类单词,现在对每个类别划分训练集、测试集和验证集
    #sub_dirs[0]表示当前文件夹本身的地址,不予考虑,只考虑他的子目录(各个类别)
    for sub_dir in sub_dirs[1:]:
        #获取当前目录下所有的有效图片文件
        extensions = ['wav']
        #把文件存放在 file_list 列表里
        file_list = []
        #os. path. basename(sub_dir)返回 sub_sir 最后的文件名
        dir_name = os. path. basename(sub_dir)
        for extension in extensions:
            file_glob = os. path. join(INPUT_DATA,dir_name,'*. '+extension)
            #glob. glob(file_glob)获取指定目录下的所有录音文件,存放在 file_list 中
            file_list. extend(glob. glob(file_glob))
        if not file_list: continue
        #通过目录名获取类别的名称,返回将字符串中所有大写字符转换为小写后生成的字符串
        label_name = dir_name. lower()
        #初始化当前类别的训练数据集、测试数据集和验证数据集
        X_training = []
        X_testing = []
        X_validation = []
        for file_name in file_list:
            base_name = os. path. basename(file_name)
            #随机将数据分到训练数据集、测试数据集和验证数据集
            #产生一个随机数,最大值为 100
            chance =np. random. randint(100)
```

```
            if chance <validation_percentage:
validation_list. append(base_name)
elif chance < (testing_percentage+validation_percentage):
testing_list. append(base_name)
            else:
training_list. append(base_name)
    #将当前类别是数据放入结果字典
        result[label_name] ={'dir':dir_name,
                             'training':X_training,
                             'testing':X_testing,
                             'validation':X_validation}
    #返回整理好的所有数据
    return result
result =create_lists(15,30)
print(result)
```

完成了对数据集中录音文件的读取和标签文本的矩阵化，同时完成了数据集的分组。至此，搭建语音识别系统的前期准备工作已经就绪。

基于上述准备好的数据，将正式开始算法的分析工作，首先要介绍的是预处理。

10.3 预处理：数据的频域表示

预处理操作的主要任务是将上一步获得的时序数据变换到频域，从而能够提取出更有意义的频域信息，首先要借助短时傅里叶变换（STFT），得到信号的短时帧信号，然后将帧信号进一步表示成三维的时频谱图。

（1）短时傅里叶变换

具体地，基于前一步产生的语音输入数据，进行快速傅里叶变换（FFT）。为了实现这一变换，我们定义了一个 stft()函数，该函数接收两个输入参数，分别是：

- fftsize：FFT 变换时一个窗口内样本数量的设定，这里设定为 64，因为是针对词语的识别，因此长度较短。注意，这个参数值的大小将影响频率坐标的分辨率。
- overlap_pct：表示相邻窗口之间的重复率，这里设定为 0.5，表示有当前窗口有50% 的样本点与前一窗口是重复的。

傅里叶变换的具体代码如下：

```
#首先,数据变换
import scipy

def stft(x,fftsize =64, overlap_pct =0.5):
    hop = int(fftsize * (1 - overlap_pct))
    w =scipy. hanning(fftsize + 1)[:-1]
    raw =np. array([np. fft. rfft(w * x[i:i + fftsize]) for i in range(0, len(x) -
fftsize, hop)])
    return raw[:, :(fftsize // 2)]
```

为了清楚地展示 FFT 和 STFT 的关系，下面来看一个简单的例子。假设设定 fftsize =
10，ovlerlap = 0.5。这意味着如下的结果：

```
### 第一帧信号
STFT_X[0, :] = FFT(X[0:9])
### 第二帧信号
STFT_X[1, :] = FFT(X[5:14])
### 第三帧信号
STFT_X[2, :] = FFT(X[10:19])
```

由上述代码可知，对 10 个样本做 FFT 变换后，对应着 STFT 的一帧信号。由于规定了
傅里叶变换中窗口的大小，因此，FFT 接收的数据开始索引值间隔值为 5，每一次取 10 个
样本，依此类推。

（2）绘制时频谱图

绘制时频谱图的主要思想是将前一步的时间序列信号转化成频率箱和时间帧的二维信
号。具体实践过程是利用前一步的 STFT 变换后的数据转化到 log 空间，得到符合人耳听力
特征的梅尔（Mel）空间。具体代码如下：

```
###时频谱图绘制
import matplotlib.pyplot as plt
plt.plot(data[0,:],color = 'blue')
plt.title('波形图' % labels[0])
plt.xlim(0,3500)
plt.xlabel('Time(samples)')
plt.ylabel('Amplitude')
plt.figure()

###绘制每个单词的时频谱图
lot_freq = 20 * np.log(np.abs(stft(data[0,:])) + 1)
print(log_freq.shape)
plt.imshow(log_freq, cmap = 'gray', interpolatioin = None)
plt.xlabel('Freqency bin')
plt.ylabel('Time (overlapped frames)')
plt.ylim(log_freq.shape[1])
plt.title('PSD of % s example'% labels[0])
```

上述代码运行的最终结果是每个音频数据都被表示成三维时频图形的形式（见
图 10.3）。下面来拆解一下整个过程，图 10.2 是由音频数据生成的时序表示，其中横坐标是
表示时间变换的样本数量（Time），纵坐标是样本数据的幅值（Amplitude），如果放大去看，
该波形图表示样本的幅度值随着时间的变化上下波动。然后，该时序数据经过 STFT 变换后，
最终得到的是图 10.3 所示的时频谱图，其中横坐标表示频率箱（Frequency bin），纵坐标表
示有一定覆盖率的帧转化的时间（Time），图像中每个灰度像素点对应的值，称为灰度值
（Intensity）。

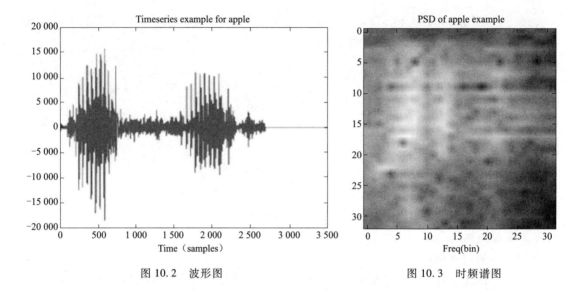

图 10.2 波形图   图 10.3 时频谱图

需要特别指出的是，由于我们已知数据集是在安静的实验室环境下录制的，所以认为数据的质量是十分可靠的，因此，预处理的去噪处理被省略了。另外，每条录音数据都对应着一个单词，要处理的也是以每条完整数据为单位的模式识别，因此，对于端点的检测算法也是没有必要的。

接下来，基于上述三维时频图的表示，就可以去计算特征向量了。

10.4 特征提取：频率峰值的计算

许多现代语音识别系统提出要计算大量特征去描述声音的时频信号，为此，人们甚至提出了定制化特征的概念。然而，近年来随着深度学习技术的不断进步，最新的语音识别系统已经开始通过搭建深度神经网络来获取更丰富的特征。这里为了展示一个可实现的语音识别系统，选择计算预先定制的特征。

在本章的语音识别系统中，将频率峰值描述单词语音信号的特征。采用这种特征的原因是，语音信号的频率是十分重要的信息，而这里提到的频率峰值是通过计算局部频率的最大值，而不是全局最大值。实验证明，这种局部的特征往往能够更好地描述语音数据。

接下来，为了计算每帧信号的频率峰值，设计了一个算法，其主要思想是通过滑动窗口的移动去检测峰值，算法的主要步骤如下：

（1）创建一个长度为 X 的数据窗口，在本算法中，$X = 9$。也可以修改这个参数，因为它是一个可以调节和训练的参数。

（2）将上述窗口分解为左、中、右三个小窗口。对于含有几个样本数据，窗口就是 LLLCCCRRR。

（3）针对窗口中的每个部分，应用最大值的函数。

（4）作判断：当中间部分的数据大于左边部分或右部分的数据时，继续判断，并跳转到下一步；否则，就直接跳转到第 6 步。

（5）作判断：当中间部分的数据就是最大值时，那么就认为这就是峰值，需要标记一下。并继续寻找。否则跳转到下一步。

（6）将窗口移动一步，并重复前面的第 2 ~ 5 步。例如，第一轮 data[0：9]，第二轮就是 data[1：10]。

（7）直到所有的样本数据都遍历完成，将产生许多峰值，将这些峰值按照幅度值排序，选出排名前 *N* 个峰值作为特征向量。对于这里的数据，我们认为 $N = 6$ 比较合适。

由于上述算法的计算步骤实现代码量较大，接下来将拆分为三段来展示。

（1）峰值检测算法的定义；

（2）将峰值算法应用于一条数据，查看提取特征的效果；

（3）对所有数据的峰值检测算法的应用，以对每条数据提取特征。

下面来看一下具体的代码实现。

（1）peakfind() 函数实现峰值检测算法，具体代码如下：

```
###每帧信号的频率峰值检测代码
from numpy.lib.stride_tricks import as_strided

def peakfind(x, n_peaks, l_size = 3, r_size = 3, c_size = 3, f = np.mean):
    win_size = l_size + r_size + c_size
    shape = x.shape[:-1] + (x.shape[-1] - win_size +1, win_size)
    strides = x.strides + (x.strides[-1],)
    xs = as_stride(x, shape = shape, strides = strides)
    def is_peak(x):
        centered = (np.argmax(x) == l_size + int(c_size/2))
        l = x[:l_size]
        c = x[l_size:l_size + c_size]
        r = x[-r_size:]
        passes = np.max(c) > np.max([f(1), f(r)])
        if centered and passes:
            returnnp.max(c)
        else:
            return -1
    r = np.apply_along_axis(is_peak, 1, xs)
    top = np.argsort(r, None)[::-1]
    heights = r[top[]:n_peaks]
    top[top > -1] = top[top > -1] +l_size + int(c_size / 2.)
    return heights, top[:n_peaks]
```

（2）为了获得直观的效果，将上述算法应用于预处理后的数据，并以图形化的方式展示。具体代码如下：

```
plot_data = np.abs(stft(data[20, :]))[15,:]
values, locs = peakfind(plot_data, n_peaks = 6)
fp = locs[values > -1]
fv = values[values > -1]
plt.plot(plot_data, color = 'blue')
plt.plot(fp, fv, 'x', color = 'red')
plt.title('Peak location example')
plt.xlabel('Frequency bins')
plt.ylabel('Amplitude')
```

上述代码运行之后，将绘制出图 10.4 所示的结果。

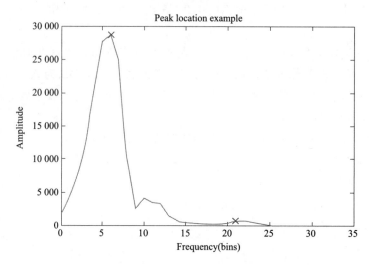

图 10.4　频率峰值特征示意图

由图 10.4 可以看出，这个峰值检测算法比较好地描述了单词数据，但是我们也不能承认它是最佳算法。需要特别注意的是，影响该算法效果的一个因素是 FFT 的长度参数，这里对于 64 个样本数据进行 FFT 变换时，峰值检测的窗口大小设定为 9 是合适的。如果其他更大的样本数据可能会造成不好的效果，这个推荐读者自行尝试。

（3）完整数据的分批峰值检测。

前面只是对一组样本数据，比如对 10 个样本数据进行了峰值计算。而对于整个录音数据，要采用分批处理，实现代码如下：

```python
all_obs = []
for i in range(data.shape[0]):
    d = np.abs(stft(data[i, :]))
    n_dim = 6
    obs = np.zeros((n_dim, d.shape[0]))
    for r in range(d.shape[0]):
        _, t = peakfind(d[r, :], n_peaks = n_dim)
        obs[:, r] = t.copy()
    if i % 10 == 0:
        print("Processedobs % s" % i)
    all_obs.append(obs)

all_obs = np.atleast_3d(all_obs)
```

上述代码的运行结果如下：

```
Processedobs 0
Processedobs 10
Processedobs 20
Processedobs 30
```

```
Processedobs 40
Processedobs 50
Processedobs 60
Processedobs 70
Processedobs 80
Processedobs 90
Processedobs 100
```

可以看到，如果按照目前的设置，那么每个录音数据大概也就只需要进行 10 轮检测，便可以得到一个完整的特征向量。有了这个特征向量，就可以极大地简化对录音数据的表示，同时，也将作为下一步分类算法的输入数据，用于辨别不同类别的单词。

10.5　分类模型：GMM-HMM

第 8 章提到 GMM-HMM 模型是语音识别中十分经典的分类模型，其优点是能够很好地刻画随时间变化的特征数据，比如语音数据。这里再强调一下，该模型的核心思想如下：

（1）为了描述语音数据的序列特性，采用以状态（state）为单位，以及利用 $P(S/O)$ 的概率表示依据先验观察数据（O），计算当前状态（S）的概率。注意，假定状态的概率分布是符合高斯分布的，因此，这一步将利用 GMM 完成概率建模。

（2）一般来说，每一条语音记录都可以表示为若干状态转移的矩阵，因此，算法实现的关键是为了确定不同状态之间转移的概率。

（3）确定状态转移概率的方法是前向—后向搜索算法。

（4）利用 Baum-Welch 算法可以完成对 HMM 的训练，Baum-Welch 是为了将特征数据转化为不同概率的状态序列。

由于 GMM-HMM 模型比较复杂，对应的代码量也比较大，所以采用建立类（class）的方式，在类内部通过定义大量函数封装模型中要用到的重要功能，这样应用时就可以更加方便。

注意，这里需要确保已经安装了 scipy 0.14 以上的库，从而保证多变量正态密度函数的统计方法是可以顺利执行的。

接下来，分段展示 GMM-HMM 模型的实践代码。

（1）创建一个名为 gmmhmm 的类，并定义好初始化函数 init，在该函数内部定义好后面函数中要用到的一些重要参数，也就是 GMM-HMM 模型中涉及的重要参数；实现代码如下：

```
###gmm - hmm 1
import scipy. stats as st
import numpy as np

clas sgmmhmm:
    def __init__(self, n_states):
        self. n_states = n_states
        self. random_state = np. random. RandomState(0)
```

```
            self. prior = self. _normalize(self. random_state. rand(self. n_states, 1))
            self. A = self. _stochasticize(self. random_state. rand(self. n_states, self. n_
states))
            self. mu = None
            self. covs = None
            self. n_dims = None
```

（2）这一部分是 GMM-HMM 模型实现分类的关键。我们细致梳理一下基本的实现步骤。

首要任务是将特征用混合高斯模型进行模拟，主要通过 forward()函数和 backword()函数实现，而 state_likelihood()函数则是为了计算概率的分布。这三个函数可以看作是用 GMM 模型产出从帧状态的数据到状态的输出概率分布。接着，为了便于做统计分析，GMM 得出的特征结果要做均值和方差的归一化处理。由于 HMM 模型中有一些隐藏层的参数需要训练，因此，接下来为了将语音数据的特征向量对应到状态转移矩阵表示的音素，这一步主要通过 fit()函数实现。为了实现音素到单词的一一映射，采用迭代搜索的 Baum-Welch 算法，具体实现函数是 em_step()。最后，transform()函数的作用是针对不同输入数据的类型，统一转化成 GMM 模型接受的状态表示序列，这可以看作是数据的批量化处理。

接下来将介绍七个函数并通过代码描述一下它们的实现。

①forward()函数是为了实现 HMM 模型中前向搜索的功能，具体代码如下：

```
###gmm - hmm 1
    def forward(self, B):
log_likelihood = 0.0
        T = B. shape[1]
        alpha = np. zeros(B. shape)
        for t in range(T):
            if t = = 0:
                alpha[:,t] = B[:,t] * self. prior. ravel()
            else:
                alpha[:,t] = B[:,t] * np. dot(self. A. T, alpha[:, t-1])

            alpha_sum = np. sum(alpha[:,t])
            alpha[:,t] / = alpha_sum
            log_likelihood = log_likelihood + np. log(alpha_sum)
        return log_likelihood, alpha
```

②backward()函数是为了实现 HMM 模型中后向搜索的功能，具体代码如下：

```
###gmm - hmm 2
  def backward(self, B):
        log_likclihood = 0.0
        T = B. shape[1]
        alpha = np. zeros(B. shape)
        for t in range(T):
            if t = = 0:
                alpha[:,t] = B[:,t] * self. prior. ravel()
            else:
```

```
        alpha[:,t] = B[:,t] * np.dot(self.A.T, alpha[:, t-1])

        alpha_sum = np.sum(alpha[:,t])
        alpha[:,t] /= alpha_sum
        log_likelihood = log_likelihood + np.log(alpha_sum)
    return log_likelihood, alpha
```

③state_likelihood()函数则是为了计算每个状态存在的可能性，即概率分布。具体代码如下：

```
###gmm - hmm 3
def_state_likelihood(self, obs):
    obs = np.atleast_2d(obs)
    B = np.zeros((self.n_states, obs.shape[1]))
    for s in range(self.n_states):
        #Needs scipy 0.14
        np.random.seed(self.random_state.randint(1))
        B[s, :] = st.multivariate_normal.pdf(
            obs.T, mean = self.mu[:, s].T, cov = self.covs[:, :, s].T)
    return B
```

④下面的代码是一系列统计工作，包括用于正则化处理的 normalize()函数、随机过程的计算函数 stochasticize()，以及针对每个小批量数据的均值和方差统计的 em_init()函数。

```
###gmm - hmm 4
    def_normalize(self, x):
        return (x + (x == 0)) /np.sum(x)

    def_stochasticize(self, x):
        return (x + (x == 0)) /np.sum(x, axis =1)

    def_em_init(self, obs):

        if self.n_dims is None:
            self.n_dims = obs.shape[0]
        if self.mu is None:
            subset = self.random_state.choice(np.arange(self.n_dims), size =
self.n_states, replace =False)
            self.mu = obs[:, subset]
        if self.covs is None:
            self.covs = np.zeros((self.n_dims, self.n_dims, self.n_states))
            self.covs += np.diag(np.diag(np.cov(obs)))[:, :, None]
        return self
```

⑤em_ step()函数十分重要，它是训练 HMM 的关键，其实现思想是实现 Baum-Welch 算法。具体代码如下：

```
###gmm - hmm 5.1
def_em_step(self, obs):
```

```
        obs = np.atleast_2d(obs)
        B = self._state_likelihood(obs)
        T = obs.shape[1]

        log_likelihood, alpha = self._forward(B)
        beta = self._backward(B)

        xi_sum = np.zeros((self.n_states, self.n_states))
        gamma = np.zeros((self.n_states, T))
        for t in range(T - 1):
            partial_sum = self.A * np.dot(alpha[:, t], (beta[:, t] * B[:, t + 1]).T)
            xi_sum += self._normalize(partial_sum)
            partial_g = alpha[:, t] * beta[:, t]
            gamma[:, t] = self._normalize(partial_g)

        partial_g = alpha[:, -1] * beta[:, -1]
        gamma[:, -1] = self._normalize(partial_g)

        expected_prior = gamma[:, 0]
        expected_A = self._stochasticize(xi_sum)

        expected_mu = np.zeros((self.n_dims, self.n_states))
        expected_covs = np.zeros((self.n_dims, self.n_dims, self.n_states))

        gamma_state_sum = np.sum(gamma, axis=1)
###gmm - hmm 5.2
        #Set zeros to 1 before dividing
        gamma_state_sum = gamma_state_sum + (gamma_state_sum == 0)
        for s in range(self.n_states):
            gamma_obs = obs * gamma[s, :]
            expected_mu[:, s] = np.sum(gamma_obs, axis=1) / gamma_state_sum[s]
            partial_covs = np.dot(gamma_obs, obs.T) / gamma_state_sum[s] - np.dot
(expected_mu[:, s], expected_mu[:, s].T)
            #Symmetrize
            partial_covs = np.triu(partial_covs) + np.triu(partial_covs).T - np.diag
(partial_covs)

            #Ensure positive semidefinite by adding diagonal loading
            expected_covs += .01 * np.eye(self.n_dims)[:, :, None]

        self.prior = expected_prior
        self.mu = expected_mu
        self.covs = expected_covs
        self.A = expected_A
        return log_likelihood
```

⑥fit()函数是对 HMM 模型的训练，该函数允许接受单个或批量的录音数据，以及获取到的特征向量作为输入，并规定了学习迭代次数的初始值为 15，最终输出该数据对应的状

态转移矩阵。

注意：这里的迭代次数 n_iter 是可以修改的，建议读者自行尝试。

```
###gmm - hmm 6
    def fit(self,obs, n_iter =15):
        if len(obs. shape) = = 2:
            for i in range(n_iter):
                self. _em_init(obs)
                log_likelihood = self. _em_step(obs)
        eliflen(obs. shape) = = 3:
            count = obs. shape[0]
            for n in range(count):
                for i in range(n_iter):
                    self. _em_init(obs[n, :, :])
                    log_likelihood = self. _em_step(obs[n, :, :])
        return self
```

⑦transform()函数的作用是针对不同的输入数据的类型，统一转化成 GMM 模型接受的状态表示序列。具体代码如下：

```
###gmm - hmm 7
def transform(self,obs):
        #Support for 2D and 3D arrays
        #2D should be n_features, n_dims
        #3D should be n_examples, n_features, n_dims
        #For example, with 6 features per speech segment, 105 different words
        #this array should be size
        #(105, 6, X) where X is the number of frames with features extracted
        #For a single example file, the array should be size (6, X)
        if len(obs. shape) = = 2:
            B = self. _state_likelihood(obs)
            log_likelihood, _ = self. _forward(B)
            return log_likelihood
        elif len(obs. shape) = = 3:
            count = obs. shape[0]
            out = np. zeros((count,))
            for n in range(count):
                B = self. _state_likelihood(obs[n, :, :])
                log_likelihood, _ = self. _forward(B)
                out[n] = log_likelihood
            return out
```

（3）模型应用

基于上述 GMM-HMM 模型的类建立好以后，最后一步就是将该模型应用到验证数据集上，实现代码如下：

```
### GMM - HMM 模型的应用
if __name__ = = "__main__":
```

```
rstate = np.random.RandomState(0)
    t1 = np.ones((4, 40)) + .001 * rstate.rand(4, 40)
    t1 /= t1.sum(axis = 0)
    t2 = rstate.rand(* t1.shape)
    t2 /= t2.sum(axis = 0)

    m1  = gmmhmm(2)
    m1.fit(t1)
    m2  = gmmhmm(2)
    m2.fit(t2)

    m1t1 = m1.transform(t1)
    m2t1 = m2.transform(t1)
    print("Likelihoods for validation set 1")
    print("M1:", m1t1)
    print("M2:", m2t1)
    print("Prediction for validation set 1")
    print("Model",np.argmax([m1t1, m2t1]) + 1)
    print()

    m1t2 = m1.transform(t2)
    m2t2 = m2.transform(t2)
    print("Likelihoods for validation set 2")
    print("M1:", m1t2)
    print("M2:", m2t2)
    print("Prediction for validation set 2")
    print("Model",np.argmax([m1t2, m2t2]) + 1)
```

上述代码运行后的结果为：

```
Prediction for validation set 1
M1: 221.388285751
M2: 165.272802308
Prediction for validation set 1
Model 1

Prediction for validation set 2
M1: 33.1945942149
M2: 59.1527475305
Prediction for validation set 2
Model 2
```

分析上述结果可知，对于第一个验证集的数据来说，Model 1 意味着其识别结果为第一个单词类型，而对丁第二个验证集数据来说，则对应着第二个单词类型；然后经过人工核实后发现，这些预测完全正确。

至此，说明该模型训练得比较成功，可以应用于测试数据集，做进一步的评判。

10.6　结果分析与算法评价

为了对上述算法搭建的语音识别系统的效果做出合理的评价，通常还应该至少做如下两项工作：

（1）将设计好的系统应用于未见过的测试数据集，从而得到最终的识别准确率的统计。

这项工作十分重要，因为前文只是将 GMM-HMM 模型应用在训练集和验证集上。其中训练集是为了帮助算法更好的学习，而验证集更多的则是进行应用并给出反馈。这样进行多轮的学习，才能最终找到可能的最佳参数，这时可以说设计的算法得到了较好的效果。

然而，这只是相当于模型的训练基本完成了，如果要更加客观地检测真正的效果，更有效的做法应该是将训练好的模型应用于未见过的测试集上，这样才能说明该算法的真实有效性。这一步评价通常是该系统泛化的一个标准动作，因为期望的语音识别系统一定是完全自动化地执行任务的，而不应该再有人为干预的训练过程。一般来说，通过这一步得到的评价结果才有可能更加接近算法投入真实生产中的使用效果。

另外，只有完成了该项工作，才具备了和其他同类型算法进行比较的资格。因为大家的训练过程中会设计出完全不同的算法，如何知道哪个算法更优秀，则必须在同一批未见过的数据上完成检测，最终得出的结果才具有可比性，即哲学意义上的可证伪性。这样做的一个好处是任何算法的好坏都不以个人的意志为主，比如，某个人说他设计的算法十分优秀，准确率很好就可以了，更科学的做法应该是需要得到同行的评价和检测，这才具有说服力。

（2）进行内部评价，试图定位出错的原因，从而有助于进一步完善算法。

任何一个算法都不可能一步到位，也就是说，第一次就取得令人十分满意的效果是极少见的。实际上，往往是令人崩溃的场景更多一些，而这也是研究人员的价值所在，只有通过精心研究，不断调整参数或者采取其他措施，才能提升算法的准确度和有效性。所以，这一步是为了发现问题而做的评价。考虑到 GMM-HMM 模型其实是属于有监督的分类任务，因此，采用的是混淆矩阵来完成这一步。

10.6.1　测试效果的统计

为了得到所搭建识别系统的整体效果，这里主要做了以下工作：

（1）直接将上一步训练好的 gmmhmm 的参数 6 代入，输出一个训练好的识别模型 ms。

（2）将模型 ms 应用到测试训练集 X_test 上，这样就可以将得到的预测结果与真实的标签数据进行比较。

（3）统计准确率。采用百分比的方式，通过计算识别错误结果的平均值，从而得到一个两位小数的准确率。

具体代码实现过程如下：

```
###测试数据集上的识别率的统计
ys = set(all_labels)
```

```
ms = [gmmhmm(6) for y in ys]
_= [m.fit(X_train[y_train == y, :, :]) for m,y in zip(ms,ys)]
ps = [m.transform(X_test) for m in ms]
res = np.vstack(ps)
predicted_labels = np.argmax(res, axis = 0)
missed = (predicted_labels != y_test)
print('Test accuracy: %.2f percent' % (100 * (1 - np.mean(missed))))
```

上述代码执行后，得出的最终的结果是：

```
Test accuracy: 71.43%
```

这个结果并不意外，不算太好，也不算太坏。虽然不像我们想象的那样应该是 90% 以上。然而，要知道这里采用的都是比较原始版本的算法实现，说明它可以改进和完善的空间很大，比如可以换成其他的特征提取算法。另外，在识别阶段，GMM-HMM 分类器的参数是不是还可以继续进行更多轮训练学习，甚至还可以尝试增加数据量。无论采用哪种方式，这都应该是需要多多尝试，这个任务就交由读者去实现了。

10.6.2　分类结果的分析

前面已经讲过多次，虽然是在做识别任务，但是使用的是 GMM-HMM 模型，实际上是在做有监督的分类任务。也就是说，其识别结果不会跳出已知的单词标签数据，每一次分析都会产生已知的英文单词。如果结果不理想，肯定是错误地将个单词类别与其他单词类别没有很好地区分开。为了一探究竟，这里采用统计混淆矩阵的方式，定位可能的问题所在。

所做的工作如下：

（1）利用真实的标签和测试集输出的标签，搭建混淆矩阵。其中，矩阵的行对应着真实标签集，而列则对应着训练模型预测的结果集。

（2）为了看出分类效果，采用绘图的方式显示出来。考虑到横向显示时，单词的显示位置有限，所以只截取了单词的前两位进行显示。

具体实现代码如下：

```
###分类结果的评判 – 混淆矩阵
from sklearn.metrics import confusion_matrix
cm = confusion_matrix(y_test, predicted_labels)
plt.matshow(cm, cmap = 'gray')
ax = plt.gca()
_= ax.set_xticklabels([" "] + [l[:2] for l in spoken])
_= ax.set_yticklabels([" "] + spoken)
plt.title('Confustion Matrix, single speaker')
plt.ylabel('True label')
plt.xlabel('Predicted label')
```

上述代码执行后的结果如图 10.5 所示。

下面来观察和分析一下图 10.5 中的分类结果。

（1）单词 apple、lime、orange、peach 的分类准确率是 100%，这是最好的情况。

（2）单词 banana 被错误地分类到 peach。

（3）单词 kiwi 也出现了错误，被错误地分类为 apple。

（4）让人匪夷所思的是，虽然 pineapple 和 apple 都有 apple 这个单词，但是两个单词的长度明显不一样，如果是人为去做分类，肯定不会出现这样的失误，但是算法却做出了错误归类。

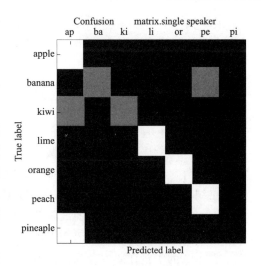

图 10.5　混淆矩阵的结果

基于上述结果的分析，可以尝试从两个方面着手改进目前的算法：

（1）增加特征提取算法的复杂性，比如引入更多特征，从而改进频率峰值特征的可辨别性，解决 banana 和 kiwi 识别错误的问题。

（2）将持续时间作为一个分类标准的测量维度，这样可以很好地区分 apple 和 pineapple。

总之，经过混淆矩阵的分析，是有可能更好地改进已有算法的表现的。但是，有时让人沮丧的是，可能解决了这一次的问题，却引出了新的错误。所以，算法研究人员就是在不断的权衡，从而试图找到一个性能最优越，但不一定能保证对所有数据都百分之百准确的算法。对于研究人员来说，这既是一种无奈，也是其工作价值的体现。

本章小结

本章从搭建一个语音识别系统的工作流程开始，一步一步地展示每个阶段中算法是如何设计与实现，从而完成识别任务中具体的分析工作。本章搭建的语音识别系统的目标并不难，仅仅是为了识别出单人录制的若干英文单词。所以，在实践中，采用的算法并不是最优的，也不是最新的，但是它是最可行的。这样做有一个好处，就是对读者的计算机的配置要求不高，只要具备基本的 Python 环境并安装了所需的工具包，便可以很轻松地实现算法，跑通所有流程。

希望通过本章介绍的英文单词识别任务，阐述清楚经典的 GMM-HMM 模型和其他算法之间的联系，以及这些算法在语音识别任务中的作用，从而启发读者今后的工作和学习。希望这样可以帮助读者做到对语音识别的算法不仅知其然，更要知其所以然。更为重要的是，帮读者树立算法落地的意识，也就是理解如何将算法落实到解决具体的任务，从而实现理论与实践的真正结合。

下一章，将介绍如何通过搭建一个深度学习框架，解决更复杂的语音识别问题。

第 11 章　搭建基于 LSTM 模型的语音分类系统

如第 9 章所述，深度学习模型近年来在人工智能各个领域都有着广泛的应用，语音识别也不例外。与第 10 章介绍的传统机器学习模型相比，深度学习模型搭建出的多层次神经网络结构，可以更好地挖掘出语音数据的多层次特征。同时，基于大样本数据的学习，还能大幅提升语音识别系统的准确率。因此，在本书的最后，将通过一个具体的案例，阐述深度学习模型是如何用于语音识别的。

在本章的实践任务中，将以经典的 LSTM 模型为核心搭建一个语音分类系统，通过接收若干英文短语的语音数据作为输入，通过模型的处理和分析，最终输出短语对应的类别。该模型采用自监督学习的方式，用较少的带标签的训练数据得到出色的效果。

11.1　初期分析

在正式搭建一个语音识别系统之前，先对本案例进行初步分析，目的是定义语音识别系统的任务，确定完成本案例任务的具体实现思想，并基于此搭建系统的处理流程。

11.1.1　目标和实现思想

为了展示深度学习模型在语音识别中的作用，本章要解决的问题是关于真人和机器发音的语音分类，待处理的音频文件要么是来自真人录制的一句话，要么是机器合成的一句话。本案例旨在搭建一套以深度神经网络模型为主的算法，能够准确地区分真人发音和机器发音。

具体实现的思想是采用双向 LSTM 模型作为分类阶段的核心算法，该模型非常适合于描述具有时序特点的语音数据，并且能够取得较好的识别率。

11.1.2　基本处理流程

基于上述任务分析，这里先介绍模型的处理流程，该流程可以看作是实现语音分类的一个技术框架；具体流程如图 11.1 所示。

图 11.1　语音分类技术框架

观察图 11.1 可知，该系统的实现流程包括五个主要子任务。接下来，详细分解每个子任务的作用和意义。

（1）读取音频文件和标签

本案例中的数据集是提前准备好的音频文件，主要包括 20 段英文短语组成的录音。

这些录音要么是通过人工提前录制的，要么是通过在线算法合成的。由于本案例的目标是对这些录音进行二分类，因此，标签文件没有单独提供，而是在代码中通过变量赋值的方式实现的。

需要特别注意的是，由于人工录制的环境也是相对安静的，默认不存在噪声影响。因此，与常规的处理流程相比，这里省略了去噪的步骤。

（2）提取 MFCC 特征

本案例采用最为原始的 MFCC 特征描述每个语音文件，由于每个录音的发音差别较大，还要对 MFCC 的值做归一化处理。因此，这一步可以看作是预处理和特征提取的工作一起完成，最终的结果是将每一个音频文件表示成由多维特征向量组成的张量。

注意，这里采用张量是为了便于 TensorFlow 的处理。

（3）构建双向 LSTM 模型

借助 TensorFlow 的接口，可以轻松实现一个两层的 LSTM 模型。具体是通过对每一层 cell 的数量、连接方式、损失函数、激活函数等设定来实现。

（4）模型训练

在这一步中，通过对构建的双向 LSTM 模型进行训练，确定出一个最佳模型，目的是通过将初步搭建的模型在训练数据集上完成训练学习，直到损失函数得到收敛，就可以停止训练。同时导出模型相关的信息，具体包括权重和偏置的值。

（5）二分类

这一步聚焦于测试，将训练好的模型做一个检验，看看是否真的可以将数据准确地分成两个不同的类别，从而区别真人的发声和机器合成的发音。

有了上述技术框架，就可以按部就班地开展各项工作了。接下来将针对框架中的每一项处理流程，阐述具体的代码实践。

11.2　安装必要的 Python 库

本章的案例是在 Windows 10 系统下运行，采用开源机器学习框架 TensorFlow 2.0 为主，Python 语言的版本是 3.9；基于以上运行环境，还需要用到 librosa、sklearn、scipy 和 python_speech_features 等 Python 库。为了保证后续的代码能够跑通，请务必确认上述库都已安装成功。

针对以上这些必要的库，需要特别说明的是，关于 LSTM 模型的定义主要是通过 TensorFlow 的接口定义的，所以它是基础库。另外，虽然前面的章节介绍过，Librosa 库能够很好地读取音频文件，并计算 MFCC 特征；但是在本案例中，要批量计算多个 MFCC 特征，这样的场景下还是利用第三方已写好的 python_speech_features 会更好一些。

导入必要包的具体代码如下：

```
###导入必要的包
import time
import tensorflow.compat.v1 as tf1
import tensorflow as tf
```

```
from pylab import*
import os
from sklearn.preprocessing import MinMaxScaler
import scipy.io.wavfile as wav
impor tlibrosa
from python_speech_features import mfcc
tf1.disable_eager_execution()
```

以上代码在 Jupyter Notebook 中运行一下，如果不报错，就说明所有包都导入正确了。

11.3　读取音频文件和标签

在前文关于基本流程的介绍中，已经了解了读取数据的基本思路，这里单刀直入，分析一下具体数据的组成和特点。

（1）整个数据集一共有两种类型的发音，每种类型分别有 10 条录音，共计 20 个录音，且均为 wav 格式的文件。

（2）录音的内容都是不同的，其中，真人录音是来自一个人读的一段话，被分割成不同的片段。而机器合成的录音的内容也都不相同，长度也不相同。

（3）从每种类型的单词数据的数量可知，两类数据是比较均衡的；这说明对算法的复杂度要求不是很高。

接下来看一下具体的操作，读取数据的工作需要分两步来完成。

（1）读取整个数据集所在的目录，实现代码如下：

```
#  训练数据的文件夹
file_path = r'audio\train'
#  路径拼接
data = [os.path.join(file path,i) for i in os.listdir(file_path)]
print(data)
```

执行上述代码，可以输出音频文件的目录，结果如下：

```
['audio\\train\\m0.wav', 'audio\\train\\m1.wav', 'audio\\train\\m2.wav', 'audio\\
train\\m3.wav', 'audio\\train\\m4.wav', 'audio\\train\\m5.wav', 'audio\\train\\m6.wav
', 'audio\\train\\m7.wav', 'audio\\train\\m8.wav', 'audio\\train\\m9.wav', 'audio\\
train\\r0.wav', 'audio\\train\\r1.wav', 'audio\\train\\r2.wav', 'audio\\train\\r3.wav
', 'audio\\train\\r4.wav', 'audio\\train\\r5.wav', 'audio\\train\\r6.wav', 'audio\\
train\\r7.wav', 'audio\\train\\r8.wav', 'audio\\train\\r9.wav']
```

（2）读取所有音频文件对应的分类标签，这里将机器合成的语音表示为 1，真人发音为 0，于是对应着下面的语音文件标签，这里采用变量定义的方式指定，具体代码如下：

```
#定义每个文件的标签
label = [[1],[1],[1],[1],[1],[1],[1],[1],[1],[1],
         [0],[0],[0],[0],[0],[0],[0],[0],[0],[0]]
print(label)
```

基于以上读取的数据，接下来，将通过特征提取得到语音数据的稀疏化表示。

11.4　提取 MFCC 特征

本案例中，采用最基本的 13 维 MFCC 特征描述每个音频信号中的一帧。采用该特征的好处是可以直接借助已有的接口实现。另外，实践证明，该特征能够更好地描述语音数据。本案例中的特征提取主要分为以下四个步骤。

（1）wav_read_mfcc()函数实现对每一个音频文件，计算出一组 MFCC 特征，具体代码如下：

```
#计算每个文件的 MFCC 特征
def_wav_read_mfcc(file_name):
    try:
        fs, audio = wav. read(file_name)
        processed_audio = mfcc(audio, samplerate = fs, nfft = 2048)
    exceptValueError:
        audio, fs = librosa. load(file_name)
        processed_audio = mfcc(audio, samplerate = fs, nfft = 2048)
    return processed_audio
```

在以上代码中，由于不同格式的 wav 文件读取的方式不同，这里提供了 wav. read()和 librosa. load()两种方式来获取音频文件；然后对读取到的音频数据 audio 进行 MFCC 特征的计算，这是利用 mfcc()接口实现。最后，上述代码返回的数据类型是总帧数 ×13 的数组。

（2）使用 get_batch_for_train()函数获取音频文件的特征表示和类别标签。这里需要说明的是，当数据集很小时，可以一次性读取所有数据用于训练模型。若是数据集比较大时，采用分批次读取数据则更合理一些，这样可以节省内存空间。具体代码如下：

```
#读取语音数据和标签
def get_batch_for_train(i):
    Wav = [ ]
    for j in range(i,20 + i):
        wav = def_wav_read_mfcc(data[j])
        wav1 = wav[ :128]
        Wav. append(wav1)
        print(Wav. shape)
        print("Conversion to MFCC:",j +1)
    label_for_train = label[i:i +20]
    return Wav,label_for_train
#获得批量语音数据和标签
Wav,label_for_train = get_batch_for_train(0)
```

执行上述代码，查看一下结果（鉴于篇幅和必要性，这里仅展示前七个语音文件对应的特征提取执行结果）。具体代码如下：

```
[156,13]
Conversion to MFCC: 1
```

```
[156,13]
Conversion to MFCC: 2
[145,13]
Conversion to MFCC: 3
[128,13]
Conversion to MFCC: 4
[612,13]
Conversion to MFCC: 5
[612,13]
Conversion to MFCC: 6
[612,13]
Conversion to MFCC: 7
```

通过以上的执行结果可以看到，对于每一组数据而言，第一行输出的都是特征数组。由于每个音频文件的长度不太一样，因此，帧数也不同。但是为了便于后续步骤中的张量转换操作，这里取最短长度 128，将所有音频文件的特征数组的维度都一致。第二行表示 MFCC 特征计算完成。

（3）特征归一化。由于每个音频文件的内容差异较大，因此，需要对原始的 MFCC 特征做归一化处理，这里采用 MinMaxScaler()接口来实现，将特征的取值范围控制在 0～1。具体代码如下：

```
#特征预处理
for i in range(len(Wav)):
    scaler = MinMaxScaler(feature_range = (0, 1))
    Wav[i] = scaler.fit_transform(Wav[i])
```

（4）二维特征数组转换为三维张量。其中，张量的第一维是每个批量语音数据的大小 20，第二维和第三维是原来每个音频文件对应的特征数，其形状是［128，13］。具体代码如下：

```
# 将特征数据转换成张量
for i in range(len(Wav)):
    Wav[i] = Wav[i].tolist()
#print(Wav[0])
Wav_tensor = tf1.convert_to_tensor(Wav)
label_tensor = tf1.convert_to_tensor(label_for_train)
#print(label_tensor)
print("Success construct Wav_tensor")
```

上述代码执行成功后就会输出 Success construct Wav_tensor。

注意：这里特征张量的表示，可以看作为下一步模型的输入数据做准备。

11.5 构建双向 LSTM 模型

LSTM 是语音识别中一个经典的分类模型，其优点是能够很好地刻画随时间变化的特征数据，非常适合本案例中的语音数据。

具体地，LSTM 模型的构建可以分为三步，下面来看一下。

（1）超参数的设定。下面这些参数是需要人为设定的，因此需要提前给出，便于后续模型建立的需要。

```
n_inputs = 13        #每一帧信号特征向量的长度
max_time = 700       #音频文件的最大帧长
lstm_size = 52       #每个隐藏层中 cell 的个数
n_classes = 1        #由于是二分类问题,所以输出的类别数为 1
batch_size = 2       #分批的大小
n_batch = len(Wav) // batch_size
nums_samples = len(Wav)
n = 200
```

（2）使用 lstm_ model()函数定义 LSTM 模型的输入数据 inputs 和隐藏层的四个 cell，每个层中 cell 的数量是 52。每一个隐藏层都要考虑上一层的输出，通过 TensorFlow 提供的 dynamic_rnn()接口分别实现四个隐藏层的定义。具体代码如下：

```
#lstm 模型的定义
def lstm_model(X, weights, biases):
    inputs = tf1. reshape(X, [ -1, 128,n_inputs])
    print(inputs)
     lstm_cell_1 = tf. keras. layers. LSTMCell(lstm_size)
    outputs_1, final_state_1 = tf1. nn. dynamic_rnn(lstm_cell_1, inputs, dtype =
tf1. float32)
    lstm_cell_2 = tf. keras. layers. LSTMCell(lstm_size)
     outputs_2, final_state_2 = tf1. nn. dynamic_rnn(lstm_cell_2, outputs_1, dtype =
tf1. float32)
     lstm_cell_3 = tf. keras. layers. LSTMCell(lstm_size)
     outputs_3, final_state_3 = tf1. nn. dynamic_rnn(lstm_cell_3, outputs_2, dtype =
tf1. float32)
     lstm_cell_4 = tf. keras. layers. LSTMCell(13)
```

（3）上一个隐藏层的输出结果是该层的最终状态 final_ state，基于该状态，计算 sigmoid 的结果，得到一个属于某个类别的概率值。具体代码如下：

```
    outputs,final_state = tf1. nn. dynamic_rnn(lstm_cell_4, outputs_3, dtype =tf1. float32)
    result = tf. nn. sigmoid(tf1. matmul(final_state[0], weights) + biases)
return result
```

特别需要指明的是，根据经验来看，LSTM 不适合建得太深，一般隐藏层的层数在 2～4 层为最好，建议先从 2 层开始尝试，逐步是 3 层或 4 层。另外，每一层 cell 的个数一般取特征向量维数的整数倍，笔者尝试取过 52 和 78 后，通过实验发现 52 更合适。

基于上述建立好的模型，接下来，可以准备开始导入训练数据进行模型的训练了。

11.6　模型的训练

在模型的实际训练中，一般都需要分批操作，因此，模型训练前的准备工作还应该包括数据的分批读取和参数的设定，然后才是模型的训练，主要通过 accuracy 和 loss 的结果来判断是否应该停止训练。整个过程可以分为三个步骤。

（1）数据分批

基于上述模型的类建立好以后，便是将该模型应用到验证数据集上，具体代码如下：

```
#6.1 分批获取数据的定义
def get_batch(data, label, batch_size):
    input_queue = tf1.data.Dataset.from_tensor_slices(data).repeat()
    input_queue_y = tf1.data.Dataset.from_tensor_slices(label).repeat()
    x_batch = input_queue.batch(batch_size)
    y_batch = input_queue_y.batch(batch_size)
    batch_x = tf.compat.v1.data.make_one_shot_iterator(x_batch)
    x_batch = batch_x.get_next()
    batch_y = tf.compat.v1.data.make_one_shot_iterator(y_batch)
    y_batch = batch_y.get_next()
    returnx_batch, y_batch
#6.2 具体分批获取数据的操作
x_batch, y_batch = get_batch(Wav_tensor, label_tensor, batch_size)
x_batch_test, y_batch_test = get_batch(Wav_tensor, label_tensor, 2)
x_batch = tf1.convert_to_tensor(x_batch)
y_batch = tf1.convert_to_tensor(y_batch)

x = tf1.placeholder(tf1.float32, [None, 128, 13])
y = tf1.placeholder(tf1.float32, [None, 1])
```

（2）模型训练前的准备工作

这里的准备工作主要有三项，具体如下：

- LSTM 模型中第一层参与计算的 cell 的权重 weights 和 bias 需要传入初始值。
- 建立模型的实例，并将结果保存为分类的预测（prediction）。模型的训练学习过程中，要通过计算交叉损失熵判断模型预测结果的好坏。
- 在训练过程中，还要设置学习的速度（train_step）和评估指标（accuracy）。下面代码中的最后三行是对模型的初始化环境的设定。

```
#模型的训练
weights = tf1.Variable(tf1.truncated_normal([13, n_classes], stddev=0.1))
biases = tf1.Variable(tf1.constant(0.1, shape=[n_classes]))
prediction =lstm_model(x,weights,biases)
cross_entropy = tf1.reduce_mean(tf1.square(y - prediction), name="cross_entropy")
train_step = tf1.train.AdamOptimizer(1e-3).minimize(cross_entropy)
correct_prediction = tf1.equal(y,tf.round(prediction))
accuracy = tf1.reduce_mean(tf1.cast(correct_prediction,tf1.float32),name="accuracy")
init = tf1.global_variables_initializer()
config = tf1.ConfigProto()
config.gpu_options.allocator_type = "BFC"
```

（3）模型训练正式开始

为了将训练好的模型保存下来，需要提前定义一个 saver 实例。下面代码中第二行的 with 语句表示模型训练正式开始。该模型运行的计算设备是第一块 GPU。

具体地，一般训练次数越多，得到的结果越好，具体代码如下：

```
saver = tf1.train.Saver()
with tf1.Session() assess:
    with tf1.device('/gpu:0'):
        sess.run(init)
        loss = []
        checkpoint_steps = 100
        for i in range(100):
            x_batch_data = sess.run(x_batch)
            y_batch_data = sess.run(y_batch)
            x_batch_test_data = sess.run(x_batch_test)
            y_batch_test_data = sess.run(y_batch_test)
            sess.run(train_step, feed_dict = {x: x_batch_data, y: y_batch_data})
            pred_X1 = sess.run(prediction, feed_dict = {x: x_batch_data})
            pred_X1 = pred_X1[0]
            if pred_X1 >= 0.5:
                print("This sound is False.")
            else:
                print("This sound is True.")
            y_batch_data = y_batch_data[0]
            ify_batch_data[0] >= 0.5:
                y_r = False
            else:
                y_r = True
            print("prediction",i,":",prediction,";  ","real value:",y_batch_da-
ta,";  ","test result:",pred_X1)
            print("test results:",pred_X1,";  ","real value:",y_batch_data)
            if (i + 1) % 10 == 0:
                cross_entropy_new = sess.run(cross_entropy,feed_dict = {x: x_batch_
test_data, y: y_batch_test_data})
                accurace = sess.run(accuracy,feed_dict = {x: x_batch_test_data, y:
y_batch_test_data})
                loss.append(cross_entropy_new)
                print("accuracy:",accurace,"Iteration",i +1)

            if (i + 1) % checkpoint_steps == 0:
                saver.save(sess, "save1/model.ckpt", global_step = i + 1)
                print("Success save.")
    k = len(loss)
    t = []  #训练轮数
    for i in range(k):
        t.append(i)
    #print(t)
```

```
plt.plot(t, loss, 'k-', label='Data', linewidth=2)
font1 = {'size': 18}
plt.legend(loc=4, prop=font1)
plt.xlabel(u'Iteration', size=24)
plt.ylabel(u'Loss', size=24)
plt.show()
plt.savefig('loss.png')
saver.save(sess, "save1/model.ckpt")
```

本案例中，尝试过 epoch=100, 200, 300, 500, 600 轮训练，并且通过 checkpoint_steps=100，表示每 100 轮检查总的结果。其中需要特别说明的是，模型得到的预测结果 pred_X1 >=0.5 说明是机器合成的声音，所以打印输出为"This sound is False"，反之就输出"This sound is True"。

执行上述代码，来看一下随着模型的不断学习而获得的不同结果。

在每个 100 轮中，每一条样本的训练结果都会输出一次，但是 accuracy 的计算是每 10 条计算一次。其中，第 6~10 条的结果如图 11.2 所示。

```
This sound is False.
prediction 6 :Tensor("Sigmoid_10:0",shape=(None,1),dtype=float32); real value: [0] ; test result:[0.5930716]
test results: [0.59307216] ; real value: [0]
This sound is False.
prediction 7 :Tensor("Sigmoid_10:0",shape=(None,1),dtype=float32); real value: [0] ; test result:[0.5893356]
test results: [0.5893356] ; real value: [0]
This sound is False.
prediction 8 :Tensor("Sigmoid_10:0",shape=(None,1),dtype=float32); real value: [0] ; test result:[0.5823362]
test results: [0.5823362] ; real value: [0]
This sound is False.
prediction 9 :Tensor("Sigmoid_10:0",shape=(None,1),dtype=float32); real value: [0] ; test result:[0.56942517]
test results: [0.56942517] ; real value: [0]
accuracy: 0.0 Iteration 10
```

图 11.2 第 6~10 条预测结果

通过图 11.2 显示的结果可以看出 accuracy 是 0，说明模型还没学到什么。随着不断学习，再来看第 45~50 条样本的结果，如图 11.3 所示。

```
prediction 45: Tensor("Sigmoid_10: 0", shape=(None, 1), dtype=float32); real value: [0] ; test result: [0.5557293]
test results: [0.5557293]; real value: [0]
This sound is False.
prediction 46: Tensor("Sigmoid_10: 0", shape=(None, 1), dtype=float32); real value: [0] ; test result: [0.5123338]
test. results: [0.5123338] ; real value: [0]
This sound is True.
prediction 47: Tensor("Sigmoid_10: 0", shapc=(Nonc, 1), dtypes=floal32); real value: [0]; test result: [0.4760355]
test. rosults: [0.4760355]; real value: [0]
This sound is False.
prediction 48: Tensor("Sigmoid_10: 0", shape=(None, 1), dtype=float32); real value: [0]; test result: [0.5160339]
test results: [0.5160339]; real value: [0]
This sound is True.
prediction 49: Tensor("Sigmoid_10: 0", shape=(None, 1), dtype=float32); real value: [0]; test result: [0.47243366]
test results; [0.47243366]; real value: [0]
accuracy: 1.0 Iteration 50
```

图 11.3 第 45~50 条预测结果

可以看到，最后一行的 accuray 达到了 1，表示准确率已经达到了 100%。后面又检查了 51~100 轮的结果，accuray 一直维持在 1。这时还应结合损失函数计算的结果来看一下，模型是否真的收敛了。具体结果如图 11.4 所示。

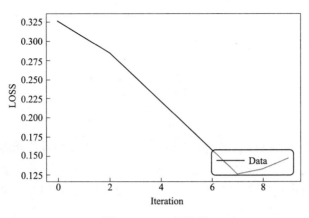

图 11.4　loss 折线图

观察图 11.4 可知，虽然只训练了 100 轮，但是模型似乎在第 70 轮已经达到了最小值，这说明更多轮的训练就没有必要了。另外，这个折线图是一路向下，也属于很漂亮的结果。实际上，如果遇到很难分类的情况，loss 的折线图一定会上下波动，而不是不断减小，直至最小值。

至此，模型训练结束，这里需要特别提示各位读者保存模型的必要性，那就是可以直接传入测试数据集去验证模型是否能够在未见过的数据中得到同样的表现，即泛化能力的测试。这个任务就交给读者自行探索吧。

最后，对本章的整个示例做一个总结。

（1）由于有了 GPU 的加速计算的支持，深度学习模型在语音识别中的应用中可以大幅缩短模型的训练时间，而且模型的收敛也很快。

（2）基于 TensorFlow 框架提供的接口，搭建 LSTM 模型也变得简单，按照顺序流的方向，不断定义每一个 LSTMCell 的输入和输出就好。

（3）深度学习模型在实现分类任务时，常常采用 cross_ entropy 来作为对预测结果和真实值之间的差别做统计。

本章小结

本章从搭建一个语音识别分类的工作流程开始，逐步展示每个阶段中算法是如何设计并实现的，从而完成识别任务中的具体分析工作。希望通过本章介绍的简单示例，能够让你理解 LSTM 模型是如何实现分类任务的，尤其是在代码实践中的实现思路。

至此全书结束，受作者时间和精力所限，无法阐述更多语音识别系统使用的深度学习模型，期待未来能够续上一段。

后 记

本书的创作并非一帆风顺，受到种种原因的影响，笔者的身体和心理曾出现过一些小问题，导致写作一度中断，好在很快得以恢复，最终算是完成了与编辑的约定。首先，要感谢前人已出版的著作和发表过的论文，这为本书的组织架构提供了灵感。另外，还要感谢那些无私的博主在互联网上做出的分享，通过参考他们发表的关于语音识算法实现的博文，不断激励笔者去思考，如何通过我的表达，对这些经典内容再做一次归纳和总结，这一次的目的是结合我自身的经验，还原出关于语音识别算法的清晰脉络，让读者更容易理解。

现在，请跟着笔者一起回顾本书的写作思路。要理解语音识别技术，首先要窥探一下全貌，看看语音识别在解决什么问题，再回顾前人为了解决这个问题，都做出过哪些努力，最后要知道还有哪些问题尚未解决，这样才能刺激你对于新知的欲望。接下来，为了探索语音识别的经典算法，必须具备一定的基础知识。这些基本理论和实践工具的掌握，将帮助你更好地理解复杂且精妙的算法。说到底，本书的核心内容是对自动化语音识别系统中各个子任务阶段所涉及的经典算法的阐述。由于系统的实现多数都是流程式的，只要沿着"预处理—特征提取—分类"的脉络去理解，就能搭建出一个完整的语音识别系统。当然，理论理解得再妙，不落到实践也是白搭，因此，书中几乎每一个核心算法都给出了Python 代码的实现。

众所周知，技术仍在不断更新，语音识别的发展也还在继续，虽然本书目前的受众是初级学习者，书中所阐述的算法多以经典和基础为主，但显然这对于经验丰富的科研人员和企业工程师来说是意犹未尽的。不过也别着急，未来笔者势必要补上一本，下一本书的重点将从深度学习技术这一高级话题出发，并一路下去，继续更新一些针对小众数据集的问题，所提出的一些数学上的新思路和新方法，敬请期待。

科学和技术的进步与创新密不可分，语音识别同样如此，几年甚至十几年兴起一个主流算法，随着时间的流逝，当前的主流算法终将成为过去式。然后，又会有一批新算法出来，推进技术的落地实践。创新是科研人员的动力，与其总是跟在大头的后面，不如另外开辟一个新战场。希望读者朋友能在语音识别的路上走得更远，祝好运！